获2011年上海市优秀教材一等奖

普通高等教育“十一五”国家级规划教材

大学工科教学、实践通用教材

机械制造基础（第7版）

主 编 鞠鲁粤

内容提要

本书是工科学生课堂教学和实践教学的教学参考书，也可作为工程技术人员参考用书。

全书共分17章。前7章主要介绍工程材料及热处理，铸造成形，锻压成形，焊接成形，非金属材料成形和快速成形(RP)方法及测量方法。后10章主要介绍金属切削基本知识，钳工，车削加工，铣、刨、镗、拉削加工，齿轮加工，磨削、精密加工，数控加工，特种加工，机械制造工艺过程，先进机械制造技术(AMT)发展等。为配合学习，每一章都附有习题，便于读者进行复习和总结，巩固已学知识。为适应机械制造技术的飞速发展，许多章节都介绍了现代加工方法的新成果和新发展，便于读者了解先进制造技术的发展趋势。

本书阐述了机械制造各种成形过程和加工过程的工艺原理、工艺方法、自身规律、相互联系及技术进展，注重理论教学与实践相结合。曾获得2000年上海市优秀教材三等奖和2004年上海市优秀教材二等奖，2011年上海市优秀教材一等奖。2006年纳入"普通高等教育'十一五'国家级规划教材"。

图书在版编目(CIP)数据

机械制造基础 / 鞠鲁粤主编. — 7版. — 上海 : 上海交通大学出版社，2018(2025重印)

普通高等教育"十一五"国家级规划教材

ISBN 978-7-313-02025-3

Ⅰ. 机... Ⅱ. 鞠... Ⅲ. 机械制造—高等学校—教材 Ⅳ. TH

中国版本图书馆CIP数据核字(2007)第110824号

机械制造基础

第七版

主　编：鞠鲁粤

出版发行：上海交通大学出版社　　地　址：上海市番禺路951号

邮政编码：200030　　电　话：021-64071208

印　制：常熟市文化印刷有限公司　　经　销：全国新华书店

开　本：787mm×1092mm 1/16　　印　张：19.75

字　数：487千字

版　次：1998年5月第1版　　印　次：2025年1月第32次印刷

2018年10月第7版

书　号：ISBN 978-7-313-02025-3

定　价：48.00元

再版前言

机械制造基础(金属工艺学)是高等工科院校近机类和非机类专业一门重要的技术基础课程。本教材自1998年5月第1版问世后,受到兄弟院校同仁的厚爱,已有数十多所高校采用本书作为授课教材,近百所高校将本书作为教学参考书。本书也被指定为上海市自学考试教材。本教材第1版获得上海市优秀教材三等奖,第2版荣获上海市优秀教材二等奖,第5版荣获上海市优秀教材二等奖;2006年被教育部纳入国家"十一五"规划教材。2011年获上海市优秀教材一等奖。

进入21世纪,在强调高等院校创新教育的同时,实践教育已提到了极为重要的位置。本书的改编,就是建立在创新和实践两大立意上的。

本书的编写从三个角度考虑:① 通过工程材料及其性能控制、材料成形、机械加工三个方面,分别叙述传统的机械制造过程及方法;② 尽可能全面地介绍机械制造中的一些新工艺、新技术、新方法及其发展趋势,以扩大学生的视野,适应用人单位对学生知识结构和知识面的要求,使高校培养的学生能面向21世纪,适应时代对工程技术人员的要求;③ 为了使读者进一步了解课程内容,作者精心编制了本书多媒体配套课件作为本书的附件,内容全部覆盖文字教材,采用大量的Flash动画和教学视频,最大限度提高课堂教学效果和工程实践教学效果。如果教师需要更全面的课件资料,可与上海交通大学出版社编辑倪华联系,电话:13764315149。这些多媒体课件,已在许多"985""211"高校使用,获得较好的评价。欢迎读者使用。

本书内容较新,实践性较强,不但可以满足工科学生的课程学习需求,同时也被许多高校工程训练中心作为机械制造实践训练教材使用,也可作为实践性要求较高的高职院校师生使用。

本书的编者长期从事近机类、非机类和机械类工科学生的课程教学和金工实习工作,已累计有数万人次的机械制造基础教学和金工实习工作经历。本书的编写,是编者们长期教学工作经验的总结,对非机类、近机类和其他专业的学生掌握机械制造学科会有一定的帮助。

参加本书编写的人员有:(按章节顺序)鞠鲁粤(第1,2,4,8,9,10,16,17,18章)、姚勤(第3,5,12章)、陈方泉(第6章)、李宏(第7章)、张萍(第10,15,16章)、朱民(第11,13章)、陆建刚(第7、14章)。

刘占斌、钟高建、鞠俊亭、杨飞云、应陈勇、林成辉、严建华、刘鑫、王志清、李 伟、朱冒冒、冯祖军、姜振春、郭建华、郑 亮、万 军、张劲峰、刘 鑫、王洪全、刘伟、张金荣、朱慧英、黄慰卿、陆新惠、姚明珍、王琴珍、朱辉石、张汉芳、陆小生、冯 磊等参加了本书的编写工作。

全书由上海大学鞠鲁粤教授主编。

本书在编写过程中,参考了有关教材、手册、资料,并得到众多同志的支持和帮助,在此一并表示衷心的感谢。

由于编者的水平有限,书中错误和不足之处,敬请广大读者批评指正。

编 者

2018年2月

目　录

第 1 章　工程材料

1.1　概述

材料是现代文明的三大支柱之一，也是发展国民经济和机械工业的重要物质基础。材料作为生产活动的基本投入之一，对生产力的发展有深远的影响。历史上曾把当时使用的材料，当作历史发展的里程碑，如“石器时代”“青铜器时代”“铁器时代”等。我国是世界上最早发现和使用金属的国家之一。周朝是青铜器的极盛时期，到春秋战国时代，已普遍应用铁器。直到 19 世纪中叶，大规模炼钢工业兴起，钢铁才成为最主要的工程材料。

科学技术的进步，推动了材料工业的发展，使新材料不断涌现。石油化学工业的发展，促进了合成材料的兴起和应用；20 世纪 80 年代特种陶瓷材料又有很大进展，工程材料随之扩展为包括金属材料、有机高分子材料（聚合物）和无机非金属材料三大系列的全材料范围。

1.1.1　金属材料的发展

人类早在 6 000 年以前就发明了金属冶炼，公元前 4 000 年古埃及人便掌握了炼铜技术。我国青铜冶炼约始于公元前 2000 年（夏代早期）。古埃及在 5 000 年以前，就用含镍 7.5%的陨石铁做成铁球。我国春秋战国时期已经大量使用铁器。铸铁的发展经历了 5 000年的漫长岁月，只是到了发明蒸汽机以后，由于在铁轨、铸铁管制造中的大量应用，才走上工业生产的道路。15 世纪到 18 世纪，从高炉炼钢到电弧炉炼钢，逐步奠定了近代钢铁工业的基础。

19 世纪后半叶，欧洲社会生产力和科学技术的进步，推动了钢铁工业的大步发展，扩大了钢铁生产规模，提高了产品质量。从 20 世纪 50 年代到 2017 年，全世界的钢产量由 2.1 亿吨增加到 16.912 亿吨。而我国 2017 年钢产量达到 8.1317 亿吨，远远超过 20 世纪 50 年代全球钢产量，跃居全球钢产量首位。

在钢铁材料发展的同时，非铁金属也得到发展。人类自 1866 年发明电解铝生产工艺以来，铝已成为用量仅次于钢铁的金属。1910 年纯钛的制取，满足了航空工业发展的需求。

1.1.2　非金属材料及复合材料的发展

非金属材料如陶瓷、橡胶等的发展历史也十分悠久。进入到 20 世纪后，更是取得了重大的进展。人工合成高分子材料从 20 世纪 20 年代至今，发展之快、产量之大、应用之广可与钢铁材料相比。20 世纪 60 年代到 70 年代，有机合成材料每年以 14%的速度增长，而金属材料年增长率仅为 4%。1970 年世界高分子材料年产量为 4 000 万吨，其中 3 000 万吨为塑料，橡胶为 5 000 万吨（已超过天然橡胶的产量），合成纤维 400 万吨。20 世纪 90 年代，塑料产量已逾亿吨，按体积计，已超过钢铁产量。2017 年我国塑料产量为 7 515 万吨。

陶瓷材料近几十年的发展也十分引人注目。陶瓷材料在冶金、建筑、化工和尖端技术领域已成为耐高温、耐腐蚀和各种功能材料的主要用材。

随着航空、航天、电子、通信、机械、化工、能源等工业的发展，对材料的性能提出了越来越高的要求。传统的单一材料已不能满足使用要求，复合材料的研究和应用引起了人们的重视。玻璃纤维树脂复合材料、碳纤维树脂复合材料等已在航空航天工业和交通运输、石油化工等工业中广泛应用。

1.1.3 新材料的发展趋势

随着社会的发展和科学技术的进步，新材料的研究、制备和加工应用层出不穷。每一种重要的新材料的发现和应用，都把人类支配自然的能力提高到一个新的水平。工程材料目前正朝高比强度（单位密度的强度）、高比模量（单位密度的模量）、耐高温、耐腐蚀的方向发展。图 1-1为材料比强度随时间的进展，表明今日先进材料的比强度比早期材料增长50 倍。

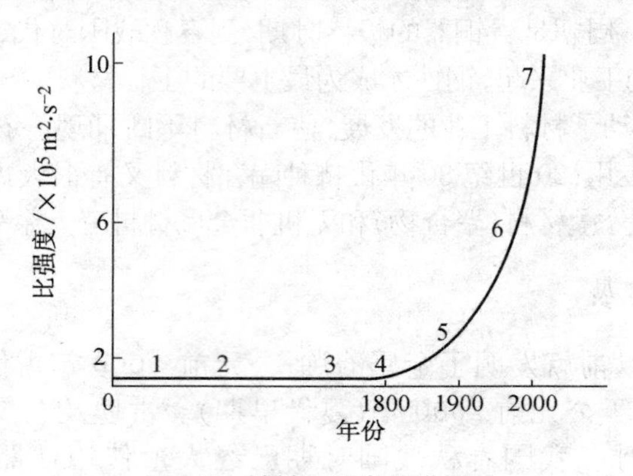

图 1-1 材料比强度的进展

1—木材、石料；2—青铜；3—铸铁；4—钢；
5—铝合金；6—复合材料钢；7—芳纶纤维铝、碳纤维

新材料主要在以下几方面获得发展。

(1) 先进复合材料，由基体材料（高分子材料、金属或陶瓷）和增强材料（纤维、晶须、颗粒）复合而成的具有优异性能的新型材料。

(2) 光电子信息材料，包括量子材料、生物光电子材料、非线性光电子材料等。

(3) 低维材料，指超微粒子（零维）、纤维（一维）和薄膜（二维）材料，这是近年来发展最快的材料领域。

(4) 新型金属材料，如镍基高温合金、非晶态合金、微晶合金、Al-Li 合金金属间化合物等。

1.2 金属材料简介

1.2.1 金属材料的种类

传统金属材料是能源、通信、交通运输、建筑、家用电器等行业中最基本的构成物质，也是保证经济持续增长的支柱之一。金属材料是工程材料中广泛应用的一大类。金属材料可分为钢铁金属和非铁金属两类。

常用的钢铁金属材料分为钢和铸铁两大类。碳钢按钢的质量可分为普通钢、优质钢、高级

优质钢、特级优质钢等;按钢的碳含量可分为低碳钢($w_C \leqslant 0.25\%$)、中碳钢($w_C = 0.25\% \sim 0.6\%$)、高碳钢($w_C > 0.6\%$)、合金钢(低合金钢、中合金钢、高合金钢)等;按用途可分为结构钢(工程结构钢、机器零件用钢等)、工具钢(制造刃具、模具、量具等)、特殊性能钢(如不锈钢、耐热钢、耐磨钢、磁钢等)。

铸铁可分为白口铸铁(铁碳合金中的碳以 Fe_3C 形式出现)、灰口铸铁(碳以片状石墨出现)、可锻铸铁(碳以团絮状石墨形式出现)、球墨铸铁(碳以球状石墨形式出现)、蠕墨铸铁(碳以蠕虫状石墨形式出现)以及特殊性能铸铁(如耐磨铸铁代号 KmTB、冷硬铸铁代号 LT、耐热铸铁代号 RT、耐蚀铸铁代号 ST)等。常用的钢铁金属分类如表 1-1 所示。

表 1-1　常用的钢铁金属材料

名称	分类 标准号	编号方法		用途
		举例	说明	
碳钢	碳素结构钢 GB/T700-1988	Q235-AF	屈服点为 235 MPa、质量为 A 级的沸腾钢	一般以型材供应的工程结构件,制造不太重要的机械零件及焊接件
	优质碳素结构钢 GB/T699-1999	45	表示平均 $w_C = 0.45\%$ 的优质碳素结构钢	用于制造曲轴、传动轴、齿轮、连杆等重要零件
	碳素工具钢 GB/T1298-1986	T8 T8A	表示平均 $w_C = 0.8\%$ 的碳素工具钢,A 表示高级优质	制造需较高硬度、耐磨性、又能承受一定冲击的工具,如手锤、冲头等
	一般工程铸造碳钢 GB/T5613-1995	ZG200-400	表示屈服强度为 200 MPa、抗拉强度为 400 MPa 的碳素铸钢	适用于铸造成形的钢质零件(ZG200-400 为低碳铸钢, ZG310-570 为中碳铸钢,ZG340-640 为高碳铸钢)
合金钢	合金结构钢 GB/T699-1999	40Cr	表示平均 $w_C = 0.4\%$, 主加元素为 Cr	40Cr 为调质钢,用于承受弯曲、扭转、拉压、冲击等复杂应力的重要件,如传动轴、曲轴、连杆螺栓等
	高合金刃具钢 GB/T9943-1988	W18Cr4V	$w_C = 0.70\% \sim 1.65\%$, $w_W = 17.5\% \sim 18.5\%$, $w_{Cr} = 3.8\% \sim 4.4\%$, $w_V = 1.00\% \sim 1.40\%$	用于淬透性好、红硬性高,截面尺寸不大的刃具
铸铁	灰口铸铁 GB/T9439-1988	HT200	表示试样直径为 30 mm,平均抗拉强度 200 MPa 的灰口铸铁	承受较大载荷和较重要的零件,如气缸、齿轮、底座、飞轮、床身等
	可锻铸铁 GB/T9440-1988	KTZ450-06	平均抗拉强度不大于450 MPa,伸长率大于 6%的珠光体可锻铸铁	制造负荷较高的耐磨损零件,如曲轴、连杆、齿轮、凸轮轴等薄壁小铸件
	球墨铸铁 GB/T1348-1988	QT450-10	表示抗拉强度大于 450 MPa,伸长率大于 10%的球墨铸铁	承受冲击振动的零件如曲轴、蜗杆等
	蠕墨铸铁 GB/T5612-1985	RuT340	表示平均抗拉强度大于340 MPa的蠕墨铸铁	制造大截面复杂铸件,主要用来代替高强度灰口铸铁、合金铸铁

（续表）

名称	分类标准号	编号方法		用途
		举例	说明	
特殊性能铸铁	耐磨铸铁 GB/T8263-1999	KmTBMn5W3	中锰球墨铸铁，具有一定的强度和韧性，耐磨料磨损	可制造承受干摩擦及为磨料磨损条件下工作的零件，在矿山、冶金、电力、建材和机械制造等行业有广泛的应用
	耐热铸铁 GB/T9437-1988	RQTSi4Mo	在铸铁中加入 Si、Al、Cr 等元素，使铸铁在高温下表面形成一层致密的氧化膜，保护内层不被继续氧化	可制造在高温工况下工作的零件
	耐蚀铸铁 GB/T8491-1987	STSi11Cu2CrR	合金元素的作用是提高铸铁基体组织的电位，使铸铁表面形成一层致密的保护膜	可制造在腐蚀工况下工作的零件，广泛用于化工等行业

除了钢铁金属以外的其他金属材料统称为非铁金属，习惯上称为有色金属，如铜、铝及其合金、轴承合金、硬质合金等。

1.2.2 金属材料的性能

金属材料的性能分为使用性能和工艺性能，如表 1-2 所示。

表 1-2 金属材料的性能

性能名称			性能内容
使用性能	物理性能		包括密度、熔点、导电性、导热性、磁性等
	化学性能		金属材料抵抗各种介质的侵蚀能力，如抗腐蚀性能等
	力学性能	强度	指在外力作用下材料抵抗变形和破坏的能力，分为抗拉强度 σ_b、抗压强度 σ_{bc}、抗弯强度 σ_{bb}、抗剪强度 σ_τ，单位均为 MPa
		硬度	衡量材料软硬程度的指标，较常用的硬度测定方法有布氏硬度(HBW)、洛氏硬度(HR)和维氏硬度(HV)等
		塑性	指在外力作用下材料产生永久变形而不发生破坏的能力。常用指标是伸长率 δ(%)和断面收缩率 ψ(%)，δ 和 ψ 愈大，材料塑性愈好
		弹性模量	也称刚度，表示材料抵抗弹性变形的能力
		冲击韧度	指材料抵抗冲击力的能力。常把各种材料受到冲击破坏时，消耗能量的数值作为冲击韧度的指标，用 a_K (J/cm^2)表示。冲击韧度值主要取决于塑性、硬度，尤其是温度对冲击韧度值的影响具有更重要的意义
		疲劳强度	指材料在多次交变载荷作用下而不致引起断裂的最大应力
工艺性能			包括热处理工艺性能、铸造性能、锻造性能、焊接性能、切削加工性能等

1.3 晶体的结构

1.3.1 晶体与非晶体

固体可分为两类:晶体和非晶体。晶体中原子按一定规则排列。金属及其合金及大多数矿物等都是晶体。最普通的非晶体是玻璃,它的原子排列较不规则。非晶体的结构比晶体结构更难确定。

1. 晶体的空间点阵和晶系

如果把所有具有相同环境的原子或原子群作为一个质点,则晶体结构可以抽象为这些质点在空间上的、周期性规则排列的空间点阵,如图 1-2(b)所示。

在空间点阵中取一单位体积(通常为六面体)作为点阵的最小组成单元,称为晶胞,如图 1-2(c)所示。晶胞的大小和形状以晶胞的棱边长 a、b、c 和棱边之间的夹角 α、β、γ 来表示。

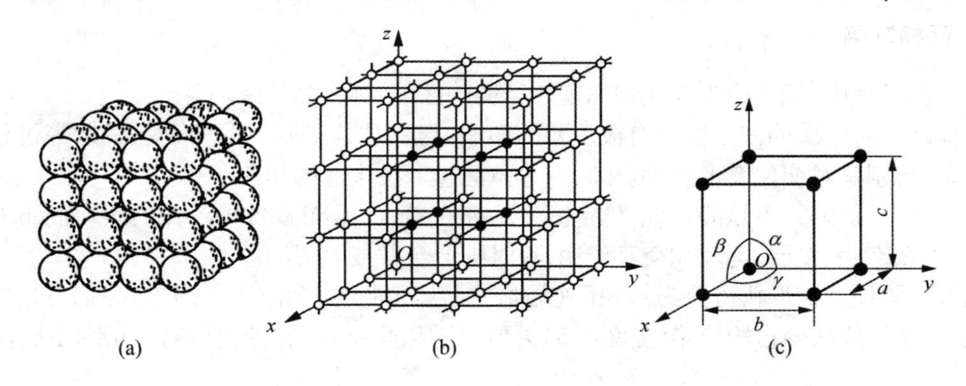

图 1-2　晶体中原子排列示意图
(a) 原子排列模型　(b) 结晶格子　(c) 晶胞

2. 金属的晶体结构

金属材料包括纯金属和合金,在一般情况下都是晶体。最常见的金属晶体结构有三种,即体心立方,如图 1-3(a)所示;面心立方,如图 1-3(b)所示;密排六方,如图 1-3(c)所示。

1.3.2 实际金属结构

1. 多晶体结构

实际的金属结构都包含着许多小晶体,每个小晶体内的晶格方位是一致的,而小晶体之间彼此方位不同。由于每个小晶体都具有不规则的颗粒外形,故称为“晶粒”;晶粒与晶粒之间的界面叫做“晶界”。由于晶界是两相邻晶粒不同晶格方位的过渡区,所以在晶界上原子排列总是不规则的。这种由多晶粒组成的晶体结构称为“多晶体”。

钢铁材料的晶粒尺寸一般为 $10^{-3}\sim10^{-1}$ mm 左右,所以必须在显微镜下才能观察到,因

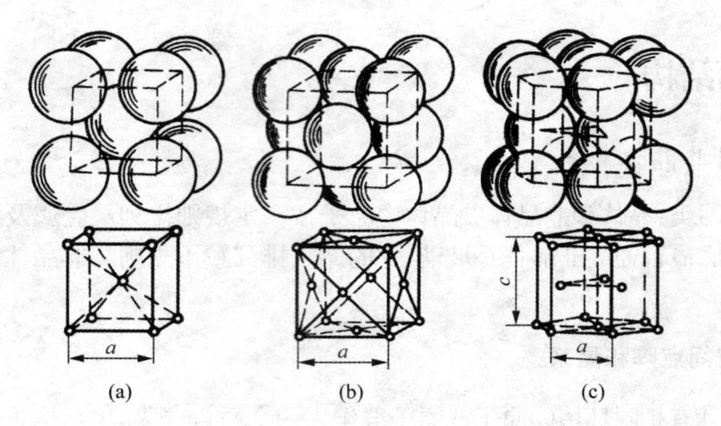

图 1-3　金属的晶胞

(a) 体心立方　(b) 面心立方　(c) 密排六方

此也叫“显微组织”。非铁金属的晶粒一般都比较粗大,有时肉眼就可以看见。

2. 晶格缺陷

在实际晶体中,或多或少存在偏离理想结构的区域,称为晶体缺陷。

晶体缺陷对金属的许多性能有极重要的影响,与晶体的凝固、固态相变、扩散等过程都有重大关系,特别是对塑性变形、强度和断裂等方面起着决定性的作用。

在晶体中,缺陷并不是静止地、稳定不变地存在着,而是随着各种条件的改变而不断地变动,它们可以产生、发展、运动和交互作用,有时则会合并或消失。

晶体缺陷按几何形状可分为点缺陷(晶格空位、间隙原子和置换原子,见图 1-4)、线缺陷(晶体中呈连续线状分布的位错(见图 1-5)刃型位错和面缺陷(晶界、亚晶界,见图 1-6、图 1-7)三类。

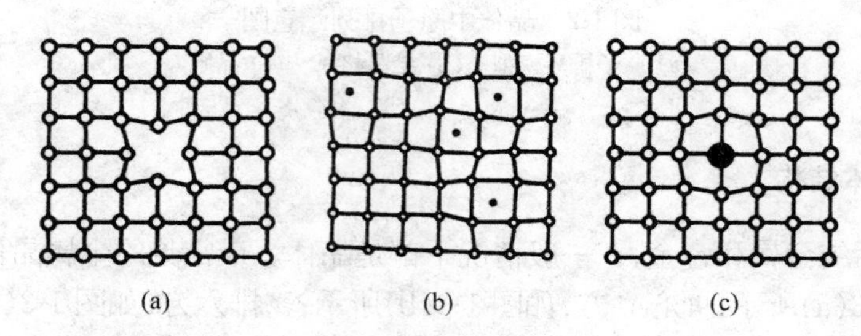

图 1-4　点缺陷示意图

(a) 晶格空位　(b) 间隙原子　(c) 置换原子

图 1-5　刃型位错示意图

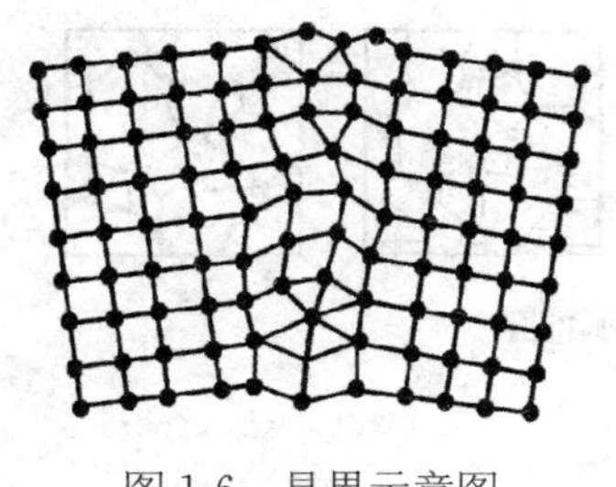

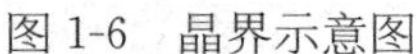

图 1-6　晶界示意图

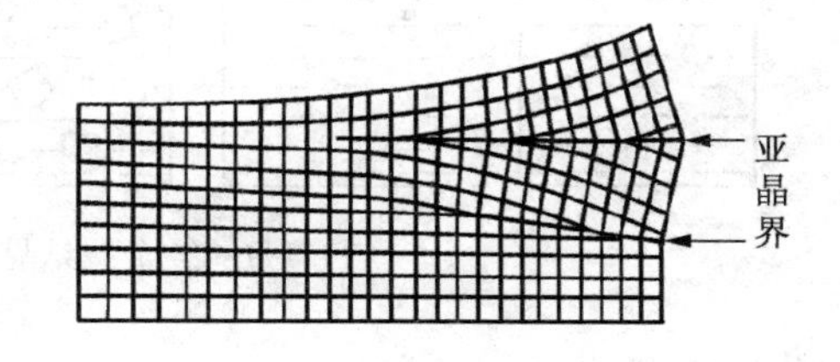

图 1-7　亚晶界示意图

所有这些缺陷,都将导致周围的晶格发生明显的畸变,从而对金属的力学性能、化学性能产生显著的影响。

1.4　金属的结晶

1.4.1　结晶的概念

金属溶液在凝固后一般都以晶质状态存在,即内部原子由不规则排列转变到规则排列。形成晶体的过程,称为结晶过程。结晶形成的组织,直接影响金属内部的组织与性能。

金属在结晶过程中,其结晶温度可以用热分析法测定。将液态金属放在炉中缓慢冷却,在冷却过程中测得温度随时间变化的数据,则得到如图 1-8 所示的冷却曲线 a。由于结晶时放出潜热,补偿了冷却散失的热量,所以冷却曲线出现水平台阶,即结晶在恒温下进行。在无限缓慢冷却条件下的平衡结晶温度 T_m 称为理论结晶温度。

图 1-8 中曲线 b 表示实际的结晶过程。在实际结晶时,冷却速度不可能无限缓慢,因此实际结晶温度 T_n 总是低于理论结晶温度 T_m,理论结晶温度与实际结晶温度之差称为过冷度。即 $T_m - T_n = \Delta T$。金属结晶的过冷度与冷却速度有关,冷却速度愈快,过冷度就愈大。

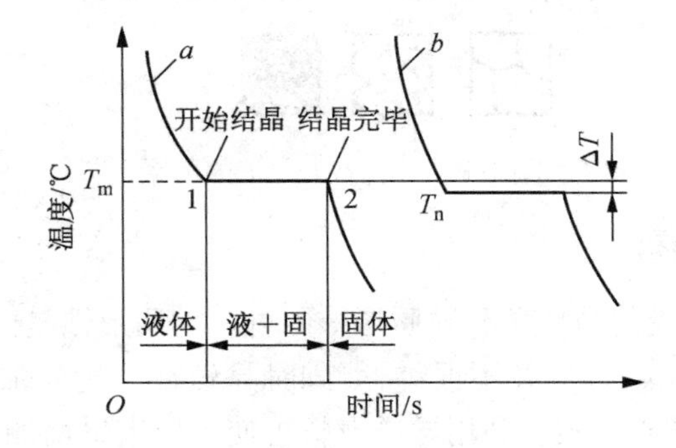

图 1-8　纯金属结晶时的冷却曲线

1.4.2　金属结晶过程

金属的结晶过程是不断形成晶核和晶核不断长大的过程,即由晶核的产生和长大两个基本过程组成的,如图 1-9 所示。

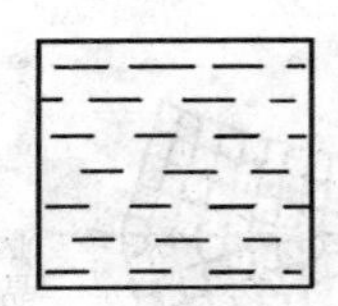 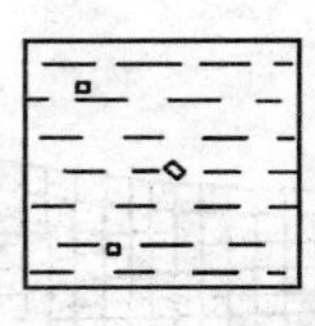 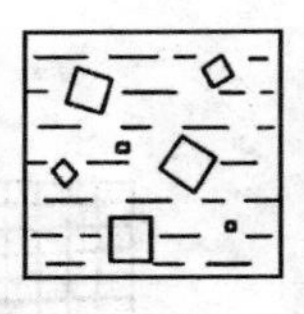  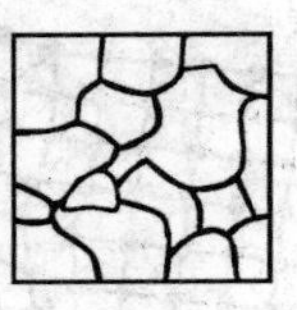

图 1-9　纯金属结晶过程示意图

1.4.3　铸态晶粒的大小

金属结晶后的晶粒越细小，晶界的面积就越大。晶界面积越大，晶体缺陷就越多，则对金属的力学性能影响越大。一般情况下，细晶粒组织的强度、硬度、塑性和韧性都比粗晶粒组织好。获得细晶粒的方法通常是增加过冷度、变质处理和附加振动等。

1. 过冷度对晶粒大小的影响

晶粒大小是形核率 N(成核数目/cm^3 · s)和长大速率 G(cm/s)的函数。形核速率越大，长大速率越小，则晶粒越细。图 1-10 表明随着过冷度的增加，晶核的形核率增加，同时晶核的长大速度也增加。但是，形核率 N 大大高于长大速率 G，因此增加过冷度即加快冷却速度，能获得细晶粒组织。

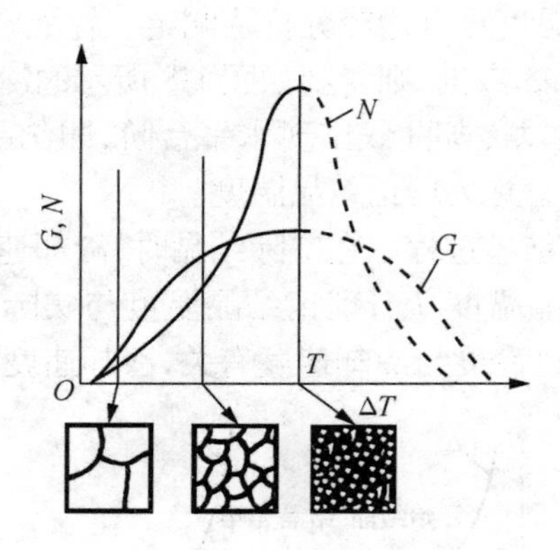

图 1-10　N、G 与 ΔT 的关系

2. 变质处理细化晶粒

晶核形成方式可分成匀质形核和异质形核两种。匀质形核是由溶液自发形成新晶核的过程，亦称自发形核。而实际金属并不很纯，凝固时晶核往往优先依附在未熔质点的表面而形成，这种形核方式称为异质形核。利用异质形核可使晶核大量增加，从而使晶粒细化。

变质处理就是利用异质形核的原理，于浇注前在金属液中加入某些高熔点的物质作为结晶核心，以获得细晶粒组织，也称孕育处理。加入的物质称为变质剂，也称孕育剂。

3. 附加振动细化晶粒

生产中还常以机械振动、超声波振动、电磁振动等方法，使熔融金属在铸型中产生运动，从而使晶体在长大过程中不断被破碎，最终获得细晶粒组织。

用细化晶粒强化金属的方法称为细晶强化，它也是强化金属材料的基本途径之一。

1.4.4 金属的同素异构

某些金属在不同温度和压力下呈不同的晶体结构,同一种固态的纯金属(或其他单相物质),在加热或冷却时发生由一种稳定状态转变成另一种晶体结构不同的稳定状态的转变,称为同素异构转变。此时除体积变化和热效应外还会发生其他性质改变。例如 Fe、Co、Sn、Mn 等元素都具有同素异构特性。

铁在结晶后继续冷却至室温的过程中,将发生两次晶格转变,其转变过程如图 1-11 所示。铁在 1 394 ℃以上时具有体心立方晶格,称为 δ-Fe;冷却至 1 394~912 ℃之间,转变为面心立方晶格称为 γ-Fe;继续冷却至 912 ℃以下,又转变为体心立方晶格,称为 α-Fe。

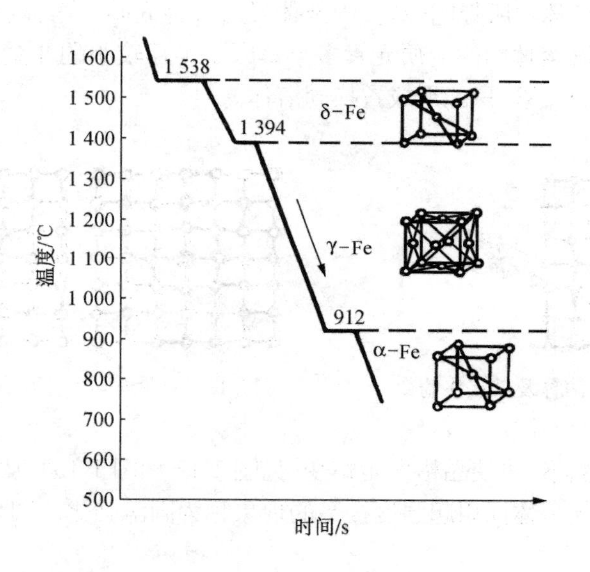

图 1-11 纯铁的同素异构转变

金属的同素异构转变与液态金属的结晶过程类似。转变时遵循结晶的一般规律,如具有一定的转变温度,转变过程包括形核、长大两个阶段等。因此,同素异构转变也可以看做是一种结晶,有时也称为重结晶。通过同素异构转变可以使晶粒得到细化。

1.5 二元合金晶体结构

由两种或两种以上的金属元素或金属元素和非金属元素组成的具有金属特性的物质称为合金。组成合金的元素叫做组元,组元一般指化学元素,但稳定化合物也可以看成是一个组元。由两种组元组成的合金称为二元合金。

液体中,绝大多数合金的组元能相互溶解,成为均匀的液体。合金的结晶与纯金属一样,也是通过形核及长大来完成的。不同的是,由于合金组元间的相互作用,使生成的结晶产物往往不只含一种组元的晶粒。在物质中,凡是成分相同、结构相同,并与其他部分以界面分开的均匀组成部分,称为相。合金结晶后可以是一种相,也可以是由若干种相所组成。

一种或多种相按一定方式相互结合所构成的整体称为组织。相的相对数量、形状、尺寸和分布的不同，形成了不同的组织，不同的组织使合金具有不同的力学性能。

固态合金中的相，按其晶格结构的基本属性来分，可以分为固溶体和化合物两类。

1. 固溶体

溶质原子溶入金属溶剂中所组成的合金相称为固溶体。固溶体的点阵结构仍保持溶剂金属的结构，只引起晶格参数的改变。当两组元在固态无限溶解时所形成的固溶体称为连续固溶体或无限固溶体；当两组元在固态部分溶解时所形成的固溶体称为有限固溶体或端际固溶体。

按照溶质原子在固溶体中所处的位置，固溶体又可分为间隙固溶体（见图 1-12）和置换固溶体（见图 1-13）。间隙固溶体中的溶质元素多半是原子半径较小的非金属元素；对于溶质和溶剂原子大小比较接近的元素，只能形成置换固溶体。

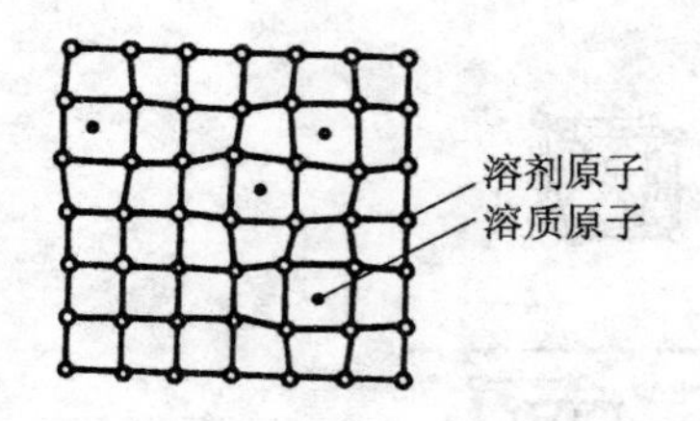

图 1-12　间隙固溶体及其晶格畸变

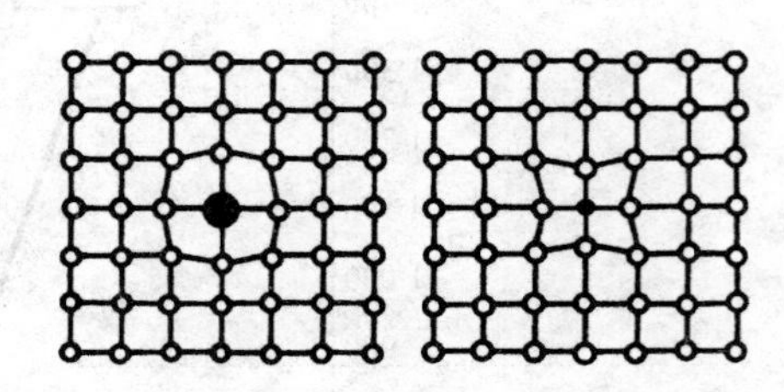

图 1-13　置换固溶体及其晶格畸变

溶质原子溶入溶剂晶格，将使晶格发生畸变（见图 1-12 和图 1-13），从而使合金的强度、硬度上升。这种由于形成固溶体而引起强度提高的现象称为固溶强化。固溶强化是强化合金的基本途径之一。

2. 金属化合物

在合金中，当溶质含量超过固溶体的溶解度时将析出新相。若新相的晶格结构与合金的另一组元相同，则新相为以另一组元为溶剂的固溶体。若新相的晶格不同于任一组元，则新相是组元间形成的一种新物质——化合物，例如在铁碳合金中碳的含量超过铁的溶解能力时，多余的碳与铁相互作用会形成金属化合物 Fe_3C。化合物一般具有复杂的晶格，熔点高，硬而脆。

在一个合金系中，固溶体和金属化合物都是合金的基本相。合金中的化合物分布在固溶体相的基体上，将使合金的强度、硬度明显提高，但塑性和韧性有所降低。以金属化合物作为强化相强化金属材料的方法称为第二相强化，第二相强化也是材料强化的基本途径之一。

1.6　铁碳合金

铁碳合金是以铁和碳为组元的二元合金，是机械制造中应用最广泛的金属材料。

1.6.1 铁碳合金的基本组织

铁碳合金中铁和碳的结合方式为固溶体、化合物、固溶体和化合物形成的机械混合物。铁碳合金的基本组织如表 1-3 所示。

表 1-3 铁碳合金基本组织

组织名称	符号	组 织 特 点	碳的最大溶解度	力 学 性 能
铁素体	F	碳溶解于体心立方晶格α-Fe中所形成的固溶体	0.021 8%	塑性和韧性较好，$\delta=30\%\sim50\%$，$\sigma_b=180\sim280$ MPa
奥氏体	A	碳溶解于面心立方晶格γ-Fe中所形成的固溶体	2.11%	质软、塑性好，$\delta=40\%\sim50\%$，HBW $=170\sim220$
渗碳体	Fe_3C	具有复杂斜方结构的铁与碳的间隙化合物	$w_C=6.69\%$	塑性、韧性几乎为零；脆、硬
珠光体	P	$w_C=0.77\%$ 的奥氏体同时析出 F 与 Fe_3C 的机械混合物(共析反应)		$\sigma_b=600\sim800$ MPa，$\delta=20\%\sim25\%$，HBW $=170\sim230$
莱氏体	Ld Ld′	$w_C=4.3\%$ 的金属液体同时结晶出 A 和 Fe_3C 的机械混合物(共晶反应)		硬度很高，塑性很差

1.6.2 铁碳合金状态图

状态图也称相图或平衡图，用来表示材料中平衡相与成分和温度之间的关系，是研制新材料，制定合金的熔炼、铸造、压力加工、焊接和热处理工艺以及进行金相分析的重要依据。

二元相图是由纵、横两个坐标轴组成。纵坐标表示温度，横坐标表示成分，通常用质量分数标出。

图 1-14 为简化的铁碳合金状态图(图中不加括号部分为相组成物，加括号部分为组织组

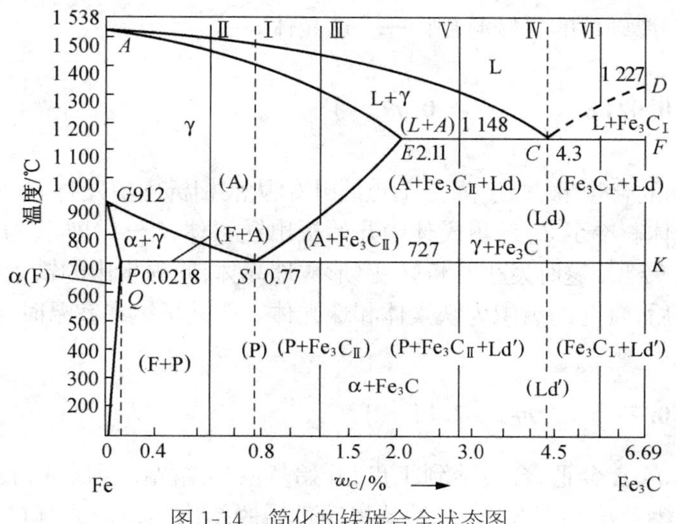

图 1-14 简化的铁碳合金状态图

成物)。由于当 w_C 为 6.69%时,铁与碳全部形成硬而脆的 Fe_3C,所以实际使用的铁碳合金 w_C 一般不超过 5%。因此铁碳合金状态图只研究Fe-Fe_3C部分。

铁碳合金状态图中的各特性点和特性线如表 1-4 所示。

表 1-4　简化的铁碳合金状态图中的特性点和特性线

特性点	温度/℃	w_C/%	含　义	特性线	含　义
A	1 538	0	纯铁的熔点	AC	液相线,液态合金开始结晶出奥氏体
C	1 148	4.3	共晶点	CD	液相脱溶线,液相开始脱溶出 Fe_3C_I
D	~1 227	6.69	渗碳体的熔点	AE	固相线,即奥氏体结晶终了线
E	1 148	2.11	碳在奥氏体中的最大溶解度	GS	奥氏体转变为铁素体开始线,即 A_3 线
F	1 148	6.69	渗碳体的成分	GP	奥氏体转变为铁素体终了线
G	912	0	α-Fe $\rightleftharpoons$ γ-Fe 转变点	ES	脱溶线,奥氏体脱溶出 Fe_3C_{II},即 A_{cm} 线
K	727	6.69	渗碳体的成分	PQ	脱溶线,铁素体开始脱溶出 Fe_3C_{III}
P	727	0.021 8	碳在铁素体中最大溶解度	ECF	共晶转变线,$L_C \rightleftharpoons \gamma_E + Fe_3C$
S	727	0.77	共析点	PSK	共析转变线,$\gamma_S \rightleftharpoons \alpha_P + Fe_3C$,即 A_1 线
Q	600	0.005 7	碳在铁素体中的溶解度		

注:本表是指冷却过程中相变的含义。

1.6.3　铁碳合金的平衡结晶过程与组织转变

1. 共析钢($w_C = 0.77$　)

如图 1-15 所示的合金Ⅰ,在温度 1 以上全部为液体。当温度降至 1 点以下,在金属液体中开始结晶出奥氏体,直到 2 点结晶完毕,全部形成奥氏体。当冷至 3 点,奥氏体发生共析反应,转变成铁素体和渗碳体的机械混合物——珠光体。

2. 亚共析钢(0.021 8　w_C　0.77　)

如图 1-15 所示的合金Ⅱ,温度降至 1 点后开始从液相析出奥氏体。在 2 点后,合金全部凝固成为单相奥氏体。冷至 3 点,奥氏体中开始析出铁素体,3~4 点间,为 $\alpha + \gamma$ 相。到 4 点时,奥氏体 $w_C = 0.77\%$,这时发生共析转变,形成珠光体,原先析出的铁素体保持不变。所以亚共析钢转变结束后,合金的组织为铁素体和珠光体。亚共析钢在室温时,其组织由铁素体和珠光体组成。

3. 过共析钢(0.77　w_C　2.11　)

如图 1-15 所示的合金Ⅲ,合金冷到 1 点,开始从液相结晶出奥氏体,直至 2 点凝固完毕,形成单相奥氏体。继续冷却至 3 点,开始从奥氏体中脱溶出二次渗碳体(Fe_3C_{II})。二次渗碳

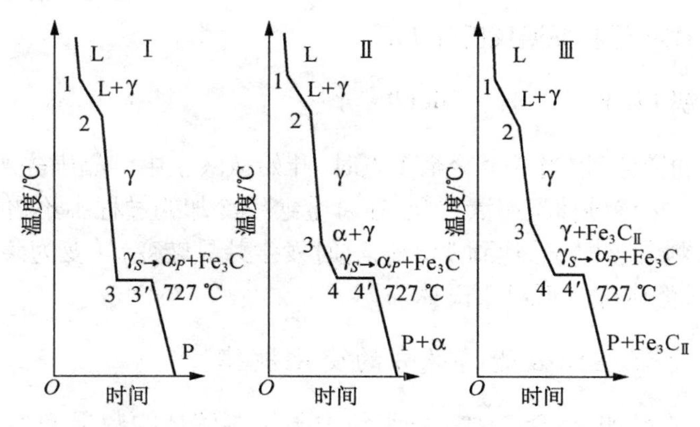

图 1-15　共析、亚共析、过共析钢的结晶过程分析

体沿奥氏体晶界析出，呈网状分布。至 4 点（727 ℃）时，奥氏体成分变为 $w_C = 0.77\%$，于是发生共析转变，形成珠光体。最终组织为珠光体和二次网状渗碳体。

4. 共晶白口铁（$w_C = 4.3$ ）

如图 1-16 所示的合金Ⅳ，合金在 1 点发生共晶转变，形成莱氏体（Ld），即由奥氏体和渗碳体组成的共晶体。继续冷却时，共晶奥氏体将脱溶出二次渗碳体，析出的二次渗碳体与共晶渗碳体混在一起，无法分辨。到 2 点（727 ℃）时，共晶奥氏体的 w_C 降至 0.77%，此时发生共析转变，形成珠光体。因此，室温时共晶白口铁由珠光体与渗碳体组成，这种组织亦称低温莱氏体，以 Ld′表示。

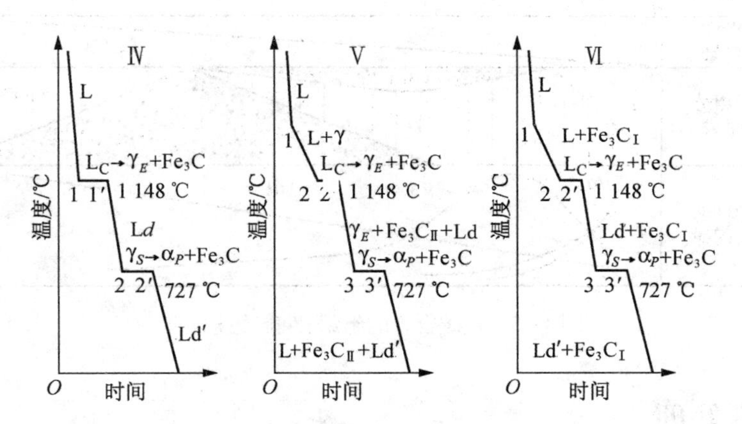

图 1-16　白口铸铁的结晶过程分析

5. 亚共晶白口铁（2.11　　w_C　　4.3　）

如图 1-16 所示的合金Ⅴ，合金冷至 1 点，开始从液相中结晶出共晶奥氏体。至 2 点时，奥氏体 w_C 为 2.11%，液相 w_C 为 4.3%，这时发生共晶转变，形成莱氏体。在共晶转变时，先共晶奥氏体保持不变，共晶转变结束，合金组织为先共晶奥氏体和莱氏体。在 2～3 点之间继续冷却时，从先共晶奥氏体和共晶奥氏体中都析出二次渗碳体，随着二次渗碳体析出，至 3 点时，奥氏体 w_C 降为 0.77%，这时发生共析转变，奥氏体转变为珠光体。亚共晶白口铁在室温下的

组织是珠光体、二次渗碳体和低温莱氏体 Ld'。

6. 过共晶白口铁（4.3　　w_C　　6.69　）

如图 1-16 所示的合金Ⅵ，当合金冷至 1 点时，开始从液相中结晶出先共晶渗碳体，也叫一次渗碳体（$Fe_3C_Ⅰ$），一次渗碳体呈粗大片状，在合金继续冷却的过程中不再发生变化。当温度继续下降到 2 点时，剩余液相 w_C 达到 4.3%，这时发生共晶转变，转变为莱氏体。过共晶白口铁的室温组织为一次渗碳体与低温莱氏体。

1.6.4　铁碳合金室温组织性能随成分的变化规律

随着合金中 w_C 的增加，在合金的室温组织中不仅渗碳体的数量增加，其形态、分布也有变化，因此合金的力学性能也相应变化。铁碳合金的成分、组织、相组成、组织组成、力学性能等变化规律如图 1-17 所示。

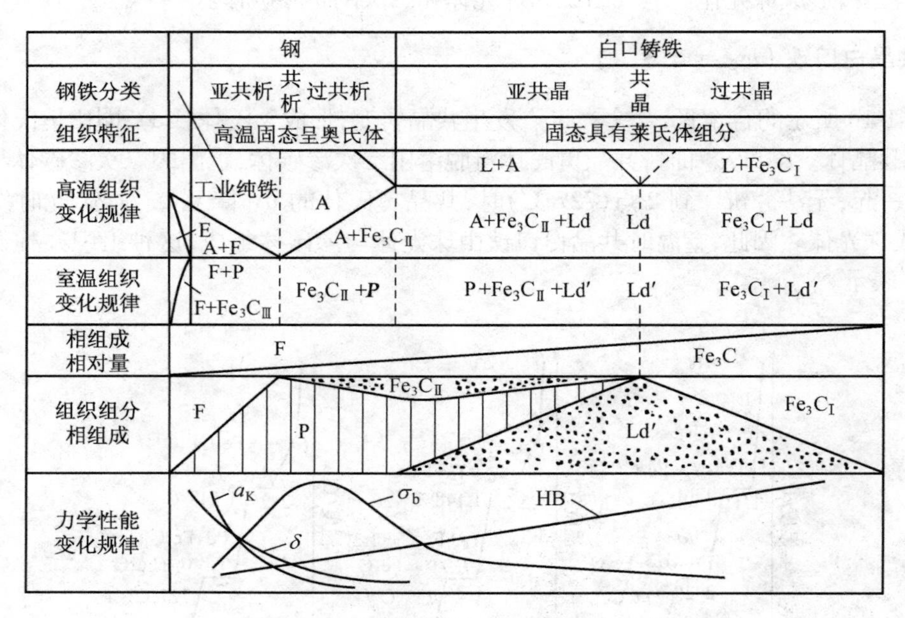

图 1-17　铁碳合金的组织、性能变化规律

1.7　钢的热处理

1.7.1　概述

钢的热处理是将钢在固态下施以不同的加热、保温和冷却，从而获得所需的组织结构和性能的工艺过程。热处理应伴随固态相变或扩散。

在机械制造中，多数零件，特别是重要的机械零件，如齿轮、传动轴、轴承、弹簧、工模具等均需进行热处理。

1.7.2 钢在加热时的转变

在 Fe-Fe_3C 相图中，A_1、A_3 和 A_{cm} 是碳钢在极其缓慢地加热或冷却时的转变温度，是平衡临界点。在实际生产中，不可能极其缓慢地加热和冷却，因此不可能在平衡临界点进行组织转变。如图 1-18 所示，实际加热时各临界点分别用 Ac_1、Ac_3 和 Ac_{cm} 线表示，而实际冷却时各临界点位置分别用 Ar_1、Ar_3 和 Ar_{cm} 线表示。

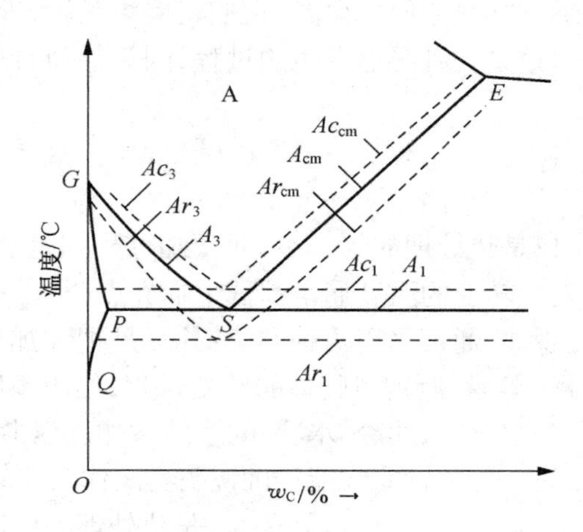

图 1-18　碳素钢加热冷却温度临界点

1. 奥氏体的形成

将共析钢加热到 Ac_1 时便发生珠光体向奥氏体的转变。奥氏体的形成过程分三个阶段，如图 1-19 所示。

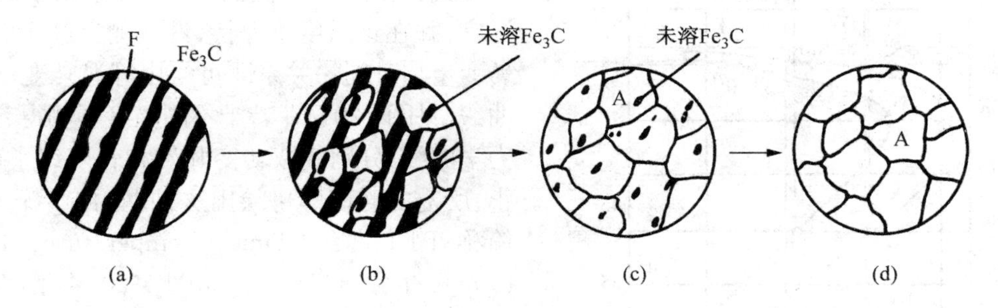

图 1-19　共析钢中奥氏体形成过程示意图

(a) 形核　(b) F 向 A 转化，渗碳体溶解　(c) A 中残余渗碳体溶解　(d) A 成分均匀化

(1) 在珠光体团界面(P/P)及铁素体渗碳体界面(F/Fe_3C)形成奥氏体晶核，并逐步长大，形成奥氏体晶粒。

(2) 残余渗碳体继续溶入奥氏体。由于渗碳体的晶体结构及碳含量都与奥氏体差别很大，故铁素体向奥氏体的转变速度比渗碳体向奥氏体的溶解要快。因此在铁素体全部消失后，仍有部分渗碳体未溶解，随着保温时间的延长，残余渗碳体不断溶入奥氏体，直至全部消失为止。

(3) 奥氏体均匀化。由于原来珠光体中的碳主要集中在渗碳体中，故当残余渗碳体完全溶解后，奥氏体中碳浓度仍是不均匀的，原先渗碳体的地方碳浓度较高，而原先铁素体的地方碳浓度较低，只有继续延长保温时间，通过碳原子的扩散才能获得均匀的奥氏体。

亚共析碳钢和过共析碳钢的奥氏体化过程，首先是珠光体转变为奥氏体，然后是铁素体或渗碳体继续向奥氏体转变或溶解，最后得到单相奥氏体组织。

2. 奥氏体晶粒的长大

奥氏体晶粒形成后，继续加热或保持恒温，它们将聚集长大，即由小晶粒合并为较粗大的晶粒。由热力学原理可知，这是一种必然发生的过程，因为晶粒合并将使晶界总面积减少，从而使总晶界能降低。

1.7.3 钢在冷却时的转变

加热钢使其奥氏体化只是热处理的第一步，而冷却过程则是热处理的关键一步。在热处理生产中，奥氏体冷却时发生转变的温度通常都低于临界点，即有一定的过冷度。为了了解奥氏体在冷却过程中的相变规律，通常采用两种方法：其一是把钢加热并奥氏体化后，快速冷却到 A_1 以下，在不同过冷度下等温，测定奥氏体的转变过程，绘出奥氏体等温转变曲线；另一种是在不同冷却速度（如炉冷、空气冷、油冷、水冷）的连续冷却过程中测定奥氏体的转变过程，绘出奥氏体连续冷却转变曲线。这两种曲线能正确说明奥氏体的冷却条件与组织转变间的相互关系，是热处理的理论基础。

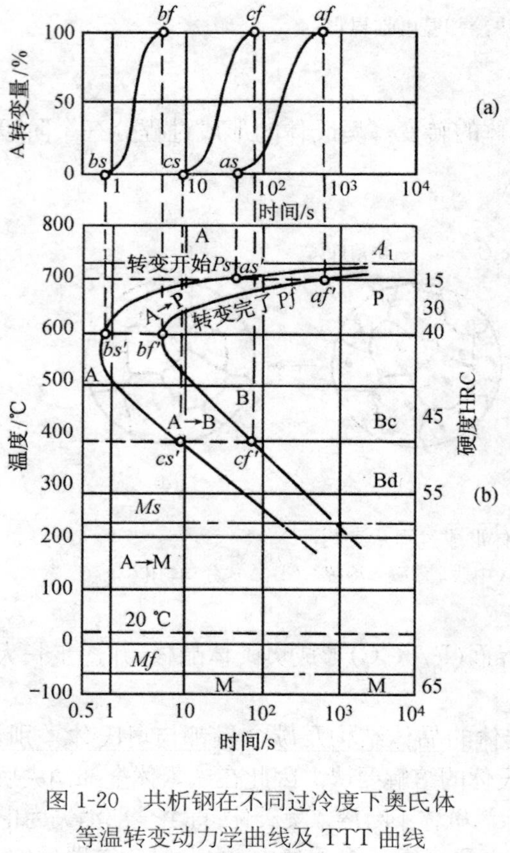

图 1-20　共析钢在不同过冷度下奥氏体等温转变动力学曲线及 TTT 曲线

1. 过冷奥氏体等温转变动力学及 TTT 曲线

转变动力学所研究的是转变量与转变温度和时间的关系，以及影响这种关系的因素。如将奥氏体化后的共析钢急冷至 A_1 以下的某一温度，并在该温度下保持，设法测定过冷奥氏体转变量与时间的关系即可绘出等温转变动力学曲线（见图1-20）。在若干不同温度下测得若干动力学曲线，分别截取转变开始和转变终了（或终止）所需的时间即可绘出这种钢的等温转变图，简称 TTT 曲线（Time，Temperature，Transform），亦称“C”曲线，如图 1-20 的下半部分所示。

图中 A_1 以上是奥氏体稳定区域。A_1 以下转变开始线（图中 as'、bs'、cs'的连线，称奥氏体转变开始线）以左的区域奥氏体处于不稳定状态，经过一段时间孕育期（以转变开始线与纵坐标轴之间的距离来表示）后，它将发生转变，转变完毕形成的线段（图中 af'、bf'、cf'的连线）称奥氏体转变终了线。这种在孕育期暂时存在的、处于不稳定状态的奥氏体，称为过冷奥氏体。过冷奥氏体在不同温度下等温转变所需的孕育期是不同的。随转变温度降低，孕育期先逐渐缩短，然后又逐渐变长，在 550 ℃左右孕育期最短，过冷奥氏体最不稳定，它的转变速度最快，这里称为“C”曲线的“鼻尖”。A_1 以下，转变终止线 af' 以右的区域为转变产物区，在转变开始线和转变终止线之间为过冷奥氏体和转变产物共存区。图中水平线 Ms 为马氏体转变开始温度线，Mf 为马氏体转变终止温度。

按温度的高低和组织形态，过冷奥氏体的转变可以分为三种：550 ℃以上为珠光体转变，Ms 线以下为马氏体转变，550 ℃到 Ms 点之间为贝氏体转变。

2. 过冷奥氏体转变产物特点、形成条件及力学性能

过冷奥氏体转变产物特点、形成条件及力学性能如表 1-5 所示。

表 1-5 过冷奥氏体转变产物特点、形成条件及力学性能

<table>
<tr><th>类型</th><th>名 称</th><th colspan="2">特 点</th><th>形成条件</th><th>力学性能</th></tr>
<tr><td rowspan="3">珠光体</td><td>粗大片状珠光体</td><td colspan="2">铁素体及渗碳体片层在光学显微镜下清晰显现，片间距>0.4 μm</td><td>转变温度较高（共析钢约 700～650 ℃）</td><td>强度、硬度、塑性、韧性一般</td></tr>
<tr><td>细珠光体（索氏体）</td><td colspan="2">在光学显微镜下片层难以分辨，片间距较小（0.4～0.2 μm）</td><td>转变温度较低（共析钢约 650～600 ℃）</td><td>强度、硬度、塑性较粗大片状好</td></tr>
<tr><td>极细珠光体（托氏体）</td><td colspan="2">片层在光学显微镜下不能分辨，片间距很小（<0.2 μm）</td><td>转变温度更低（共析钢约 600～550 ℃）</td><td>强度、硬度、塑性较索氏体好</td></tr>
<tr><td rowspan="2">贝氏体</td><td>上贝氏体</td><td colspan="2">渗碳体分布在铁素体条间，使条间容易脆性断裂</td><td>约在 550～350 ℃的温度区间恒温形成</td><td>脆性大，基本上无实用价值</td></tr>
<tr><td>下贝氏体</td><td colspan="2">针状铁素体细小且无方向性，碳的过饱和程度大，渗碳体沉淀在针状铁素体内，弥散度大</td><td>大约在 350 ℃左右等温形成</td><td>具有较高的强度、硬度、塑性和韧性</td></tr>
<tr><td rowspan="2">马氏体</td><td>板条马氏体</td><td rowspan="2">碳含量与奥氏体相同的过饱和α固溶体、体心立方结构</td><td>平行的板条群由奥氏体晶界长入晶内，板条群间呈一定角度、板条宽约 0.1～0.2 μm</td><td>奥氏体中 $w_C < 0.3\%$，$Ms > 300$ ℃；在每个板条内有高密度位错，亦称位错马氏体</td><td>有较高的塑性和韧性</td></tr>
<tr><td>片状马氏体</td><td>凸透镜片状（针状、竹叶状），初生者较厚长，横跨奥氏体晶粒、次生者尺寸较小，在初生片于 A 晶界之间分布，片间互成一定夹角</td><td>奥氏体中 $w_c = 1\% \sim 1.4\%$，$Ms = 100 \sim 300$ ℃；奥氏体中 $w_C = 0.3\% \sim 1\%$ 时形成板条、片状混合马氏体</td><td>晶格畸变大，淬火应力大，往往存在许多显微裂纹，塑性和韧性很差</td></tr>
</table>

1.7.4 常用钢的热处理

1. 钢的热处理工艺

钢的热处理是指将钢在固态下施以不同的加热、保温、冷却，以求获得所需性能的一种工艺。热处理可以消除上一工艺过程所产生的缺陷，也可以为下一工艺过程创造条件，是充分发挥钢材潜力，提高工件使用性能，提高产品质量，延长工件使用寿命的工艺方法。

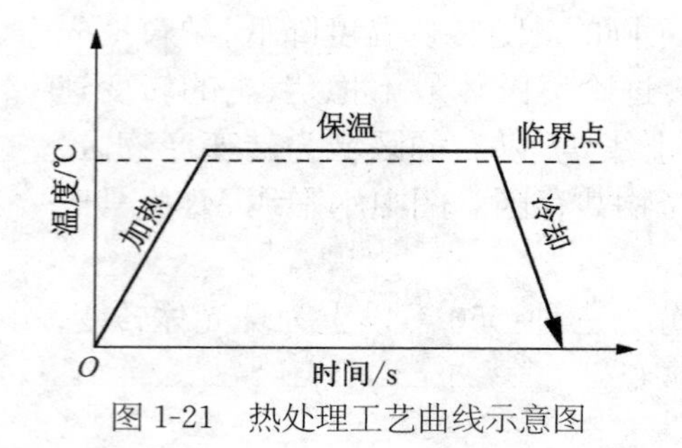

图 1-21　热处理工艺曲线示意图

任何一种热处理都是由加热、保温和冷却三个阶段组成(见图 1-21)。热处理通常分为退火、正火、淬火、回火、表面淬火、化学热处理等几种主要方法。

钢的各种退火和正火的加热温度范围如图 1-22 所示,碳素钢的淬火温度范围如图 1-23 所示。常用的热处理工艺简介如表 1-6 所示。

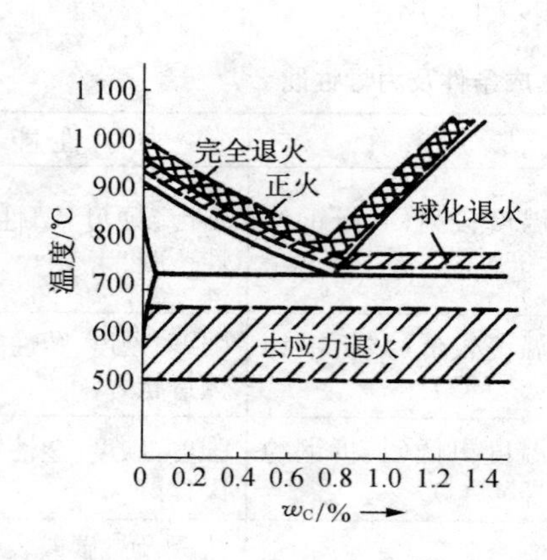

图 1-22　各种退火和正火的加热温度范围

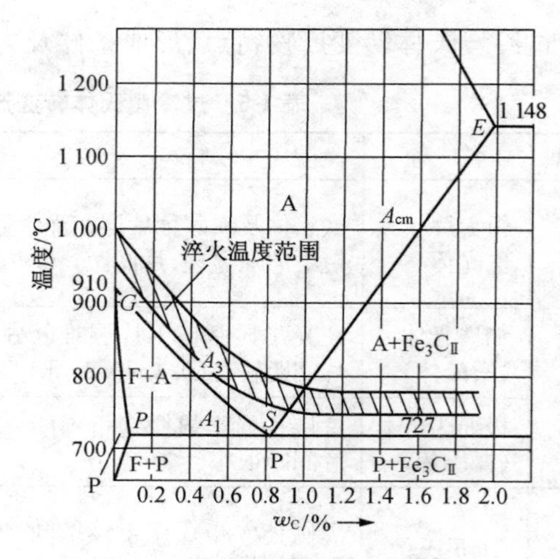

图 1-23　碳素钢的淬火温度范围

表 1-6　常用的热处理工艺简介

热处理名称	热处理方法	热处理后的组织	应用场合
完全退火	将亚共析钢加热到 Ac_3 以上 30～50 ℃,保温后随炉冷到 600 ℃以下,再出炉空气冷却	得到平衡组织铁素体+珠光体	用于亚共析钢和合金钢的铸、锻件,目的是细化晶粒,消除应力,软化钢
等温退火	将亚共析钢加热到 Ac_3 以上,共析钢加热到 Ac_1 以上 20～30 ℃,保温后快速冷却到稍低于 Ar_1 的温度,再进行等温处理使 A 转变为 P 后,然后在空气中冷却	得到平衡组织铁素体+珠光体,组织较为均匀	主要用于奥氏体较为稳定的合金工具钢和高合金钢,与完全退火相比,可大大缩短整个退火时间
球化退火	将过共析钢加热到 Ac_1 以上 20～30 ℃,保温后随炉冷到 700 ℃左右,再出炉空气冷却	在铁素体基体上均匀分布着球状渗碳体组织	用于共析和过共析成分的碳钢和合金钢,能降低硬度,改善切削加工性能
去应力退火	将钢加热到 500～650 ℃,保温后随炉冷却	无组织变化	消除铸、锻、焊、机加工件的残余应力

（续表）

热处理名称	热处理方法	热处理后的组织	应用场合
正火	将钢加热到 Ac_3（或 Ac_{cm}）以上 30～50 ℃，保温后在空气中冷却	可细化普通结构钢晶粒；使共析钢获得索氏体组织；对过共析钢，可以消除二次渗碳体网状结构	低、中碳钢的预备热处理；为球化退火作准备；普通结构零件的最终热处理
淬火	亚共析钢加热到 Ac_3 以上30～50℃，过共析钢加热到 Ac_1 以上 30～50 ℃，保温后在水、油等淬火介质中快速冷却	亚共析钢为细小马氏体组织；过共析钢为马氏体和颗粒状二次渗碳体组织	提高钢件的硬度和耐磨性，是强化钢材最重要的热处理方法
表面淬火	主要有感应加热和火焰加热表面淬火	表层获得硬而耐磨的马氏体组织，心部保持原来塑性、韧性较好的退火、正火或调质状态的组织	表面耐磨，不易产生疲劳破坏，而心部要求有足够的塑性和韧性的工件
高温回火	淬火后，加热到 500 ℃以上，保温后在空气中冷却。又称调质处理	回火索氏体，由细粒状渗碳体和多边形铁素体组成，硬度：25～35HRC	重要零件如轴、齿轮等
中温回火	淬火后，加热到 350～500 ℃，保温后在空气中冷却	回火屈氏体，由极细粒状渗碳体和针状铁素体组成，硬度：35～45HRC	各种弹簧
低温回火	淬火后加热到 150～250 ℃，降低应力和脆性	回火马氏体，高硬度：58～62HRC，耐磨性好	各种工模具及渗碳或表面淬火的工件

2. 淬火方法及淬透性

1）*淬火方法*

(1) 单液淬火法。把加热到奥氏体化后的工件放入一种淬火冷却介质中一直冷却到室温的淬火，称为单液淬火法，如图 1-24(a)所示。例如碳钢在水中的淬火，合金钢在油中的淬火。这种淬火方法操作简便，易实现机械化与自动化，适用于形状简单的工件。

(2) 双液淬火法。对于形状复杂的工件，为了防止在低温范围内马氏体转变时发生裂纹，可先放在水中冷到接近 Ms 点时，立即取出再放入油中冷却，称为双液淬火法，如图 1-24(b)所示，也常称为水淬油冷。如果能恰当地控制好在水中的时间，可以有效地防止产生淬火裂纹，但这要求有较高的操作技术。

(3) 分级淬火法。分级淬火是把加热好的工件先放入温度稍高于 Ms 点的盐浴或碱浴中，保持一段时间，使工件内外的温度达到均匀，然后取出来在空气中冷却，使之发生马氏体转变，如图 1-24(c)所示。这种淬火方法可大大减少热应力和组织应力，明显减小变形和开裂，但由于盐浴或碱浴的冷却能力较小，故此法只适用于截面尺寸比较小(直径或厚度小于 10 mm)的工件。

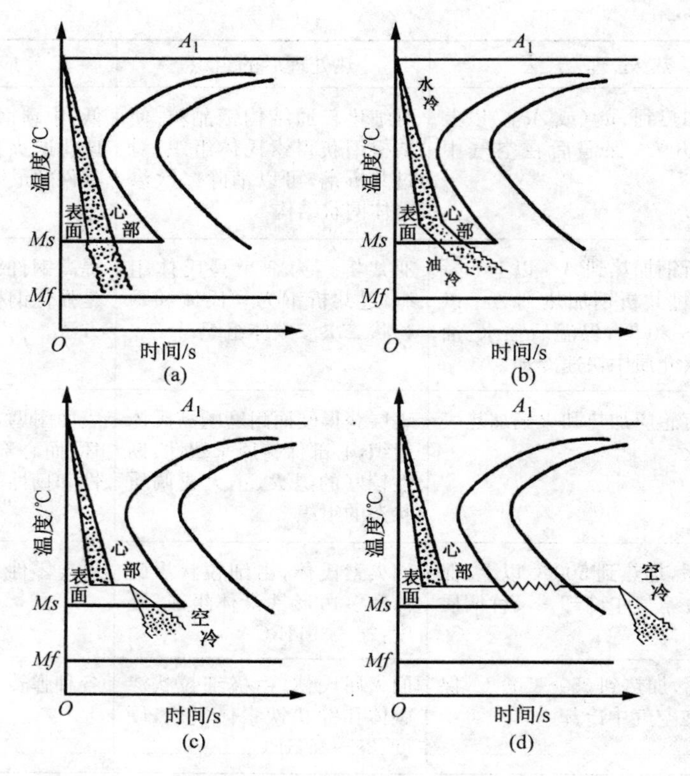

图 1-24　淬火冷却方法示意图

(a) 单液淬火　(b) 双液淬火　(c) 分级淬火　(d) 等温淬火

(4) 等温淬火法。等温淬火的操作方法与分级淬火法相似，只是在盐浴或碱浴中的保温时间要足够长，使过冷奥氏体等温转变为有高强韧性的下贝氏体组织，然后取出空冷，如图 1-24(d)所示。等温淬火法常用来处理形状复杂、尺寸要求精确，并要求有较高强韧性的工具、弹簧等。

2) 淬透性

钢的淬透性是在规定条件下决定零件淬硬深度和截面硬度分布的特性，从概念上表示钢在淬火后获得马氏体组织的能力，冷却后获得全部马氏体组织的这部分截面厚度称为淬透层。对某个零件来说，淬透层越厚说明这种钢的淬透性越高。

一般规定从淬火件表面至半马氏体区(马氏体与非马氏体组织各占一半的地方)的距离为淬透层深度。必须注意，钢的淬透性与淬硬性不是同一个概念。淬硬性是指钢在淬火时的硬化能力，用淬火后马氏体所能达到的最高硬度来表示，它取决于马氏体中的碳含量。

1.8　塑料

1.8.1　塑料的组成

塑料是以合成树脂为主要成分，加入适量的添加剂组成的。合成树脂是由低分子化合物经聚合反应所获得的高分子化合物，如聚乙烯、聚氯乙烯、酚醛树脂等，树脂受热可软化，起粘结作用，塑料的性能主要取决于树脂。绝大多数塑料是以所用的树脂名称来命名的。

加入添加剂的目的是弥补塑料的某些性能的不足。添加剂有填料、增强材料、增塑剂、固化剂、润滑剂、着色剂、稳定剂、阻燃剂等。

1.8.2 塑料的分类和性能

塑料按使用性能可分为通用塑料、工程塑料和耐热塑料三类。

通用塑料的价格低、产量高，约占塑料总产量的3/4以上。如聚乙烯、聚氯乙烯等。

工程塑料是作为制造工程结构件的塑料，其强度大、弹性模量高、韧性好。如聚酰胺、聚甲醛、聚碳酸酯等。通用塑料改性后，也可作为工程塑料使用。

耐热塑料工作温度高于150～200 ℃，但成本高。典型的耐热塑料有聚四氟乙烯、有机硅树脂、芳香尼龙、环氧树脂等。

按塑料受热后的性能，可分为热塑性塑料和热固性塑料。热塑性塑料加热时可熔融，并可多次反复加热使用。热固性塑料经一次成形后，受热不变形，不软化，不能回用，只能塑压一次。常用的塑料及其性能如表1-7所示。

表1-7 常用的塑料及其性能

塑料名称	代 号	性 能 特 点	大 致 用 途
聚 乙 烯	PE	低压PE有良好的耐磨性、耐蚀性、绝缘性、无毒	一般机械构件、化工管道、电缆电线包皮、茶杯、奶瓶、食品袋等
聚氯乙烯	PVC	力学性能较好且有良好的耐蚀性	耐蚀构件、一般绝缘件、薄膜、泡沫塑料
聚 丙 烯	PP	力学性能优于PE，且有良好的耐热性	医疗器械、一般机械零件、高频绝缘件
聚苯乙烯	PS	耐蚀性，高频绝缘性好，耐冲击及耐热性差，易燃、易脆、无色、透明	高频绝缘、耐蚀及日用装饰品、食品盒，泡沫PS可作隔音、包装等材料
ABS塑料	ABS	具有良好的综合性能、冲击强度和低温强度高、表面硬度和耐磨性好	一般构件，减摩、耐磨的齿轮、叶轮，一般化工装置，管道、容器等
聚 酰 胺	PA	即尼龙或锦纶，力学性能很好	轴套、齿轮、导轨贴面、密封圈等
聚 甲 醛	POM	高密度和高结晶性，性能优于尼龙	轴承、齿轮、凸轮及仪表外壳、表盘等
聚碳酸酯	PC	抗拉、抗弯、冲击韧度高，有良好的耐热、耐寒性，耐疲劳性不及PA和POM	耐磨、受力、受冲击的机械和仪表零件，透光性好，可做飞机驾驶室防护玻璃等
聚四氟乙烯	F-4	化学稳定性极好，亦称塑料王，加工成形性差，流动性差，只能采用粉末模压	耐蚀件、耐磨件、密封件、高温绝缘件
酚醛塑料	PF	热固性塑料，强度、刚度大，变形小，耐热性、耐蚀性好，电性能好	一般构件、水润滑轴承、绝缘件、耐蚀衬里等，作复合材料
环氧塑料	EP	热固性塑料，强度高，韧度好，化学稳定性好，绝缘性、耐寒、耐热性好	塑料模具、精密模具、仪表构件，金属涂覆、包封、修补，作复合材料

1.9 现代结构材料

1.9.1 现代材料发展概述

材料是科学与工业技术发展的基础。先进的材料已成为当代文明的主要支柱之一。工程材料按其属性区分,可分为金属材料、无机非金属材料、高分子聚合物材料以及由上述材料组合成的复合材料。现代材料目前正朝高比强度、比模量、高耐温、耐腐蚀的方向进展,并开始向纳米技术发展。

将工程材料按使用性能划分,各类属性的材料均可分为结构材料和功能材料两大类。

结构材料是利用材料的力学性能,所制备的各类器件或构件是为了承受各种形式的载荷,或起支撑作用。因此其高比强度、比模量的要求日益重要。

1.9.2 铝合金

铝合金是使用了100多年的传统材料,目前世界原铝产量达1 900万吨。其中50%用来制取加工材料与深加工产品。目前我国的铝合金品种,约占美国的一半,规格不足美国的1/4。20世纪70年代以来,铝合金的发展有以下几方面:

(1) Al-Li系合金　锂是最轻的金属元素,铝合金中添加百分之几的锂后,可获得时效强化(即铝合金的热处理强化)效果,密度可降低10%,比模量可提高10%。但锂的熔点很低,故铝锂合金冶炼很困难。波音747的外壳用铝锂合金,减轻了较多的质量。飞机单位质量的降低,其产生的经济效益是按几何级数递增的,因此铝锂合金是大有作为的。

(2) 超塑铝合金　超塑成形因变形可达百分之几百,复杂的构件可一次成形。飞机机身隔框、电气外壳等都可采用铝合金超塑成形以节约生产成本。

(3) 粉末冶金铝合金　采用快速凝固制粉技术或机械合金化制粉,可获得晶粒细化且成分均匀的过饱和微合金粉。它比熔铸法合金成分均匀。

(4) 铝合金功能膜　是利用氧化膜内孔洞,充填别的材料以获得所要求的功能。这是近年来的研究热点,应用推广较快。

1.9.3 钛合金

钛合金是近来快速发展的材料。钛及钛合金密度小(4.5 g/cm^3),强度大大高于钢。比强度和比模量性能突出。波音777的起落架采用钛合金制造,大大减轻了质量,经济效益极为显著。钛的耐腐蚀性能优异,是目前耐海水腐蚀的最好的材料。钛是制造工作温度在500 ℃以下,如火箭低温液氮燃料箱、导弹燃料罐、核潜艇船壳、化工厂反应釜等构件的重要材料。我国钛产量居世界第一,TiO_2储量约8亿吨。特别在攀枝花、海南岛钛的资源非常丰富。

但是钛合金高温强度差,不宜在高温中使用。尽管钛的熔点高于1 700 ℃,比镍等金属材料高好几百度,但其使用温度较低,工业纯钛的最高工作温度只有425 ℃(700 K)。如当前使用的飞机涡轮叶片材料是镍铝高温合金。若能采用耐高温钛合金,材料的比强度、耐蚀性和寿命将大大提高。为解决钛合金的高温强度,世界各国正积极研究采用中间化合物即金属和金属之间的化合物作为高温材料。中间化合物熔点较高、结合力强,特别是TiAl,

密度又小,作为航空的高温材料有较大的优越性和发展前途。目前研制的有序化中间化合物使钛合金使用温度达到 600 ℃以上、Ti3Al 达到 750 ℃、TiAl 达到 800 ℃左右,本世纪有望提高到 900 ℃以上。

1.9.4 镍及镍合金

镍是重要的战略性资源。镍基高温合金用以制造喷气发动机涡轮盘及叶片,其使用温度可接近 $0.75T_{熔}$;镍铜系耐蚀合金可制造高压充油电缆、油槽、医疗器材;镍锰系是电真空材料;镍中添加硅、钨或锆和钙或钡可做阴极材料等等。我国金川镍矿的开发,为镍基合金发展提供了必要的条件。

1.9.5 镁及镁合金

镁在地壳中含量为 2.77%,仅次于铝和铁,年产量约 40 万吨。

镁及镁合金的主要优点是密度小,比强度、比模量高,抗振能力强,可承受较大的冲击载荷,同时,切削加工和抛光性能好,因而是航空航天、仪器仪表、交通运输等工业部门的重要结构材料。但是,镁的化学性质活泼,抗腐蚀性能差,熔炼技术复杂,冷变形困难,缺口敏感性大,因而阻碍了其发展。目前以铸造镁合金的应用为主。但近年来研究出的 Mg-Li 合金,其密度为 1.3～1.65 g/cm^3,有超合金之称,且强度高,塑性、韧性好,易焊接,缺口敏感性小,是很有发展前途的变形镁合金。

1.9.6 难熔金属

难熔金属主要有钨、钼、钽、铌、钒、铼,前四种有重要的工业价值,钨的 50%是用于生产硬质合金(做 WC 粉)、穿甲弹芯等,世界用钨量 1 000 t/年,我国生产约 30 t/年。

我国钼储量居世界第二位。钼合金顶头可用于不锈钢穿管机上,钼板、钼丝主要用于电子工业做微波管热电子阴极、真空炉中辐照屏等。钼是高速工具钢、高温合金中的重要组元。

1.9.7 先进陶瓷

陶瓷有很多的优点:密度低,只有钢的 1/3,弹性模量高,缺口敏感性小,耐高温(目前达到 1 400 ℃),膨胀系数低,硬度较高,摩擦因数较低,热稳定性和化学稳定性好,电性能好,属耐高温耐腐蚀绝缘材料。但是,陶瓷的缺点也比较明显:如韧性低,较脆;难加工。

先进陶瓷是相对于用天然无机物烧结的传统陶瓷而言的。以精制的高纯人工合成的无机化合物为原料,采用精密控制的制备工艺烧结而成的陶瓷,其性能远远胜过以往的传统陶瓷。先进陶瓷又称为精细陶瓷或新型陶瓷。

先进陶瓷的主要特性有:

- 绝缘性、半导性、导电性、超导性、压电性、磁性等;
- 耐热性、绝缘、高硬度、耐磨性、抗氧化、高温强度等优异力学性能;
- 生物适应性、催化剂等生物、化学功能;
- 独特的光学功能及光、电、声、热、磁、弹性之间相互转换、耦合的功能。

陶瓷材料大致可分为结构陶瓷、功能陶瓷和生物陶瓷三类。

结构陶瓷是指在高温下作为结构材料使用的陶瓷，也称高温陶瓷或工程陶瓷。它具有在高温下强度和硬度高、蠕变小、抗氧化、耐磨损、耐烧蚀等特性。结构陶瓷大致可分为两大类：1 500 ℃以上高温下短时间使用(几秒到几十分钟)和 1 200 ℃以上的高温下长期使用(几百到数千小时)的陶瓷。前者用于卫星的端头帽、喷管喉衬、航天器中大热流部件等。后者主要用于各种新型热机中的耐热部件，或其他领域的高温结构件、耐腐蚀部件、切削刀具等。

功能陶瓷是具有机、电、声、热、磁、弹性之间的耦合材料，是现代信息、自动化等工业的基础材料。在耐热性、化学稳定性等方面优于金属和有机高分子材料。又称为电子陶瓷。

生物陶瓷始于 20 世纪 60 年代。与金属材料、有机高分子材料相比，它具有与生物机体有较好的相容性和生物活性、耐侵蚀性、耐磨损性等独特性能。

目前陶瓷的发展如下。

(1) 多相复合陶瓷，包括纤维(或晶须)补强的陶瓷基复合材料，异相颗粒弥散的复相陶瓷；两种或两种以上主晶相组合的多相复合陶瓷及梯度功能复合材料。

(2) 纳米陶瓷是一种先进陶瓷。目前已从微米级(从粉体到显微结构)向纳米级尺度发展，由于制备科学上的进展以及工艺上的可行性，这已成为发展趋势之一。

(3) 陶瓷材料按使用性能设计已逐步摆脱以往的经验式的研究而步入按使用性能对陶瓷材料进行设计。

1.9.8 复合材料

复合材料是由两种或两种以上材料，即基体材料和增强材料复合而成的一类多相材料。复合材料保留了组成材料各自的优点，获得单一材料无法具备的优良综合性能。它们是按照性能要求而设计的一种新型材料。

复合材料区别于单一材料的显著特征是材料性能的可设计性，即可以根据工程结构的载荷分布、环境条件和使用要求，选择相应的基体、增强材料和它们各自所占的比例以及选用不同的复合工艺，设计各种排列方向、层数以满足构件的强度、刚度、耐蚀、耐热等要求，为结构的最佳化设计提供广阔的前景。它的另一特征是材料与结构一次成形，即在形成复合材料的同时也就得到了结构件。这一特点使构件零件数目减少，整体化程度提高；同时由于减少甚至取消了接头，避免或减少了铆、焊等工艺，从而减轻了构件质量，改善并提高了构件的耐疲劳性和稳定性等。

复合材料已成为当前结构材料发展的一个重要趋势。玻璃纤维增强树脂基，称为第一代复合材料；碳纤维增强树脂基为第二代复合材料，金属基、陶瓷基及碳基等复合材料则是目前正在发展的第三代复合材料。

复合材料的种类繁多，按基体分，有金属基和非金属基两类。金属基主要有铝、镁、钛、铜等和它们的合金；非金属基主要有合成树脂、碳、石墨、橡胶、陶瓷和水泥等。按使用性能分，有结构复合材料和功能复合材料。

随着高技术对材料耐热等性能的苛刻要求，高性能树脂基复合材料主要向耐热、耐溶剂等方向发展。

1. 增强材料

指纤维、丝、颗粒、片材、织物等。纤维增强材料包括玻璃纤维、碳纤维、硼纤维、芳纶纤维、碳化硅纤维、氮化硅纤维、晶须(丝状单晶,直径很细,强度很高)、颗粒等。

碳纤维复合材料又称高性能复合材料,是指具有比通用复合材料性能更高的材料。其特点是比强度、比模量高、密度低。例如碳纤维增强环氧树脂,其强度和比模量均较高强度钢和铝合金大数倍,抗拉强度则远远超过铝,也超过钢。已广泛应用于航天、航空、军工、原子能、体育用品、娱乐用品和医疗用品。在航空工业中,新型飞机使用碳纤维、硼纤维等高性能复合材料的多少,已成为衡量飞机先进程度主要标志之一。在赛车、赛艇、钓鱼竿等民用方面,高性能复合材料有其他材料无法比拟的优点,用它制成的赛车质量不到 10 kg。用碳纤维与聚甲醛复合制成的齿轮,其疲劳强度远远胜于聚甲醛齿轮;用碳纤维增强聚苯硫醚制成的机械零部件如阀门,可在 200 ℃的多种强酸强碱中使用。

2. 基体材料

基体材料中,树脂基使用最为广泛。树脂基(又称聚合物基)复合材料以树脂为粘结材料,纤维为增强材料。其比强度、比模量大,耐疲劳、耐腐蚀、耐烧蚀好,吸振性好,电绝缘好。热固性树脂中以不饱和聚酯用量最大,热塑性树脂几乎都可用纤维增强。其中玻璃纤维增强塑料应用最广、用量最大、所占比例最高,已广泛应用于机电、汽车、建筑、化工、轻工、造船、运输、冶炼、石油等行业。树脂基复合材料包括玻璃纤维增强热固性塑料、玻璃纤维增强热塑性塑料、石棉纤维增强塑料、芳纶纤维增强塑料、混杂纤维增强塑料等。

碳-碳复合材料是指用碳纤维或石墨纤维或它们的织物作为碳基体骨架,埋入碳基质中增强基质所制成的复合材料。碳-碳复合材料的成分全部是碳元素,w_C 常为 90%以上,有的可达 98%～99%。碳-碳复合材料随所用碳基体骨架用碳纤维性质、骨架的类型和结构、碳基所用原料及制造工艺、碳的质量结构、碳-碳复合材料制成工艺中各种物理和化学变化、界面变化等因素的影响其性能有很大的差别;又由于使用目的、对材料的加工处理等不尽相同,测出的性能数据常常不一致。碳-碳复合材料可制成碳度高、模量好的复合材料。碳-碳复合材料具有较高的化学稳定性和耐高温性,在 1 300 ℃以上,许多高温金属和无机耐高温材料都失去强度,唯独碳-碳复合材料的强度还稍有升高。此外还具有极好的生物相容性,因此在人工关节、人工心脏瓣膜中得到了应用。其缺点是垂直于增强方向的强度低。

金属基复合材料是以金属、合金或金属间化合物为基体,含有增强成分的复合材料,与树脂基复合材料相比,金属基复合材料有较高的力学性能和高温强度,不吸湿,导电、导热,无高分子复合材料常见的老化现象。表 1-8 是几种金属基复合材料的典型实用对象。

表 1-8 主要金属基复合材料的典型实用对象

增强体	基 体	主 要 应 用
硼纤维	铝、钛合金、金属化合物	航天器构件、导弹构件、发动机风扇及压气机叶片
碳纤维(含石墨纤维)	铝、镁合金,铜、铅	卫星天线、支架、波导管,空间站构件,直升机构件,电刷,集成电路基板,蓄电池极板,核装置隔板
碳化硅纤维	铝、钛合金、金属化合物	飞机、导弹构件,轻重武器支架,军用便桥构件,传动轴,发动机叶片及其他耐热件
碳化硅晶须、颗粒	铝、镁、钛合金,金属化合物	发动机活塞,型材,齿轮,连杆,飞机蒙皮,发动机叶片,火箭发动机壳体,耐磨件,耐热构件

(续表)

增强体	基　体	主要应用
氧化铝纤维	铝、镁合金	汽车发动机连杆,活塞销,型材
氧化铝短纤维	铝、镁合金	汽车发动机活塞,型材
钨　丝	高温合金	发动机涡轮叶片
自增强型定向凝固共晶高温合金		发动机涡轮叶片

1.10　功能材料

功能材料是指具有特殊的电、磁、光、热、声、力、化学性能和理化效应的各种新材料,用以对信息和能量的感受、计测、传导、输运、屏蔽、绝缘、吸收、控制、记忆、存储、显示、发射、转化和变换的目的。功能材料是现代高新技术发展的先导和物质基础。

按材料的功能特点,功能材料可分为力功能材料、声功能材料、热功能材料、光功能材料、电功能材料、磁功能材料、化学功能材料、核功能材料、生物医学功能材料等。

1.10.1　传感器用敏感材料

传感器通常由敏感元件和转换元件所组成。敏感材料按物理、化学和结构特性可分为半导体、陶瓷、有机聚合物、金属、复合材料等;按功能可分为力敏材料、热敏材料、气敏材料、湿敏材料、声敏材料、磁敏材料、电化学材料、电压敏材料、生物敏感材料等。

1.10.2　电功能材料

电功能材料是指主要利用材料的电学性能和各种电效应的材料。包括导电材料、超导电材料、电阻材料、电接点材料、电绝缘材料、电容器材料、电压材料、热释电材料和光导电材料等。电功能材料广泛用于电气工程、电子技术和仪器仪表诸领域。

1.10.3　磁功能材料

磁功能材料主要利用材料的磁性能和磁效应,实现对能量和信息的转换、传递、调制、存储、检测等功能。按其化学成分通常分为金属磁性材料(包括金属间化合物)和铁氧体(氧化物磁性材料)两大类。在工程技术中,常常按材料的磁性能、功能和用途将磁功能材料大致分类为软磁材料(变压器磁芯、电感磁芯、磁头磁芯等)、磁记录材料、磁记忆材料、热磁效应、磁致伸缩、磁光效应、永磁材料等。它们广泛用于机械、电力、电子、电信、仪器、仪表等领域。

1.10.4　新能源材料

新能源材料是指在开发、利用新能源(如太阳能、地热能、潮汐能、原子能等)和提高传统能源利用率的技术中起关键作用的材料。包括各种能量转换材料、储能材料、能量输运材料等。

1.10.5　光学功能材料

光学功能材料的发展与信息技术密切结合。主要功能有光的发射和传输、光信息转换、存储、显示、计算和光的吸收。

光学晶体已成为光信息转换、存储及光计算领域的重要功能材料。光传递的信息容量是同轴电缆的10万倍。一束激光可传输100亿路电话或1 000万套电视节目。光导纤维已达到传光2 000 km后功率损耗只有4.2 dB的水平。世界上第一条长达6 684 km的跨大西洋海底光缆(TAT-8工程)最多可同时通4万条话路。光导到现在已发展了好几代,中国的光导目前是第三代,其衰减理论值是0.16,光导材料是高纯度石英玻璃与磷或锗的掺杂物,其中继距离是上百千米,最高已达到2 500 km。光记录材料具有容量大、密度高、存取快速、可存储数字和图像信息的特点,在计算机领域发展迅速。显示显像材料以可见方式显示信息。光吸收材料最重要的应用是隐身材料,雷达吸波材料用于减少雷达对飞行器等的可探测性,达到隐身目的。红外隐身、可见光隐身、声隐身等材料均在发展。

1.10.6 热功能材料

具有独特热物理性能和热效应的材料称为热功能材料,用于制作发热、制冷、感温元件,或作为蓄热、传热、绝热介质,应用于各技术领域。当材料同时兼有优良的热传导、电导和适当的热膨胀特性和强度性能时,又可用来制作集成电路、电子元器件等的基板、引线框架、谐振腔、双金属片等。

1.10.7 力学、声学功能材料

力学、声学功能材料是指主要利用物质的弹性、超弹性、内耗性、形状记忆效应、磁致伸缩效应、电致伸缩效应等,制作弹性元件、发声发振元件、形状记忆元件、智能元件、减振和吸声装置等的材料。力学、声学功能材料包括弹性合金、减振合金、吸声材料、乐器材料、电声材料、超声材料、形状记忆材料等。力学、声学功能材料广泛应用于仪器仪表、机械制造、声学工程等各领域。

1.11 纳米材料

纳米材料是20世纪80年代初发展起来的新材料领域,它具有奇特的性能和广阔的应用前景,被誉为跨世纪的新材料。纳米材料又称超微细材料,其粒子粒径范围在1～100 nm ($1\ \text{nm} = 10^{-9}\ \text{m}$)之间,即指至少在一维方向上受纳米尺度(0.1～100 nm)调制的各种固体超细材料。纳米技术是研究电子、原子和分子运动规律、特性的高新技术学科。

纳米材料按其结构可以分为四类:具有原子簇和原子束结构的称为零维纳米材料;具有纤维结构的称为一维纳米材料;具有层状结构的称为二维纳米材料;晶粒尺寸至少一个方向在几个纳米范围内的称为三维纳米材料。还有就是以上各种形式的复合材料。

按化学组分,可分为纳米金属、纳米晶体、纳米陶瓷、纳米玻璃、纳米高分子和纳米复合材料。按材料物性,可分为纳米半导体、纳米磁性材料、纳米非线性光学材料、纳米铁电体、纳米超导材料、纳米热电材料等。按应用,可分为纳米电子材料、纳米光电子材料、纳米生物医用材料、纳米敏感材料、纳米储能材料等。

习　题

1-1　从下列材料中选出最合适的材料填表,并确定相应的最终热处理方法(或使用状态)。

Q235A,T10,16Mn,W18Cr4V,45,9Cr18Mo,HT200,QT600-3,KTH300-06,KTZ450-06,RuT340,ZG200-400,T8A。

零件名称	选用材料	最终热处理方法(或使用状态)
圆板牙		
手工锯条		
汽车变速箱齿轮		
卧式车床主轴		
汽车曲轴		
自来水管三通		
薄壁凸轮		
大截面复杂缸盖		
手锤		
钢窗		
手术刀		

1-2　铁素体、珠光体、莱氏体中,哪个塑性最好?哪个抗拉强度最大?哪个硬度最高?

1-3　说明下列毛坯改善切削性能的热处理工艺。

20 钢齿轮　　45 钢小轴　　60 钢弹性垫圈　　T12 钢锉刀

1-4　请说出常用的塑料中耐蚀性好的塑料有哪些?

1-5　请说出密度高的塑料有哪些?

1-6　请说出高频绝缘塑料有哪些?

1-7　请各说出 3 种热塑性塑料和热固性塑料的名称。

1-8　什么是比强度、比模量,它们对现代材料有哪些重要意义?

1-9　什么是结构材料,请说出你所知道的 5 种现代结构材料,并指出它们的使用范围。

1-10　什么是功能材料?请说出你所知道的 5 种现代功能材料,并指出它们的使用范围。

1-11　什么是复合材料?举例说明你所知道的 4 种复合材料,并指出它们的使用范围。

1-12　什么是纳米材料?请说出你所知道的 10 种纳米材料,并指出它们的使用范围。

第 2 章　铸造成形

2.1　概述

铸造是熔炼金属，制造铸型，并将熔融金属浇入铸型，凝固后获得一定形状与性能的铸件的成形方法。

在材料成形工艺发展过程中，铸造是历史上最悠久的一种工艺，在我国已有 6 000 多年历史了。从殷商时期就有灿烂的青铜器铸造技术。河南安阳出土的殷朝祭器司母戊鼎，重达 700 kg，长、高都超过 1 m，四周饰有精美的蟠龙纹及饕餮(古代传说中的一种凶恶的野兽)。北京明朝永乐青铜大钟重达 46.5 t，钟高 6.75 m，钟唇厚 22 cm，外径 3.3 m，钟体内遍铸经文 22.7 万字，击钟时尾音长达 2 min 以上，传距 20 km。外形和内腔如此复杂，重量如此巨大，质量要求如此高的青铜大钟，若不采用铸造方法和具有精湛的铸造技术，是难以用其他任何方法制造的。

但由于历史原因，长期以来，我国的铸造生产处于较落后的状态。与当前世界工业化国家的先进水平相比，我国铸造生产的差距不是表现在规模和产量上，而是集中在质量和效率上。国内外铸造生产技术水平的比较如表 2-1 所示。

表 2-1　国内外铸造生产技术水平的比较

比较项目	国　　外	国　　内
尺寸精度	气缸体和气缸盖：一般为 CT8～CT9	CT10，与国外差 2～4 级
表面粗糙度	气缸体和气缸盖：<25 μm	>5 μm
使用寿命	气缸套为 6 000～10 000 h	3 000～6 000 h
铸件废品率	美、英、法、日约为 2%	8%～15%
耗能/吨铸件	360～370 kg 标准煤(合格铸件)	650 kg 标准煤
劳动生产率	65 t/人年	8 t/人年
熔炼技术	富氧送风，铁水温度>1 500 ℃	1 400 ℃
造型工艺	广泛采用流水线，采用高压造型、射压造型和气冲造型	除汽车等行业中少数厂采用半自动、自动化流水线外，多数厂普遍采用 20 世纪 60 年代造型技术
铸造工艺装　　备	造型机精度和精度保持能力很高；造型机精度可保持 1～2 年，设备综合开工率>80%，装备全部标准化、系列化、商品化	精度低，精度保持能力差(<半年)；设备综合开工率<50%。装备标准化、系列化、商品化程度很低
铸造用工艺材料	质量很高，如日本硅砂都经水洗，含泥量小于 0.2%	质量很差，砂只作筛分，含泥量在 2%以上

注：CT 为铸件尺寸公差(Casting Tolerances)的代号，见 GB/T6414—1986。

现代铸造技术在现代化大生产中占据了重要的位置。铸件在机械生产中占的质量比为：汽车 25%，拖拉机 50%～60%，机床 60%～80%。铸件的质量(品质)直接影响到机械产品的质量(品质)。提高铸造生产工艺水平是机械产品更新换代、新产品的开发、现有重大设备维持运转的重要保证，是机械工业调整产品结构，提高生产质量(品质)和经济效益，改变行业面貌的关键之一。

铸造生产的优点：

- 毛坯复杂程度高(外形与内腔)；
- 适应性广(各种合金，质量从几克到几百吨，壁厚由 0.3 mm 到 1 m 以上)；
- 生产批量范围大(单件～几百万件/年)；
- 材料来源广，成本低；
- 可实行近净成形和净终成形。

铸造生产的缺点：

- 力学性能较锻件差；
- 铸造缺陷多，质量不易控制，废品多；
- 劳动条件差。

铸件的生产工艺方法大体分为砂型铸造和特种铸造两大类。砂型铸造的工艺流程如图 2-1所示。

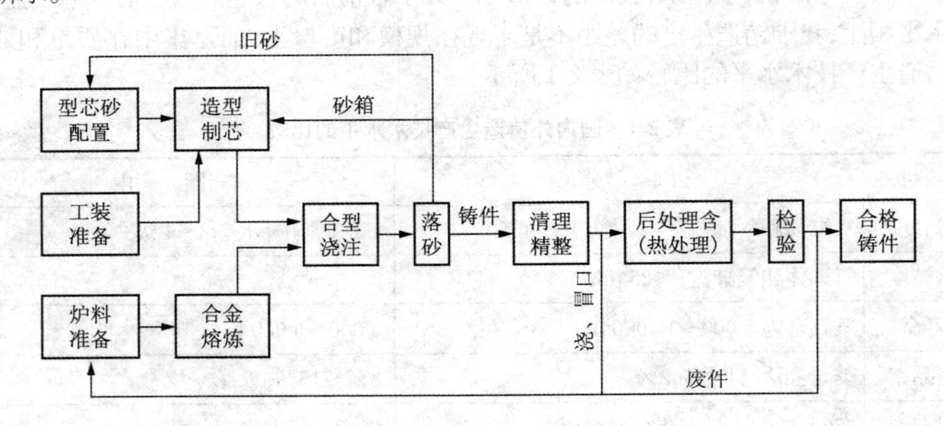

图 2-1 砂型铸造流程图

2.2 铸件成形理论基础

2.2.1 金属的充型

液态金属充满铸型，获得尺寸精确、轮廓清晰的铸件，取决于充型能力。在液态合金充型过程中，一般伴随着结晶现象，若充型能力不足时，在型腔被填满之前，形成的晶粒将充型的通道堵塞，金属液被迫停止流动，于是铸件将产生浇不足或冷隔等缺陷。浇不足使铸件未能获得完整的形状；冷隔时，铸件虽可获得完整的外形，但因存有未完全熔合的垂直接缝，铸件的力学性能严重受损。

充型能力首先取决于金属液本身的流动能力，同时又受铸型性质、浇注条件及铸件结构等因素的影响。

影响充型能力的因素有：合金的流动性、铸型的蓄热系数、铸型温度、铸型中的气体、浇注温度、充型压力、浇注系统的结构、铸件的折算厚度、铸件的复杂程度等(见表2-2)。

表2-2 影响充型能力的因素和原因

序号	影响因素	定　义	影 响 原 因
1	合金的流动性	液态金属本身的流动能力	流动性好，易于浇出轮廓清晰，薄而复杂的铸件；有利于非金属夹杂物和气体的上浮和排除；易于对铸件的收缩进行补缩
2	浇注温度	浇注时金属液的温度	浇注温度越高，充型能力越强
3	充型压力	金属液体在流动方向上所受的压力	压力越大，充型能力越强，但压力过大或充型速度过高时，会发生喷射、飞溅和冷隔现象
4	铸型中的气体	浇注时因铸型发气而形成在铸型内的气体	能在金属液与铸型间产生气膜，减小摩擦阻力，但发气太大，铸型的排气能力又小时，铸型中的气体压力增大，阻碍金属液的流动
5	铸型的蓄热系数	铸型从其中的金属吸取并存储在本身中热量的能力	蓄热系数越大，铸型的激冷能力就越强，金属液于其中保持液态的时间就越短，充型能力下降
6	铸型温度	铸型在浇注时的温度	温度越高，液态金属与铸型的温差就越小，充型能力越强
7	浇注系统的结构	各浇道的结构复杂情况	结构越复杂，流动阻力越大，充型能力越差
8	铸件的折算厚度	铸件体积与表面积之比	折算厚度大，散热慢，充型能力好
9	铸件复杂程度	铸件结构复杂状况	结构复杂，流动阻力大，铸型充填困难

2.2.2 合金的收缩

1. 合金的收缩及影响因素

1）收缩

铸件在凝固和冷却过程中，其体积和尺寸减小的现象称为收缩。

收缩是铸件中许多缺陷(如缩孔、缩松、裂纹、变形、残余应力等)产生的基本原因。为了获得形状和尺寸符合技术要求且组织致密的优质铸件，必须对收缩加以控制。

合金的收缩量通常用体收缩率或线收缩率来表示。

金属从浇注温度冷却到室温要经历三个互相联系的收缩阶段：

(1) 液态收缩。金属在液体状态时的收缩，其原因是由于气体排出，空穴减少，原子间间距减小。

(2) 凝固收缩。金属在凝固过程中的收缩，其原因是由于空穴减少，原子间间距减小。

液态收缩和凝固收缩其外部表现皆为体积减小，一般表现为液面降低，因此称为体积收缩。它是缩孔或缩松形成的基本原因。

(3) 固态收缩。金属在固态过程中的收缩，其原因在于空穴减少，原子间间距减小。

固态收缩还会引起铸件外部尺寸的变化，故又称为尺寸收缩或线收缩。线收缩对铸件形状和尺寸精度影响很大,是铸造应力、变形、裂纹等缺陷产生的基本原因。

不同的合金收缩率不同。在常用的合金中,铸钢的收缩最大,灰口铸铁的收缩最小。因为灰口铸铁中大部分碳是以石墨状态存在的,由于石墨的比体积大,在结晶过程中,石墨析出所产生的体积膨胀,抵消了合金的部分收缩(一般每析出1%的石墨,铸铁体积约增加2%)。

2) 影响收缩的因素

(1) 化学成分的影响。铸钢,随着碳的质量分数增加,收缩率增大。灰口铸铁,随着碳和硅的质量分数增加,则石墨增加,收缩率下降。

(2) 浇注温度的影响。浇注温度升高,收缩率增大。

(3) 铸件结构和铸型条件的影响。当铸件收缩时未受到型砂或型芯阻碍,则易实现自由收缩,收缩率较大。

3) 缩孔及缩松

铸件凝固结束后常常在某些部位出现孔洞,大而集中的孔洞称为缩孔,细小而分散的孔洞称为缩松。缩孔和缩松可使铸件力学性能、气密性和物化性能大大降低,以致成为废品,是极其有害的铸造缺陷之一。

集中缩孔易于检查和修补,便于采取工艺措施防止它的产生。但缩松,特别是显微缩松,分布面广,既难以补缩,又难以发现。

合金液态收缩和凝固收缩越大(如铸钢、白口铸铁、铝青铜等),收缩的容积就越大,越易形成缩孔。合金浇注温度越高,液态收缩也越大(通常每提高100 ℃,体积收缩增加1.6%左右),越易产生缩孔。结晶间隔大的合金,易于产生缩松;纯金属或共晶成分的合金,易于形成集中的缩孔。

4) 防止产生缩孔和缩松的方法

图2-2是铸件产生缩孔的示意图,图中画圆圈的部位,是铸件的厚大部位,亦称热节,铸件截面处的内接圆圈亦称热节圆。热节圆是铸件中最后冷却的部分,由于热节圆部分的金属液体补充了薄壁部分的收缩,当热节圆处收缩时,若无其他金属液体的补充,则铸件的缩孔往往产生在热节圆最大的部分。防止缩孔的方法可以考虑采用冒口补充热节圆处的金属液体,和采用冷铁激冷远离冒口处的金属,在生产上一般称为定向凝固补缩原则。即远离冒口处的金属先凝固,靠近冒口处的金属后凝固,冒口处的金属最后凝固,形成一条畅通的补缩通道,如图2-3所示。

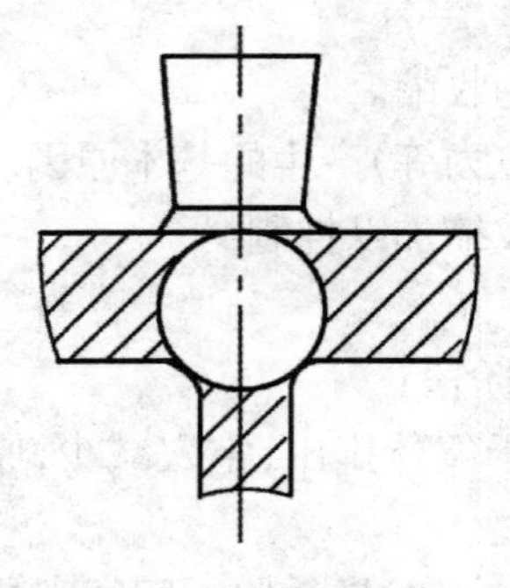

图2-2　铸件的热节

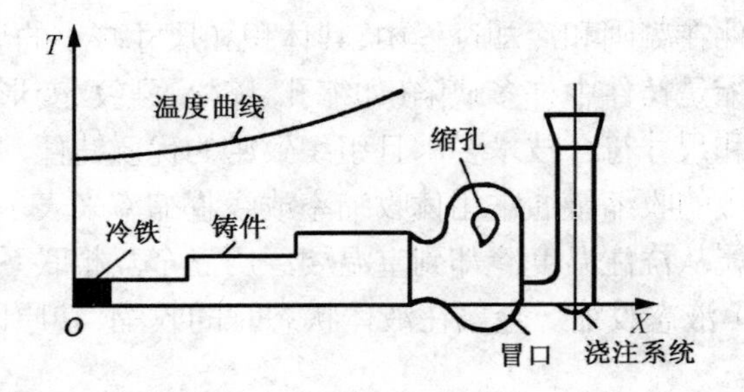

图2-3　铸件的定向凝固

2. 铸造应力

铸件在凝固之后的冷却过程中,不断产生固态线收缩,使铸件的体积和尺寸发生变化。如果收缩受阻,就会在铸件中产生"应力",这种应力称为铸造应力。

铸造应力不是由外加载荷产生的，而是由于铸造本身的原因所造成的，故也称作“铸造内应力”。通常铸造内应力残留在铸件内部，如不去除应力，就会削弱铸件的结构强度，同时可使铸件在机械加工后尺寸发生改变。

铸造内应力根据形成原因的不同可分为热应力、相变应力和收缩(机械)应力三种。这些应力可能是暂时的，也可能是残留的。当产生应力的原因被消除，应力也随之消失，这种应力称为临时应力。若原因消除后，应力仍然存在，则称为残余应力。

1）热应力

热应力是由于铸件壁厚不均匀，各部分冷却速度不同，以致在同一时期内各部分收缩不一致而产生的。一般在厚壁处产生拉应力，在薄壁处产生压应力。

2）机械应力(收缩应力)

铸件冷却到弹性状态后，由于受到铸型、型芯、浇冒口等的机械阻碍而产生的应力称为机械应力。图 2-4 为法兰收缩产生的机械应力示意图。机械应力一般都是拉应力，且是一种临时应力，当约束消除后会逐渐释放而消除。但如果临时拉应力和残留热应力叠加或与作用在铸件上的外力叠加超过铸件的强度极限时，铸件将产生裂纹。

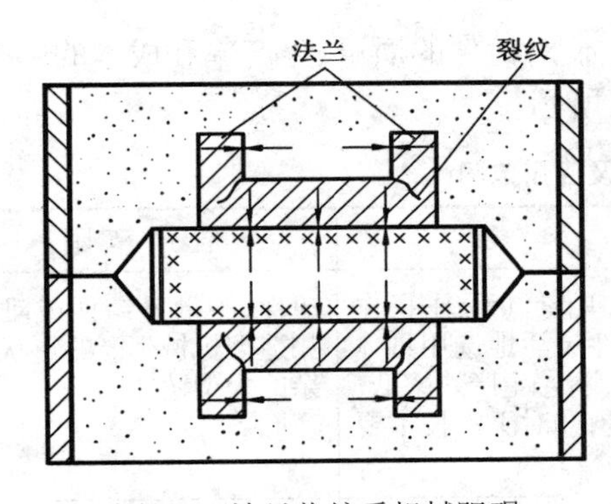

图 2-4　法兰收缩受机械阻碍

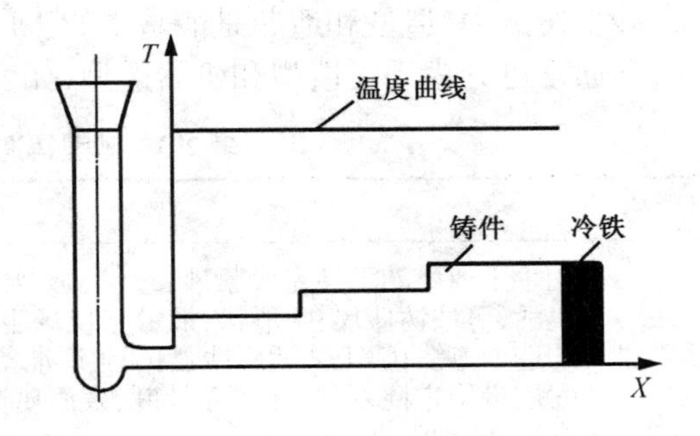

图 2-5　铸件的同时凝固

铸造应力对铸件质量危害很大。它使铸件的精度和使用寿命大大降低。在存放、加工甚至使用过程中铸件内的残余应力将重新分布，使铸件产生翘曲变形或裂纹。它还降低铸件的耐腐蚀性，因此必须尽量减小和消除。

3）减小和消除铸造应力的方法

(1) 采用合适的铸造工艺。使铸件的凝固过程符合同时凝固原则，如图 2-5 所示。

(2) 造型工艺。采用相应措施，减小铸造应力，如改善铸型、型芯的退让性(型、芯砂内加入木屑、焦炭末等附加物，控制舂砂松紧度)，合理设置浇口、冒口等。

(3) 铸件结构。尽量避免阻碍收缩的结构，使铸件各部分能自由收缩。如壁厚均匀，壁和壁之间连接均匀、热节小而分散的结构，可减少铸造应力。

(4) 去应力退火。将铸件加热到塑性状态，对灰铸铁中、小件为 550～660 ℃，保温 3～6 h 后缓慢冷却，可消除残留铸造应力。

3. 铸件的变形

对于厚薄不均、截面不对称及具有细长特点的杆类、板类、轮类等铸件，当残留铸造应力超过铸件材料的屈服强度时,往往会产生翘曲变形。如框形铸件(见图 2-6a),梁形铸件(见图 2-6b)。变形使铸造应力重新分布,残留应力会减小一些,但不会完全消除。

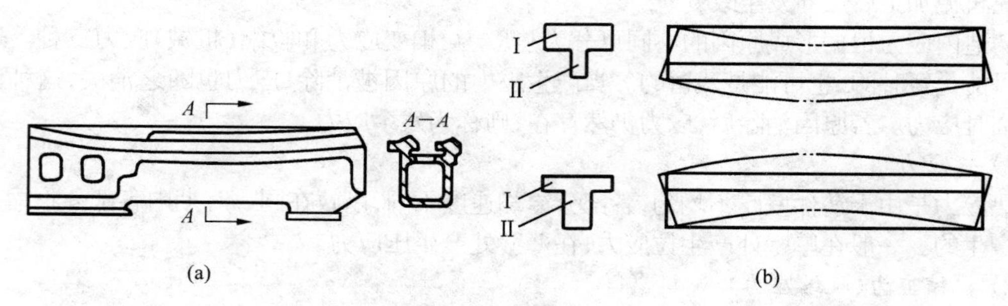

图 2-6　铸件的变形

(a) 机床床身铸件的变形底　(b) 梁形铸件的变形

2.3　造型方法

在砂型铸造中,造型和造芯是最基本的工序。它们对铸件的质量、生产率和成本的影响很大。造型通常可分为手工造型和机器造型,如表 2-3 所示。

表 2-3　砂型铸造方法及应用范围

造型方法	特　点	应 用 范 围
手工造型	用手工或手动工具完成紧砂、起模、修型工序。其特点为:①操作灵活,可按铸件尺寸、形状、批量与现场生产条件灵活地选用具体的造型方法;②工艺适应性强;③生产准备周期短;④生产效率低;⑤质量稳定性差,铸件尺寸精度、表面质量较差;⑥对工人技术要求高,劳动强度大	单件、小批量铸件或难以用造型机械生产的形状复杂的大型铸件
机器造型	采用机器完成全部操作(至少完成紧砂操作的造型方法),效率高、铸型和铸件质量好,但投资较大	大量或成批生产的中小铸件

2.3.1　手工造型

根据铸件结构、生产批量和生产条件可选用不同的手工造型方法。表 2-4 列出常用手工造型方法的特点和应用范围。

1. 两箱造型

两箱造型是铸造中最常用的一种造型方法,其特点是方便灵活,适应性强。

1) 两箱整模造型

两箱整模造型的特点是采用整体模样,模样截面由大到小,放在一个砂箱内,可一次从砂型中取出,造型比较方便。图 2-7 为轴盖铸件整模造型操作顺序。在图 2-7(a)中可见,该铸件截面是由底面到顶面逐渐缩减的,因此可采用两箱整模造型。

轴盖铸件的造型过程如下:(a)在造型平板上安放模样;(b)在模样上洒防粘模材料;(c)洒面砂;(d)铲填背砂;(e)舂实型砂;(f)刮去多余型砂;(g)翻转砂箱;(h)洒分型砂并吹去模样上

的分型砂;(i)放上箱并洒防粘模材料;(j)上箱加分型砂;(k)上箱加砂、紧实、刮平;(l)上型扎出气孔;(m)分型、起模;(n)修型;(o)挖内浇道;(p)合型浇注(见图 2-7)。

表 2-4　常用的手工造型方法的特点和应用范围

分类	造型方法	特点			应用范围
		模样结构和分型面	砂箱	操作	
按模样特征	整模造型	整体模,分型面为平面	两个砂箱	简单	较广
	分模造型	分开模,分型面多为平面	二到多箱	较简单	较广
	活块造型	模样上有妨碍起模的部分需做成活块	二到多箱	较费事	各种单件小批中小件
	挖砂造型	整体模,铸件的最大截面不在分型面处,需挖去阻碍起模的型砂才能取出模样,分型面一般为曲面	二到多箱	对工人的技能要求较高,费事	单件小批中小件
	假箱造型	为免去挖砂操作,利用假箱来代替挖砂操作,分型面仍为曲面	二到多箱	较简单	成批生产的需挖砂零件
	刮板造型	用和铸件截面相适应的木板代替模样,分型面为平面	两个砂箱	对工人的技能要求较高,费事	大中型轮类、管类单件小批生产
按砂箱特征	两箱造型	各类模样,分型面为平面或曲面,可机器造型也可手工造型	两个砂箱	简单	较广
	三箱造型	铸件中间截面较两端小,使用两箱造型取不出模样,所以必须采用分开模,分型面一般为平面,有两个分型面,不能机器造型	三个砂箱	费事	较广

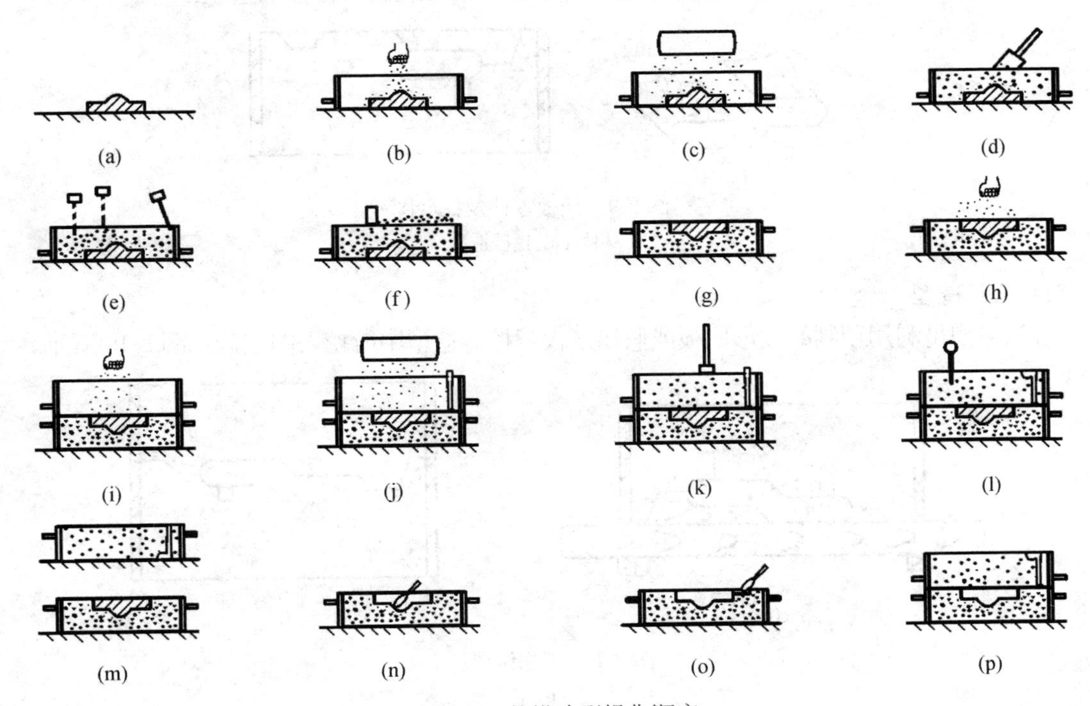

图 2-7　整模造型操作顺序

2）两箱分模造型

分模造型的特点就是当铸件截面不是由大到小逐渐递减时，将模样在最大水平截面处分开，使其能在不同的铸型或分型面上顺利起出。最简单的分模造型即为两箱分模造型。如图 2-8所示。

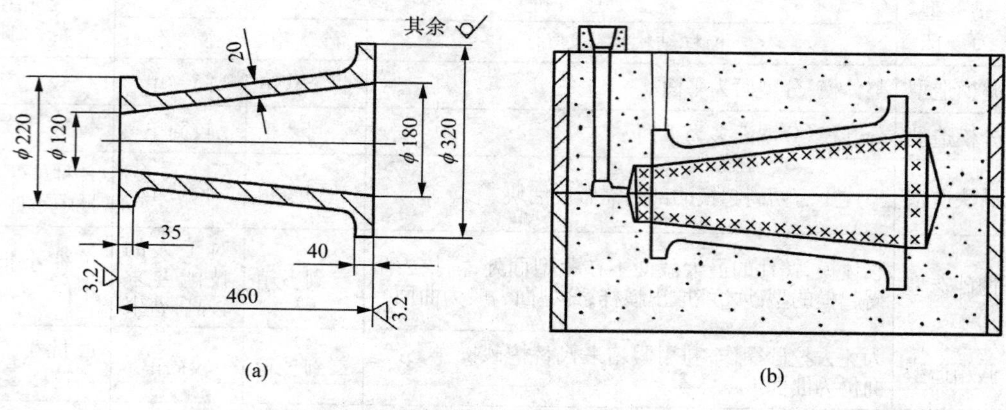

图 2-8　异口径管零件两箱分模造型合型图

(a) 零件图 (b) 合型图

3）挖砂造型

有些铸件的分型面是一个曲面，如图 2-9(a)所示，起模时，覆盖在模样上面的型砂阻碍模样的起出，必须将覆盖其上的砂挖去，如图2-9(b)所示，才能正常起模。采用这种方法造型称为挖砂造型。挖砂造型的生产率很低，对操作人员的技术水平要求较高，它只适用于单件少量生产的小型铸件。当铸件的生产数量较多时，可采用假箱造型代替挖砂造型。

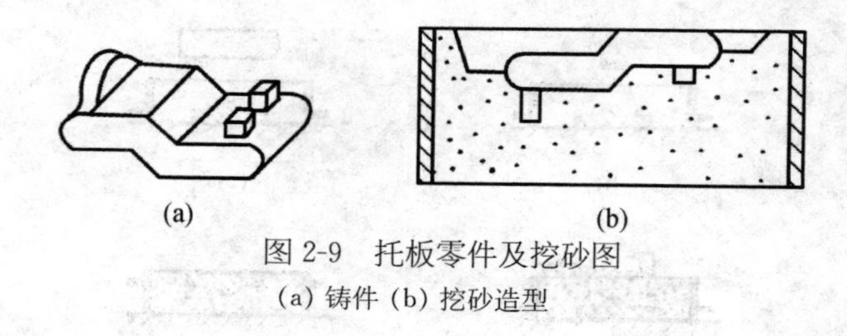

图 2-9　托板零件及挖砂图

(a) 铸件 (b) 挖砂造型

4）假箱造型

假箱造型是利用预制的成形底板或假箱来代替挖砂造型中所挖去的型砂。图 2-10 所示。

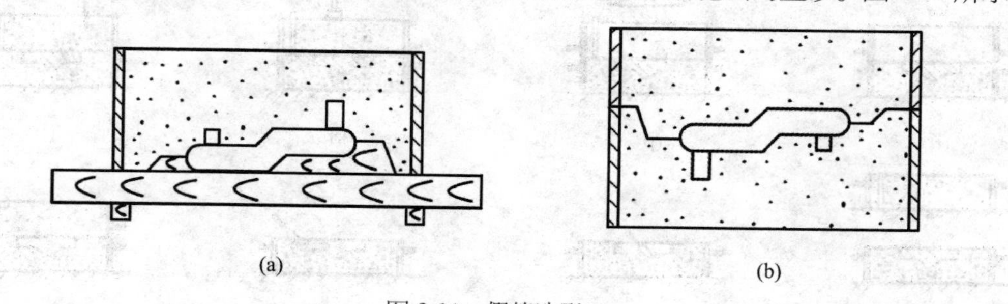

图 2-10　假箱造型

(a) 假箱 (b) 合型图

2. 三箱造型

铸件两端截面尺寸比中间部分大,必须采用分开模,若使用两箱造型,仍取不出模样。图2-11(a)为槽轮铸件图,采用两箱造型无法取出模样,故只能采用三箱造型。三箱造型有两个分型面,其分型面一般为平面。

三箱造型的特点为只能手工造型,造型比较麻烦,适应于单件小批生产。中箱的高度与中箱模样的高度相等,故中箱的通用性较差。由于机器造型不能采用三箱造型,在大批生产时,往往采用外型芯环,使槽轮铸件的三箱造型变为两箱造型,如图 2-11(b)所示。

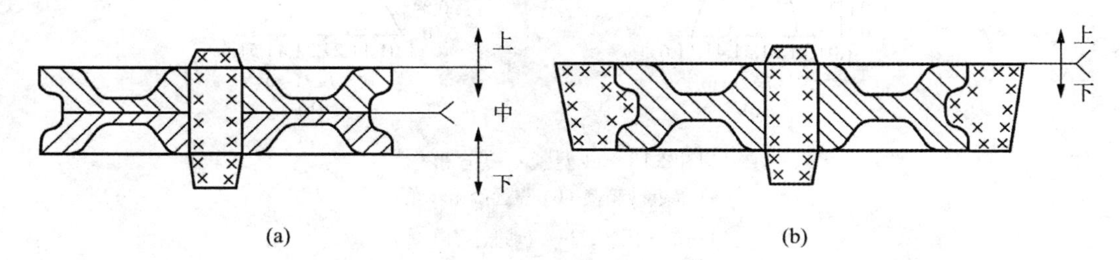

图 2-11 槽轮铸件的造型方案

(a) 单件小批生产,三箱造型 (b) 大批生产,采用外型芯环工艺

2.3.2 机器造型

随着现代化大生产的发展,机器造型已代替了大部分的手工造型,机器造型不但生产率高,而且质量稳定,劳动强度低,是成批大量生产铸件的主要方法。机器造型的实质是用机器进行紧砂和起模,根据紧砂和起模的方式不同,有各种不同种类的造型机。

1. 气动微振压实造型

气动微振压实造型是采用振动(频率 150~500 Hz,振幅 25~80 mm)—压实—微振(频率400~3 000 Hz,振幅 5~10 mm)紧实型砂的。气动微振压实造型机紧砂原理如图 2-12 所示。气动微振压实造型的特点如下。

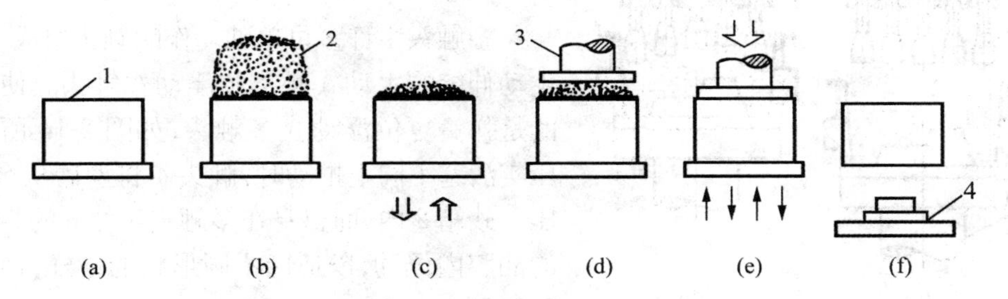

图 2-12 气动微振压实造型机紧砂原理图

(a) 砂箱复位 (b) 加砂 (c) 振实 (d) 压头进入 (e) 压振 (f) 起模

1—砂箱; 2—型砂; 3—压头;4—单面模板

(1) 紧实效果好,可在压实同时进行微振,从而促进型砂流动,获得紧实度较高而且均匀

的砂型(见图 2-13)。采用气动微振相当于增加 30%～50%甚至 75%的压实力。

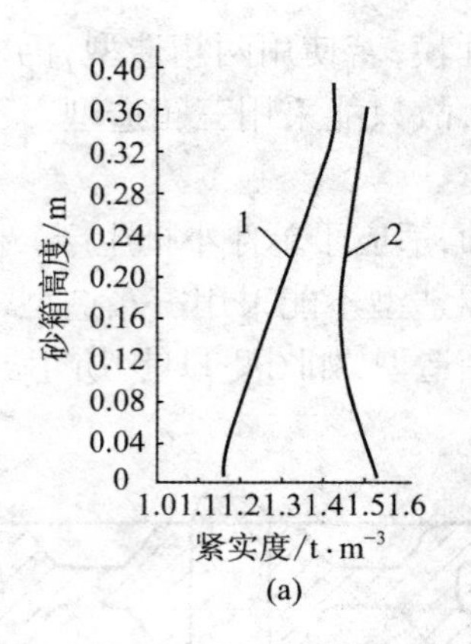

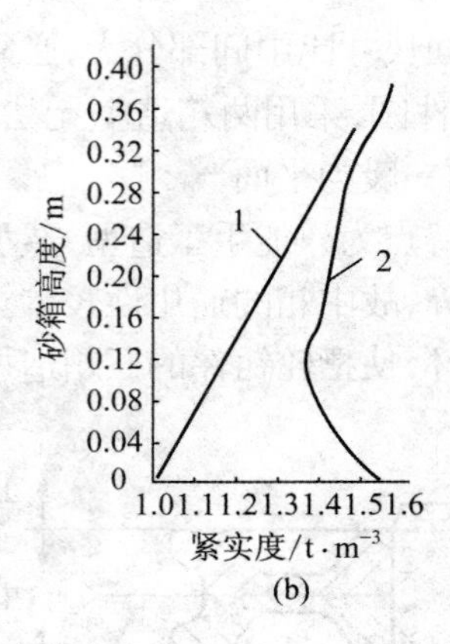

图 2-13 砂型紧实度分布

(a) 靠近砂箱壁 (b) 靠近砂箱转角

1—单纯压实；2—气动微振压实

(2) 工作适应性强,可根据铸件形状特点选择不同的紧实方式;型腔深窄、砂型紧实度要求高时采用预振加压振方式;型腔深窄、砂型紧实度要求不高时采用预振加压实方式;型腔平坦时采用压振方式以提高生产率;铸件不高、形状简单时只用单纯压实方式以便消除振击噪音。

(3) 生产率较高,达到适宜的砂型紧实度所需的时间较短。

(4) 对机器地基要求相对较低,其缺点是振击噪音大,砂箱、模板的定位销和销套磨损较快。

气动微振压实造型通常是指比压为 0.15～0.4 MPa 的低压造型。但气动微振也可与高压、中压压实配合使用。目前,气动微振压实造型在中小铸件生产中已广泛使用。其对型砂和工艺装备的要求与一般机器造型相同。

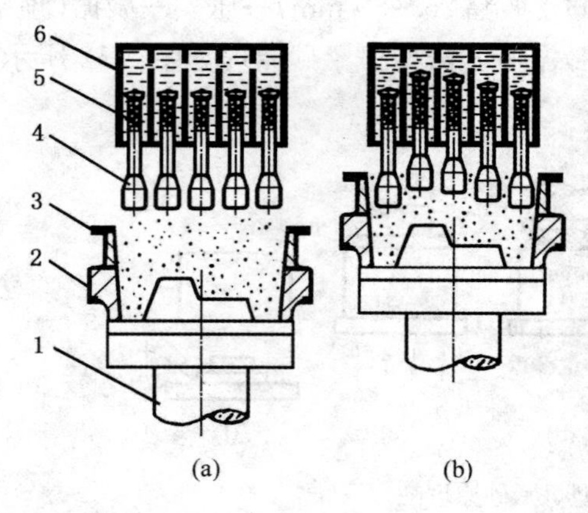

图 2-14 多触头高压造型工作原理

(a) 原始位置 (b) 压实位置

1—压实活塞；2—砂箱；3—余砂框；4—触头；5—弹簧；6—多触头箱体

2. 多触头高压造型

多触头由许多可单独动作的触头组成,可分为主动伸缩的主动式触头和浮动式触头。使用较多的是弹簧复位浮动式多触头,如图 2-14 所示。当压实活塞 1 向上推动时,触头 4 将型砂从余砂框 3 压入砂箱 2 内,而自身在多触头箱体 6 的相互连通的油腔内浮动,以适应不同形状的模样,使整个型砂得到均匀的紧实度。

多触头高压造型通常也配备气动微振装置,以便提高工作适应能力。

多触头高压造型辅机多,砂箱数量大,造价高,适用于各种形状中小铸件的大量或成批生产。

3. 垂直分型无箱造型

在造型、下芯、合型及浇注过程中,铸型的分型面呈垂直状态(垂直于地面)的无箱造型法称为垂直分型无箱造型。其工艺过程如图2-15所示,由射砂压实,起模Ⅰ,合型,起模Ⅱ,关闭造型室等过程所组成。它主要适用于大批大量的中小型铸件的生产。

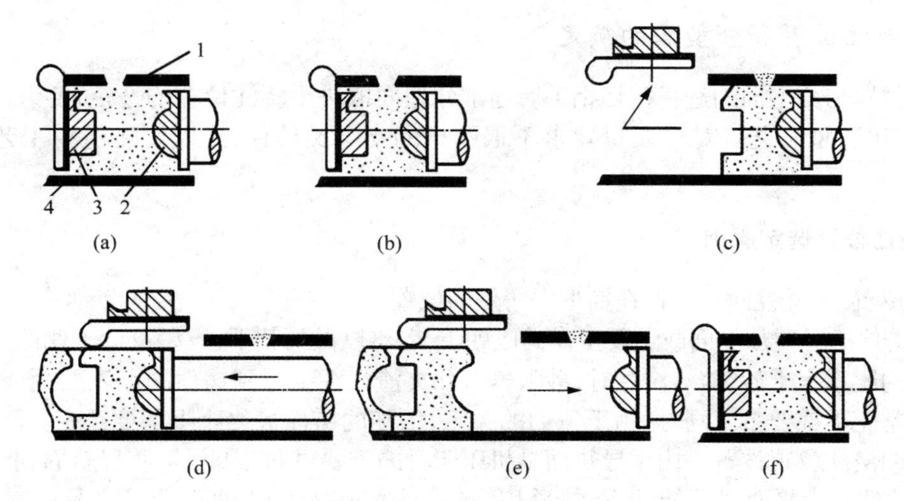

图2-15 DISA垂直分型无箱造型机工艺过程

(a) 射砂 (b) 压实 (c) 起模Ⅰ (d) 合型 (e) 起模Ⅱ (f) 关闭造型室

1—射砂板;2—压实模板;3—反压模板;4—底板

垂直分型无箱造型工艺的优点如下。

(1) 采用射砂填砂又经高压压实,砂型硬度高且均匀。铸件尺寸精确、表面光洁。

(2) 无需砂箱,节约了有关砂箱的一切费用。

(3) 一块砂型两面成形,既节约型砂,生产率又高。

(4) 可使造型、浇注、冷却、落砂等设备组成简单的直线系统,占地省。

垂直分型无箱造型工艺的缺点:

(5) 下芯不如水平分型时方便,下芯时间不允许超过7~8 s,否则将严重降低造型机的生产率。

(6) 模板、芯盒及下芯框等工装费用高。

2.3.3 造型生产线

造型机具有很高的生产率,如气动微振压实造型机生产率>100型/h,多触头高压造型机生产率140~240型/h,射压造型机在无型芯的情况下生产率达200~360型/h。但造型机只能实现紧砂和起模的机械化和自动化,其他辅助工序如翻型、下芯、合型、压铁、浇注、落砂、砂箱运输等也需实行机械化,才能完全发挥出造型机的效率。在大量生产时,均采用造型生产线来组织生产。即将造型机和其他辅机按照铸造工艺流程,用运输设备联系起来,组成一套机械化、自动化铸造生产系统。

2.4 铸造工艺分析

在铸造生产中,一般根据产品的结构、技术要求、生产批量及生产条件进行工艺设计。大批量定型产品或特殊重要铸件的工艺设计应订得细致些,单件、小批生产的一般性产品则可简化。

2.4.1 浇注位置和分型面的确定

浇注位置与分型面的选择密切相关。通常分型面取决于浇注位置的选定,要考虑既保证质量,又简化造型工艺。对于质量要求不很严格的支架类铸件,应以简化造型工艺选定分型面。

1. 浇注位置选定原则

浇注位置——浇注时,铸件在铸型中所处的位置。

(1) 铸件的重要加工面或主要工作面应朝下,若难以做到朝下,应尽量位于侧面。这是因为金属液的比重大于砂、渣。浇注时,砂眼气泡和夹渣往往上浮到铸件的上表面,所以上表面的缺陷通常比下部要多。同时,由于重力的关系,下部的铸件最终比上部要致密。图 2-16 是机床床身的浇注位置设置。由于导轨面是机床床身的重要表面,因此,应将导轨面朝下设置。

(2) 铸件的大平面尽可能朝下,或采用倾斜浇注。铸型的上表面除了容易产生砂眼、气孔、夹渣外,大平面还常产生夹砂缺陷。这是由于在浇注过程中,高温的液态金属对型腔上表面有强烈的热辐射,型砂因急剧膨胀和强度下降而拱起或开裂,拱起处或裂口浸入金属液中,形成夹砂缺陷,如图 2-17 所示。同时铸件的大平面朝下,也有利于排气、减小金属液对铸型的冲刷力。

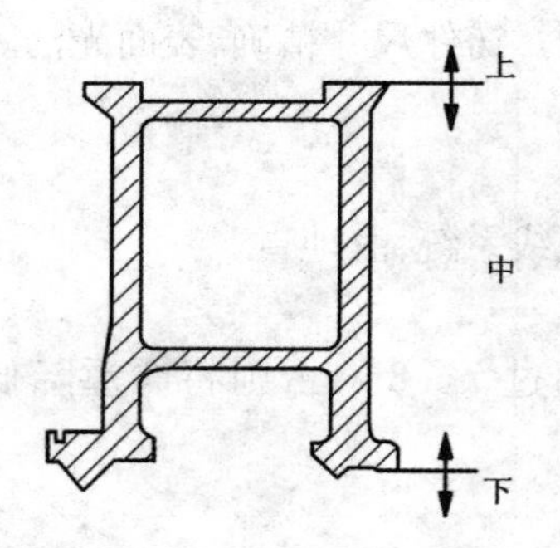

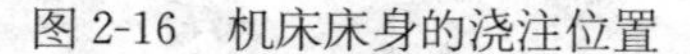

图 2-16 机床床身的浇注位置

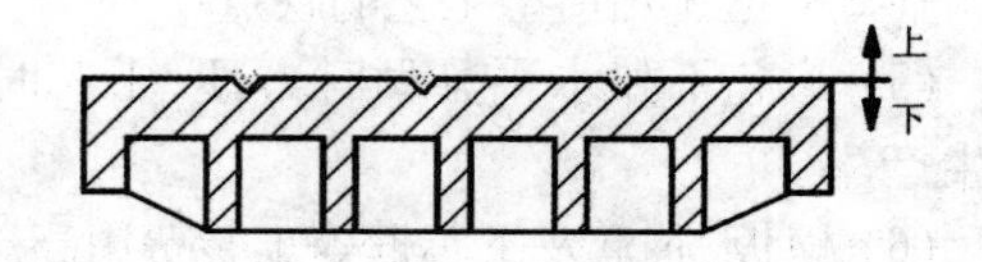

图 2-17 大平面朝上引起夹渣缺陷

(3) 尽量将铸件大面积的薄壁部分放在铸型的下部或垂直、倾斜(见图 2-18)。这能增加薄壁处金属液的压强,提高金属液的流动性,防止薄壁部分产生浇不足或冷隔缺陷。

(4) 热节处应位于分型面附近的上部或侧面。容易形成缩孔的铸件(如铸钢、球墨铸铁、可锻铸铁、黄铜)浇注时应把厚的部位放在分型面附近的上部或侧面,以便安放冒口,实现定向凝固,进行补缩,如图 2-19 所示。

(5) 便于型芯的固定和排气,能减少型芯的数量。图 2-20(a)的浇注位置使型芯悬臂放置不易固定牢固;图 2-20(b)将铸件转 90°放置,可采用自带型芯(砂垛),节省了型芯砂,且不存在型芯固定问题。一般自带型芯时，型芯高度 H 和直径 D 之比必须小于1，即：$\frac{H}{D}<1$。

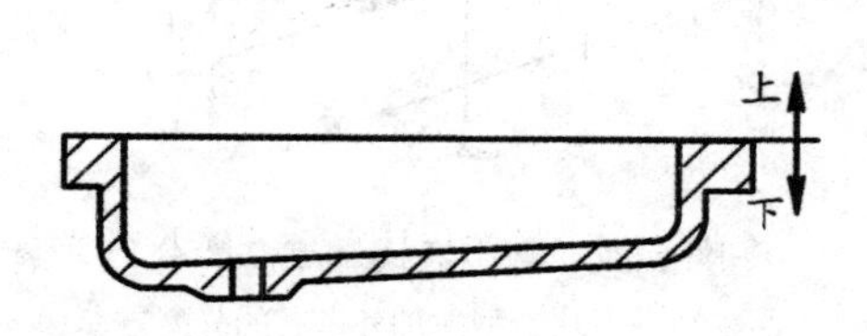

图 2-18　大面积薄壁铸件浇注位置

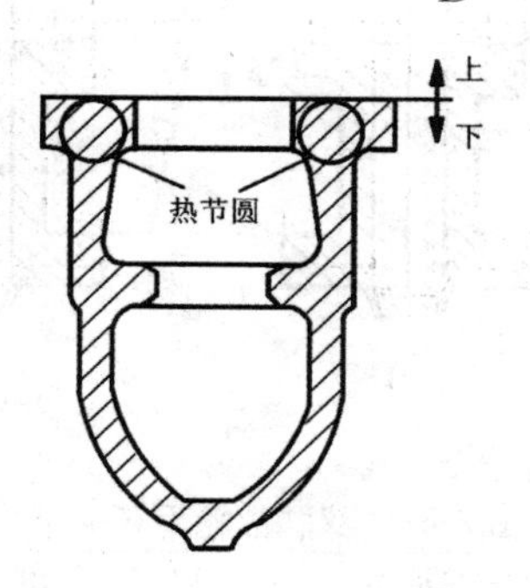

图 2-19　有热节的浇注位置

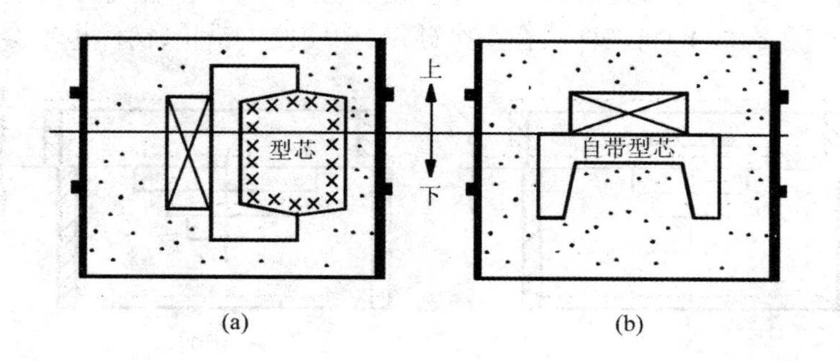

图 2-20　便于型芯固定和减少型芯的浇注位置
(a) 型芯不易固定　(b) 自带型芯

2. 分型面的选择原则

分型面是指两半铸型相互接触的表面。除了实型铸造法外，都要选择分型面。一般说来，分型面在确定浇注位置后再选择。但是，分析各种分型面的利、弊之后，可能再次调整浇注位置。在生产中浇注位置和分型面有时是同时确定的。分型面的选择在很大程度上影响着铸件的质量(主要是尺寸精度)、成本和生产率。因此，分型面的选择要在保证铸件质量的前提下，尽量简化工艺，节省人力物力。因此需考虑以下几个原则：

(1) 分型面应设在铸件最大截面处。以保证模样从型腔中顺利取出。

(2) 应使铸件有最少的分型面，并尽量做到只有一个分型面。因为：①分型面多则误差多，精度下降；② 分型面多，造型工时大，生产率下降；③机器造型只能两箱造型，故分型面多，不能进行大批量生产。如图 2-21 为一双联齿轮，若大批生产只能采用两箱造型，但其中间为侧凹的部分，两箱造型要影响其起模，当采用了环状外型芯后解决了起模问题，容易地进行机器造型了，参阅图 2-11。

(3) 应使型芯和活块数量尽量减少。图 2-22 为一侧凹铸件，图中 1 的分型方案要考虑采用活块造型或加外型芯才能铸造；若采用图中 2 的方案则省去了活块造型或加外型芯。

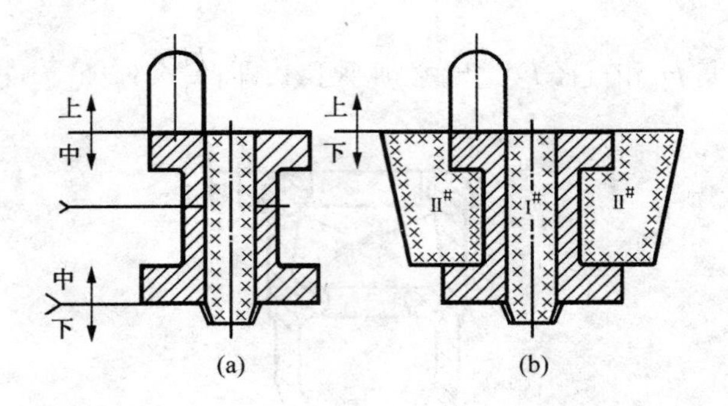

图 2-21　双联齿轮毛坯的造型方案
(a) 三箱造型　(b) 加外型芯环后的两箱造型

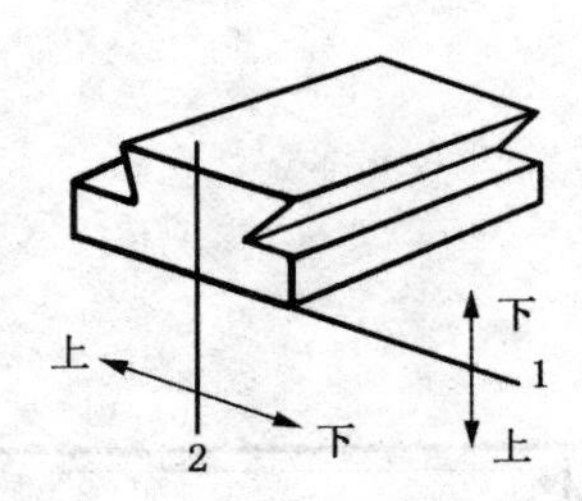

图 2-22　减少活块和型芯的分型方案
1—活块造型或加外型芯的分型方案；
2—简化铸造工艺的分型方案

(4) 应使铸件全部或大部放在同一砂箱。若不在同一砂箱，错型时易造成尺寸偏差，如图 2-23(a)所示。图 2-23(b)将铸件放在一个砂箱，即使发生错箱，铸件也不会产生误差。

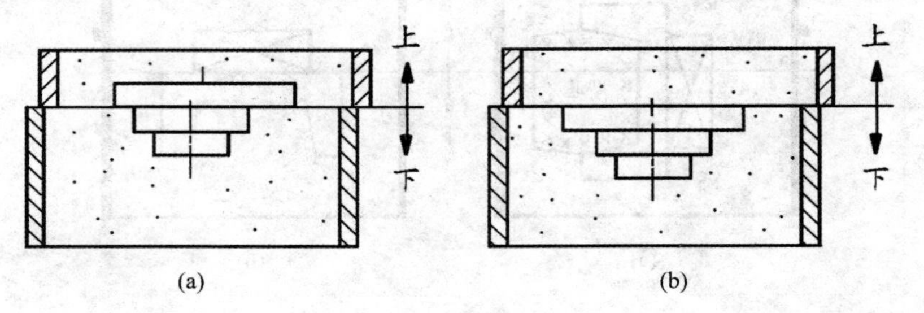

图 2-23　铸件全部或大部分放在同一砂箱
(a) 不正确的分型　(b) 正确的分型

(5) 应尽量使加工基准面与大部分加工面在同一砂箱内。以使铸件的加工精度得以保证。

(6) 应尽量使型腔及主要型芯位于下箱。以便于造型、下芯、合型及检验，如图 2-24 所示。但下箱型腔也不宜过深(否则不宜起模、安放型芯)，并力求避免吊芯和大的吊砂。

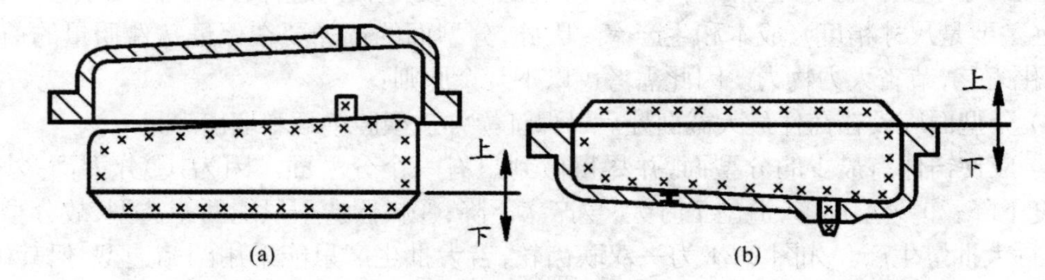

图 2-24　主要型芯位于下箱
(a) 不正确的分型　(b) 正确的分型

(7) 应尽量使用平直分型面。以简化模具制造及造型工艺，避免挖砂。

(8) 应尽量使铸型总高度为最低。这样不仅节约型砂，而且还能减轻劳动量，对机器造型有较大的经济意义。

2.4.2 浇注系统的确定

浇注系统是指液态金属流入铸型型腔的通道。

1. 浇注系统的组成及作用

浇注系统一般包括浇口杯、直浇道、横浇道、内浇道等(见图 2-25)。

浇注系统的作用应能平稳地将金属液引入铸型,要有利于挡渣和排气,并能控制铸件的凝固顺序。

(1) 浇口杯的作用是容纳注入的金属液并缓解液态金属对砂型的冲击。小型铸件通常为漏斗状,较大型铸件为盆状(称浇口盆)。

(2) 直浇道是连接浇口杯与横浇道的垂直通道,改变直浇道的高度可以改变型腔内金属液的静压力,从而改善液态金属的充型能力。

(3) 横浇道是将直浇道的金属液引入内浇道的水平通道,一般开在砂型的分型面上。横浇道的主要作用是分配金属液入内浇道和隔渣。

(4) 内浇道直接与型腔相连,它能调节金属液流入型腔的方向和速度,调节铸件各部分的冷却速度。

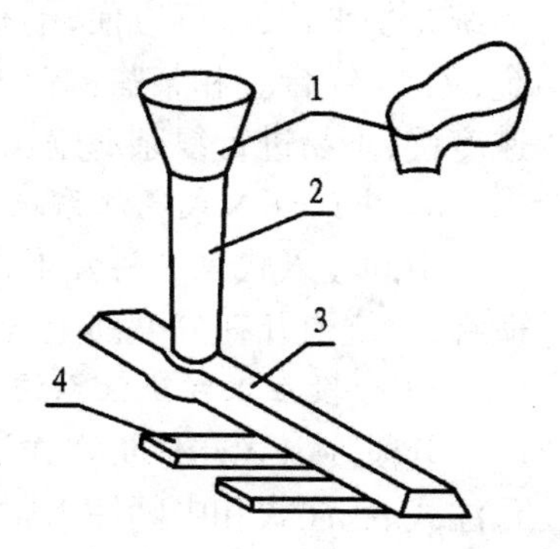

图 2-25 浇注系统的组成

1—浇口杯; 2—直浇道; 3—横浇道;4—内浇口

2. 浇注系统的类型

浇注系统的类型很多,根据合金种类和具体铸件情况不同,按照内浇道在铸件上开设位置的不同,可将浇注系统分为顶注式、底注式、中间注入式和分段注入式,如图 2-26 所示。

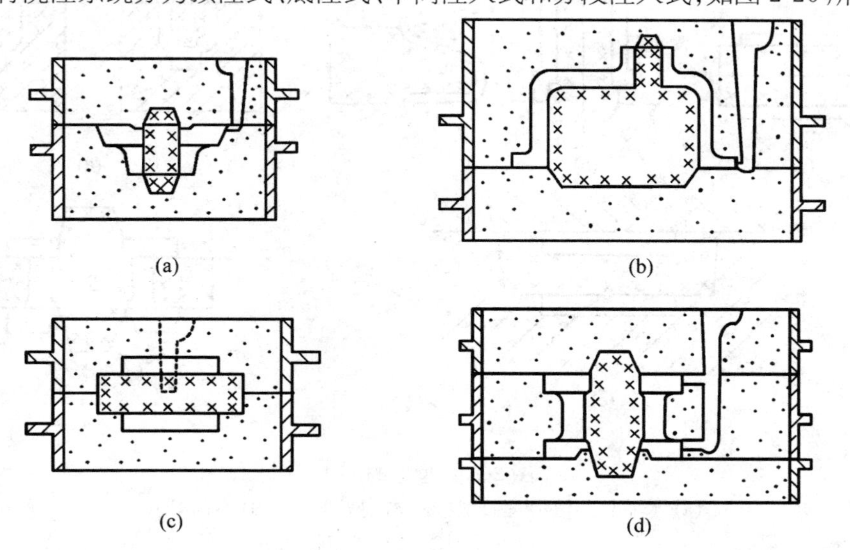

图 2-26 浇注系统类型示意图

(a) 顶注式 (b) 底注式 (c) 中间注入式 (d) 分段注入式

1）顶注式浇注系统

顶注式的优点是易于充满型腔，型腔中金属的温度自下而上递增，因而补缩作用好，简单易做，节省金属。但对铸型冲击较大，有可能造成冲砂、飞溅和加剧金属的氧化。所以这类浇注系统多用于重量轻、高度低和形状简单的铸件。

2）底注式浇注系统

与顶注式浇注系统相反，底注式浇注系统是从铸件底部(下端面)注入型腔的。这种浇注系统充型平稳，排气方便，不易冲坏型腔和引起飞溅，适宜于大、中型的铸件；对易于氧化的合金，如铝、镁合金和某些铜合金也较适宜。但该类浇注系统不利于定向凝固，补缩效果差，充型速度慢，不易进行复杂薄壁铸件充型。

3）中间注入式浇注系统

中间注入式是一种介于顶注和底注之间的注入方法，降低了液流落下高度，温度分布较为适宜，内浇道开在分型面上，便于开设和选择部位，所以应用很广。

4）分段注入式浇注系统

分段注入式亦称阶梯式浇注系统，是在铸件高度上设二层和二层以上的内浇道，它兼备了顶注式、底注式和中间注入式浇注系统的优点。

2.4.3 型芯的形式

型芯是砂型的一部分，在制造中空铸件或有妨碍起模的凸台铸件时，往往要采用型芯。常用的型芯有：① 水平型芯；② 垂直型芯；③ 悬臂型芯；④ 悬吊型芯；⑤ 引申型芯(便于起模)；⑥ 外型芯(如使三箱造型变为两箱造型)等。如图 2-27 所示。

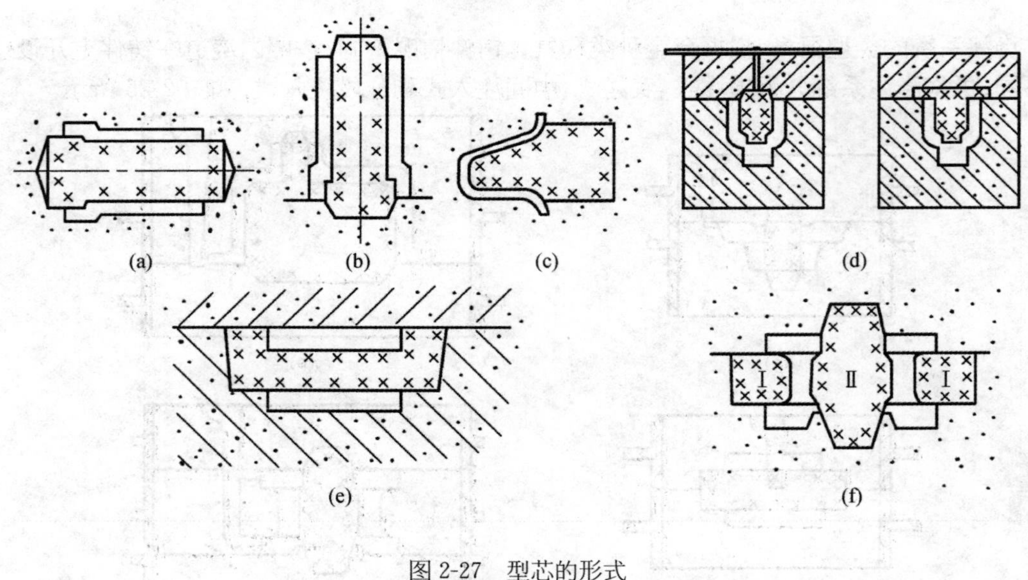

图 2-27　型芯的形式

(a) 水平型芯　(b) 垂直型芯　(c) 悬臂型芯　(d) 悬吊型芯
(e) 引申型芯　(f) 外型芯

2.4.4　主要工艺参数的确定

1. 铸件尺寸公差

铸件尺寸公差取决于铸件设计要求的精度、机械加工要求、铸件大小和批量,采用的铸造合金种类、铸造设备及工装、铸造工艺方法等。铸件尺寸公差(CT)等级分为 16 级,各级公差数值见 GB/T6414—1999。

铸件公差等级由低向高递增方向为:

砂型手工造型→砂型机器造型及壳型铸造→金属型铸造→低压铸造→压力铸造→熔模铸造。

2. 铸件质量公差

铸件质量公差是以占铸件公称重量的百分比为单位的铸件重量变动的允许范围。它取决于铸件公称重量(包括机械加工余量和其他工艺余量)、生产批量、采用的铸造合金种类及铸造工艺方法等因素。铸件质量公差(MT)分为 16 级,各级公差数值见 GB/T11351—1989。公差等级由低向高方向同尺寸公差。

3. 铸件加工余量

铸件需要加工的表面都要留加工余量(MA)。加工余量数值根据选择的铸造方法、合金种类、生产批量和铸件基本尺寸大小来确定,其等级由精到粗分为 A, B, C, D, E, F, G, H 和 J 共 9 个等级,与《铸件尺寸公差》配套使用。铸件顶面需比底面、侧面的加工余量等级降级选用。铸件机械加工余量数值见 GB/T11350—1989。标注方法如下:

如尺寸公差为 10 级,底、侧面加工余量等级为 G,顶面加工余量等级为 H 时,标注为:GB/T11350—1989 CT10 MA H/G。

4. 铸造收缩率

铸件由于凝固、冷却后的体积收缩,其各部分尺寸均小于模样尺寸。为保证铸件尺寸要求,需在模样(芯盒)上加大一个收缩的尺寸。加大的这部分尺寸称收缩量,一般根据铸造收缩率来定。铸造收缩率定义如下:

$$铸造收缩率\ K = [(L_{模} - L_{件})/L_{件}] \times 100\% \tag{2-1}$$

式中:$L_{模}$——模样尺寸;

$L_{件}$——铸件尺寸。

铸造收缩率主要取决于合金的种类,同时与铸件的结构、大小、壁厚及收缩时受阻碍情况有关。对于一些要求较高的铸件,如果收缩率选择不当,将影响铸件尺寸精度,使某些部位偏移,影响切削加工和装配。

5. 铸件模样起模斜度

为了起模方便又不损坏砂型,凡垂直于分型面的壁上应留有起模斜度,如图 2-28 所示。起模斜度值见 JB/T5105—1991。

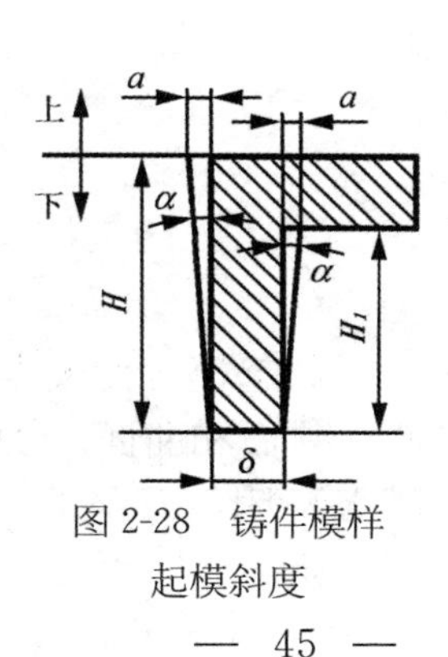

图 2-28　铸件模样起模斜度

6. 最小铸出孔(不铸孔)和槽

铸件中较大的孔、槽应当铸出,以减少切削量和热节,提高铸件力学性能。较小的孔和槽不必铸出,留待以后加工更为经济。表 2-5 为铸件最小铸出孔尺寸。当孔长与孔径比 $L/D > 4$ 时,也为不铸孔。正方孔、矩形孔或气路孔的弯曲孔,当不能加工出时,原则上必须铸出。正方孔、矩形孔的最短加工边必须大于 30 mm 才能铸出。

表 2-5 铸件最小铸出孔尺寸

批　量	单件小批	中等批量	大批生产
尺寸/mm	30～50	15～30	12～15

2.4.5 铸造工艺图的制定

铸造工艺图是铸造过程最基本和最重要的工艺文件之一,它对模样的制造、工艺装备的准备、造型造芯、型砂烘干、合型浇注、落砂清理及技术检验等,都起着指导和依据的作用。

铸造工艺图是利用红、蓝两色铅笔,将各种简明的工艺符号,标注在产品零件图上的,见 JB/T2435—1978。可从以下几方面进行分析:

① 分型面和分模面; ② 浇注位置、浇冒口的位置、形状、尺寸和数量; ③ 工艺参数;④ 型芯的形状、位置和数目,型芯头的定位方式和安装方式;⑤ 冷铁的形状、位置、尺寸和数量;⑥ 其他。

图 2-29 是异口径管的铸造工艺图。图中可见,两相邻的铸型之间的接触面称为分型面,分型面可以是平面、斜面和曲面。为方便造型,分型面最好采用平面。为简化工艺,保证铸件质量,应尽量选取少的分型面,最好是一个。分型面的符号和线条用红色上下箭头表示,并标明"上、下"或"上、中、下"等。

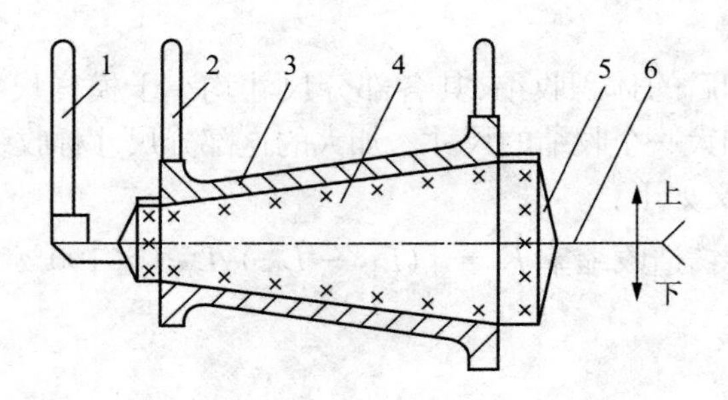

图 2-29 异口径管的铸造工艺图

1—浇口 2—出气冒口 3—铸件 4—型芯;
5—芯头间隙 6—分型分模线

为起模方便或其他原因,在一个模样上分开的切面称为分模面,分模面可以是平面、斜面和曲面。分模面的符号用"〈"表示,在实际生产中的工艺图上,分模面也用红色线条标明。

2.5 特种铸造

随着科学技术的发展和生产水平的提高，对铸件质量、劳动生产率、劳动条件和生产成本有了进一步的要求，因而铸造方法有了长足的发展。所谓特种铸造，是指有别于砂型铸造方法的其他铸造工艺。目前特种铸造方法已发展到几十种。常用的有熔模铸造、金属型铸造、离心铸造、压力铸造、低压铸造、陶瓷型铸造、磁型铸造、石墨型铸造、差压铸造、连续铸造、挤压铸造等。

特种铸造能获得如此迅速的发展，主要由于这些方法一般都能提高铸件的尺寸精度和表面质量，或提高铸件的物理及力学性能；此外，大多能提高金属的利用率(工艺出品率)，减少原砂消耗量；有些方法更适宜于高熔点、低流动性、易氧化合金铸件的铸造；有的明显改善劳动条件，并便于实现机械化和自动化生产等。

2.5.1 金属型铸造

用铸铁、碳钢或低合金钢等金属材料制成铸型，在重力作用下，金属液充填金属型型腔，冷却成形而获得铸件的工艺方法称为金属型铸造(见图 2-30)，也称为硬模铸造、铁模铸造、永久型铸造、冷硬铸造、冷激模铸造等。金属型铸造既可采用金属芯，也可以用砂芯取代难以抽拔的金属芯。金属型的铸型可反复使用。铸件组织致密，力学性能好，精度和表面质量较好，精度可达 CT6 级，表面粗糙度 R_a 可达 12.5～6.3 μm 。金属型的种类如表 2-6 所示，金属型铸造特点如表 2-7 所示。

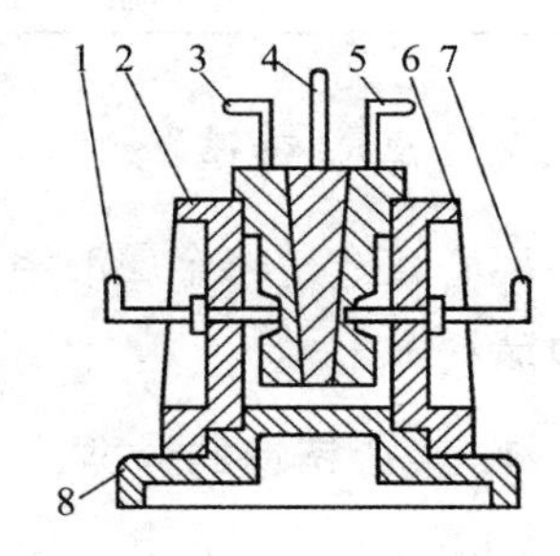

图 2-30 整体式金属型

1、7—销孔金属型芯；2、6—左右半型；3、4、5—分块金属型芯；8-底型

金属型铸造液态金属耗用量少，劳动条件好，便于机械化和自动化生产，适用于大批生产有色合金铸件。金属型铸造所具有的这些优点，适用于制造铝合金活塞、气缸体、油泵壳体、铜合金轴瓦轴套等，故广泛用于发动机、仪表、农机等工业。

表 2-6 金属型种类及特点

种类	整体型	垂直分型	水平分型	综合分型
示意图				

(续表)

种类	整体型	垂直分型	水平分型	综合分型
特点	结构简单、制造方便,尺寸精确,操作便利	铸型排气条件好,便于设置浇冒口和采用金属型芯,易于实现机械化作业,但安放砂芯较麻烦	安放砂芯方便,但不便于设置浇冒口,铸型排气较困难,不宜实现机械化作业	金属型制造较困难
用途	起模斜度较大的简单件	铝镁合金铸件	平板状铸件,如盘、板、轮类铸件	较复杂的铸件

表 2-7　金属型铸造特点

金属型特点	铸件成形过程特点	对铸件的影响
无退让性	铸件在凝固过程中,受阻较大,难以自由收缩	铸件内应力大,易产生裂纹
无透气性	金属液在充填过程中,受型内气体阻碍,不易充满	在金属液汇合处、对流处或铸型凹入的死角,易产生浇不足缺陷
导热快	金属冷却速度快,在金属型传热系统中,中间层是控制冷却速度的关键	铸件晶粒细小,组织致密,表面光洁,力学性能好

2.5.2　离心铸造

离心铸造是将金属液浇入旋转的铸型中,在离心力作用下填充铸型而凝固成形的一种铸造方法。

1. 离心铸造的分类

根据铸型旋转轴线在空间的位置,常见的离心铸造可分为两种:

(1) 卧式离心铸造。铸型的旋转轴线处于水平状态或与水平线夹角很小(<4°)时的离心铸造。图 2-31 为三种卧式离心铸造示例。

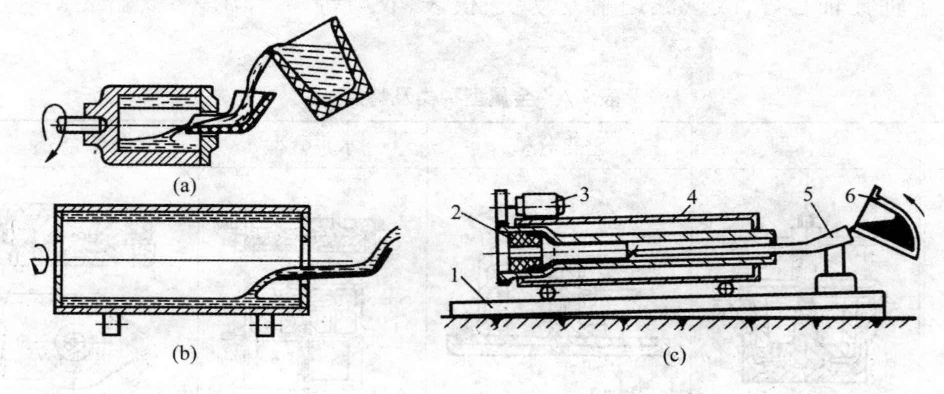

图 2-31　三种卧式离心铸造

(a) 悬臂式离心铸造　(b) 在滚筒式离心铸造机上的卧式离心铸造　(c) 水冷金属型离心铸管

1—导轨;2—砂芯;3—电机;4—机罩;5—浇注槽;6—扇形浇包

(2) 立式离心铸造。铸型的旋转轴线处于垂直状态时的离心铸造称为立式离心铸造。图 2-32为两种立式离心铸造示例。铸型旋转轴与水平线或垂直线的夹角呈较大角度的离心铸造称为倾斜轴离心铸造。倾斜轴离心铸造在实际生产中的应用很少。

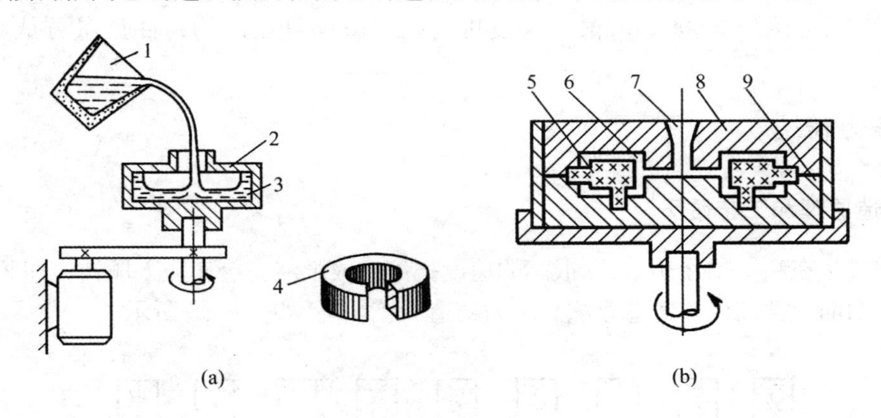

图 2-32　两种立式离心铸造

(a) 圆环形铸件的立式离心铸造　(b)成形铸件的立式离心铸造

1—浇包;2—铸型;3—金属液;4—铸件;5—型芯;6—型腔;7—浇道;8—上型;9—下型

2. 离心铸造的生产特点

(1) 与砂型铸造相比,离心铸造的优点。

• 铸件致密度高,气孔、夹渣等缺陷少,故力学性能较好;

• 生产中空铸件时可不用型芯,故在生产长管形铸件时可大幅度地改善金属充型能力,简化套筒和管类铸件的生产过程;

• 一般不设浇注系统和冒口系统,提高了工艺出品率;

• 便于制造筒、套类复合金属铸件,如钢背铜套、双金属轧辊等;

• 铸造成形铸件时,可借离心力提高金属的充型能力,故可生产薄壁铸件,如叶轮、金属假牙等;

(2) 离心铸造的特点。

• 铸件内孔表面较粗糙,聚有熔渣,其尺寸精度不易控制;

• 用于生产异型铸件时有一定的局限性。

3. 离心铸造应用范围

离心铸造法广泛应用于产量很大的铸件生产中。主要产品有以下五种。

(1) 铁管,世界上每年球墨铸铁管件总产量的近一半是用离心铸造法生产的。

(2) 柴油发动机和汽油发动机的气缸套。

(3) 各种类型的铜套。

(4) 双金属钢背铜套、各种合金的轴瓦。

(5) 造纸机滚筒。

用离心铸造法生产效益显著的铸件有:双金属铸铁轧辊;加热炉底耐热钢辊道;特殊钢无

缝钢管毛坯;刹车鼓、活塞环毛坯、铜合金蜗轮毛坯等;异型铸件如叶轮、金属假牙、小型阀门等。

几乎所有的铸造合金都可以采用离心铸造法进行生产,生产的铸件最小内径可达到8mm,最大直径可达到 2 600mm,最大长度可达到 8m;而且生产的铸件重量可从数克至数十吨。

2.5.3 压力铸造

1. 铸造原理和工艺循环

压力铸造是在高压的作用下,以很高的速度把液态或半液态金属压入压铸模型腔,并在压力下快速凝固而获得铸件的铸造方法。压力铸造工艺循环,如图 2-33 所示。

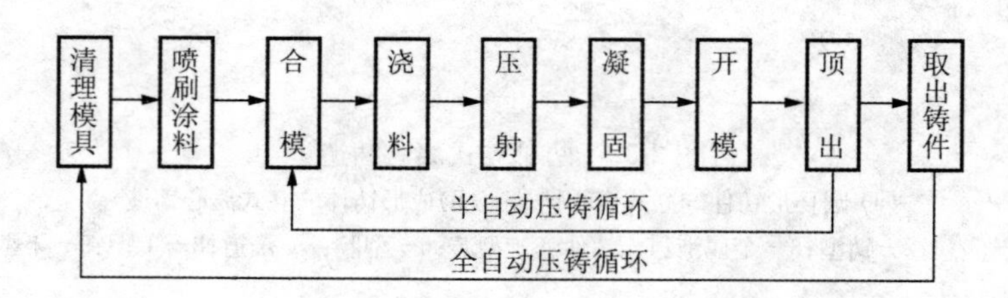

图 2-33 压力铸造工艺循环图

2. 压铸机分类与比较

压铸机按其工作原理,其结构形式可分为冷室压铸机(有卧式、立式、全立式三种)和热室压铸机(有普通热室、卧式热室两种)。

冷室压铸机的压室和熔炉是分开的,压铸时要从保温炉中舀取金属液倒入压室内,再进行压铸,图 2-34 是卧式冷室压铸机工作原理示意图。

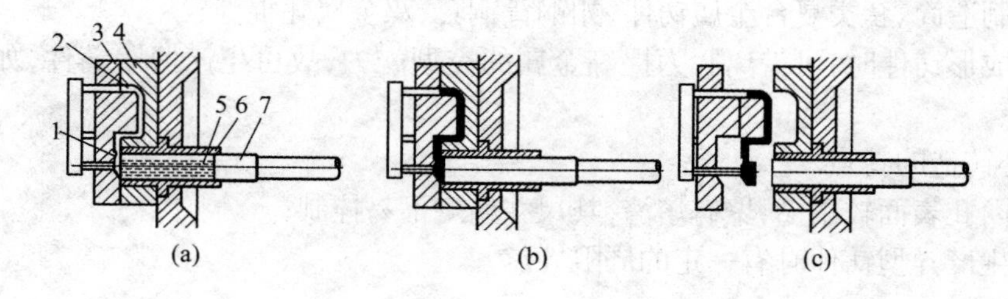

图 2-34 卧式冷室压铸机工作原理示意图

(a) 合型 (b) 压铸 (c) 开型

1—浇道;2—型腔;3—动型;4—静型;5—液态金属;6—压室;7—压射头

热室压铸机的压室与合金熔化炉联成一体,压室浸在保温坩埚的液体金属中,压射机构装在坩埚上面,用机械机构或压缩空气所产生的压力进行压铸。图 2-35 为热室压铸机工作原理示意图。

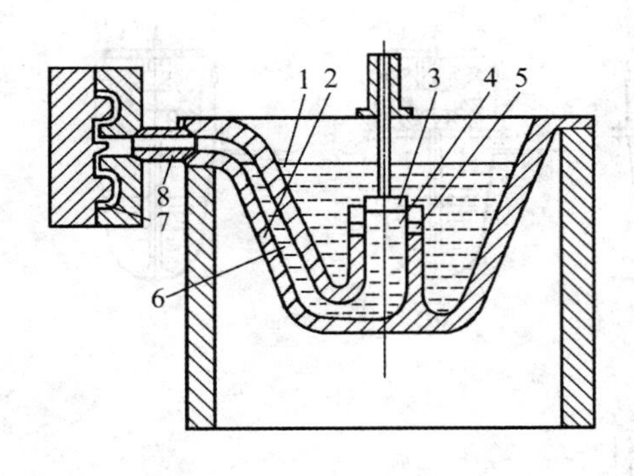

图 2-35　热室压铸机工作原理示意图

1—液态合金；2—坩埚；3—压射头；4—压室；5—合金进口；6—通道；7—压铸型；8—喷嘴

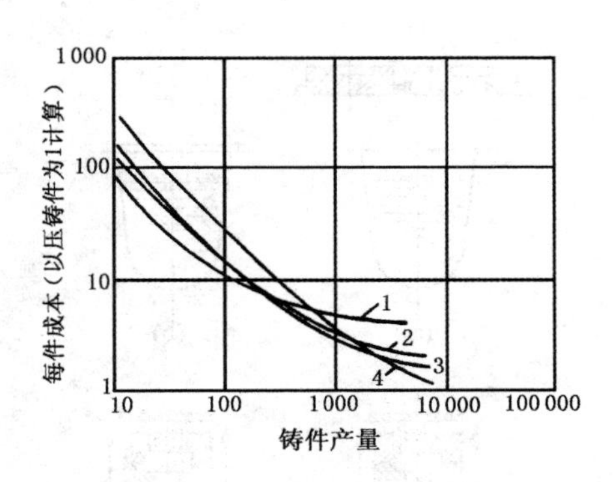

图 2-36　不同铸造方法生产的铸件费用比较

1—熔模铸造；2—壳型铸造；3—金属型铸造；4—压力铸造

3. 压力铸造特点

压力铸造的基本特点是高压高速，压力从几 MPa 到几十 MPa，甚至高达 500MPa，高速(10～120m/s)，以极短的时间(0.01～0.2s)填充铸型。压力铸造的特点如下。

(1) 生产率高，可实现机械化或自动化，经济效果好，大批生产时压铸成本低，铸件产量在 3 000件以上时可考虑采用(见图 2-36)。

(2) 生产适用性好，能生产出从简单到相当复杂的铸件，并可生产中间镶嵌其他金属的铸件，能直接铸出齿形和螺纹，压铸件的重量从几克到数十千克。

(3) 产品质量好，具有较高的尺寸精度(最高达 CT4)和表面质量(R_a 最高达 3.2)，力学性能好，尺寸稳定性好，互换性好，轮廓清晰，适用于大量生产有色合金的小型、薄壁、复杂铸件。

(4) 普通压铸法生产的铸件易产生气孔，不能进行热处理，压铸某些内凹件、高熔点合金铸件还比较困难。

(5) 压力铸造设备投资大，压铸模制造复杂，周期长，费用大，一般不适宜小批生产。

压力铸造是生产速度最快的一种铸造方法，应用很广，发展很快。广泛用于汽车、仪表、航空、航天、电器及日用品的铸件生产；主要以铝、锌、镁材料的铸件生产为主。

2.5.4　低压铸造

低压铸造是介于一般重力铸造和压力铸造之间的一种铸造方法。

1. 低压铸造原理和工艺过程

浇注时金属液在低压(20～60kPa)作用下，由下而上地填充铸型型腔，并在压力下凝固而形成铸件的一种工艺方法。低压铸造的工艺过程如图 2-37 所示。

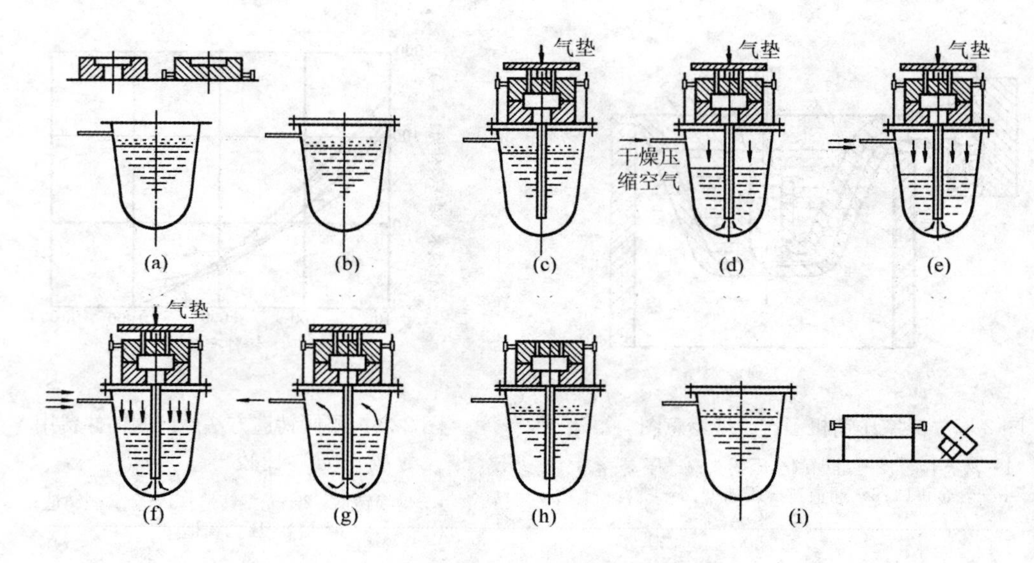

图 2-37 低压铸造工艺过程

(a) 炉料熔炼及铸型准备 (b) 转配密封盖和扒渣 (c) 配型及紧固 (d) 加压升液 (e) 充型 (f) 结晶凝固 (g) 撤压放气 (h) 松型 (i) 开箱取件

2. 低压铸造工艺过程

低压铸造浇注过程包括升液、充型、增压、保压和卸压五个阶段。

3. 低压铸造特点和应用范围

低压铸造有以下特点。

(1) 金属液充型平稳,充型速度可根据需要调节;在压力下充型,流动性增加,有利于获得轮廓清晰的铸件。

(2) 由下而上充型,金属液洁净,夹杂和气孔少,铸件合格率高。

(3) 在压力下凝固,可得到充分的补缩,故铸件致密,精度可达 CT6,力学性能好。

(4) 浇注系统简单,可减少或省去冒口,故工艺出品率高。

(5) 对合金的牌号适应范围广,不仅适用非铁金属,也可用于铸铁、铸钢。

(6) 易实现机械化和自动化,与压力铸造相比,工艺简单,制造方便,投资少,占地少。

低压铸造应用范围如表 2-8 所示。

表 2-8 低压铸造应用范围举例

应用的合金	铝合金、铜合金、铸铁、球铁、铸钢
应用的铸型	砂型、金属型、壳型、石膏型、石墨型
应用的产品	汽车、拖拉机、船舶、摩托车、汽油机、机车车辆、医疗机械、仪表等
应用的零件举例	铝合金铸件:消毒缸、曲轴箱壳、气缸盖、活塞、飞轮、轮毂、座架、气缸体、叶轮等 铜合金铸件:螺旋桨、轴瓦、铜套、铜泵体等 铸铁件:柴油机缸套、球铁曲轴等 铸钢件:曲轴

2.5.5 熔模铸造

熔模铸造又称失蜡铸造、熔模精密铸造、包模精密铸造等，是精密铸造法的一种。根据铸型的特点可分为型壳熔模铸造、填箱熔模铸造(型壳制好后，装入砂箱中，在型壳周围注入耐火浆料或干砂增强)、石膏型熔模铸造(用石膏型代替型壳)，以前者的应用最广。型壳熔模铸造工艺如图2-38所示，用易熔材料(蜡或塑料等)制成精确的可熔性模型，并进行蜡模组合，涂以若干层耐火涂料，经干燥、硬化成整体型壳，加热型壳熔失模型，经高温焙烧而成耐火型壳，在型壳中浇注铸件。

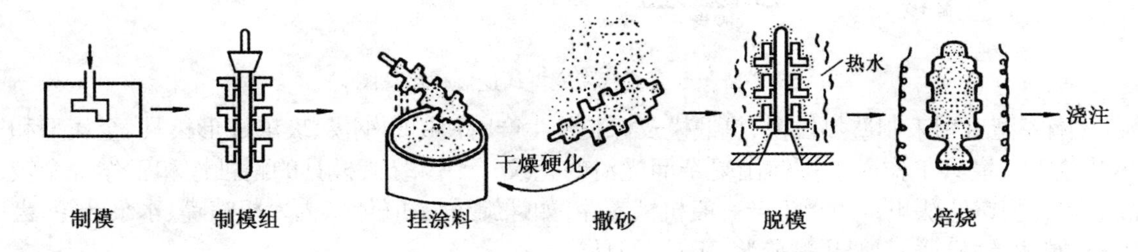

图2-38 型壳熔模铸造过程示意图

熔模铸造有以下特点。

(1) 尺寸精度高，熔模铸造铸件精度可达CT4级，表面粗糙度低(R_a为12.5～1.6μm)。

(2) 适用于各种铸造合金、各种生产批量，尤其在难加工金属材料如铸造刀具，涡轮叶片等生产中应用较广。

(3) 可以铸造形状复杂的铸件，熔模铸件的外形和内腔形状几乎不受限制，可以制造出用砂型铸造、锻压、切削加工等方法难以制造的形状复杂的零件。而且可以使一些焊接件、组合件在稍进行结构改进后直接铸造出整体零件。

(4) 可以铸造出各种薄壁铸件及重量很轻的铸件，其最小壁厚可达到0.5mm，最小孔径可达到0.5mm，重量可以小到几克。

(5) 生产工序繁多，生产周期长，铸件不能太大，是净成形、净终成形加工的重要方法之一。

2.5.6 陶瓷型铸造

陶瓷型铸造是20世纪50年代英国首先研制成功的。其基本原理是：以耐火度高、热膨胀系数小的耐火材料为骨料，用经过水解的硅酸乙酯作为粘结剂配制而成的陶瓷型浆料，在碱性催化剂的作用下，用灌浆法成形，经过胶结、喷燃和烧结等工序，制成光洁、细致、精确的陶瓷型。陶瓷型兼有砂型铸造和熔模铸造的优点，即操作及设备简单，型腔的尺寸精度高、表面粗糙度低，精度达CT6级。在单件小批生产的条件下，铸造精密铸件，铸件重量从几千克到几吨。生产率较高，成本低，节省机加工工时。

陶瓷型按不同的成形方法分为两大类：全部为陶瓷铸型的整体型和带底套的复合陶瓷型。底套的材料有硅砂和金属两种。整体陶瓷型铸造的工艺流程如下：

制砂套→灌浆→起模喷烧→焙烧→合型→浇注

↑　　　　　　　　↑

制备陶瓷浆　　　　　金属液溶炼

砂套复合陶瓷型铸造过程如图 2-39 所示。

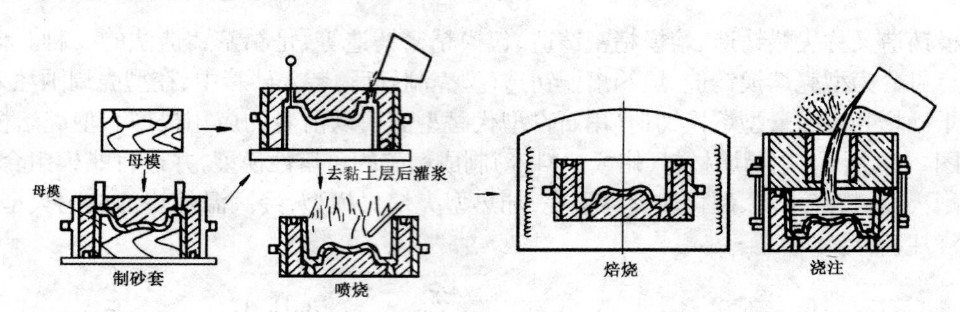

图 2-39　砂套复合陶瓷型铸造过程示意图

陶瓷型可用来制造热拉模、热锻模及橡胶件生产所使用的钢模、玻璃成形模具、金属型和热芯盒等。模具工作面上可铸出复杂而光滑的花纹，尺寸精确，模具的耐蚀性和工作寿命较高。陶瓷型铸造法也常用于生产一般机械零件，如螺旋压缩机转子、内燃机喷嘴、水泵叶轮、齿轮箱、阀体、钻机凿刀、船用螺旋桨、工具、刀具等。

2.5.7　磁型铸造

磁型铸造是德国在研究消失模铸造的基础上发明的铸造方法，其实质是采用铁丸代替型砂及型芯砂，用磁场作用力代替铸造粘结剂，用泡沫塑料消失模代替普通模样的一种新的铸造方法。与砂型铸造相比，它提高了铸件质量，因与消失模铸造原理相似，其质量状况与消失模铸造相同，同时比消失模铸造更减少了铸造材料的消耗。经常用于自动化生产线上，可铸材料和铸件大小范围广，常用于汽车零件等精度要求高的中小型铸件生产。

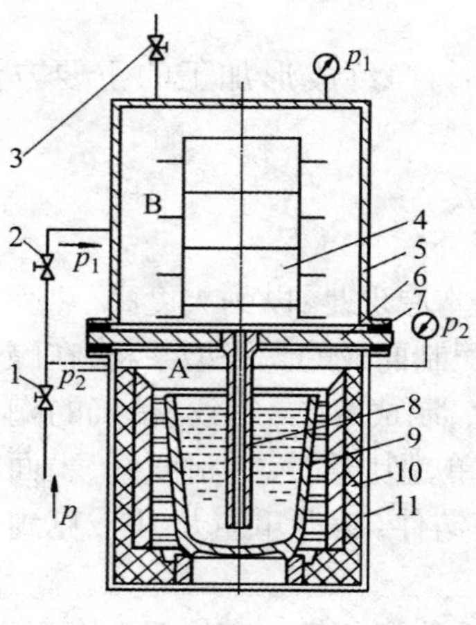

2.5.8　石墨型铸造

石墨型铸造是用高纯度的人造石墨块经机械加工成形或以石墨加物制成铸型，浇注凝固后获得铸件的一种工艺方法。它与砂型、金属型铸造相比其特点如下。

(1) 铸型的激冷能力强，使铸件晶粒细化，力学性能提高。

(2) 石墨的热化学稳定性好，熔融金属与铸型接触时一般不发生化学作用，铸件表面质量好。

(3) 石墨型受热尺寸变化小，不易发生弯曲、变形，故铸件尺寸精度高；石墨型的寿命达 2 万～5 万次，劳动生产率比砂型提高 2～10 倍。

石墨型铸造多用于锌合金、铜合金、铝合金等铸件。石墨型不仅可用于重力铸造，还可用于低压、反压、连续、离心浇注。

图 2-40　差压铸造装置示意图

1、2、3—气阀；4—铸型；5—密封室 B；6—密封盖；7—密封圈；8—升液管；9—坩埚；10—电炉；11—密封室 A

2.5.9　差压铸造

差压铸造又称反差铸造，1961 年保加利亚获得此项专利，并用于汽车发动机轮毂等质量要求高的铸件。其实质是使液态金属在压差的作用下，浇注到预先有一定压力的型腔内，凝固后获得铸件的一种工艺方法。

差压铸造装置如图 2-40 所示，其工作原理是：浇注前密封室内有一定的压力(或真空度)，然后往密封室 A 中加压或由密封室 B 减压，使 A、B 室之间形成压力差，进行升液、充型和结晶。

差压铸造的特点：

(1) 充型速度可以控制。

(2) 铸件充型性好，表面质量高，精度可达 CT6 级。

(3) 铸件晶粒细，组织致密，力学性能好。

(4) 可以实现可控气氛浇注，提高了金属的利用率。

(5) 劳动条件好。

2.6　常用铸造方法的比较

常用铸造方法与砂型铸造方法的比较如表 2-9 所示，由表可知，各种铸造方法都有其特点及应用范围，尚不能完全取代砂型铸造。在决定采用何种铸造方法时，必须综合考虑铸件的合金性质、铸件的结构和生产批量等因素，才能达到优质高产低成本的目的。

表 2-9　常用铸造方法的比较

比较项目	砂型铸造	熔模铸造	陶瓷型铸造	金属型铸造	低压铸造	压力铸造	离心铸造
适用合金的范围	不限制	以碳钢和合金钢为主	以高熔点合金为主	以非铁合金为主	以非铁合金为主	用于非铁合金	多用于钢铁金属，铜合金
适用铸件的大小及重量范围	不限制	一般<25 kg	大中型件，最大达数吨	中小件，铸钢可达数吨	中小件最重可达数百千克	一般中小型铸件	中小件
适用铸件的最小壁厚范围 /mm	灰铸件 3，铸钢件 5，非铁合金 3	通常 0.7，孔 ϕ1.5～ϕ2.0	通常>1，孔>ϕ2	铝合金2～3，铸铁>4，铸钢>5	通常壁厚2～5，最小壁厚 0.7	铜合金<2，其他0.5～1，孔 ϕ0.7	最小内孔为 ϕ7
表面粗糙度 /μm	粗糙	12.5～1.6	12.5～3.2	12.5～6.3	12.5～1.6	3.2～0.8	
尺寸公差 /mm	CT11～13	CT4	CT6	CT6	CT6	CT4	
金属利用率 /%	70	90	90	70	80	95	70～90
铸件内部质量	结晶粗	结晶粗	结晶粗	结晶细	结晶细	结晶细	结晶细
生产率(在适当机械化、自动化后)	可达 240 箱 /h	中等	低	中等	中等	高	高
应用举例	各类铸件	刀具、机械叶片、测量仪表、电风设备等	各类模具	发动机、汽车、飞机、拖拉机、电器零件等	发动机、电器零件、叶轮、壳体、箱体等	汽车、电器仪表、照相器材、国防工业零件等	各种套、环、筒、辊、叶轮等

2.7 铸造新工艺新技术简介

2.7.1 真空密封造型

真空密封造型又称真空薄膜造型、减压造型、负压造型或 V 法，适用于生产薄壁、面积大、形状不太复杂的扁平铸件。

真空密封造型的优点：

(1) 铸件尺寸精确，能浇出 2～3 mm 的薄壁部分。

(2) 铸件缺陷少，废品率可控制到 1.5%以下。

(3) 砂型成本低且损耗少，回用率在 95%以上。

(4) 工作环境比较好，噪声小，粉尘少，劳动强度低。

真空密封造型缺点：

(5) 对形状复杂、较高的铸件覆膜成形困难。

(6) 工艺装备复杂。

(7) 造型生产率比较低。

真空密封造型原理、过程如图 2-41 所示。真空密封造型是在特制砂箱内充填无水无粘结剂的型砂，用薄而富有弹性的塑料薄膜将砂箱密封后抽成真空，借助铸型内外的压力差(约 40 kPa)使型砂紧实和成形。

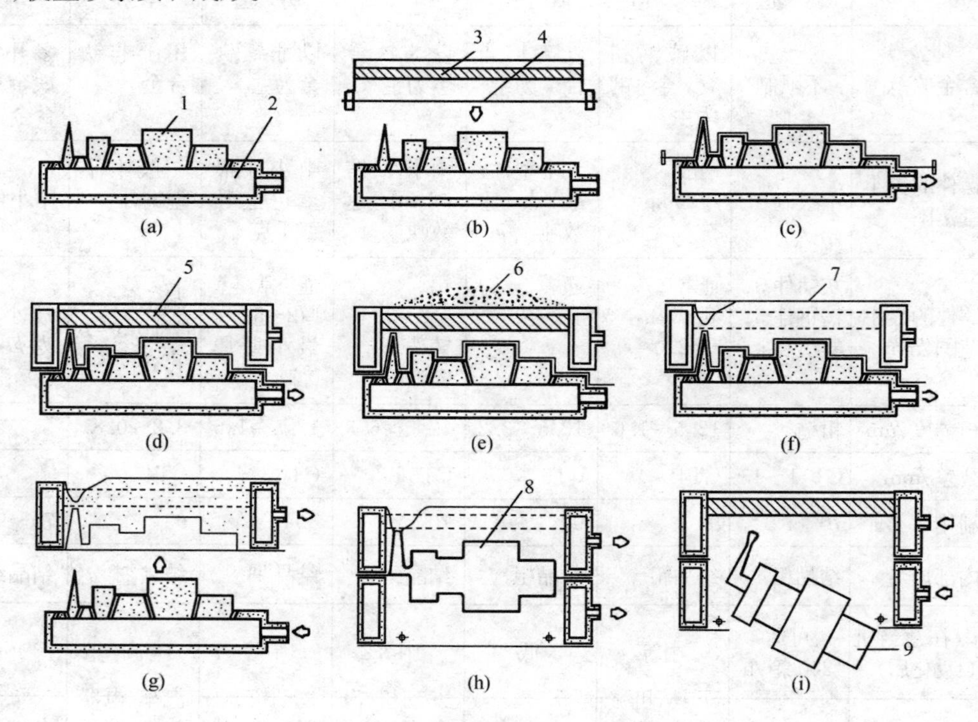

图 2-41 真空密封造型过程示意图

(a) 模板 (b) 加热薄膜 (c) 覆膜，抽真空 (d) 放砂箱 (e) 填砂 (f) 紧实 (g) 起膜 (h) 合型浇注 (i) 落砂

1—模板；2—抽气箱；3—发热元件；4—塑料薄膜；5—砂箱；6—型砂；7—背膜；8—型腔；9—铸件

真空密封造型生产过程：

(1) 通过抽气箱抽气，将预先加热好的塑料薄膜吸贴到模样表面上。

(2) 放置砂箱，充填型砂，微振紧实。

(3) 刮平，覆背膜，抽真空，使砂型保持一定的真空度。

(4) 在负压状态下起模、下芯、合型浇注。铸件凝固后恢复常压，砂型自行溃散，取出铸件。

2.7.2 气流冲击造型

气流冲击造型简称气冲造型，是一种新的造型方法。其原理是利用气流冲击，使预填在砂箱内的型砂在极短的时间内完成冲击紧实过程。

气冲造型分低压气冲造型和高压气冲造型两种，低压气冲造型应用较多。气冲造型的优点是砂型紧实度高且分布合理，透气性好、铸件精度高、表面粗糙度低、工作安全、可靠、方便；缺点是砂型最上部约 30 mm 的型砂达不到紧实要求，因而不适用于高度小于150 mm的矮砂箱造型，工装要求严格，砂箱强度要求高。

1. 气冲紧实原理

气冲紧实过程可分成两个阶段，如图 2-42 所示。

1) 型砂自上而下加速并初步紧实阶段

在顶部气压迅速提高的作用下，表面层型砂上下产生很大的气压差，使表面层型砂紧实度迅速提高，形成一初实层。在气压的推动下，初实层如同一块高速压板，以很大的速度向下移动，使下面的砂层加速并初步紧实。

2) 运动的砂层自下而上冲击紧实阶段

初实层继续向下移动和扩展，型砂的紧实前锋很快到达模板，与模板发生冲击；在冲击处，砂层运动突然滞止，产生巨大的冲击力，使靠近模板的一层紧实度剧烈提高；随后，冲击向上发展，型砂由下而上逐层滞止，直到砂层顶部为止。

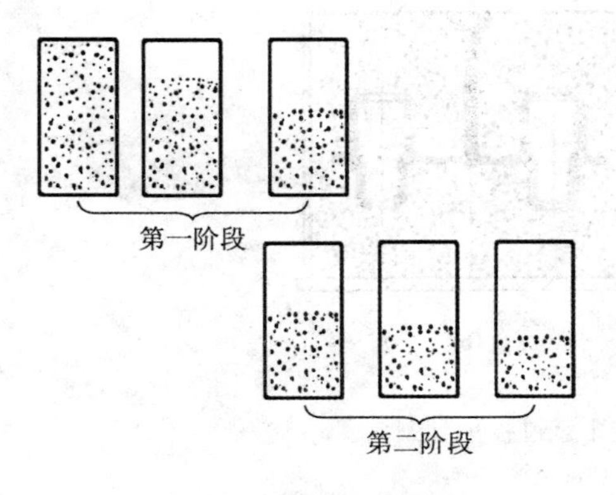

图 2-42　气冲紧实过程

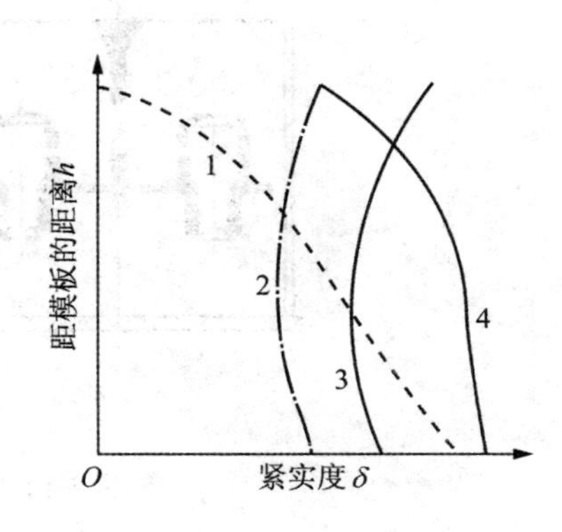

图 2-43　气冲紧实与几种不同的紧实方法的铸型紧实度分布

1—振击紧实；2—压实；3—高压紧实；4—冲击紧实

2. 气冲造型紧实度

1）紧实度分布规律

气冲造型紧实度如图 2-43 所示，靠近模底板处紧实度最高，随着与模底板的距离加大，紧实度逐步降低。这样的分布既保证砂型分型面处及型腔的高紧实度，又使型砂具有良好的透气性。有利于得到表面粗糙度低、精度高的铸件。如图 2-43 所示，气冲造型砂型紧实度分布最为合理。

2）影响紧实效果的主要因素

压力梯度是影响紧实度的主要因素。所谓压力梯度是指作用在型砂上面先后的压力差 dp 与建压时间 dt 之比。当 dp/dt 值越大，铸型的紧实度越高。

2.7.3 消失模造型

1. 消失模铸造原理和工艺过程

消失模铸造(EPC)为美国 1958 年专利，1962 年开始应用，又称实型铸造和气化模铸造。消失模铸造原理是用泡沫聚苯乙烯塑料模样(包括浇冒口)代替普通模样，造好型后不取出模样就浇入金属液，在灼热液态金属的热作用下，泡沫塑料燃烧、气化而消失，金属液取代了原来泡沫塑料模所占的空间位置，冷却凝固后即可获得所需要的铸件。消失模铸造工艺过程如图 2-44 所示。

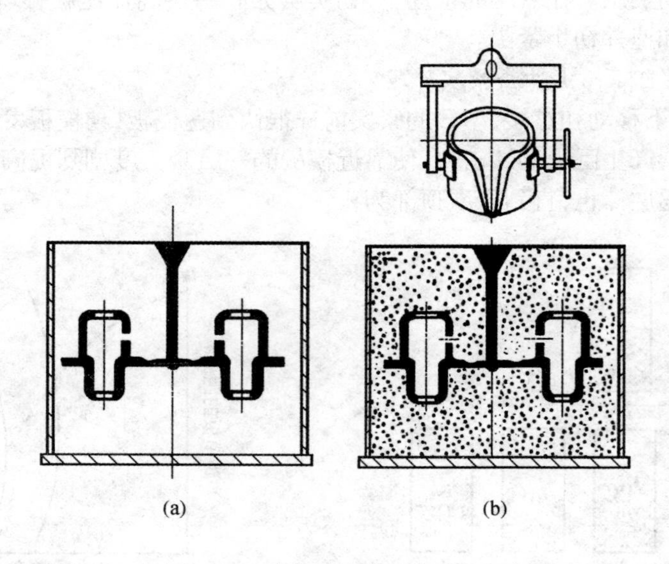

图 2-44　消失模铸造工艺过程示意图

(a) 消失模　(b) 填砂，浇注

2. 消失模铸造特点和应用范围

消失模铸造主要用于形状结构复杂，难以起模或活块和外型芯较多的铸件。与普通铸造相比，具有以下优点：工序简单、生产周期短、效率高，铸件尺寸精度高(造型后不起模、不分型，没有铸造斜度和活块),精度达 CT8 级,可采用无粘结剂型砂,增大了铸件设计的自由度,简化了铸造生产工序,降低了劳动强度。近年来,消失模铸造技术在欧美发展很快,表 2-10 为美国消失模铸造情况。

表 2-10　美国消失模铸造情况(生产量和增长速度)

应　用	产量/(kt/年)(1997 年)	增长速度(1994～1997 年)/%	增长速度(1997～2000 年)/%
轿　车	82.697	13	52
载货汽车	5.110	44	232
造船业	8.463	65	43
管　件	11.057	163	200
机　床	7.018	6	15
一般工业	7.105	19	45
其　他	19.026	60	168
总　计	140.676	27	83

3. 消失模铸造的新发展

消失模铸造用的泡沫塑料模与不断涌现的其他新材料、新设备、新技术相结合,发展形成很多新的造型和铸造方法,如消失模陶瓷型铸造,消失模精密铸造,消失模干砂法、磁型法、磁型真空法,消失模减压造型法等,如图 2-45 所示,这些方法扩大了消失模铸造的应用范围,提高了铸造生产水平。

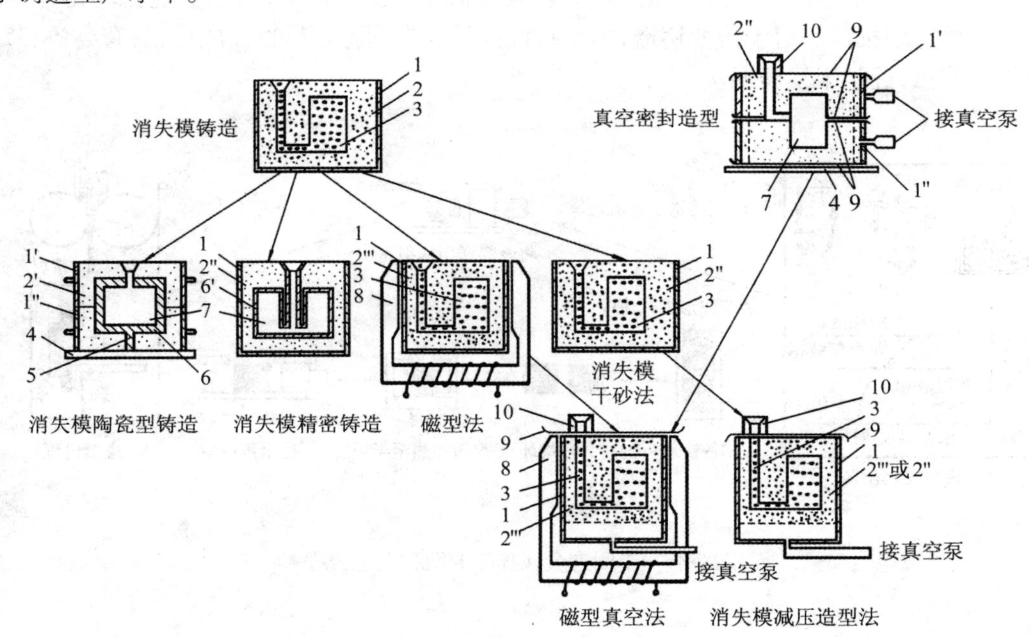

图 2-45　消失模铸造新发展示意图

1—砂箱；1′—上砂箱；1″—下砂箱；2—型砂；2′—水玻璃砂；2″—干砂；2‴—铁丸；3—泡沫塑料模；4—底板；5—灌浆孔；6—陶瓷层；6′—型壳；7—去除 3 之后的型腔；8—磁型机；9—密封薄膜；10—浇口

2.7.4 冷冻造型法

冷冻造型法又称低温硬化造型法。其造型过程是采用普通石英砂为骨架材料,加入少量的水,必要时还加入少量的黏土,按普通造型法制好铸型后送入冷冻室,将铸型冷冻,借助包覆在砂粒表面的冰冻水分而实现砂粒的结合,使铸型具有很高的强度及硬度。浇注时,随着铸型温度升高,水分蒸发,铸型逐步解冻,稍加振动立即溃散,可方便地取出铸件。与其他造型方法相比,这种造型方法具有以下特点:

- 型砂成分简单,配置容易,铸件落砂清理方便,旧砂回用容易,砂处理设备少;
- 在造型、浇注、落砂过程中,产生的粉尘及有害气体少,符合清洁生产的要求;
- 铸型强度高、硬度大、透气性好,铸件表面光洁、缺陷少。

2.7.5 半固态金属铸造

半固态金属加工技术属21世纪前沿性金属加工技术。20世纪麻省理工学院(MIT)弗莱明斯教授发现金属在凝固过程中,进行强烈搅拌或通过控制凝固条件,抑制树枝晶的生成或破碎所生成的树枝晶,形成具有等轴、均匀、细小的初生相,均匀分布于液相中的悬浮半固态浆料。这种浆料在外力作用下即使固相率达到60%仍具有较好的流动性。可利用压铸、挤压、模锻等常规工艺进行加工,这种工艺方法称为半固态金属加工技术(简称SSM)。

SSM的主要工艺路线有两条:一条是将获得的半固态浆料在其半固态温度的条件下直接成形,通常称作流变铸造或流变加工(Rheocasting);另一条是将半固态浆料制备成坯料,根据产品尺寸下料,重新加热到半固态温度后,再加工成形,通常称为触变铸造(Thixoforming)或触变成形,如图2-46所示。对触变成形,由于半固态坯料便于输送,易于实现自动化,因而在工业中较早得到推广。对于流变铸造,由于将搅拌后的半固态浆料直接成形,具有高效、节能、短流程的特点,近年来发展很快。

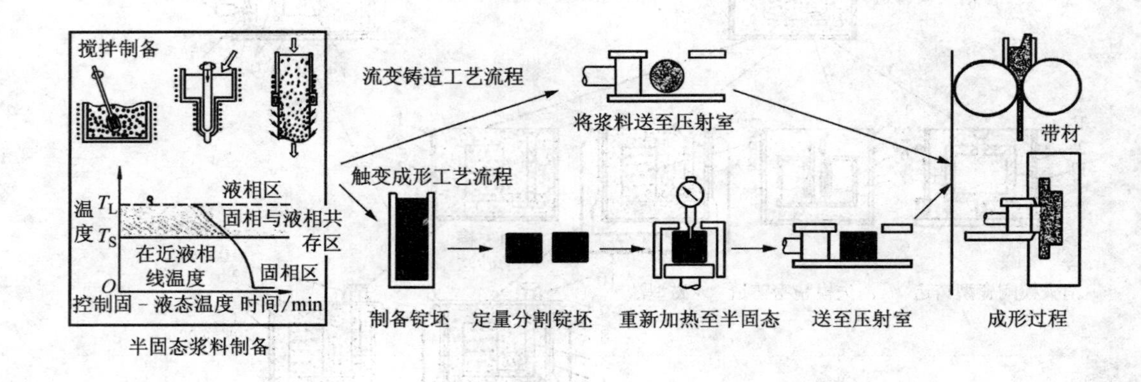

图2-46 半固态金属加工的两种工艺流程

表 2-11　用于汽车前悬挂系统的 SSM 成形零件与铸铁零件质量比较

零 件 名 称	铸铁零件质量/kg	SSM 零件质量/kg	质量减小/kg	质量减小百分比/%
上控制臂:前端	0.737 10	0.255 15	0.481 95	65
上控制臂:后端	0.793 80	0.311 85	0.481 95	61
悬臂	1.842 75	0.707 85	1.134 00	62
驾驶控制杆	2.097 90	1.105 65	0.992 25	47
支撑	0.198 45	0.113 40	0.085 05	43
悬挂支架	0.311 85	0.141 75	0.170 10	55
减振器支架梁	0.198 45	0.141 75	0.056 70	29
驾驶控制杆支撑架	0.368 55	0.283 50	0.085 05	23
万向节	6.955 75	3.883 95	3.061 80	44

半固态金属铸造具有以下优点。

(1) 充型平稳;加工温度较低,模具寿命大幅提高;凝固时间短,生产率高。

(2) 铸件表面平整光滑,内部组织致密,气孔和偏析少;晶粒细小,力学性能接近锻件。

(3) 凝固收缩小,尺寸精度高,可实现近净成形、净终成形加工。

(4) 流动应力小,成形速度高,可成形十分复杂的零件。

(5) 适宜于铸造铝、镁、锌、镍、铜合金和铁碳合金,尤其适宜于铝、镁合金。

SSM 技术在全世界应用日益广泛,目前,美国、意大利、瑞士、法国、英国、德国、日本等国家处于领先地位。由于 SSM 成形件具有组织细小、内部缺陷少、尺寸精度高、表面质量好、力学性能接近锻件等特点,因此 SSM 在汽车工业中得到广泛重视。表 2-11 列出用 SSM 加工的铝合金汽车零件代替铸铁零件的减重效果。当前,用 SSM 技术生产的汽车零件包括:刹车制动筒、转向系统零件、摇臂、发动机活塞、轮毂、传动系统零件、燃油系统零件和汽车空调零件等。这些零件已应用于 Ford、Chrysler、Volvo、BMW、Fiat 和 Audi 等轿车上。

2.8　铸造技术的发展趋势

随着科学技术的进步和国民经济的发展,对铸造提出优质、低耗、高效、少污染的要求。铸造技术向以下几方面发展:

(1) 机械化、自动化技术的发展　随着汽车工业等大批大量制造的要求,各种新的造型方法(如高压造型、射压造型、气冲造型等)和制芯方法进一步开发和推广。

(2) 特种铸造工艺的发展　随着现代工业对铸件的比强度、比模量的要求增加以及净成形,净终成形的发展,特种铸造工艺向大型铸件方向发展。铸造柔性加工系统逐步推广,逐步适应多品种少批量的产品升级换代需求。复合铸造技术(如挤压铸造、熔模真空吸铸)和一些全新的工艺方法(如砂型铸造工艺、超级合金等离子滴铸工艺)逐步进入应用。

(3) 特殊性能合金的应用　球墨铸铁、合金钢、铝合金、钛合金等高比强度、比模量的材料逐步被应用。新型铸造功能材料如铸造复合材料、阻尼材料和具有特殊磁学、电学、热学性能和耐辐射材料进入铸造成形领域。

(4) 微电子技术的使用　铸造生产的各个环节已开始使用微电子技术。如铸造工艺及模具的 CAD 及 CAM,凝固过程数值模拟,铸造过程自动检测、监测与控制,铸造工程 MIS,各种数据库及专家系统,机器人的应用等。

(5) 新的造型材料的开发和应用。

习　题

2-1　以图表形式说明砂型铸造生产过程。

2-2　铸件、模样、零件三者在尺寸上有何区别,为什么?

2-3　车床手轮在单件和批量生产时各应采用什么方法铸造?请画出大批生产手轮的铸造工艺图和假箱图。

2-4　下列铸件在大批生产时采用什么铸造方法?铝活塞,缝纫机头,气轮机叶片,大污水铸铁管,气缸套,摩托车气缸体,大模数齿轮滚刀,车床床身,带轮及飞轮。

2-5　图 2-47 为轴承座铸件,材料为 HT250,请分别作出:①大批大量生产;②单件生产铸造工艺图。

2-6　图 2-48 为支撑台零件,材料 HT200,请分别画出单件生产和大批生产的铸造工艺图。

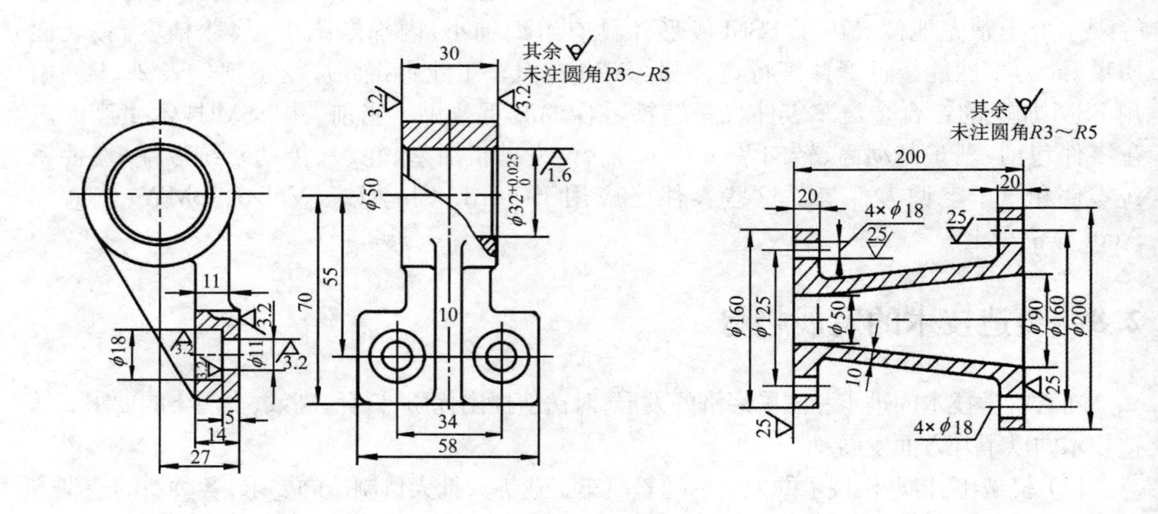

图 2-47　轴承座　　　　图 2-48　支撑台

2-7　图 2-49 为支座零件图,材料为 HT200,请分别画出大批和单件生产的铸造工艺图。

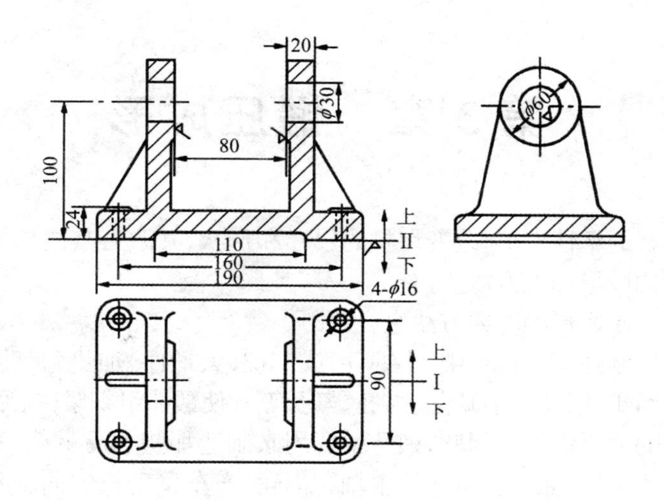

图 2-49　支座零件图

2-8　何为特种铸造，请分别说出它们的生产特点和适用场合。

2-9　现代铸造方法和传统的铸造方法有何不同，它们的发展趋势如何？

2-10　请结合21世纪对生产的要求，如清洁生产、近净成形、净终成形、节能省耗等特点，谈谈铸造成形的发展趋势。

第 3 章　锻压成形

锻压是利用金属的塑性变形,改变坯料的尺寸和形状,并改善其内部组织和力学性能,获得所需毛坯或零件的成形加工方法。

锻造和冲压是锻压成形的主要方法之一。

锻造一般是将轧制圆钢、方钢(中、小锻件)或钢锭(大锻件)加热到高温状态后进行加工。锻造能够改善铸态组织、锻合铸造缺陷(缩孔、气孔等),使锻件组织紧密、晶粒细化、成分均匀,从而显著提高金属的力学性能。因此,锻造主要用来制造那些承受重载、冲击载荷、交变载荷的重要的机械零件或毛坯,如各种机床的主轴和齿轮、汽车发动机的曲轴和连杆、起重机吊钩及各种刀具、模具等。

冲压一般是在常温下利用冲床、冲模对板料进行加工。冲压主要用来生产强度高、刚度大、结构轻的板壳类零件,如手表齿轮、日用器皿、仪表罩壳、汽车覆盖件等。

锻压是利用塑性变形的原理使材料成形的,因而用于锻压的材料必须具有良好的塑性,以免加工时破裂。各种钢材和大多数非铁金属及其合金都具有一定的塑性,可以用于锻压,如低碳钢、铜和铝及其合金都是常用的锻压材料;而铸铁是脆性材料,不能锻压。

3.1　金属的塑性变形及锻造性能

3.1.1　金属的塑性变形

金属在外力作用下,内部产生应力和应变。当应力小于屈服强度时,内部只发生弹性应变;当应力超过屈服强度时,迫使组成金属的晶粒内部产生滑移或孪晶①,同时晶粒间也产生滑移和转动,因而形成了宏观的塑性变形。

金属经塑性变形后,内部组织和宏观力学性能发生了很大的变化,如图 3-1 所示。

1. 加工硬化

金属在室温下塑性变形,由于内部晶粒沿变形最大方向伸长并转动、晶格扭曲畸变以及晶内、晶间产生碎晶的综合影响,增加了进一步滑移变形的阻力,从而引起金属的强度、硬度上升,塑性、韧性下降的现象称为加工硬化。

加工硬化在生产中很有实用意义,是强化金属的重要方法之一。纯金属及某些不能通过热处理方法强化的合金,如低碳钢、纯铜、防锈铝、奥氏体不锈钢、高锰钢等,可通过冷拔、冷轧、冷挤压等工艺来提高其强度和硬度。但在冷轧薄钢板、冷拉细钢丝及多道拉深的过程中,也会由于加工硬化造成后道加工的困难,甚至开裂报废。因此要在工序间适当穿插热处理工艺来

---

① 滑移是晶体内的一部分原子相对另一部分原子滑动,使未变形部分与变形部分的原子排列发生错位;孪晶是晶体内的一部分原子相对另一部分原子转动,使未变形部分与变形部分的原子排列呈镜面对称。

消除加工硬化。

2. 回复

将已产生加工硬化的金属加热到绝对温度 $T_{回} = (0.25 \sim 0.3) T_{熔}$ 以上,原子获得的热能将使原子回复到正常排列位置,消除了晶格扭曲,降低了内应力,从而部分消除加工硬化,使强度、硬度略有下降,塑性、韧性略有上升的现象称为回复。

3. 再结晶

若将硬化金属加热到绝对温度 $T_{再} = 0.4 T_{熔}$ 温度以上,原来被拉长的晶粒将以碎晶或杂质为核心重新生核、结晶,变为细小的等轴晶粒,从而完全消除加工硬化的现象称为再结晶。

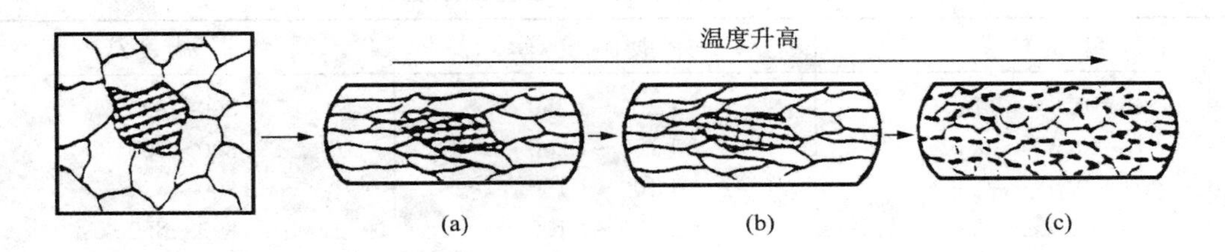

图 3-1 金属的加工硬化、回复和再结晶的组织

(a) 塑性变形后的硬化组织 (b) 回复后的组织 (c) 再结晶后的组织

4. 纤维组织

坯料中的塑性夹杂物(MnS, FeS 等)沿最大变形方向伸长,而脆性夹杂物(FeO, SiO_2 等)被打碎呈链状,形成了永久性的点条状或链状的纤维组织。

纤维组织的存在造成了锻压件力学性能的各向异性,即纵向(平行于纤维方向)上的塑性、韧性高于横向(垂直于纤维方向)。因此在设计锻件时,应使纤维方向与零件的轮廓相符合而不被切断,并使零件所受的最大拉应力方向与纤维方向一致,最大切应力方向与纤维方向垂直。

3.1.2 金属的锻造性能

1. 锻造性能

锻造性能(亦称可锻性)是指金属材料锻压加工成形的难易程度,以塑性和变形抗力综合衡量。通常认为材料塑性大,变形抗力小,则其锻造性能好。

2. 影响锻造性能的因素

1) 金属的本质

(1) 化学成分。不同化学成分的金属锻造性能不同。纯金属的锻造性能比合金要好;合金元素的含量越多,锻

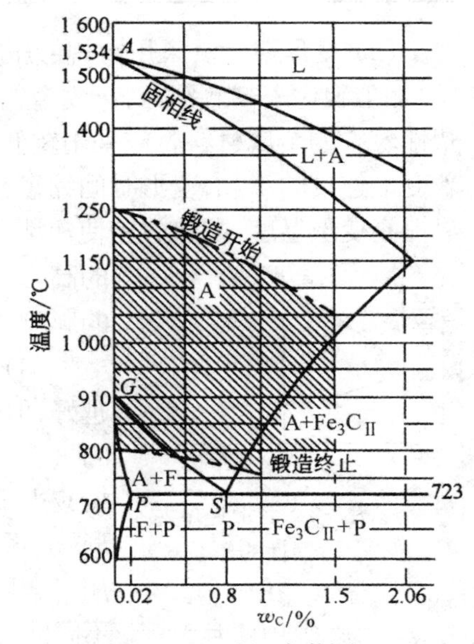

图 3-2 钢的锻造温度范围

造性能越差。如低碳钢的锻造性能很好,高碳钢的锻造性能比较差,高合金钢的锻造性能更差。

(2) 金属组织。同一成分的合金,当组织结构不同时,其锻造性能也不同。单一固溶体组织的锻造性能好于化合物组织。

2) 工艺条件

(1) 变形温度。温度越高,原子活动能力越大,滑移所需的应力越小,因而变形抗力降低、塑性增加,所以加热有助于提高锻造性能。但加热不当(温度过高或时间过长)会产生氧化、脱碳、过热等缺陷,甚至造成过烧使产品报废。所以金属的变形必须严格控制在规定的温度范围内。碳钢的锻造温度范围可依据相图来确定,如图 3-2 所示。常用金属的锻造温度范围可以参考表 3-1。

表 3-1 常用金属材料的锻造温度范围

金属种类		始锻温度/℃	终锻温度/℃
碳钢	w_C=0.3%以下	1 200~1 250	800~850
	w_C=0.3%~0.5%	1 150~1 200	800~850
	w_C=0.5%~0.9%	1 100~1 150	800~850
	w_C=0.9%~1.4%	1 050~1 100	800~850
合金钢	合金结构钢	1 150~1 200	800~850
	合金工具钢	1 050~1 150	800~850
	耐热钢	1 100~1 150	850~900
铜合金		700~800	650~750
铝合金		450~490	350~400
镁合金		370~430	300~350
钛合金		1 050~1 150	750~900

(2) 变形速度。采用常规锻压方法时,随着变形速度的增加,回复和再结晶来不及充分进行,加工硬化未彻底消除,造成金属的塑性下降,变形抗力增加,锻造性能变差。所以常规锻造塑性较差的金属材料时应采用较低的变形速度(即用压机不用锤)。而在高速锤上锻造时,随着变形速度的增加,变形时间缩短,由塑性变形功转化而来的热量大大超过散失的热量,会明显提高变形温度,即热效应使塑性上升、抗力变小,锻造性能反而变好,所以常规设备难以锻造的高强度低塑性合金可以采用高速锤锻造。变形速度对锻造性能的影响效果如图 3-3 所示。

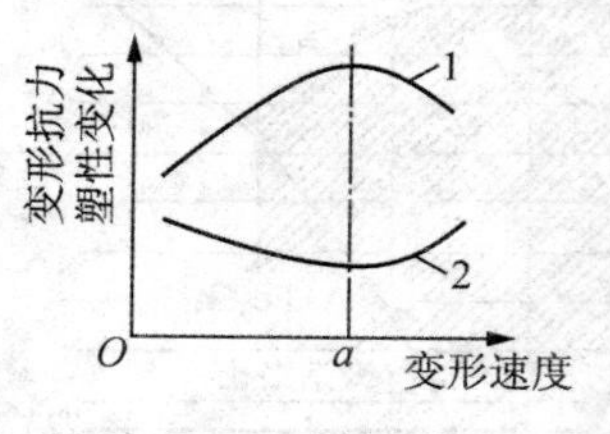

图 3-3 变形速度对可锻性的影响

1—变形抗力曲线;
2—塑性变化曲线

(3) 应力状态。三向应力状态中,压应力数目越多,材料塑性越好,但变形抗力增加。这是因为在拉应力作用下变形,金属内部的气孔、微裂纹等缺陷容易扩展,可能造成金属破坏而失去塑性;但拉应力下金属滑移变形容易,所以变形抗力小。在压应力作用下变形,金属内部的显微裂纹不易扩展,金属的塑性得到改善;但由于增加了金属内部的摩擦,使变形抗力增加。因此,不同的材料应选择不同的加工方式:本身塑性较好的材料,应选择拉应力状态下变形

(如拉拔等),如图 3-4(a)所示,以减少能量消耗;本身塑性较差的材料,应尽量在三向压应力状态下变形(如挤压等),如图 3-4(b)所示,以免开裂。

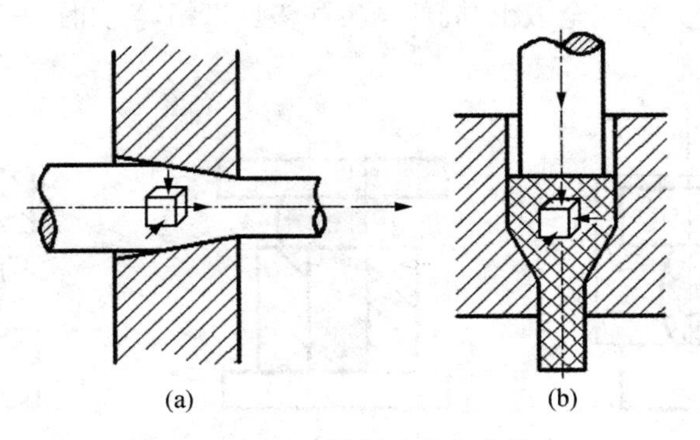

图 3-4　拉拔和挤压时的应力状态

(a) 拉拔　(b) 挤压

综上所述,金属的锻造性能不仅取决于金属的本质,还取决于变形的工艺条件。因此,在进行压力加工时,要力求创造最有利的变形条件,充分发挥金属的塑性,降低变形抗力,使能量消耗最少,用最经济的方法达到加工的目的。

3.2　锻造

在冲击力或静压力的作用下,使热锭或热坯产生局部或全部的塑性变形,获得所需形状,尺寸和性能的锻件的加工方法称为锻造。锻造分为自由锻造、模型锻造及胎模锻。

3.2.1　自由锻造

只采用通用工具或直接在锻造设备的上、下砥铁间使坯料变形获得锻件的方法称为自由锻。自由锻的原材料可以是轧材(中小型锻件)或钢锭(大型锻件)。自由锻工艺灵活、工具简单,主要适合于各种锻件的单件小批生产,也是特大型锻件的唯一生产方法。

1. 自由锻的主要设备

自由锻的设备有锻锤和液压机两大类。

锻锤是以冲击力使坯料变形的,设备规格以落下部分的重量来表示。常用的有空气锤和蒸汽-空气锤。空气锤的吨位较小,只有 500～10 000 N,用于锻 100 kg 以下的锻件;蒸汽-空气锤的吨位较大,可达 10～50 kN,可锻 1 500 kg 以下的锻件。

液压机是以液体产生的静压力使坯料变形的,设备规格以最大压力来表示。常用的有油压机和水压机。水压机的压力大,可达 5 000～15 000 kN,是锻造大型锻件的主要设备。

2. 自由锻的基本工序

自由锻的基本工序是指锻造过程中直接改变坯料形状和尺寸的工艺过程。主要包括镦粗、拔长、弯曲、冲孔、扭转、错移等,其中最常用的是镦粗、拔长和冲孔。

1）镦粗

这是使坯料的整体或一部分高度减小、截面积增大的工序。

(1) 镦粗的种类。分为完全镦粗、局部镦粗和垫环镦粗等，如图 3-5 所示。

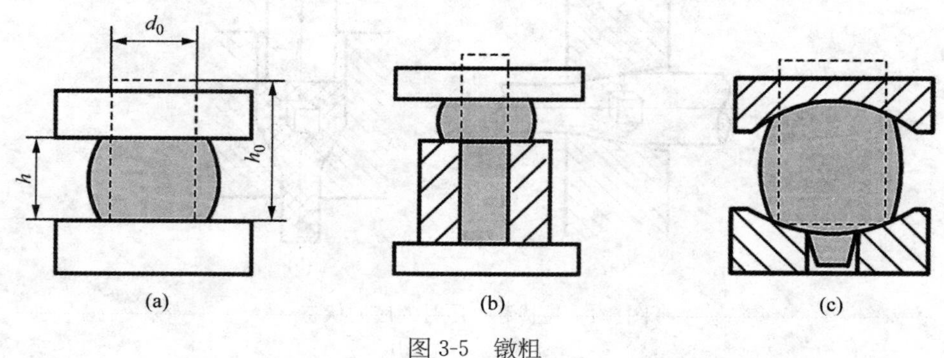

图 3-5　镦粗

(a) 完全镦粗　(b) 局部镦粗　(c) 垫环镦粗

(2) 镦粗操作要点。参与镦粗的坯料高径比 $h_0/d_0 \leqslant 2.5$，以免镦弯；坯料两端面要平整且垂直于轴线；坯料加热要均匀，且锻打时经常绕自身轴线旋转，以使变形均匀。

(3) 镦粗的应用。制造高度小、截面大的盘类工件，如齿轮、圆盘等；作为冲孔前的准备工序，以减小冲孔深度；增加某些轴类工件的拔长锻造比，提高力学性能，减少各向异性。

2）拔长

这是减小坯料截面积、增加其长度的工序。

(1) 拔长的种类。有平砥铁拔长、芯棒拔长、芯棒扩孔等，如图 3-6 所示。

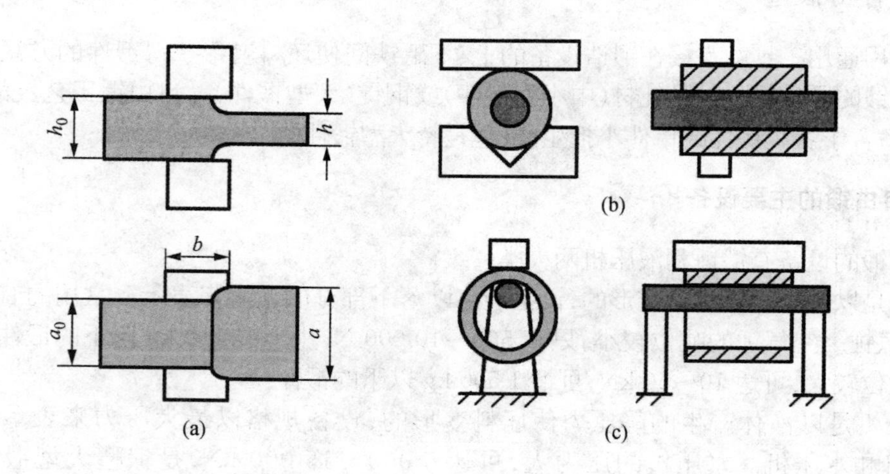

图 3-6　拔长

(a) 平砥铁拔长　(b) 芯棒拔长　(c) 芯棒扩孔

(2) 拔长的操作要点。坯料在平砥铁上拔长时应反复作 90°翻转，圆轴应逐步成形最后摔圆(见图 3-7)；应选用适当的送进量 l 以提高拔长效率，一般取 $l=(0.4\sim0.8)b$；拔长后的宽

高比 $a/h \leqslant 2.5$，以免翻转 90°后再拔长时弯折；在芯棒上扩孔时，芯棒要光滑，而且直径 $d \geqslant 0.35L$。

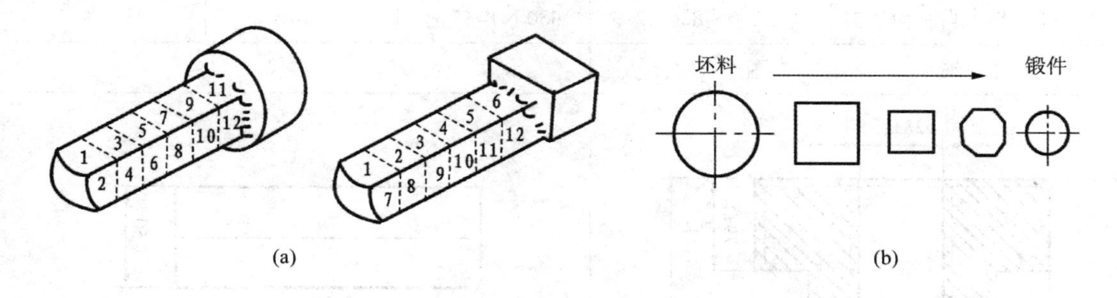

图 3-7　拔长操作法

(a) 90°翻转法　(b) 圆轴逐步拔长法

(3) 拔长的应用。主要用于制造长轴类的实心或空心工件，如轴、拉杆、曲轴、炮筒、套筒以及大直径的圆环等。

3) 冲孔

这是在实心坯料上冲出通孔或不通孔的工序。

(1) 冲孔的种类。有实心冲子冲孔、空心冲子冲孔、漏盘冲孔等，如图 3-8 所示。

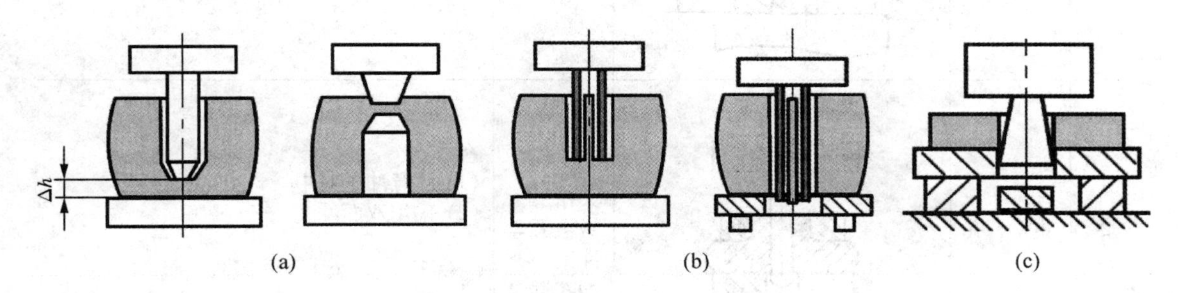

图 3-8　冲孔

(a) 实心冲子冲孔　(b) 空心冲子冲孔　(c) 漏盘冲孔

(2) 冲孔的操作要点。冲孔前应先镦平端面；通孔一般采用双面冲，即正面冲到底部留 $\Delta h = (0.15 \sim 0.2)h$ 时，将坯料翻转后再冲通，见图 3-8(a)；直径 $d < 25$ mm 的孔一般不冲出；直径 $d < 450$ mm 的孔用实心冲子冲孔；直径 $d > 450$ mm 的孔用空心冲子冲孔。

(3) 冲孔的应用。主要用于制造空心工件，如齿轮坯、圆环、套筒等。有时也用于去除铸锭中心质量较差的部分，以便锻制高质量的大工件。

3. 典型锻件的自由锻工艺示例

实际生产时，应根据具体的锻件形状采用几种基本工序的组合。表 3-2 是齿轮坯的自由锻造工艺方案。

表 3-2　齿轮坯的自由锻工艺过程

锻件名称	工艺类别	锻造温度范围	设　　备	材　　料	加热火次
齿 轮 坯	自 由 锻	1 200～800 ℃	650 N 空气锤	45 钢	1

锻　件　图	坯　料　图
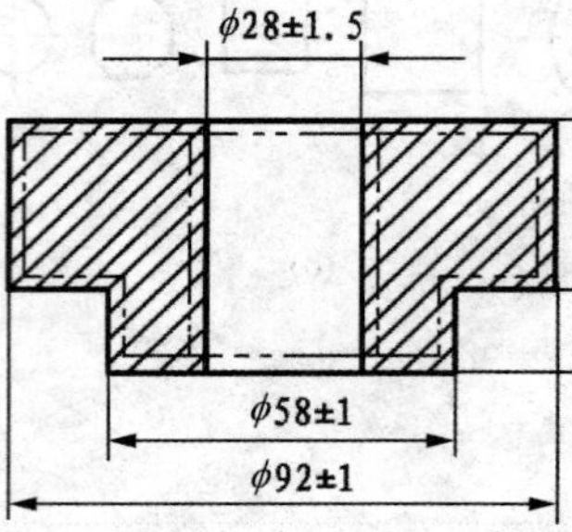 ϕ28±1.5　29±1　44±1　ϕ58±1　ϕ92±1	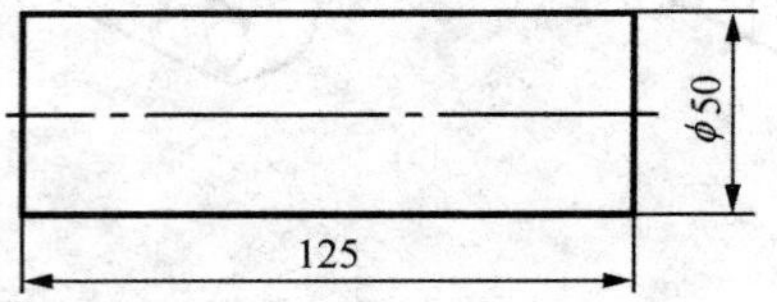 ϕ50　125

序号	工序名称	工　序　简　图	使用工具	操　作　要　点
1	局部镦粗	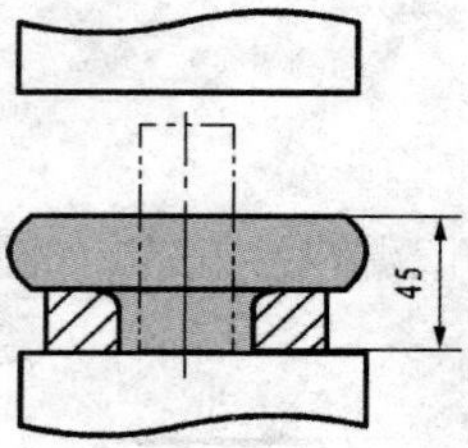 45	火钳 镦粗漏盘	控制镦粗后的高度为 45 mm
2	冲　　孔	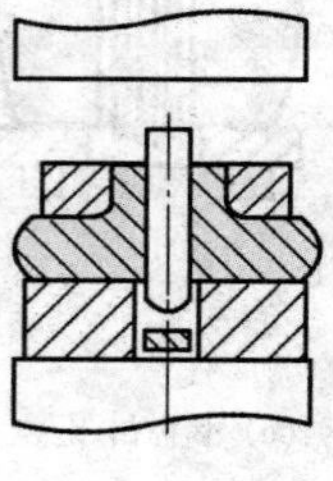	火钳 镦粗漏盘 冲子 冲孔漏盘	(1) 注意冲子对中 (2) 采用双面冲孔
3	修整外圆	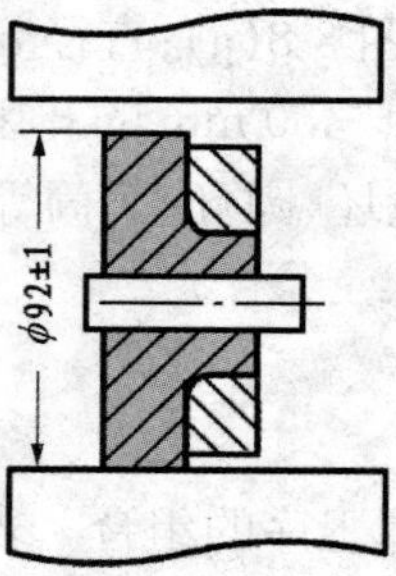 ϕ92±1	火钳 冲子	边轻打边修整，消除外圆鼓形，并达到 ϕ(92 ± 1)mm

(续表)

序号	工序名称	工序简图	使用工具	操作要点
4	修整平面	44±1	火钳 镦粗漏盘	轻打使锻件厚度达到 (44 ± 1)mm

3.2.2 胎模锻

胎模锻是在自由锻设备上使用可移动的简单模具生产锻件的一种锻造方法。胎模锻一般先采用自由锻制坯，然后在胎模中终锻成形。锻件的形状和尺寸主要靠胎模的型槽来保证。胎模不固定在设备上，锻造时用工具夹持着进行锻打。

与自由锻相比，胎模锻生产效率高，锻件加工余量小，精度高；与模锻相比，胎模制造简单，使用方便，成本较低，又不需要昂贵的设备。因此胎模锻曾广泛用于中小型锻件的中小批量生产。但胎模锻劳动强度大，辅助操作多，模具寿命低，在现代工业中已逐渐被模锻所取代。

1. 胎模种类及结构

常用的胎模分为摔模、扣模、套模、合模、弯模、冲切模等，其结构和用途如表 3-3 所示。

表 3-3 胎模的种类、结构和用途

名称	简图	结构和用途	名称	简图	结构和用途
摔模		摔模由上摔、下摔及摔把组成。常用于回转体轴类锻件的成形或精整，或为合模制坯	合模		合模由上模、下模及导向装置组成。多用于连杆、拨叉等形状较复杂的非回转体锻件终锻成形
扣模		扣模由上扣、下扣组成，有时仅有下扣。主要用于非回转体锻件的整体、局部成形或为合模制坯	弯模		弯模由上模、下模组成，用于吊钩、吊环等弯杆类锻件的成形或为合模制坯
套模		套模由模套及上模、下模组成。用于齿轮、法兰盘等盘类零件的成形	冲切模		由冲头、凹模组成，用于锻后切边、冲孔

2. 典型锻件的胎模锻工艺过程

图 3-9 是轴套的胎模锻造工艺过程。

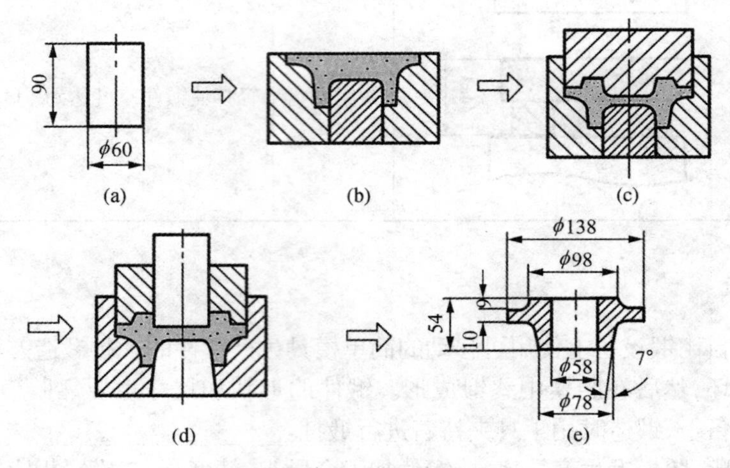

图 3-9 轴套的胎模锻造过程

(a) 坯料 (b) 制坯 (c) 成形 (d) 冲孔 (e) 锻件

3.2.3 模型锻造

模型锻造简称为模锻，是将加热到锻造温度的金属坯料放到固定在模锻设备上的锻模模膛内，使坯料受压变形，从而获得锻件的方法。

与自由锻和胎模锻相比，模锻可以锻制形状较为复杂的锻件，且锻件的形状和尺寸较准确，表面质量好，材料利用率和生产效率高。但模锻需采用专用的模锻设备和锻模，投资大、前期准备时间长，并且由于受三向压应力变形，变形抗力大，故而模锻只适用于中小型锻件的大批量生产。

1. 模锻设备

生产中常用的模锻设备有模锻锤、热模锻压力机、摩擦压力机、平锻机等。其中尤其是模锻锤工艺适应性广，可生产各种类型的模锻件，设备费用也相对较低，长期以来一直是我国模锻生产中应用最多的一种模锻设备。

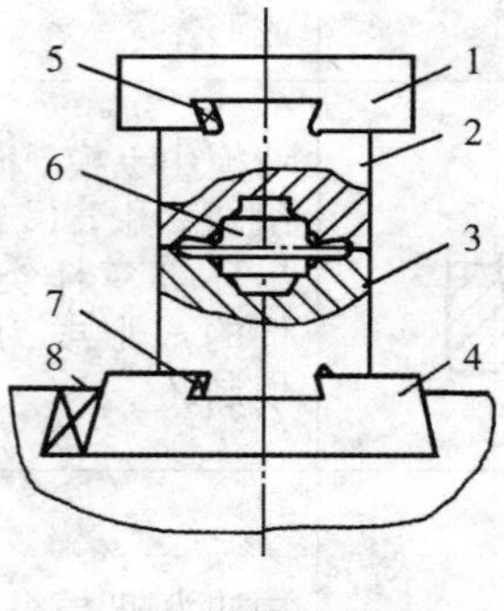

图 3-10 锤锻模结构

1—锤头；2—上模；3—下模；4—模垫；5,7,8—紧固楔铁；6—模膛

2. 锤锻模

锤上模锻是在自由锻和胎模锻的基础上发展起来的，其所用的锻模(见图 3-10)是由带有燕尾的上模和下模组成的。下模固定在模座上，上模固定在锤头上，并与锤头一起作上下往复的锤击运动。

根据锻件的形状和模锻工艺的安排，上、下模中都设有一定形状的凹腔，称为模膛。模膛根据功用分为制坯模膛和模锻模膛两大类。

1）制坯模膛

主要作用是按照锻件形状合理分配坯料体积，使坯料形状基本接近锻件形状。制坯模膛分为拔长模膛、滚挤模膛、弯曲模膛、成形模膛、镦粗台及压扁面等。

（1）拔长模膛。减小坯料某部分的横截面积以增加该部分的长度。

（2）滚挤模膛。减小坯料某部分的横截面积以增加另一部分的横截面积。

（3）弯曲模膛。将坯料轴线由直线变成曲线形状。

（4）切断模膛。切断坯料。

2）模锻模膛

分为预锻模膛和终锻模膛两种。

（1）预锻模膛。目的是使坯料变形到接近于锻件的形状和尺寸，以便在终锻成形时金属充型更加容易，同时减少终锻模膛的磨损，延长锻模的使用寿命。

预锻模膛的圆角、模锻斜度均比终锻模膛大，而且不设飞边槽。

（2）终锻模膛。可使坯料变形到热锻件所要求的形状和尺寸。待冷却收缩后即达到冷锻件的形状和尺寸。

终锻模膛的分模面上有一圈飞边槽，用以增加金属从模膛中流出的阻力，促使金属充满模膛，同时容纳多余的金属。模锻件的飞边需在模锻后切除。

实际锻造时应根据锻件的复杂程度相应选用单模膛锻模或多模膛锻模。一般形状简单的锻件采用仅有终锻模膛的单模膛锻模，而形状复杂的锻件（如截面不均匀、轴线弯曲、不对称等）则需采用具有制坯、预锻、终锻等多个模膛的锻模逐步成形。

3. 典型锻件的锤上模锻工艺过程

图3-11为弯曲连杆在锤上模锻时的成形过程。

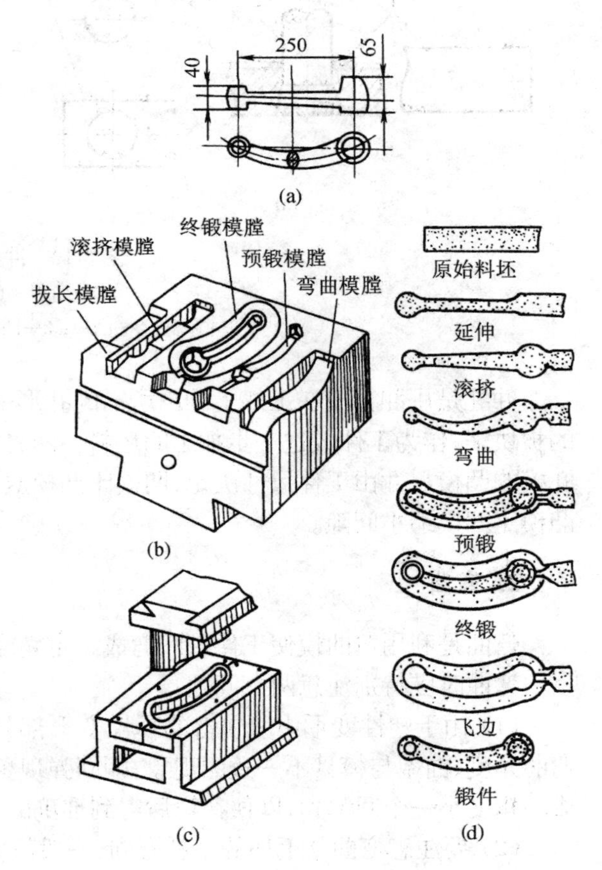

图3-11　弯曲连杆的锤锻模及成形过程

（a）锻件图　（b）锤锻模　（c）切边模　（d）模锻过程

3.3　板料冲压

板料冲压是在冲床上用冲模使金属或非金属板料产生分离或变形而获得制件的加工方法。板料冲压通常在室温下进行，所以又称冷冲压。用于冲压的材料必须具有良好的塑性，常用的有低碳钢、高塑性合金钢、铝和铝合金、铜和铜合金等金属材料以及皮革、塑料、胶木等非金属材料。冲压的优点是生产率高，成本低；成品的形状复杂，尺寸精度高，表面质量好且模量大、强度高、重量轻，无需切削加工即可使用。因此在汽车、拖拉机、电机、电器、日常生活用品及国防工业生产中得到广泛应用。

3.3.1 冲压设备

冲压常用的设备有剪床和冲床两大类。

剪床的主要用途是把板料切成一定宽度的条料，为下一步的冲压备料。

冲床主要用来完成冲压的各道工序。

3.3.2 冲压的基本工序

1. 冲孔和落料

将板坯在冲模刃口作用下沿封闭轮廓分离的工序称为冲孔或落料，如图 3-12 所示。

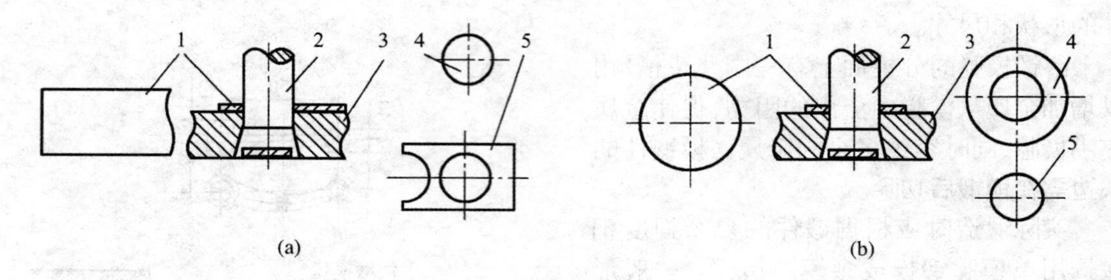

图 3-12 冲孔和落料

(a) 落料 (b) 冲孔

1—坯料；2—凸模；3—凹模；4—成品；5—废料

冲孔是用冲裁模在工件上冲出所需的孔形来；而落料是用冲裁模从坯料上冲下所需形状的板块来，作为工件或进一步加工的坯料。两者的模具结构基本相同，只是尺寸有所差别：冲孔模的凸模尺寸由工件尺寸决定，凹模比凸模放大间隙；落料模的凹模尺寸由工件尺寸决定，凸模比凹模缩小间隙。

2. 弯曲

弯曲是利用弯曲模使工件轴线弯成一定角度和曲率的工序，如图 3-13 所示。

弯曲时应特别注意两个问题：

(1) 由于塑性变形中所包含的弹性变形部分在外力去除后会自动消失，从而造成工件的弯曲角度、曲率与模具不一致的现象，即回弹现象。因此在设计弯曲模时，应取模具的角度比成品角度小一个回弹角，以便在弯后得到准确的弯曲件形状。

(2) 要注意弯曲件毛坯的下料方向，一般应使板料的纤维方向与弯曲件的弯曲线垂直，见图 3-14 所示，以防开裂。

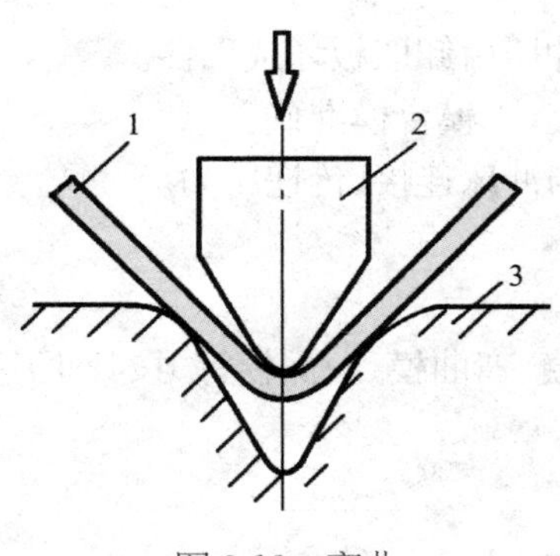

图 3-13　弯曲
1—工件；2—凸模；3—凹模

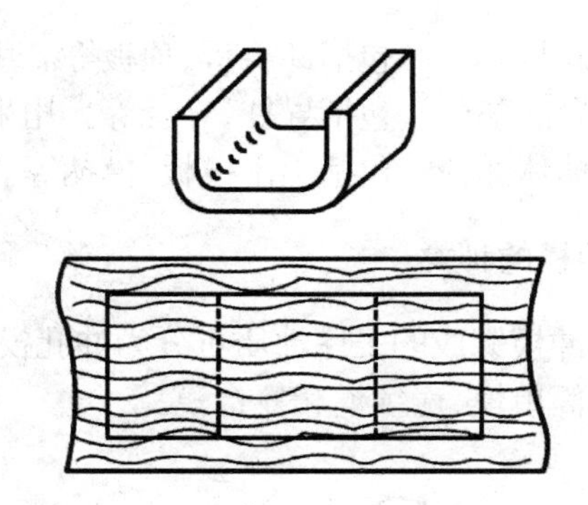
图 3-14　弯曲下料方向

3. 拉深

拉深是利用模具将平板毛坯变成杯形、盒形等开口空心工件的工序，如图 3-15 所示。

拉深时要特别注意两个问题：

(1) 合理确定拉深系数和拉深次数　拉深系数 m 等于拉深后的工件直径 d 与拉深前的毛坯直径 D 之比，即 $m=d/D$。m 值越小，变形量越大，成形难度越大。对于深腔拉深件(如弹壳、笔帽等)应采用多道拉深，每次拉深的拉深系数 m 不能太小，一般控制在 $m=0.5\sim0.8$，而且 $m_1<m_2<\cdots<m_n$，必要时还应在工序间穿插再结晶退火，以消除加工硬化。

(2) 拉深中极易产生起皱和拉裂缺陷(见图 3-16)　因此要合理设计模具结构与尺寸，如设置压边装置、加大凸模和凹模的圆角半径以及模具间隙，采用适当的润滑方式，防止上述缺陷的产生。

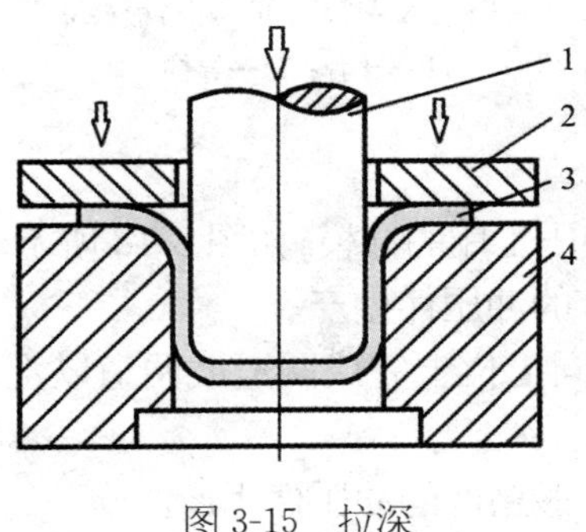

图 3-15　拉深
1—凸模；2—压边圈；3—工件；4—凹模

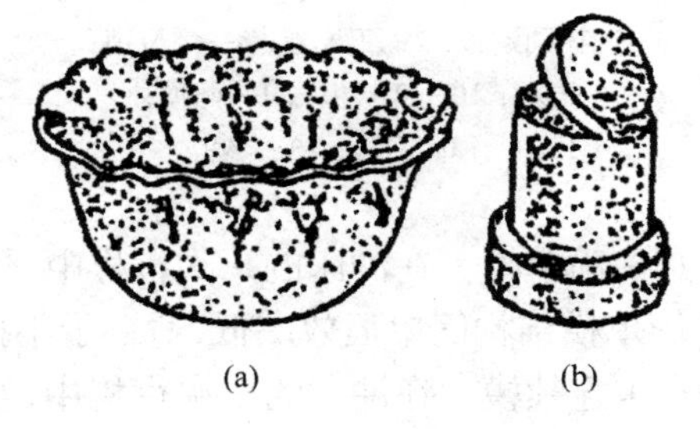

图 3-16　拉深件的起皱和拉裂
(a) 起皱　(b) 拉裂

3.3.3　冲模

冲模是实现坯料分离或变形必不可少的工艺装备。

1. 冲模的结构组成和作用

典型冲模的构造如图 3-17 所示，其主要组成部分及作用如下：

(1) 工作部分。包括凸模、凹模等。实现板料分离或变形，完成冲压工序。

(2) 定位部分。包括导板、定位销等。用于控制坯料的送进方向和送进距离。

(3) 卸料部分。包括卸料板、顶板等。用于在冲压后卸取板坯或工件。

(4) 导向部分。包括导柱、导套等。用来保证上、下模合模准确。

(5) 模体部分。包括上下模板、模柄等。用于与冲床连接、传递压力。

2. 冲模的种类

按照冲模完成的工序性质可分为冲孔模、落料模、弯曲模、拉深模等,按其工序的组合程度又可分为简单模、连续模和复合模。

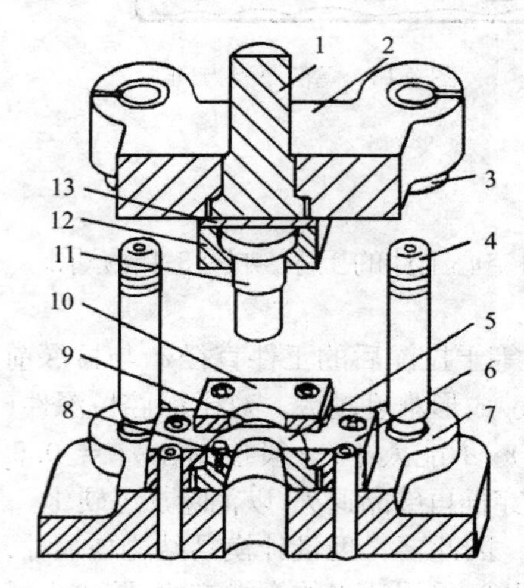

图 3-17 冲模结构

1—模柄;2—上模板;3—导套;4—导柱;5—凹模;6—凹模固定板;7—下模板;8—定位销;9—导板;10—卸料板;11—凸模;12—凸模固定板;13—垫板

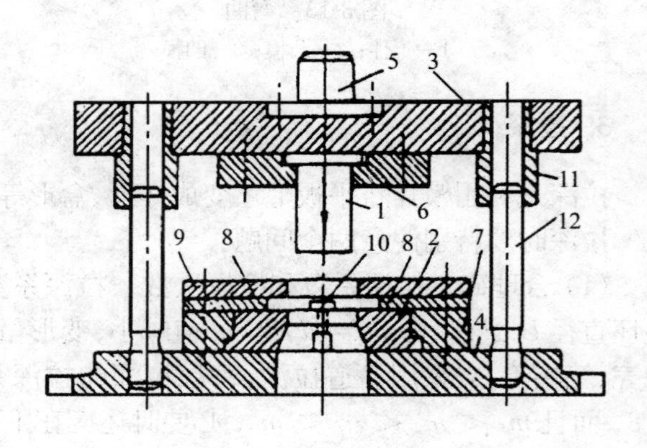

图 3-18 简单模

1—凸模;2—凹模;3—上模板;4—下模板;5—模柄;6—压板;7—压板;8—导板;9—卸料板;10—挡料销;11—导套;12—导柱

(1) 简单模　在冲床的一次行程中只完成一道冲压工序的冲模,如图 3-18 所示。

简单模结构简单但效率低,适合于小批量、低精度的冲压件生产。

(2) 连续模　在冲床的一次行程中,在模具的不同工位上完成两道或两道以上冲压工序的冲模,如图 3-19 所示。

连续模效率高且结构相对简单,适合于大批量、一般精度的冲压件生产。

(3) 复合模　在冲床的一次行程中,在模具的同一工位上完成两道或两道以上冲压工序的冲模(见图 3-20)。

复合模效率高但结构复杂,适合于大批量、高精度的冲压件生产。

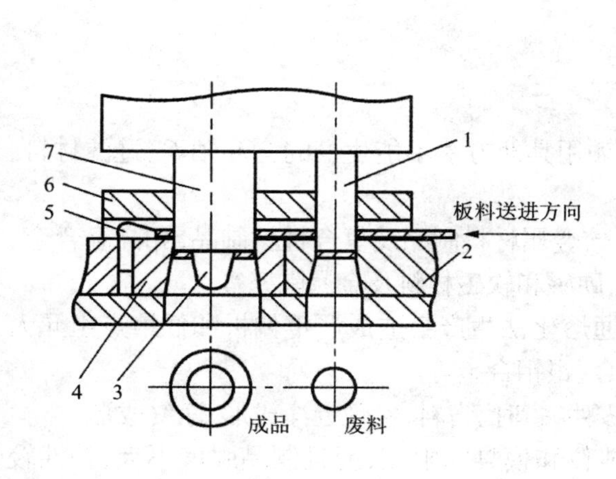

图 3-19　连续模

1—冲孔凸模；2—冲孔凹模；3—导正销；4—落料凹模；5—挡料销；6—卸料板；7—落料凸模

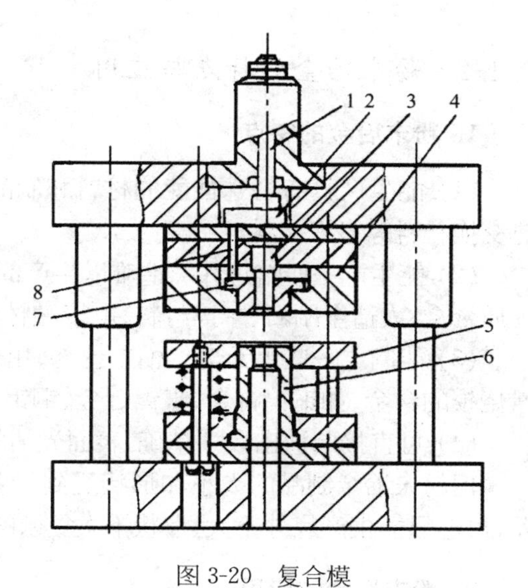

图 3-20　复合模

1—打棒；2—打板；3—凸模；4—凹模；5—卸料板；6—凸凹模；7—推块；8—推杆

3.4　粉末冶金

3.4.1　粉末冶金的概念及工艺过程

粉末冶金是用两种以上的金属粉末或金属与非金属粉末经混合、压制成形和烧结，制成金属材料或零件的方法。

粉末冶金的工艺过程为：粉末制备→混料→压制成形→烧结→后处理。

(1) 制取粉末。可采用机械破碎法、雾化法、氧化还原法及电解法制取金属粉末。

(2) 混料。在专用的混料机中将不同成分的材料粉末按比例混合均匀，通常还加入少量的润滑剂(如机油、硬脂酸锌、石蜡等)，以改善粉末的成形性和可塑性，从而提高压模的寿命。

(3) 压制成形。将已混合均匀的松散粉末置于模具型腔内加压，制成具有一定形状、尺寸、密度和强度的型坯。

(4) 烧结。将成形后的型坯放入具有保护性气氛(氢气、氮气、一氧化碳气等)的高温炉或真空炉中加热到规定的温度(低于基体金属的熔点)，并保温一段时间后取出，使型坯的孔隙减小、密度增高、强度增加，获得致密的烧结体。

(5) 后处理。大多数粉末冶金制品在烧结后可直接使用，但有些还需进行必要的后处理。如将烧结零件放入模具中进行精压处理，使零件精度和强度更加提高；对不受冲击而硬度要求高的铁基粉末冶金零件整体淬火；对表面要求耐磨、心部要有足够韧性的铁基粉末冶金零件表面淬火；对含油轴承在烧结后进行浸油处理；对不能用油润滑或在高速重载下工作的轴瓦，用烧结的铜合金在真空下浸渍聚四氟乙烯液，以制成摩擦因数小的金属塑料减摩件；将低熔点金属或合金渗入到多孔烧结件的孔隙中，从而增加烧结件的密度、强度、硬度、塑性或冲击韧度等。

3.4.2 粉末冶金的特点与应用

1. 粉末冶金的特点

(1) 能生产具有特殊性能的材料和制品,如用其他方法不能生产的含油轴承、过滤材料、热交换材料等多孔材料。

(2) 能生产一般熔炼和铸造难以生产的难熔金属材料制品及复合材料制品,如高温合金、硬质合金、人造金刚石、摩擦材料、电接触材料、硬磁和软磁材料及金属陶瓷等。

(3) 能制成一些组元熔点相差悬殊,用普通熔化法生产会造成严重偏析和低熔点组元大量烧损的合金,如铜钨合金、银钨合金、铜钼合金、银钼合金等。

(4) 可直接制造出尺寸精确、表面光洁的零件,省时、省料,实现近净成形、净终成形。

但粉末冶金制品的大小和形状受到设备吨位和模具的限制,而且制品强度不大、韧性较差,目前只能生产尺寸不大、形状不太复杂的零件。

2. 粉末冶金的应用

(1) 制造机械零件。如用锡青铜粉或铁粉与石墨粉可粉末冶金制成自润性良好的铜基、铁基含油轴承;用铜或铁加上石棉、二氧化硅、石墨、二硫化钼等可粉末冶金制造摩擦离合器的摩擦片、刹车片等;用铁基粉末结构合金(以碳钢粉末或合金钢粉末为主要原料烧结而成)可制造齿轮、链轮、凸轮、轴套、连杆等各种机械零件。

(2) 制造各种工具。用碳化钨与钴粉末冶金制得的 YG 类硬质合金可用于制造刀具、模具和量具;用碳化钨、碳化钛和钴粉末冶金可制成 YT 类硬质合金刀具;用氧化铝、氮化硅与合金粉末冶金可制成金属陶瓷刀片;用人造金刚石单晶体烧结在硬质合金上可制成复合人造金刚石刀片等。

(3) 制造各种特殊用途的材料或元件。如制造用作磁芯、磁铁的强磁性铁镍合金;用于接触器或继电器上的铜钨、银钨触点;用于宇宙航行和火箭技术的耐热材料;用于原子能工业的核燃料元件和屏蔽材料等。

3.5 锻压新工艺简介

随着工业生产的发展和科学技术的进步,古老的锻压加工方法也有了突破性的进展,涌现出许多新工艺、新技术,如超塑性成形、粉末锻造、液态模锻、高能率成形等。一方面极大地提高了制件的精度和复杂度,突破了传统锻压只能成形毛坯的局限,而直接锻压成形各种复杂形状的精密零件,实现了近净成形,净终成形;另一方面,又使过去难以锻压或不能锻压的材料以及新型复合材料的塑性成形加工成为现实,从而为塑性成形提供了更为宽广的应用前景。

3.5.1 超塑性成形

1. 超塑性成形的概念

超塑性(微细晶粒超塑性)是指当材料具有晶粒度 $= 0.5 \sim 5\ \mu m$ 的超细等轴晶粒,并在 $T=(0.5 \sim 0.7)T_{熔}$ 的成形温度范围和 $\varepsilon=(10^{-2} \sim 10^{-4})/s$ 的低应变速率下变形时,某些金属或合金呈现出超高的塑性和极低的变形抗力的现象。

超塑性成形就是对超塑性状态的坯料进行锻造、冲压、挤压等加工，以制出高质量、高精度复杂零件的方法。

目前常用的超塑性成形材料主要有锌合金、铝合金、铜合金、钛合金、镁合金、不锈钢及高温合金等。

2. 超塑性成形的特点

(1) 金属材料具有超常规塑性，成形性极好，因而仅用一道工序就可获得形状复杂的薄壁工件，以前不能锻压的金属(如 1N100 镍基合金等)也可用超塑性模锻成形，扩大了可锻金属的范围。

(2) 变形抗力很小，因而可用小设备锻压大工件，且延长了模具寿命。

(3) 工件尺寸精密、形状复杂、晶粒细小、组织均匀且力学性能各向同性，是实现近净成形，净终成形的新途径。

3. 超塑性成形的工艺

1) 超塑性模锻

将已具备超塑性的毛坯加热到超塑性变形温度，以超塑变形允许的应变速率，在液压机上进行等温模锻，最后对锻件进行热处理以恢复强度的方法。超塑性模锻需要在成形过程中保持模具和坯料恒温，故而在其锻模中设置有加热和隔热装置，如图 3-21 中的感应加热圈、隔热板等，这是与普通锻模最大的不同之处。

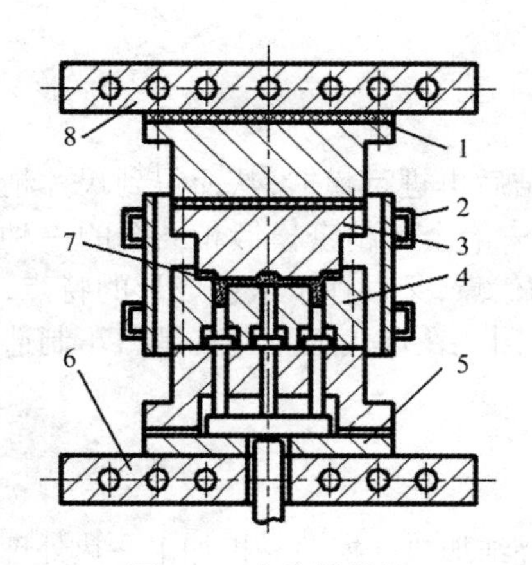

图 3-21　超塑性模锻

1—隔热垫；2—感应圈；3—凸模；4—凹模；5—隔热板；6，8—水冷板；7—工件

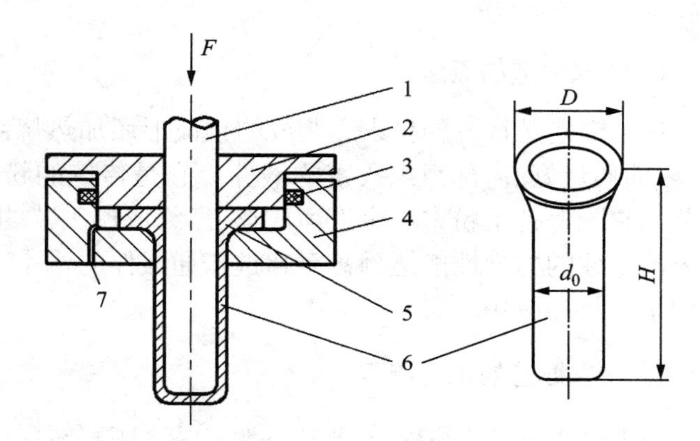

图 3-22　板料超塑性深冲

1—凸模；2—压板；3—加热元件；4—凹模；5—板坯；6—制件；7—高压油孔

超塑性模锻已成功地应用于军工、仪表、模具等行业中，小批量生产高温合金和钛合金等难成形、难加工材料的高精度零件，如高强度合金的飞机起落架和涡轮盘、注塑模型腔、特种齿轮等，大大节约了原材料，降低了生产成本。

2) 板料深冲

如图 3-22 所示，在拉深模中对超塑性板料的法兰部分加热，并在外圈加油压，就能一次拉深出高深的薄壁容器，且制件的壁厚均匀、无凸耳、力学性能各向同性。板料深冲件的深冲比 H/d_0 可达普通拉深件的15倍。

3）板料的真空成形和吹塑成形

如图3-23所示,将超塑性板料放在模具中,并与模具一起加热到超塑性温度后,将模具内的空气抽出(真空成形)或向模具内吹入压缩空气(吹塑成形),利用气压差使板坯紧贴在模具上,从而获得所需形状的工件。

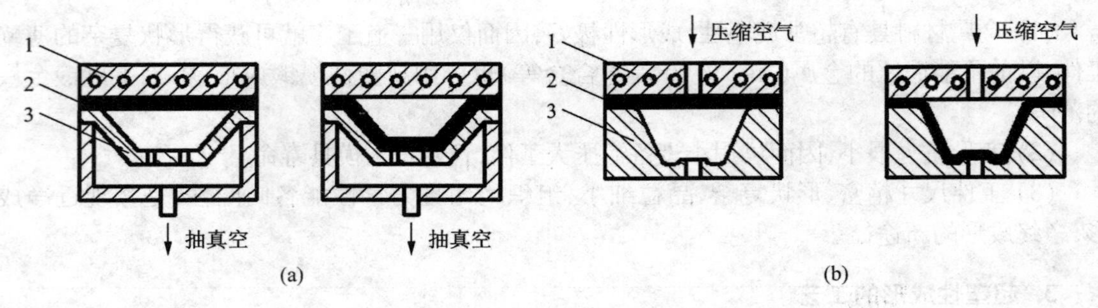

图3-23　真空成形和吹塑成形

(a) 真空成形　(b) 吹塑成形

1—加热板；2—板坯；3—模具

这种方法主要适合于成形钛合金、铝合金、锌合金等形状复杂的壳体零件。厚度为0.4～4mm的薄板用真空成形法,厚度较大、强度较高的板料用吹塑法。

3.5.2　粉末锻造

1. 粉末锻造的概念

粉末锻造是将各种粉末压制成的预成形坯加热烧结后再进行模锻,从而得到尺寸精度高、表面质量好、内部组织致密的锻件。它是传统的粉末冶金与精密模锻相结合的一种新工艺。它既保持了粉末冶金近净成形、净终成形工艺的优点,又发挥了锻造成形的特点,使粉末冶金件的力学性能达到甚至超过普通锻件的水平,因此在现代工业尤其是汽车制造中得到了广泛的应用。

2. 粉末锻造的工艺流程

粉末锻造的工艺流程为:制粉→混粉→冷压制坯→烧结加热→模锻→机加工→热处理→成品,如图3-24所示。

3. 粉末锻造的特点

(1) 锻件精度和表面质量高于一般模锻件,可制造形状复杂的精密锻件,特别适合于热塑性不良材料的锻造,材料利用率很高,可实现近净成形、净终成形。

(2) 通过调整预制坯的形状和密度,可得到具有合理流线和各向同性的锻件。

(3) 变形力小于普通模锻,锻件的力学性能大体上与普通模锻件相当,只是塑性、韧性略差。

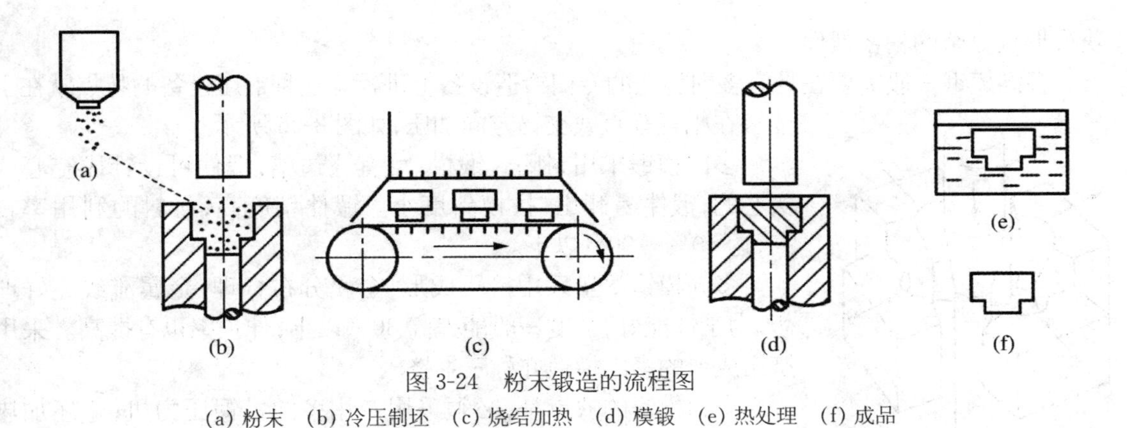

图 3-24　粉末锻造的流程图

(a) 粉末　(b) 冷压制坯　(c) 烧结加热　(d) 模锻　(e) 热处理　(f) 成品

3.5.3　液态模锻

1. 液态模锻的概念

将熔融金属直接浇注进金属模腔内,然后以一定的压力作用于液态或半固态的金属上,使之在压力下流动充型和结晶并产生一定程度的塑性变形,从而获得锻件的方法称为液态模锻。

液态模锻是铸造与模锻相结合的一种新工艺,故亦称挤压铸造。它既具有铸造工艺简单、制件形状复杂、生产成本低的优点,又具有模锻产品内部质量好、成形精度高的特点,而能耗大大低于普通模锻。因而适用于大批量生产各种金属、非金属以及复合材料的形状复杂且要求强度高、致密性好的中小型零件,如油泵壳、仪表壳、衬套、柴油机活塞等。

2. 液态模锻的工艺流程

液态模锻的工艺流程为:原材料配制→熔炼→浇注→合模与加压→卸模取件→灰坑冷却→热处理→检验→入库,如图 3-25 所示。

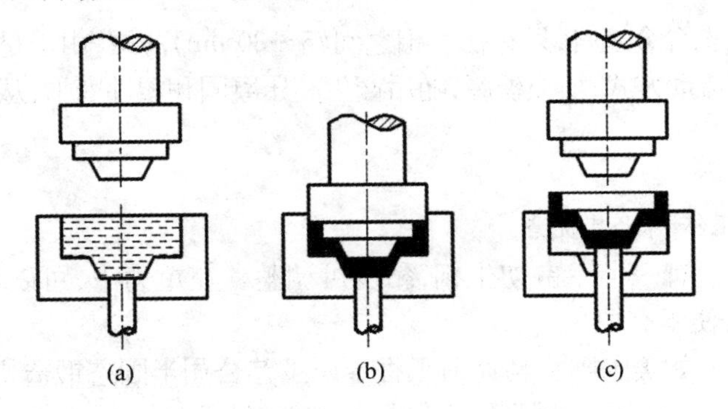

图 3-25　液态模锻

(a) 浇注　(b) 加压　(c) 脱模

3.5.4　多向模锻

多向模锻是将坯料放于模具内,用几个冲头从不同方向同时或先后对坯料施加脉冲力,以获得形状复杂的精密锻件。

多向模锻一般需要在具有多向施压的专门锻造设备上进行。这种锻压设备的特点就在于能够在相互垂直或交错方向加压，如图3-26所示。

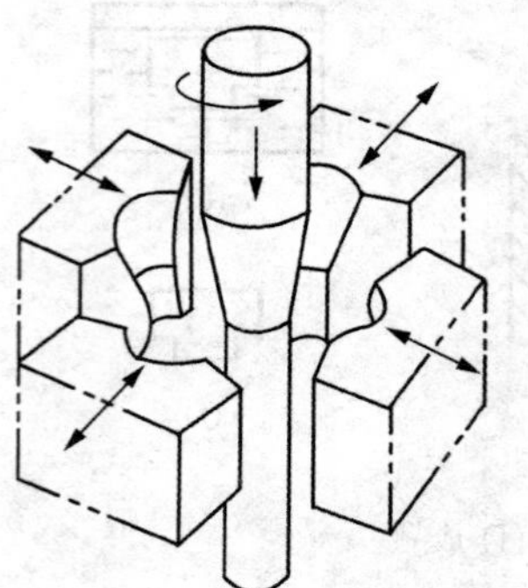
图3-26 多向模锻示意图

多向模锻采用封闭式锻模，没有飞边槽，锻件可设计成空心或实心的，锻件易卸出，拔模斜度小。锻件精度高，材料的利用率较高，达40%～90%以上。

多向模锻尽量采用挤压成形，金属分布合理，金属流线完好理想，力学性能好，强度一般能提高30%以上，伸长率也有提高。采用挤压成形的多向模锻亦称三维挤压。

多向模锻的缺点是，必须采用专用多向模锻压力机；毛坯加热时抗氧化要求高，只允许有一层极薄的氧化皮；毛坯尺寸要求严格，下料必须准确。

3.5.5 半固态金属塑性成形

半固态金属加工技术(SSM)是21世纪前沿性金属加工技术。半固态技术有一系列特点，最突出的是半固态材料的触变性和优良的组织结构，同时，成形零件的尺寸和精度能达到近净成形或净终成形。

半固态金属成形技术主要有两条成形线路，其一为半固态铸造成形，即半固态流变成形(Rheocasting)和半固态触变铸造成形(Thixoforming)；其二为半固态压力加工成形，即采用半固态流变和半固态触变塑性成形。

半固态塑性成形方法是将半固态浆料制备成坯料，根据产品尺寸下料，重新加热到半固态温度后，再塑性加工成形。对于触变成形，由于半固态坯料便于输送，易于实现自动化，因而，在工业中较早得到了广泛应用。

1. 触变模锻工艺过程

进入模膛的半固态合金坯料，只有初生相之间(5～30 μm)薄层，由于是低熔点物质，呈熔融态，在压力下，以黏性流动方式，填充模膛，随后产生高压凝固和塑性变形，从而获得精密制件。

2. 工艺特点

1) 与液态金属压铸相比其优点

(1) 半固态坯料含有一半左右初生相，黏度可调整。在重力下，可以机械搬运；在机械压力下，黏度迅速下降，便于充填。

(2) 成形速度高。如美国阿卢马克斯工程金属工艺公司半固态锻造铝合金汽车制动总泵体，每小时成形150件，而利用金属型铸造同样的制件，每小时仅24件。

(3) 在成形中不易喷溅，改善了充填过程，减轻了金属裹气和氧化，提高了制件的致密性，而且可热处理强化，制件的强度比压铸件高。

(4) 坯料充填前，已有一半左右的固相，减少了凝固收缩，因此制件精度高，加工余量小，易实现近净成形。

(5) 充型温度低，减轻了模具热冲力，提高了模具寿命。

(6) 半固态金属塑性成形车间不需处理液态金属，操作安全，减少了环境污染。

2) 与固态塑性成形相比其优点

(1) 由于变形力显著降低，成形速度比固态模锻高，且可成形很复杂的锻件，缩短加工周期，降低成本。

(2) 变形抗力低，消耗能量小，减少了对模具的镦挤作用，提高了模具的寿命。

3. 适用范围

(1) 适用于半固态加工的合金有铝合金、镁合金、锌合金、镍合金、铜合金和钢铁合金。其中铝合金、镁合金、锌合金因熔点低，生产易于实现，获得广泛应用。

(2) 制造金属基复合材料。利用半固态金属的高黏度，可使不同材料有效混合，制成新的复合材料。

3.5.6 高能率成形

高能率成形是利用炸药或电装置在极短时间内释放出化学能、电能、电磁能等，通过空气或水等传压介质产生的高压冲击波使板坯迅速变形和贴模而获得制件的成形方法。

常用的高能率成形方法有爆炸成形、电液成形、电磁成形等。它们的共同特点是模具简单，零件精度高，表面质量好，能加工塑性差的难成形材料，生产周期短、成本低。

1. 爆炸成形

爆炸成形是利用高能炸药在爆炸瞬间释放出的巨大化学能对金属毛坯进行加工的一种高能率成形方法，如图 3-27 所示。

爆炸成形的突出优点是所用模具简单、无需冲压设备、能简易地加工出大型板材零件等。它尤其适合于小批量或试制大型冲压件。由于爆炸时噪声大，震动强，烟雾污染环境，并有一定的危险性，所以爆炸成形常在野外进行。

爆炸成形主要用于板材的拉深、胀形、弯曲、压花纹等成形工艺，如生产锅炉管板、货舱底板、波纹板、汽车后桥壳体等零件。此外还可用于爆炸焊接、表面强化、粉末压制等。

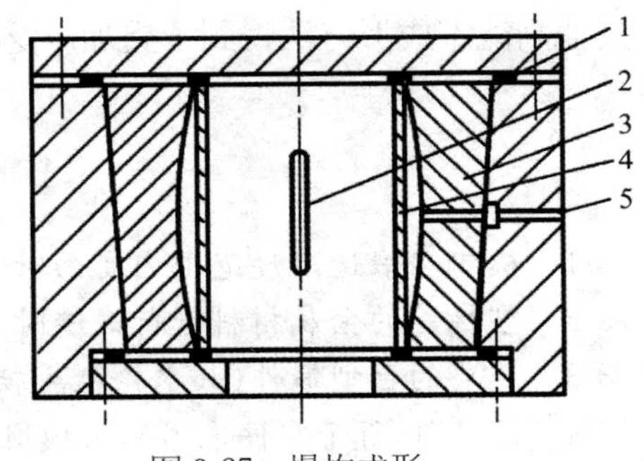

图 3-27　爆炸成形

1—密封圈；2—炸药；3—凹模；4—坯料；5—抽真空孔

2. 电液成形

电液成形是利用液体中强电流脉冲放电所产生的强大冲击波对金属进行加工的一种高能率成形方法(见图 3-28)。

与爆炸成形相比，电液成形时能量易于控制，成形过程稳定，操作方便、安全，生产率高，噪声小，便于组织生产。但由于受到设备容量的限制，目前仅限于加工中小型零件。

电液成形主要用于板料的拉深、胀形、翻边及冲裁等，尤其适合于管子的胀形加工。

3. 电磁成形

电磁成形是利用电容器放电在工作线圈中产生脉冲电流所形成的放电脉冲磁场与毛坯工件中感应电流所产生的感应脉冲磁场的相互作用使毛坯工件迅速贴模成形的方法(见图 3-29)。

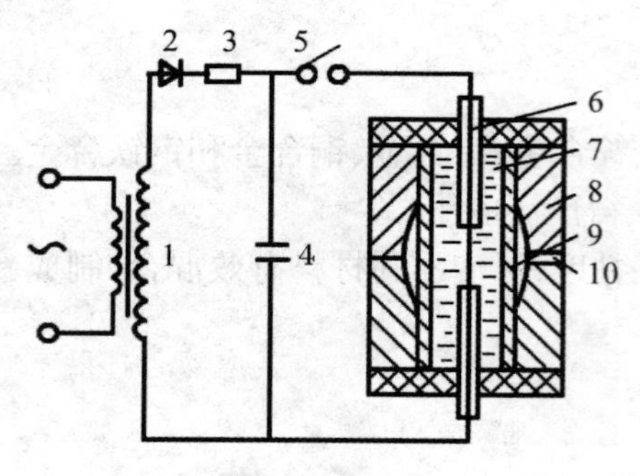

图 3-28 电液成形

1—升压变压器；2—整流器；3—充电电阻；4—电容器；5—辅助间隙；6—电极；7—水；8—凹模；9—坯料；10—抽气孔

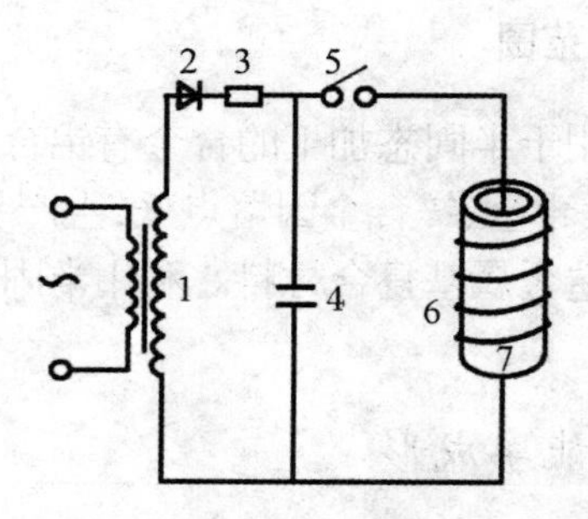

图 3-29 电磁成形

1—升压变压器；2—整流器；3—限流电阻；4—电容器；5—辅助间隙；6—工作线圈；7—毛坯

电磁成形除具有前述的高能率成形的共同特点外，还具有无需传压介质，可以在真空或高温下成形，能量易于控制，成形过程稳定，无污染，生产效率高，易于实现机械自动化的优点。电磁成形主要适用于板材尤其是管材的胀形、缩口、翻边、压印、剪切及装配连接等，特别是可将金属装配到陶瓷、玻璃等脆性材料上去，这是其他工艺方法难以实现的。因此，电磁成形比其他高能率成形方法得到了更加广泛的应用。

习　题

3-1　碳钢在锻造温度范围内变形时，是否会产生冷变形强化？

3-2　塑性差的金属材料进行锻造时，应注意什么问题？

3-3　重要的巨型锻件(如水轮机主轴)应该采用什么锻造方法？为什么？

3-4　图 3-30 所示零件采用锤上模锻时，最合适的分模面位置在何处？

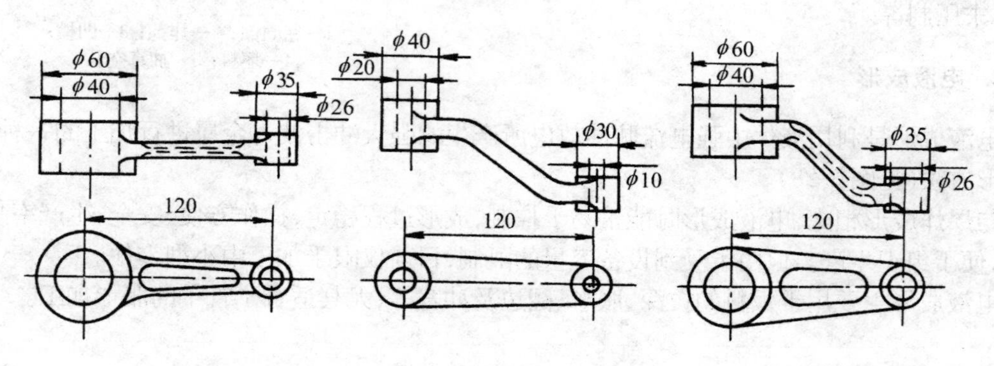

图 3-30

3-5　图 3-31 所示的汽车后半轴零件，可以用哪些方法制造？

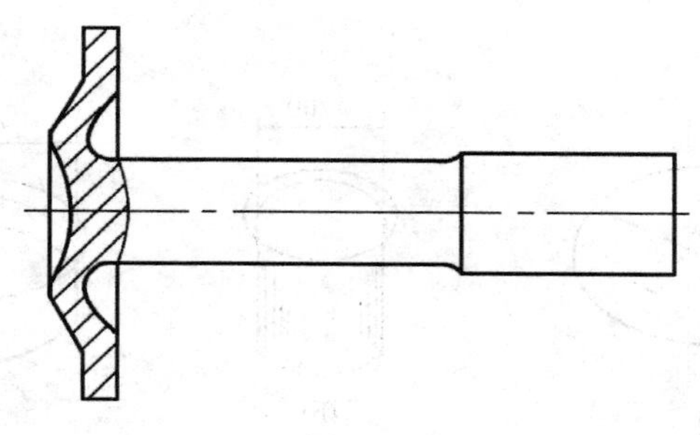

图 3-31

3-6　图 3-32 所示的零件，在大批量生产时，应选择哪种锻造方法较为合理？请定性绘出锻件图？

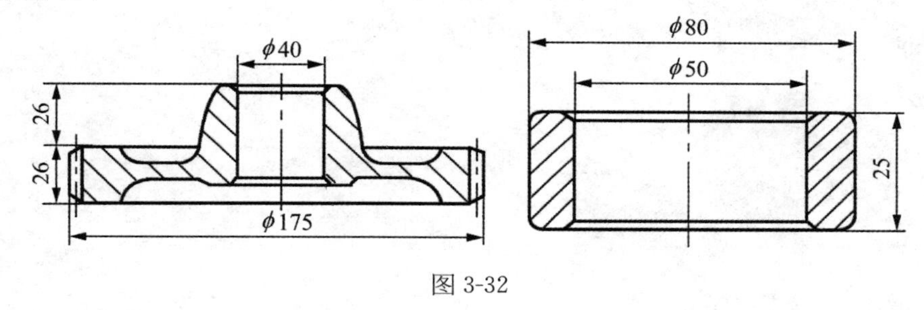

图 3-32

3-7　能否利用冲制孔径为 φ100 mm 工件的冲孔模改制成拉深内径为 φ100 mm 的无凸缘筒形件的拉深模？如可能的话，模具要做哪些改变？（材料厚 2 mm）

3-8　圆筒件拉深时，为什么会起皱？生产中如何防皱？

3-9　用厚度为 2 mm 的 Q235 钢板冲压成形图 3-33 所示的零件，应采取怎样的冲压过程？

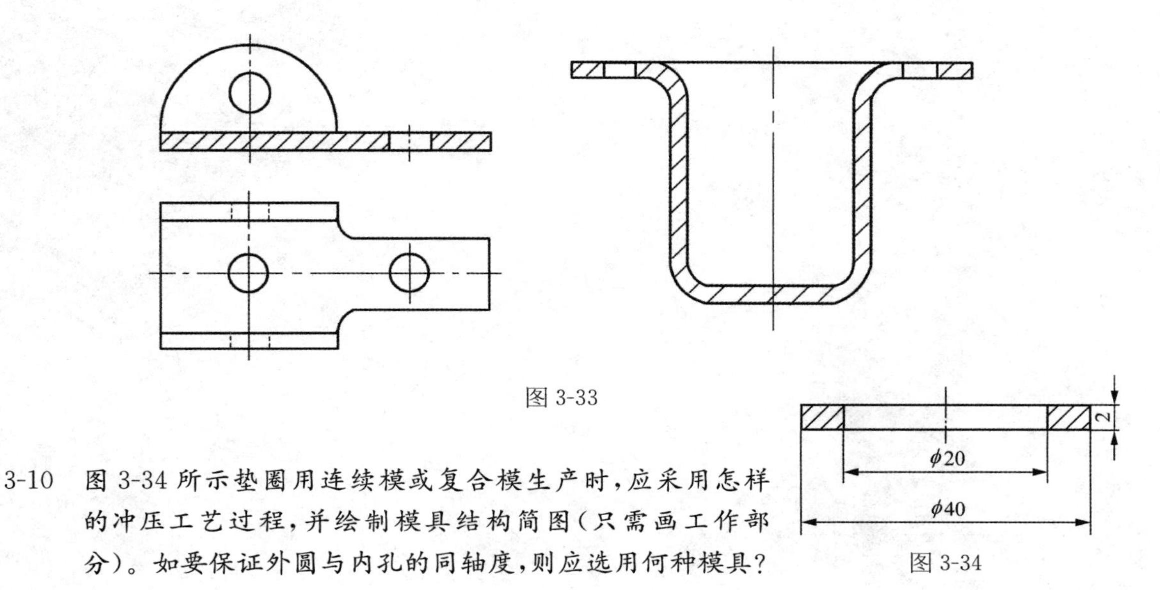

图 3-33

3-10　图 3-34 所示垫圈用连续模或复合模生产时，应采用怎样的冲压工艺过程，并绘制模具结构简图（只需画工作部分）。如要保证外圆与内孔的同轴度，则应选用何种模具？

图 3-34

3-11 用图 3-35(a)所示板料,做毛坯拉深。问:如做成图 3-35(b)或图 3-35(c)零件时,哪个较难成形?为什么?

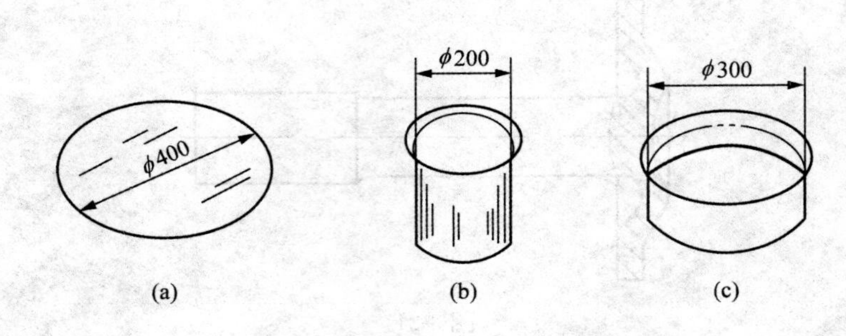

图 3-35

第4章　焊接成形

4.1　概述

4.1.1　焊接技术的发展

焊接技术的诞生和发展经历了数千年的历史，如用火烙铁加热低熔点铅锡合金的软钎焊技术，可追溯到公元前。但目前工业生产中广泛应用的焊接方法几乎都是19世纪末、20世纪初的现代科学技术，特别是电工技术迅速发展以后所带来的现代工业产物。熔化焊的发展史如表4-1所示。

表4-1　熔化焊的发展史

年份	项　目
1885	(俄国)利用碳棒引弧进行焊接(Benardos)
1886	(美国)电阻焊机或专利(Elihu Thompson)
1892	(俄国)熔化金属极电弧焊接(Slavianoff)
1895	(德国)铝热剂焊接－利用铝与氧化铁的化学反应进行焊接(Goldschmit)
	(法国)发明氧乙炔火焰(Le Chatelier)
1907	(瑞典)发明焊条(Kjellberg)
1909	发明等离子弧(使用一个气体涡流稳流器后产生的电弧)(Schonherr)
1928	发明交流焊机
1930	(美国)薄皮焊条焊接(A. O. Smith 公司)
	(苏联)发明埋弧焊，取得美国专利(Robinoff)
	(美国)发明不熔化极惰性气体保护焊——TIG(Tungusten Inter Gas)
1933	(美国)美式埋弧焊开发成功——Union Carbide 公司(UCC)
1935	厚皮焊条焊接
1936	(美国)发明熔化极惰性气体保护焊——MIG(Metal Inert Gas)
1938	纤维素焊条开发成功并投入实际使用
1940	(美国)TIG 投入实际使用(Meredith)
1948	(德国)电子束焊机发明(Steigerwald)
	(美国)MIG 焊投入实际应用——直流反接，大电流密度
1951	(苏联)发明电渣焊并获得实际应用(Paton)
1953	(日本、苏联、荷兰)CO_2 气体保护焊开发成功
1956	超声波焊接
1957	摩擦焊
	等离子弧焊
1960	(美国)发明激光焊机(Maiman)
	(比利时)气体保护立焊开发成功

(续表)

年份	项　目
1963	爆炸焊
1963	(美国)自动保护焊技术开发成功
1964	2～3 丝埋弧自动焊成功开发,普及应用
1965	脉冲激光焊
1970	连续激光焊
	激光-电弧复合热源焊接
	混合气体 MAG 焊(CO_2＋20%～50%Ar)用于压力容器生产
	大功率(100kW 以上)电子枪开发成功,电子束焊用于 100mm 超厚钢板焊接
1974	3 丝高速埋弧焊成功用于大直径钢管制造
1975	窄间隙埋弧焊、TIG 焊、MAG 焊用于超厚钢板焊接
1979	多丝大电流单面 MIG 焊开发成功,并用于 LPG 船建造
1980	电弧焊机器人研究开始
1981	无缝药芯焊丝普及
1982	强迫成形气体保护自动立焊
1991	搅拌摩擦焊

焊接方法的发展是以电弧焊和电阻焊为起点的。电弧作为一种气体导电的物理现象,是在 19 世纪初被发现的。但只是到 19 世纪末电力生产得到发展以后人们才有条件来研究它的实际应用。1885 年俄国人别那尔道斯发明碳极电弧可以看作是电弧作为工业热源应用的创始。而电弧真正应用于工业,则是在 1892 年发现金属极电弧后,特别是 1930 年前后出现了薄皮和厚皮焊条以后才逐渐开始的。电阻焊是 1895 年美国人发明的,它的大规模工业应用也几乎与电弧焊同时代。1930 年以前,焊接在机器制造工业中的作用还是微不足道的。当时造船、锅炉、飞机等制造工业基本上还是用铆接的方法。铆接方法不仅生产率极低,而且连接质量也不能满足船体、飞机等产品的发展要求。100 多年前,为了迎接世博会在巴黎召开,法国于 1889 年建成了埃菲尔铁塔,就材料进步而言,钢铁结构取代了传统的土木结构,使通高 320m 的铁塔屹立在巴黎,铁塔总重 7 000t,15 000 多个金属型材、钣金件是经过冶炼、铸造、轧制、锻压成形和加工制作,用几十万颗铆钉和螺栓连接,而不是采用焊接连接。1930 年后,由于发明了药皮焊条,提高了焊接质量,焊接技术逐渐代替铆接,成为机器制造工业中的一种基本加工方法。

钢铁工业的快速发展,给我国焊接技术,尤其是重型机械金属结构行业焊接技术的可持续发展创造了很大的空间。据国际钢铁协会(IISI)统计,2004 年世界用钢量为 9.35 亿吨,其中机械制造业金属结构用钢量约占用钢量的 45%,我国 2004 年用钢量为 3.12 亿吨,占全球钢产量的 33%,其中 1.6 亿吨应用于焊接结构,约占用钢量的 51%左右。

我国机械行业在 20 世纪 50 年代开始使用埋弧自动焊和电渣焊工艺技术,主要用于一些厚板对接、工字型梁及筒体焊接。近年来,一些大型企业通过技术改造,相继应用双丝埋弧焊、双丝窄间隙埋弧自动焊、龙门式焊机、轧辊埋弧堆焊等先进的焊接工艺技术,以满足产品制造技术要求。在我国重型机械金属结构行业,高效焊接方法完成的金属结构件已占其总重量的 50%～80%左右。在中小型企业中,CO_2 气体保护实芯焊丝、埋弧自动焊等方法也得到一定应用。

焊接技术在汽车制造中得到广泛的应用。汽车的发动机、变速箱、车桥、车架、车身、车厢六大总成都离不开焊接技术的应用。在汽车零部件的制造中,点焊、凸焊、缝焊、滚凸焊、焊条电弧焊、CO_2 气体保护焊、氩弧焊、气焊、钎焊、摩擦焊、电子束焊和激光焊等各种焊接方法中,由于点焊、气体保护焊、钎焊具有生产量大,自动化程度高,而且高速、低耗、焊接变形小、易操作等特点,对汽车车身薄板覆盖零部件特别适合,因此在汽车生产中应用最多在投资费用中点焊约占 75%,其他焊接方法只占 25%。随着结构件制备和组装工艺的改善,高效稳定的机器人焊接设备将极大地提高产品的产量和质量。

在飞行器制造中,焊接已成为一种主导的工艺技术,各种焊接方法所占的比例也发生了明显的变化。为保证产品的高质量与可靠性以及在运行中的全寿命可维修性,高能束流(激光、电子束、等离子体)焊接和固态焊(扩散焊、摩擦焊、超塑成形/扩散连接、扩散钎焊)的比例正在扩大。

4.1.2 焊接特点和分类

焊接成形技术的本质就是利用加热或者同时加热、加压的方法,使分离的金属零件形成原子间的结合,从而形成新的金属结构。因此,焊接技术主要围绕着克服焊接中两类困难而展开的:其一是克服距离的困难,除钎焊以外任何一种焊接技术,都设法使分离的被焊材料达到分子间距离,使其产生强大的分子间结合力;其二是克服被焊件表面污染和氧化层的困难,表面污染和氧化层阻碍了被焊材料达到分子间距离,从而产生分子间结合力,而焊接技术的一个重要任务就是设法消除表面污染和氧化层,使材料顺利达到分子间距离。围绕着如何克服这两类困难,派生出许多焊接方法。根据焊接过程的特点,可以把常用的焊接方法归纳如图 4-1 所示。

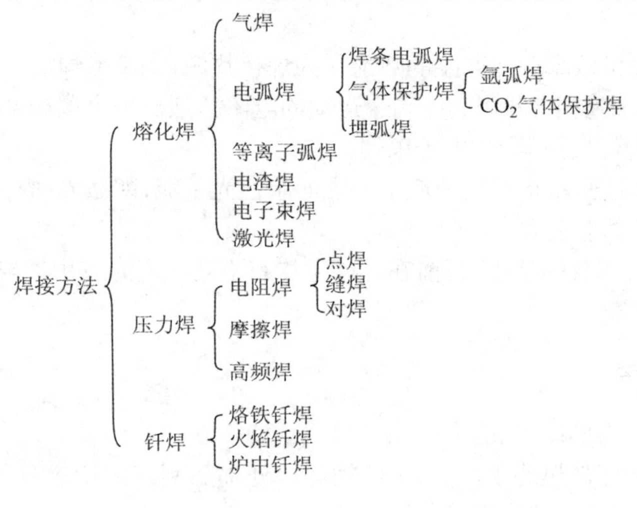

图 4-1 焊接方法分类

1. 实现焊接的原理

为了达到焊接的目的,大多数焊接方法都需要借助加热或加压,或同时实施加热和加压,以实现原子结合。

从冶金的角度来看,可将焊接区分为三大类:液相焊接、固相焊接、固-液相焊接。

用热源加热待焊部位，使其发生熔化而实现原子间结合，属于液相焊接。熔化焊是最典型的液相焊接。熔化焊一般需填充材料，常用的填充材料是焊条或焊丝。

压力焊是典型的固相焊接方法。固相焊接时，必须利用压力使待焊部位的表面在固态下直接紧密接触，并使待焊表面的温度升高，通过调节温度、压力和时间使待焊表面充分进行扩散而实现原子间结合。

固-液相焊接时待焊表面并不直接接触，而是通过二者毛细间隙中的中间液相相联系。在待焊的母材与中间液相之间存在两个固-液界面，通过固液相间充分进行扩散，从而实现原子结合。钎焊是典型的固-液相焊接方法，形成中间液相的填充材料称为钎料。

2. 焊接热源的种类及特征

热源是实现焊接的基本条件。焊接热源应具备：① 热量高度集中可快速实现焊接；② 得到致密而强韧的焊缝；③ 控制焊接热影响区尺寸。能够满足焊接条件的热源有以下几种。

(1) 电弧热。利用气体介质放电过程中所产生的热能作为焊接热源，是目前应用最为广泛的一种焊接热源，如焊条电弧焊、埋弧自动焊等。

(2) 化学热。利用可燃气体(氧、乙炔等)或铝、镁热剂燃烧时所产生的热量作为焊接热源，如气焊等。

(3) 电阻热。利用电流通过导体时产生的电阻热作为焊接热源，如电阻焊和电渣焊。采用这种热源所实现的焊接方法，便于实现机械化和自动化，可获得较高的生产率。

(4) 高频热源。对于有磁性的被焊金属，利用高频感应所产生的二次电流作为热源，在局部集中加热，实质上也属电阻热。由于这种加热方式热量高度集中，故可以实现很高的焊接速度，如高频焊管等。

(5) 摩擦热。由机械摩擦而产生的热能作为焊接热源，如摩擦焊。

(6) 电子束。在真空中，利用高压高速运动的电子猛烈轰击金属局部表面，将这种由动能转化而成的热能作为焊接热源，如电子束焊。

(7) 激光束。通过受激辐射而使放射增强的单色光子流，即激光，它经过聚焦产生能量高度集中的激光束作为焊接热源。

每种热源都有其本身的特点，目前在生产上均有不同程度的应用。与此同时，人们还在大力开发新的焊接热源。

3. 焊接方法分类

焊接的主要方法为熔化焊、压力焊和钎焊。

熔化焊是利用局部加热的手段，将工件的焊接处加热到熔化状态，形成熔池，然后冷却结晶，形成焊缝的焊接方法。熔化焊简称熔焊。

压力焊是在焊接过程中对工件加压(加热或不加热)完成焊接的方法。压力焊简称压焊。

钎焊是利用熔点比母材低的填充金属熔化以后，填充接头间隙并与固态的母材相互扩散实现连接的焊接方法。

焊接广泛用于汽车、造船、飞机、锅炉、压力容器、建筑、电子等工业部门。全球钢产量的50%～60%要经过焊接才最终投入使用。

焊接工艺的优点主要表现在以下几个方面。

(1) 接头的力学性能与使用性能良好。例如,120 万 kW 核电站锅炉,外径 6 400mm,壁厚 200mm,高 13 000mm,耐压 17.5MPa。使用温度 350℃,接缝不能泄漏。应用焊接方法,制造出了满足上述要求的结构。

(2) 某些零件的制造只能采用焊接的方法连接。例如电子产品中的芯片和印刷电路板之间的连接,要求导电并具有一定的强度,到目前为止,只能用钎焊连接。

(3) 与铆接相比,采用焊接工艺制造的金属结构重量轻,节约原材料,制造周期短,成本低。

焊接存在的问题:

(4) 焊接接头的组织和性能与母材相比会发生变化。

(5) 容易产生焊接裂纹等缺陷。

(6) 焊接后会产生残余应力与变形。

这些问题都会影响焊接结构的质量。

4.2 熔化焊接

常用的熔化焊接方法有电弧焊、气焊、电渣焊、激光焊、电子束焊等。其中电弧焊设备简单、使用方便,是目前应用最为广泛的熔化焊方法,主要包括焊条电弧焊、埋弧自动焊、CO_2 气体保护焊、氩弧焊等。

4.2.1 焊条电弧焊

焊条电弧焊是利用手工操纵电焊条进行焊接的电弧焊方法,如图 4-2 所示。

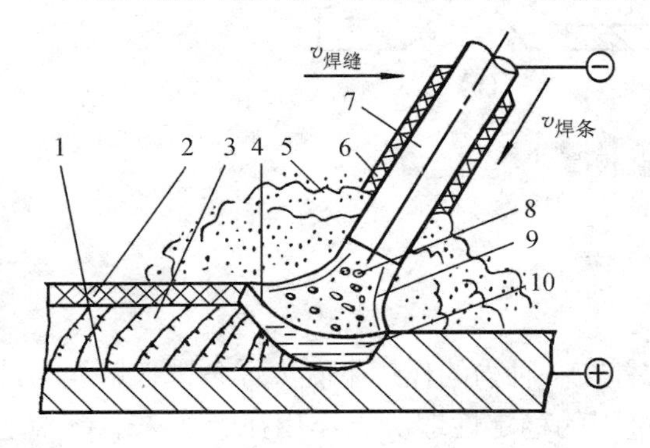

图 4-2　焊条电弧焊示意图

1—母材;2—渣壳;3—焊缝;4—液态熔渣;5—保护气体;6—药皮;7—焊芯;8—熔滴;9—电弧;10—熔池

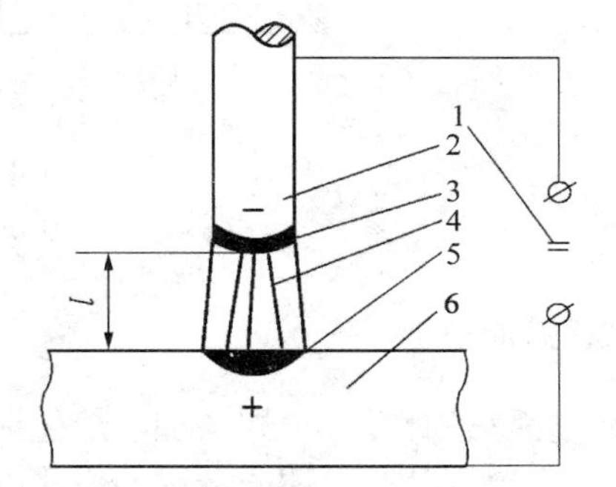

图 4-3　电弧的构造

1—电源(直流);2—焊条;3—阴极区;4—弧柱;5—阳极区;6—工件

1. 焊接电弧

电弧是一种气体导电现象。所谓气体导电,是指两电极存在电位差时,电荷通过两电极之间气体空间的一种导电现象。通常气体是不导电的,要使气体导电,须将两个电极之间的气体电离,亦即将中性气体粒子分解为带电粒子;并使两电极间产生一定的电压。这些带电离子在电场作用下作定向运动,使两个电极间的气体能连续不断地通过很大的电流,从而形成连续燃烧的电弧。电极间的带电粒子可以通过阴极的电子发射与电极间气体的不断电离得到补充。电弧放电时,产生大量的热量,同时发出强烈的弧光。焊条电弧焊就是利用电弧的热量熔化熔池和焊条的。

电弧的构造如图 4-3 所示。在钢焊条的电弧中,电弧弧柱区的温度高达 5 000K 以上。阴极区和阳极区的温度较低,分别约为 2 400K 和 2 600K。阴极区和阳极区的几何长度很小,仅为 10^{-4}～10^{-5} cm。我们所看到的电弧实际上是电弧的弧柱区。虽然阴极区和阳极区几何长度很小,但是对于焊接时热量的产生很重要。在阴极区和阳极区所产生的热量约占电弧产热的 80%,弧柱区产生的热量仅占 20%。电弧的结构复杂,由于在阳极区和阴极区存在大量的空间负、正电荷,使阳极区和阴极区之间产生较大的电压降,导致电流在流过时产生较大的功率。

2. 电弧的极性及其选择方法

电弧的两极与焊接电源的连接方式即称为电弧的极性。交流电弧焊时,电源极性交替变化,所以电弧的两极可与电源两接线柱任意连接。直流电弧焊接时,电源两极固定,因此电弧两极可以有两种方式与电源两极相连接。若焊件与焊机的正极相连接,焊条与负极相连,称为正接法或正极性,如图 4-4(a)所示。反之,则称为反接法或反极性,如图 4-4(b)所示。焊条电弧焊,通常在焊厚板时,需要较高的温度,常采用直流正接法;而在焊薄板时,为了避免烧穿工件,常采用直流反接法。

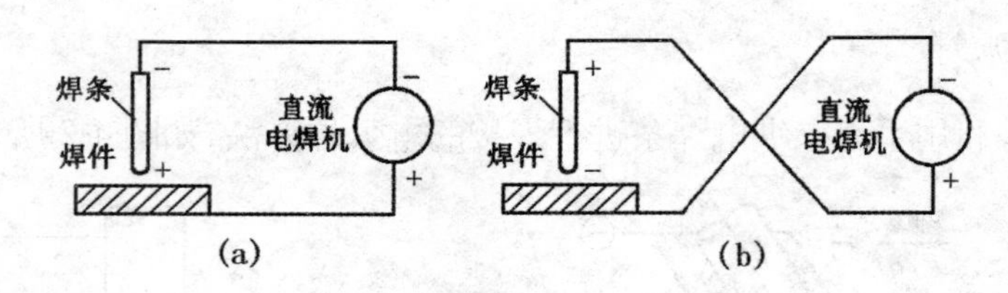

图 4-4　电弧极性

(a) 正极性　(b) 负极性

3. 熔滴过渡

在电弧热的作用下,焊条加热熔化形成熔滴,并在各种力的作用下脱离焊条进入熔池的过程,称之为熔滴过渡。熔滴过渡的形式以及过渡过程的稳定性取决于作用在焊条末端熔滴上的各种力的综合影响,其结果会关系到焊接过程的稳定性、焊缝成形、飞溅大小、最终影响焊接质量和生产率。

4. 焊缝形成过程

焊缝形成过程如图 4-2 所示。焊接时,在电弧高热的作用下,被焊金属局部熔化,在电弧的吹力作用下,被焊金属上形成了卵形的凹坑。这个凹坑称为熔池。

由于焊接时焊条倾斜,在电弧的吹力作用下,熔池的金属被排向熔池后方,这样电弧就能不断地使深处的被焊金属熔化,达到一定的熔深。

焊条药皮熔化过程中会产生某种气体和液态熔渣。产生的气体充满在电弧和熔池的周围,起到隔绝空气的作用。液态熔渣浮在液体金属表面,起保护液体金属的作用。此外,熔化的焊条金属向熔池过渡,不断填充焊缝。

熔池中的液态金属、液态熔渣和气体之间进行着复杂的物理、化学反应,称之为冶金反应,这种反应对焊缝的质量有较大的影响。

熔渣的凝固温度低于液态金属的结晶温度,冶金反应中产生的杂质与气体能从熔池金属中不断被排出。熔渣凝固后,均匀地覆盖在焊缝上。

焊缝的空间位置有平焊、横焊、立焊和仰焊。

5. 焊条

1)焊条的组成与作用

焊条对焊条电弧焊的冶金过程有极大的影响,是决定焊条电弧焊焊接质量的主要因素。

焊条由焊芯与药皮组成。焊芯是一根具有一定的长度与直径的钢丝。由于焊芯的成分会直接影响焊缝的质量,所以焊芯用的钢丝都需经过特殊冶炼,有专门的牌号。这种焊接专用钢丝称为焊丝,如 H08A 等。

焊条的直径就是指焊芯的直径。结构钢焊条直径从 ϕ1.6 mm～ϕ8 mm,共分 8 种规格。焊条的长度是指焊芯的长度,一般均在 200～550 mm 之间。

在焊接技术发展的初期,电弧焊采用没有药皮的光焊丝焊接,在焊接过程中,电弧很不稳定。此外,空气中的氧气和氮气大量侵入熔池,将铁、碳、锰等氧化或氮化成各种氧化物和氮化物。溶入的气体又产生大量气孔,这些都使焊缝的力学性能大大降低。

在 20 世纪 30 年代,发明的药皮焊条,解决了上述问题,使电弧焊大量应用于工业生产中。

药皮的主要作用有以下几点。

(1) 药皮中的稳弧剂可以使电弧稳定燃烧,飞溅少,焊缝成形好。

(2) 药皮中有造气剂,熔化时释放的气体可以隔离空气,保护电弧空间。药皮中的造渣剂熔化后产生熔渣。熔渣覆盖在熔池上可以保护熔池。

(3) 药皮中有脱氧剂(主要是锰铁、硅铁、钛铁等)、合金剂。通过冶金反应,可以去除有害杂质;添加合金元素,可以改善焊缝的力学性能。碱性焊条中的萤石 CaF_2 可以通过冶金反应去氢。

2)焊条的种类、牌号与选用

焊条按用途可分为碳钢焊条、低合金钢焊条、不锈钢焊条、铸铁焊条、堆焊焊条、镍合金焊条、铜合金焊条、铝合金焊条等。按熔渣的性质,焊条可分为酸性焊条与碱性焊条。熔渣的组成物如果主要以酸性氧化物为主,则对应的焊条为酸性焊条;如果主要以碱性氧化物和萤石为主,则对应的焊条为碱性焊条。

酸性焊条与碱性焊条相比,两者性能有很大的差别主要表现在以下几个方面。

(1) 碱性焊条的力学性能好。同一强度等级的结构钢焊条中,碱性焊条的塑性和韧性比酸性焊条高得多。其原因是碱性焊条的焊缝金属中,有益元素比酸性焊条多,有害元素比酸性焊条少。此外,碱性焊条含有微量的钛,焊缝组织比较细。

(2) 碱性焊条的焊缝金属抗裂性能好。碱性焊条的焊缝金属含氢量低,而焊缝金属中的扩散氢是造成裂纹的重要因素。

(3) 碱性焊条工艺性能差,酸性焊条工艺性能好。碱性焊条里含有萤石,不利于稳弧。碱性焊条的飞溅大，工艺性能差。

由于碱性焊条焊接时会产生氟化物，阻碍电离，因此通常选用直流焊条电弧焊机，实施直流反接法焊接，即将工件接到焊机的负极，以使电弧稳定。酸性焊条既可以用直流焊机也可以用交流焊机。

碳钢焊条的牌号，是按焊缝金属抗拉强度、药皮类型和焊接电源种类确定的，用E××××表示。E表示焊条；前两位数字表示焊缝金属抗拉强度的最小值；第三位数字表示焊条适用的焊接位置，第四位数字表示药皮类型和使用的焊接电源种类，末位数字0～5为酸性焊条，6～9为碱性焊条。

焊条的选用原则是要求焊缝和母材具有相同水平的使用性能。

结构钢焊条的选用，一般是根据母材的抗拉强度，选择相同强度等级的焊条。例如，Q345的σ_b为520 MPa，因此选用E5003、E5015或E5016焊条。焊接重要的结构，如压力容器、桥梁等，或所焊对象的焊接性能较差、结构刚度大、工件厚度大易产生裂纹时，应该选用碱性焊条。焊接一般的结构可选用酸性焊条。

4.2.2 埋弧自动焊

埋弧自动焊焊接时，电弧被焊剂所包围。引弧、送丝、电弧沿焊接方向移动等过程均由焊机自动完成（见图4-5、图4-6）。埋弧焊和焊条电弧焊都属于渣保护的电弧焊方法。

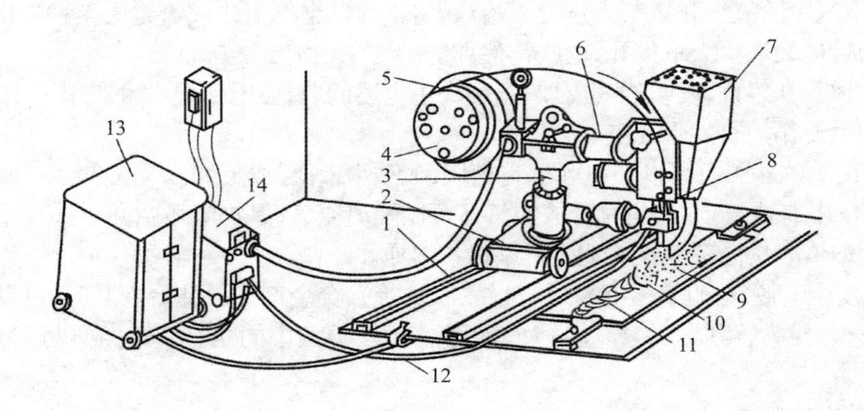

图4-5　埋弧焊机

1—导轨；2—焊接小车；3—立柱；4—操纵盘；5—焊丝盘；6—横梁；7—焊剂漏斗；8—焊接机头；9—焊剂；10—渣壳；11—焊缝；12—焊接电缆；13—焊接电源；14—控制箱

埋弧自动焊焊接过程中，工件被焊处覆盖着一层30～50mm厚的颗粒状焊剂，焊丝连续送进，并在焊剂层下产生电弧。电弧的热量使焊丝、工件和焊剂都熔化，形成金属熔池和熔渣。液态熔渣构成的弹性膜包围着电弧与熔池，使它们与空气隔绝。随着焊丝自动向前移动，电弧不断熔化前方的母材金属、焊丝与焊剂，熔池后面的金属冷却形成焊缝，液态熔渣随后也冷凝形成渣壳。

焊接不同的材料，应选择不同的焊丝与焊剂。如焊接低碳钢，常用H08A焊丝与焊剂431（高锰高硅型焊剂）。

埋弧焊的特点如下。

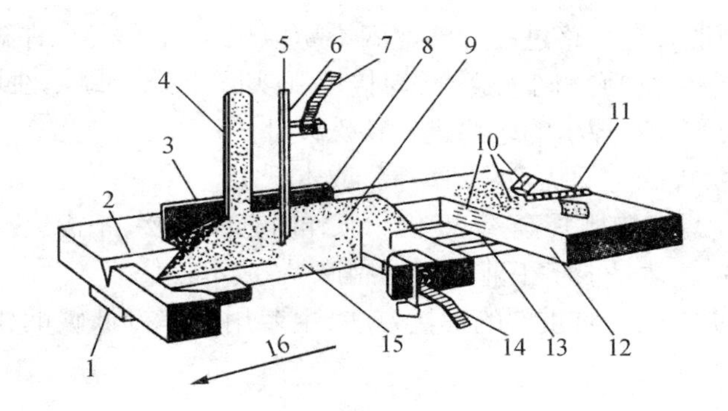

图 4-6 埋弧焊示意图

1—焊接衬垫；2—V 型坡口；3—焊剂挡板；4—给送焊剂管；5—接自动送丝机构；6—焊丝；
7—接焊丝电缆；8—颗粒状焊剂；9—已熔焊剂；10—渣壳；11—焊缝表面；
12—母材；13-焊缝金属；14-接工件电缆；15-熔融焊缝金属；16-焊接方向

(1) 焊接电流大(比焊条电弧焊大 5～10 倍)，熔深大，生产率高。

(2) 对焊接熔池的保护好，焊接质量高。

埋弧焊主要用于焊接厚度大的直线平焊焊缝(焊缝长度大于 1m 以上)与大直径环形平焊焊缝。广泛用于锅炉、容器、造船等金属结构。

4.2.3 气体保护焊

焊条电弧焊是以熔渣保护焊接区域的。由于熔渣中含有氧化物，因此用焊条电弧焊焊接容易氧化的金属材料，如高合金钢、铝及其合金等时，不易得到优质焊缝。

气体保护焊是利用特定的某种气体作为保护介质的一种电弧焊方法。常用的保护气体有氩气和二氧化碳气两种。

1. 二氧化碳气体保护焊

二氧化碳气体保护焊是以 CO_2 气体作为保护介质的气体保护焊方法(见图 4-7)。二氧化碳气体保护焊用焊丝做电极，焊丝是自动送进的。二氧化碳气体保护焊分为细丝二氧化碳气体保护焊(焊丝直径 0.5～1.2mm)和粗丝二氧化碳气体保护焊(焊丝直径 1.6～5.0mm)。细丝二氧化碳气体保护焊用得较多，主要用于焊接0.8～4.0mm 的薄板。此外，药芯焊丝的二氧化碳气体保护焊现在也日益广泛使用。其特点是焊丝是空心管状的，里面充满焊药，焊接时形成气—渣联合保护，可以获得更好的焊接质量。

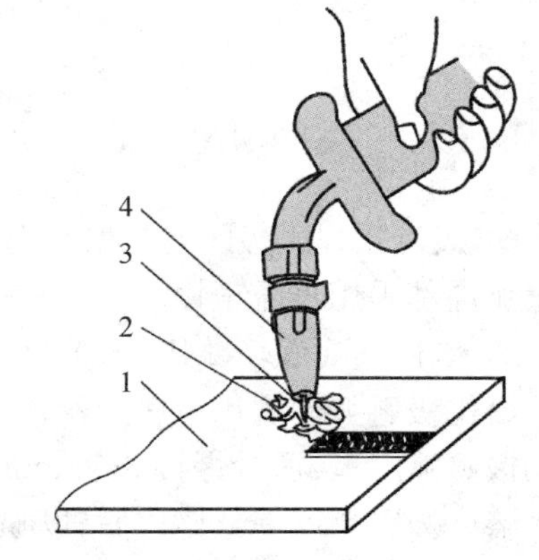

图 4-7 二氧化碳气体保护焊示意图

1-工件；2-电弧；3-焊丝；4-喷嘴；5-焊缝；
6-通 CO_2 气体

利用 CO_2 气体作为保护介质，可以隔离空气。CO_2 气体是一种氧化性气体，在焊接过程中会使焊缝金属氧化。故须采取脱氧措施，即在焊丝中加入脱氧剂，如硅、锰等。二氧化碳气体保护焊常用的焊丝是 H08MnSiA。

由于 CO_2 气体特殊的物理性质，二氧化碳气体保护焊焊接时，熔滴过渡的形式是短路过渡。即熔滴不断地长大，最后与工件短路，过渡到工件上。过渡的频率大约在几十到几百之间。这样，焊接电弧实际上处于周期性地燃烧与熄灭状态。为了使焊接过程稳定，需要对焊机的电路进行特殊设计。

二氧化碳气体保护焊的主要优点生产率高，成本低。

(1) 生产率高。比焊条电弧焊高 1～5 倍。工作时连续焊接，不需更换焊条，不要敲渣。

(2) 成本低。CO_2 气体是很多工业部门的副产品，成本较低。

二氧化碳气体保护焊是一种重要的焊接方法，主要用于焊接低碳钢和低合金钢。在汽车工业和其他工业部门中广泛应用。

2. 氩弧焊

氩弧焊是用氩气作为保护气体的一种气体保护焊方法。氩气是惰性气体，不与金属起化学反应，也不溶解于液体金属。所以，氩气是一种可靠的保护介质。氩弧焊可以获得高质量的焊缝。氩弧焊是焊接不锈钢的主要方法，也广泛用于焊接铝合金、钛合金、锆合金等材料，多用于航空航天、核工业等部门。

氩弧焊分为钨极氩弧焊(TIG 焊)和熔化极氩弧焊(MIG 焊)。

1) 钨极氩弧焊(TIG 焊)

钨极氩弧焊如图 4-8 所示。钨极氩弧焊的特点是用钨作为电极。钨的熔点较高。钨极在焊接时不熔化，仅起产生电弧、发射电子的作用。焊接时，在钨极与工件之间建立电弧，填充焊缝的焊丝从一侧进入。钨极氩弧焊一般用于焊接 4mm 以下的薄板。

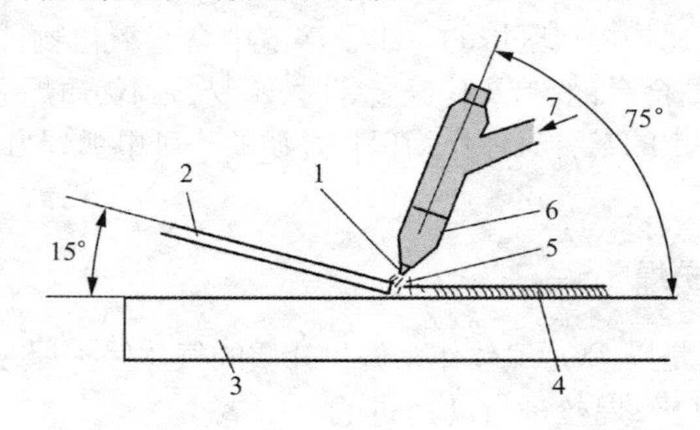

图 4-8 钨极氩弧焊示意图

1—钨极；2—填充金属；3—工件；4—焊缝金属、电弧；6—喷嘴；7—保护气体

钨极氩弧焊正极的发热量和温度高于负极。为了避免钨极过热，除了焊铝合金以外，钨极氩弧焊都采用直流正接。

2) 熔化极氩弧焊(MIG 焊)

熔化极氩弧焊利用金属焊丝作为电极，焊丝自动送进并熔化。熔化极氩弧焊的焊接电流比钨极氩弧焊大，适合焊接 3～25mm 的中、厚板。主要用于焊接不锈钢与有色合金。

熔化极氩弧焊焊丝熔化后，以喷射过渡的形式过渡到熔池。喷射过渡不产生焊丝和工件的短路现象。电弧燃烧稳定，飞溅很小。

熔化极氩弧焊配用直流电源，焊接时工件接负极。

4.2.4 电渣焊

电渣焊如图 4-9 所示。电渣焊焊接时将工件分开一定的距离,用两块水冷滑块和工件一起构成熔渣池与金属熔池。电流通过液态熔渣时产生的电阻热熔化焊丝和母材,从而形成焊缝。

与其他熔焊方法比较,电渣焊焊接速度较慢,具有下列特点。

(1) 可以一次焊接很厚的工件,从而可以提高焊接生产率,常焊的板厚约在 30～500mm。工件不需开坡口,只要两工件之间有一定装配间隙即可,因而可以节约大量填充金属和加工时间。

(2) 以立焊位置焊接　由于熔渣密度较小,底部熔池凝固后,浮在顶部的熔渣产生的电阻热又不断熔化金属母材而建立新的熔池。因此,立焊位置能保证焊接不断进行。

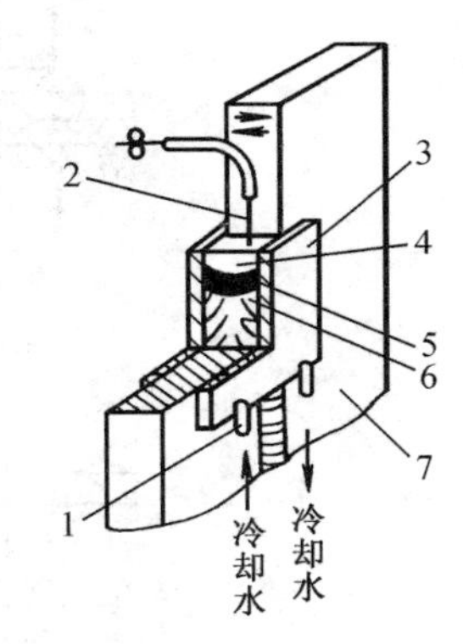

图 4-9　电渣焊示意图
1—冷却水管;2—焊丝;
3—冷却滑块;4—渣池;5—熔池;
6—焊缝;7—焊件

(3) 焊缝组织均匀,金属液纯净　熔池中的气体和杂质较易通过熔渣析出,故一般不易产生气孔和夹渣等缺陷。由于焊接速度较慢,近缝区加热和冷却速度缓慢,减少了近缝区产生淬火裂缝的可能性。

(4) 便于调整焊缝金属的化学成分　由于母材熔深较易调整和控制,所以使焊缝金属中的填充金属和母材金属的比例可在很大范围内调整,这对于调整焊缝金属的化学成分及降低有害杂质具有特殊意义。

但是,由于焊缝金属和近缝区在高温(1 000℃以上)停留时间长,易引起晶粒粗大,产生过热组织,造成焊接接头冲击韧度降低。所以对某些钢种焊后一般要求进行正火或回火热处理。

电渣焊主要用于钢材或铁基金属的焊接,一般宜焊接板厚在 30mm 以上的金属材料。

4.3 压力焊和钎焊

4.3.1 电阻焊

电阻焊是利用接触电阻热将接头加热到塑性或熔化状态,再通过电极施加压力,形成原子间结合的焊接方法。电阻焊如图 4-10 所示。电流在通过焊接接头时会产生接触电阻热。由于材料的接触电阻很小。所以电阻焊所用的电流很大(几千到几十万安培)。

电阻焊可分为点焊、缝焊、凸焊、对焊。

1. 点焊

点焊如图 4-10(a)所示,在被焊工件上焊出单独的焊点。

点焊时首先将工件叠合,放置在上下电极之间压紧。然后通电,产生电阻热。工件接触处的金属被加热到熔化状态形成熔核。熔核周围的金属则加热到塑性状态,并在压力作用下形成一个封闭的包围熔核的塑性金属环。电流切断后,熔核金属在压力作用下冷却和结晶成为组织致密的焊点。在电极和工件接触处,也会产生接触电阻热。由于电极由导热性能好的铜制成,所以电极和工件一般不会焊在一起。

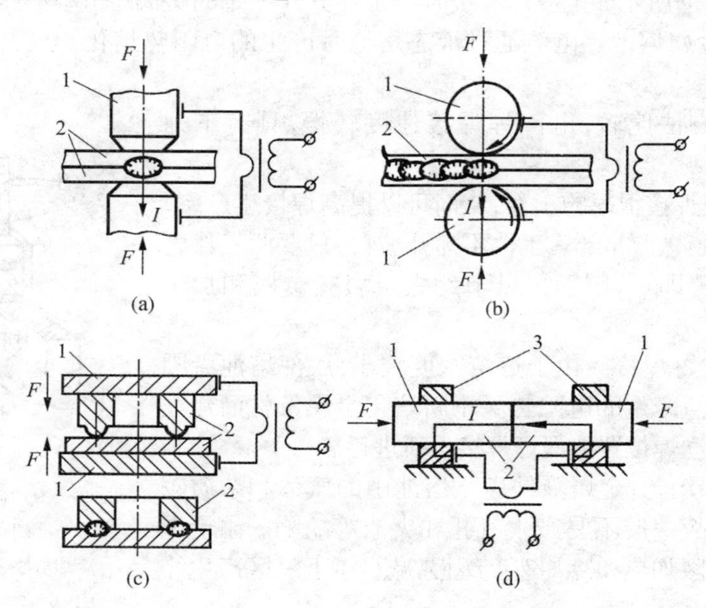

图 4-10 电阻焊示意图

(a)点焊 (b) 缝焊 (c) 凸焊 (d) 对焊

1-电极; 2-工件;3-极夹具

焊接第二点时,一部分电流会流经旁边已焊好的焊点,这称为点焊分流现象(见图 4-11)。分流会使实际的焊接电流减小,影响焊接质量。两个焊点之间保持一定的距离可以减弱分流现象。

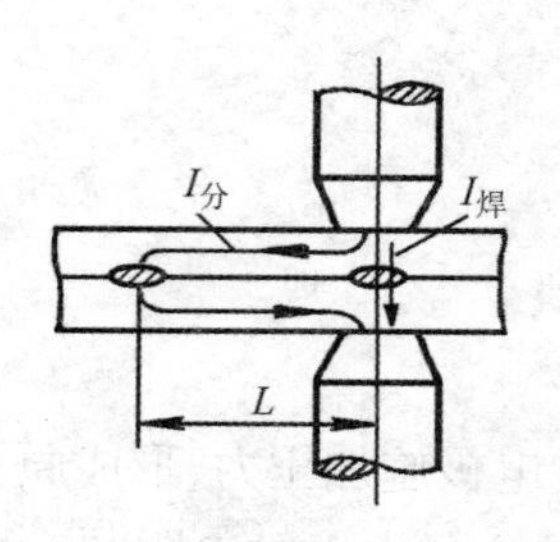

图 4-11 点焊分流现象

点焊时,可根据需要分别采用点焊硬规范和点焊软规范。所谓点焊硬规范是指采用较大的焊接电流,较快的焊接速度,瞬间完成焊接。点焊软规范是指采用较小的焊接电流,较慢的焊接速度,完成焊接时间较长。点焊硬规范生产率较高,但不宜用于淬硬性较高的金属的焊接。而点焊软规范生产率较低,由于焊接速度较慢,不易使工件淬硬,故适宜于淬硬性倾向较大的材料的焊接。

点焊主要用于焊接搭接接头, 焊接厚度一般小于 3mm。可以焊接碳钢、不锈钢、铝合金等。点焊在汽车制造中大量使用,同时也广泛应用于航空航天、电子等工业。

2. 缝焊(滚焊)

缝焊的特点是在被焊工件的接触面之间形成多个连续的焊点,如图 4-10(b)所示。缝焊过程与点焊类似,可以看成连续的点焊。缝焊时用转动的圆盘状电极代替点焊的固定电极。由于缝焊两邻近的焊点距离无限小,分流现象严重。为了保证焊接时的电流密度,缝焊的板厚不易太大，一般应小于 3mm 以下。

缝焊焊缝平整，有较高的强度和气密性，常用于焊接密封薄壁容器。

3. 凸焊

凸焊如图 4-10(c)所示。其特点是在焊接处事先加工出一个或多个突起点，这些突起点在焊接时和另一被焊工件紧密接触。通电后，突起点被加热，压塌后形成焊点。由于突起点接触提高了凸焊时焊点的压强，并使焊接电流比较集中。所以凸焊可以焊接厚度相差较大的工件。多点凸焊可以提高生产率，并且焊点的距离可以设计得比较小。

4. 对焊

对焊如图 4-10(d)所示。其特点是使被焊工件的两个接触面连接。对焊分为电阻对焊和闪光对焊两种。

1）电阻对焊

电阻对焊的焊接过程如下：

在电极夹具中装工件并夹紧→加压，使两个工件紧密接触→通电流→接触电阻热加热接触面到塑性状态→切断电流→增加压力→形成接头。

电阻对焊接头外形匀称，但接头强度比闪光对焊低。

2）闪光对焊

闪光对焊的焊接过程如下：

在电极夹具中装工件并夹紧→使工件不紧密地接触，真正接触的是一些点→通电流→接触点受电阻热熔化及气化→液体金属发生爆裂，产生火花与闪光→继续移动工件→连续产生闪光→端面全部熔化→→迅速加压工件→切断电流→工件在压力下产生塑性变形→形成接头。

闪光对焊的特点是工件装夹时不紧密接触，使形成点接触处的电流密度很大，形成闪光(磁爆)，由于磁爆清除了焊缝表面的氧化物和污染物，故焊前对焊件表面的清理要求不高，焊后接头强度和塑性均较好。

闪光对焊广泛用于焊接钢筋、车圈、管道和轴等。

4.3.2 摩擦焊

摩擦焊的焊接过程如图 4-12 所示。摩擦焊的热能来源于焊接端面的摩擦。其焊接过程如下：工件 1 高速旋转→工件 2 向工件 1 方向移动→两工件接触时减慢移动速度，加压→摩擦生热→接头被加热到一定温度→工件 1 迅速停止旋转→进一步加压工件 2→保压一定时间→接头形成。

摩擦焊焊接时接头表面的摩擦和变形清除了氧化膜，促进了金属原子的扩散，加压顶锻过程破碎了焊缝中的脆性合金层。摩擦焊的焊缝组织是晶粒细化的锻造组织，接头质量很好。

摩擦焊产品的废品率很小，生产率高，适用于单件和批量生产，在发动机轴、石油钻杆等产品的轴杆类零件中应用较广。

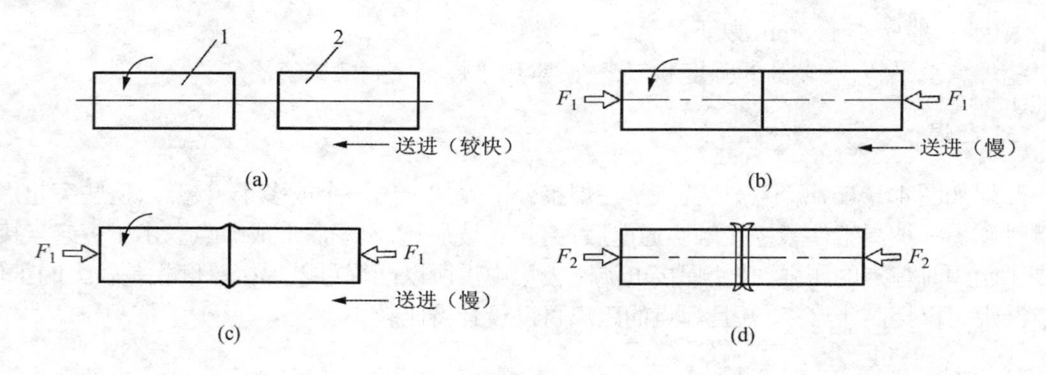

图 4-12　摩擦焊示意图

(a) 焊接准备　(b) 摩擦加热开始　(c) 摩擦加热终了　(d) 顶锻焊接

4.3.3　钎焊

钎焊时母材不熔化。钎焊时使用钎剂、钎料。将钎料加热到熔化状态,液态的钎料润湿母材,并通过毛细管作用填充到接头的间隙,进而与母材相互扩散,冷却后形成接头。

钎焊接头的形式一般采用搭接(见图 4-13),以便于钎料的流布。钎料放在焊接的间隙内或接头附近。

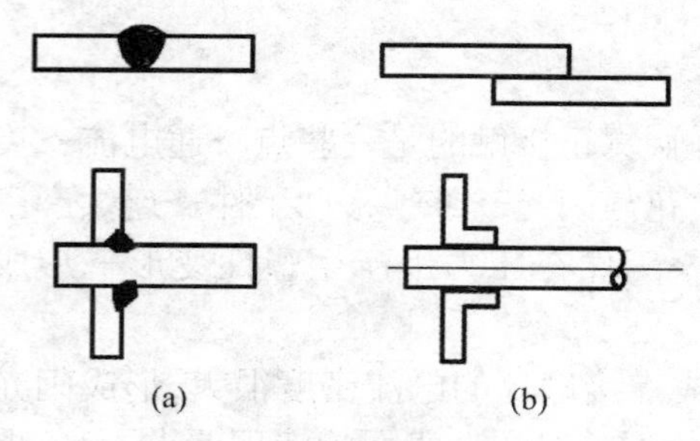

图 4-13　熔焊与钎焊接头的区别

(a) 熔焊接头　(b) 钎焊接头

钎剂的作用是去除母材和钎料表面的氧化膜,覆盖在母材和钎料的表面,隔绝空气,具有保护作用。钎剂同时可以改善液体钎料对母材的润湿性能。

焊接电子零件时,钎料是焊锡,钎剂是松香。钎焊是连接电子零件的重要焊接工艺。

钎焊可分为两大类:硬钎焊与软钎焊。硬钎焊的特点是所用钎料的熔化温度高于 450℃。接头的强度大。用于受力较大、工作温度较高的场合。所用的钎料多为铜基、银

钎焊是软钎焊。软钎焊常用锡铅钎料,适用于受力不大、工

按钎焊的加热方式,钎焊可分为烙铁钎焊、炉中钎焊、感应钎焊、真空钎焊等。

钎焊的特点是接头光洁、气密性好。因为焊接的温度低,所以母材的组织和性能变化不大。钎焊可以连接不同的材料。钎焊接头的强度和耐高温能力比其他焊接方法差。

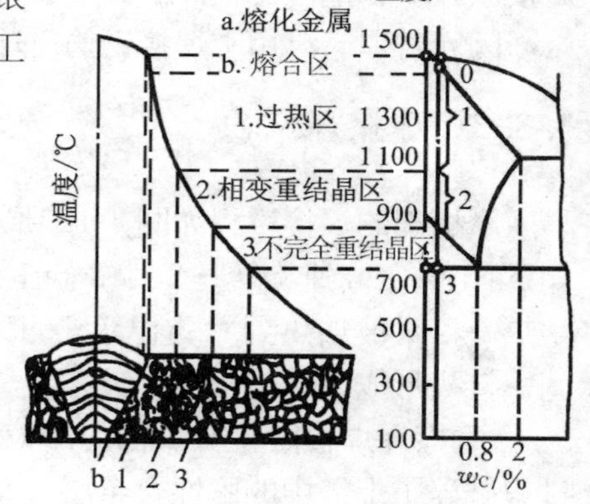

图 4-14　焊缝热影响区的组织分布

b—熔合区；1—过热区；2—相变重结晶区；3—不完全重结晶区

4.4　焊接接头

1. 焊接接头的组织与性能

熔焊焊接接头由焊缝区与热影响区组成。低碳

钢与某些低合金钢焊接热影响区的组织如图 4-14 所示。热影响区各点的温度变化如图 4-14 中的曲线所示。图中各点由于与焊缝中心的距离不同,所以对应的最高加热温度也不同。这相当于对各点进行了不同规范的热处理,造成了各点的不同组织与性能。

1）焊缝区

焊缝区金属的组织是铸态组织。焊缝冷却时,晶粒长大的方向是从熔合区向焊缝中心生长,最终呈柱状晶形态。焊缝区的力学性能容易下降。

2）熔合区

熔合区是焊缝与热影响区过渡部位。熔合区比较窄,其加热温度在合金的固-液相线之间。熔合区的化学成分不均匀,其组织也不均匀,呈铸态组织与过热组织。熔合区的力学性能差,是焊接接头最薄弱的环节。

3）热影响区

低碳钢的热影响区如下:

(1) 过热区的温度范围处于固相线以下到 1 100 ℃左右。过热区晶粒严重粗大,力学性能差,是焊接接头的薄弱区域。

(2) 相变重结晶区的加热温度在 Ac_3 或Ac_3以上 100～200 ℃。材料发生重结晶,然后在空气中冷却,相当于受到正火热处理。相变重结晶区的力学性能是焊接接头中最好的。

(3) 不完全重结晶区发生部分的组织转变。晶粒大小不一,力学性能下降。

焊接热影响区的大小受诸多因素的影响。最重要的影响因素是焊接温度和焊接速度。不同焊接方法焊接低碳钢时热影响区的平均尺寸如表 4-2 所示。焊接热影响区不利于焊接接头力学性能的提高,可以通过焊后热处理来改善和消除。

表 4-2　不同焊接方法热影响区的平均尺寸

焊接方法	过热区 /mm	相变重结晶区 /mm	不完全重结晶区 /mm	总宽 /mm
焊条电弧焊	2.2～3.0	1.5～2.5	2.2～3.0	6.0～8.5
埋弧自动焊	0.8～1.2	0.5～1.7	0.7～1.0	2.3～4.0
电 渣 焊	18～20	5.0～7.0	2.0～3.0	25～30
CO_2 气体保护焊	1.5～2.0	2.0～3.0	1.5～3.0	5.0～8.0
TIG 焊	1.0～1.5	1.5～2.0	1.5～2.0	4.0～5.5
电子束焊	～	～	～	0.05～0.75

2. 焊接接头的缺陷

焊接缺陷主要有:气孔、裂纹、未焊透、夹渣等。

1）焊接裂纹

焊接裂纹是最危险的焊接缺陷。裂纹会引起严重的应力集中,并逐渐扩展引起结构断裂。焊接结构中的裂纹必须限制在允许的范围内,否则应该将焊缝铲去重焊。

焊接裂纹分为热裂纹和冷裂纹。

热裂纹是焊缝和热影响区的金属在结晶过程中产生的。其产生的原因主要是焊缝中存在着 FeS 等低熔点物质,焊缝结晶时,形成液态间层,晶粒间联系被削弱。当焊缝受到较大的焊接拉应力时,即在晶粒之间引起破裂。热裂纹一般产生在焊缝金属中,如图 4-15 所示。

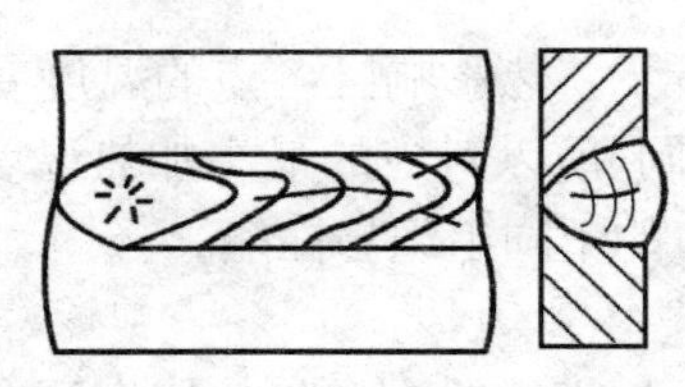

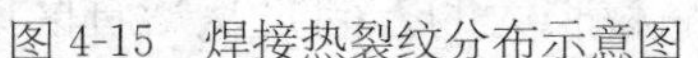

图 4-15　焊接热裂纹分布示意图

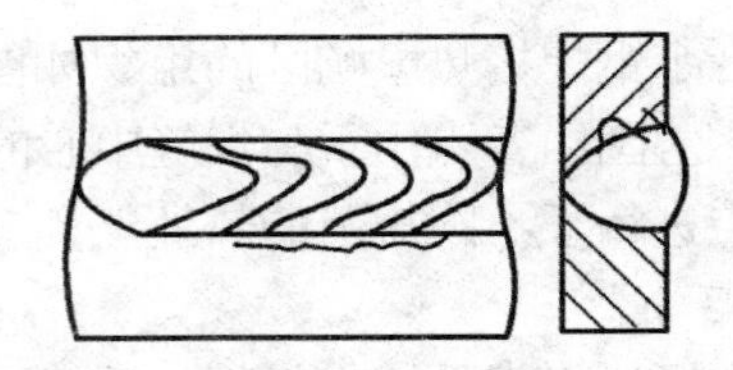

图 4-16　焊接冷裂纹分布示意图

防止热裂纹的方法,主要是通过选择不同的焊条等焊接材料,来调整焊缝的化学成分。如果焊缝中碳的质量分数在 0.1%以下,则热裂纹的敏感性大为降低。另外,适当控制焊接参数,合理设计焊缝形状,降低焊接应力,也可以减少热裂纹产生的可能。

焊接冷裂纹是在焊接接头冷却到较低温度时产生的,多产生在热影响区和熔合区。如图 4-16所示。冷裂纹产生的原因是在热影响区和熔合区形成了淬火组织,接头性能脆化,在焊接应力的作用下,引起晶粒内部破裂。如有较多的氢进入焊缝,会诱发延迟冷裂纹。实际上焊缝中的扩散氢会逐渐聚集到焊接缺陷处形成大量的氢分子,在经过一段时间以后造成非常大的局部压力。这种高压会引起延迟裂纹。

防止冷裂纹的方法,主要是焊前烘干焊条、清理坡口以减少氢的存在;焊前预热,焊后缓冷以减小焊接残余应力,避免产生淬硬组织。另外,焊后热处理可以消氢和减少焊接残余应力。

2）气孔

焊接气孔有三种:氮气孔、氢气孔和 CO 气孔。气孔会减小焊缝的有效工作截面,降低接头的强度。改善对熔池的保护,焊前仔细清理坡口,向熔池中增加脱氧元素将有利于减少焊接气孔。

焊后残留在焊缝中的熔渣称为夹渣。未焊透是指焊缝金属和母材没有完全熔化结合。产生这些缺陷的原因是因为焊接规范选择不当,如焊接电流太小,焊接速度太快等。另外,操作不当也会引起这些缺陷。

4.5　常用金属材料的焊接

4.5.1　金属焊接性的概念

金属材料对焊接加工的适应性称为金属材料的焊接性。金属焊接性包含两方面内容:在一定的工艺条件下,一定的金属对焊接缺陷的敏感性(接合性能);在一定的工艺条件下,一定的金属的焊接接头对使用要求的适应性(使用性能)。金属的焊接性反映了一定的金属在一定的条件下获得优质焊接接头的难易程度。

4.5.2　常用金属材料的焊接

1. 低碳钢的焊接

低碳钢的 w_C 小于 0.25%,焊接性良好,焊接时没有淬硬、冷裂倾向。采用焊条电弧焊焊低碳钢时,可采用 E4022 焊条。焊接低碳钢通常不需要采取特别的措施。

2. 低合金结构钢的焊接

低合金结构钢主要用于制造压力容器、锅炉、车辆等金属结构。低合金结构钢可用焊条电弧焊、埋弧焊或气体保护焊焊接。如用气体保护焊，则强度级别低的低合金结构钢可采用CO_2气体保护焊，强度级别高于500 MPa的则可采用富氩混合气体保护焊(Ar80%+$CO_2$20%)。

强度级别低的低合金结构钢焊接性良好，如工件的板厚不大，则焊接时不需要预热。如焊接工件的厚度较大，例如Q345的板厚大于32 mm，或焊接时的环境温度较低，则应考虑预热。强度级别高的低合金结构钢的焊接性能较差。焊接时的主要问题是冷裂纹。可视情况在焊接前进行预热，焊接后进行去除应力热处理。

3. 中碳钢的焊接

中碳钢的碳含量高，淬硬倾向大，焊接性较差。中碳钢焊接时的主要问题是冷裂纹，应在焊前预热，焊后缓冷，并在焊接工艺上采取措施，如采用小电流、多层多道焊等。

4. 不锈钢的焊接

不锈钢分为奥氏体不锈钢、铁素体不锈钢、马氏体不锈钢。

不锈钢焊接多采用氩弧焊或焊条电弧焊。

奥氏体不锈钢的焊接性良好，可采取焊条电弧焊或氩弧焊等。焊接时采用化学成分与母材接近的焊条或焊丝。焊接时不需要采取特殊的措施。

铁素体不锈钢焊接的主要问题是晶粒的过热长大和裂纹，可进行焊前预热并采用小电流、大焊速进行焊接。

马氏体不锈钢的焊接性较差，容易产生冷裂纹。可进行焊前预热和焊后热处理。

5. 铸铁的焊接

铸铁碳含量高，塑性低，焊接性差。铸铁焊接的主要问题是容易产生裂纹。熔合区容易产生白口组织。白口组织中的碳以Fe_3C的形式存在，故硬度高、脆性大，难于进行机械加工。

为了提高铸铁的焊接性，可以采用热焊法焊接。热焊时采用焊条电弧焊或气焊。热焊法适用于焊接形状复杂及焊后需机械加工的工件，如气缸缸体等。热焊时，将工件局部预热到600～700 ℃。焊后缓慢冷却。这样焊接应力小，不易产生裂纹。所用的焊条可采用铸铁焊条Z248等。

机床底座等工件的焊补，预热不方便，焊后也无需机械加工，此时可采用冷焊法。冷焊铸铁可采用镍基铸铁焊条。采用焊条电弧焊进行焊接前无需预热。焊接时采用小电流，分段焊等工艺措施。

6. 铝合金的焊接

铝合金的表面有一层致密的氧化膜，这层氧化膜的熔点高于铝合金本身。这就成为铝合金焊接时的一个问题。氩弧焊可以焊接铝合金。在氩气电离后的电弧中，质量较大的氩正离子在电场力的加速下撞击工件表面(工件接负极)，使氧化膜表面破碎并清除，焊接过程得以顺利进行。此即所谓“阴极破碎”作用。氩弧焊焊铝时，应注意工件和焊丝的清理。8 mm之下的铝合金板可采用钨极氩弧焊，8 mm以上的铝合金板可采用熔化极氩弧焊。

使用钨极氩弧焊焊铝合金，通常应使用交流电源。这样既可以产生阴极破碎作用，又可以使钨极不至于太热。

铝合金也可以采用电阻焊和钎焊进行焊接。

4.6 焊接结构设计简介

使用焊接方法制造的金属结构称为焊接结构。船体、球罐、起重机臂等都是焊接结构。

4.6.1 焊接应力与变形

结构件在焊接以后易产生变形,内部易产生残余应力。焊接残余应力会增加结构工作时的应力,降低结构的承载能力。焊接变形则使结构的形状尺寸不符合图纸要求。

1. 焊接应力和变形产生的原因

焊接加热是局部进行的。焊接时焊缝被加热,焊缝区域应膨胀。但是由于焊缝区域周围的金属未被加热和膨胀,所以该部分的金属制约了焊缝区受热金属的自由膨胀,焊缝产生塑性变形并缩短。焊缝冷却后,焊缝区域比周围区域短,但是焊缝周围区域没有缩短,从而阻碍焊缝区域的自由收缩,产生焊接以后工件的变形与应力。

2. 焊接变形的基本形式

不同的焊缝位置、焊接顺序和工件自身的情况会引起如图 4-17 所示的不同的焊接变形。

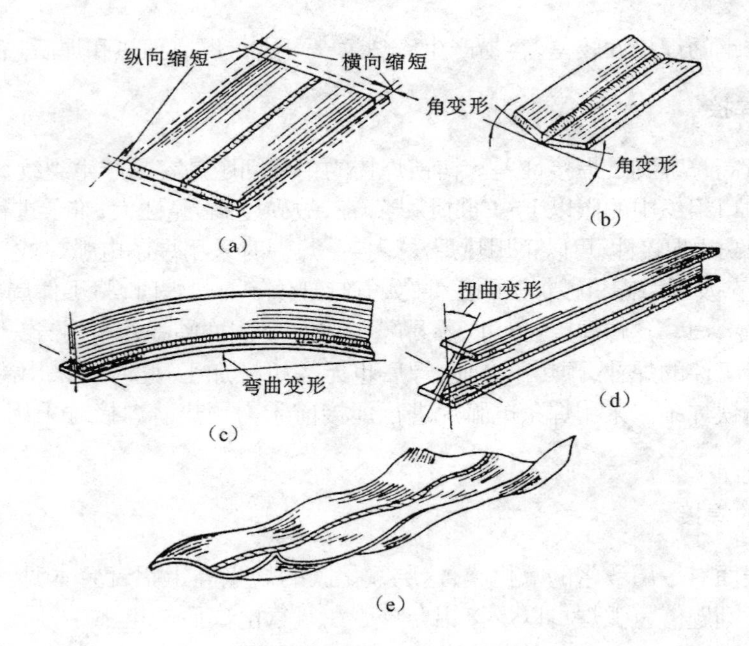

图 4-17 焊接变形的基本形式

(a) 纵向缩短横向缩短 (b) 角变形 (c) 弯曲变形 (d) 扭曲变形 (e) 波浪变形

3. 减少焊接变形的方法

(1) 反变形。根据焊接变形的规律,在焊接之前的装配中,将被焊工件作出相反方向的变形。这样,在焊接以后,焊接变形和预先作出的变形抵消。

(2) 刚性固定。刚度大的结构,焊接变形小。如果在焊接前将工件固定在具有一定刚度的夹具上,可以减小焊接变形。但是,这样会加大焊接后的残余应力。

(3) 选择适当的装配和焊接顺序。结构装配好以后再焊接,会增加结构的刚度,从而减小焊接变形。适当的焊接顺序可能使焊接变形相互抵消(见图 4-18)。

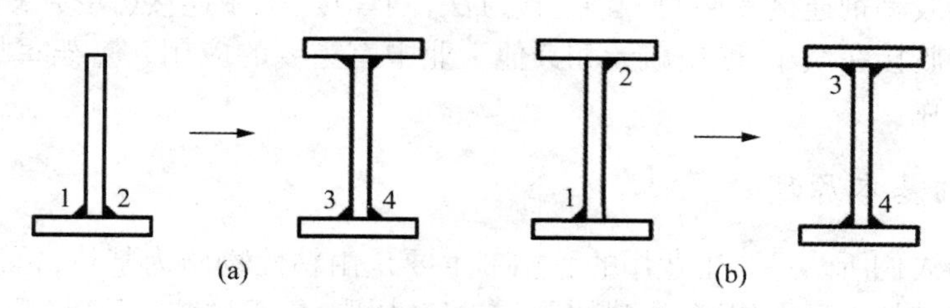

图 4-18　工字梁不同的装配焊接顺序的比较

(a) 边装边焊　(b) 先装后焊

4.6.2　焊接接头与坡口

焊接接头的基本形式有对接、搭接、角接、T 形接头。

当工件厚度较大时,无法焊透,需要开坡口。焊条电弧焊对接接头的坡口形式如图 4-19 所示。其他的坡口形式可以参考有关手册。

常采用碳弧气刨、切削加工等方法开坡口。

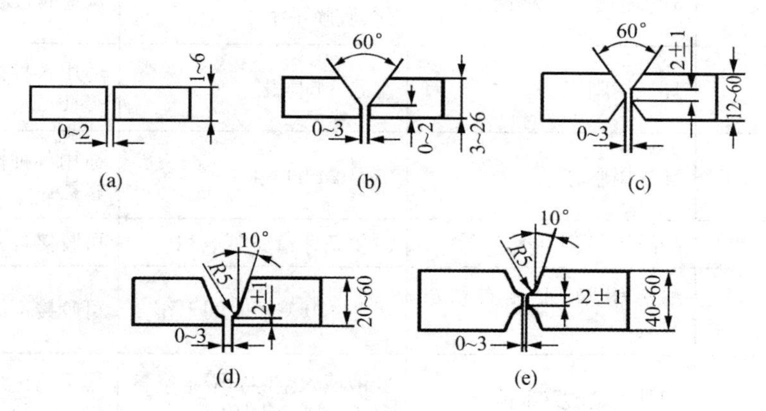

图 4-19　对接接头的坡口形式图

(a) Ⅰ形坡口　(b) V 形坡口　(c) X 形坡口　(d) U 形坡口　(e) 双 U 形坡口

4.6.3　焊缝位置的设计

焊缝的不同位置对焊接结构的质量有重要的影响。焊接结构中焊缝的位置,应按以下原则安排。

(1) 结构的工作应力较大处应避免设计焊缝。

(2) 焊缝应避免十字交叉或密集交叉。

(3) 焊缝应尽量对称。

(4) 焊缝应避开焊后要进行机械加工的部位。

(5) 应该考虑到焊接操作的空间。

4.7 胶接

胶接是利用胶粘剂连接零件的一种连接方法,同焊接、机械连接(铆接、螺栓连接)统称为三大连接技术。胶接在汽车、航空航天和其他工业中有重要的应用。一架军用飞机所用的胶粘剂多达几百千克。

4.7.1 胶接的基本原理

日用胶水为人们所熟悉。工业用的胶粘剂主要是由粘性物质为基料,再加以各种添加剂构成的。常用的基料有环氧树脂、酚醛树脂、有机硅树脂、氯丁橡胶、丁腈橡胶等。常用的添加剂有固化剂、稀释剂等。胶粘剂的形态有液体、糊状、固态。

常用的胶粘剂的性能和用途参如表 4-3 所示。

表 4-3 常用胶粘剂的性能和用途

牌　号	主要成分	特　性	用　途
101	线型聚酯、异氰酸酯	室温固化	可粘结金属、塑料、陶瓷、木材等
501, 502(瞬干胶)	α-氰基丙烯、酸酯单体	室温下接触水气瞬间固化,胶膜不耐水	快速胶接各种材料
914(一般结构胶)	环氧树脂等	室温 3 h 固化	适用各种材料的胶接、修补
SW-2(一般结构胶)	环氧树脂等	室温 24 h 固化	适用各种材料的胶接、修补
J-03(高强度结构胶)	酚醛树脂、丁腈橡胶等	固化条件:165 ℃, 2 h	可胶接各种材料
J-09(高温胶)	酚醛树脂、聚硼有机硅氧烷	可在 450 ℃短时间工作	可胶接不锈钢、陶瓷等
Y-150(厌氧胶)	甲基丙烯酸环氧酯	胶液填入空隙后隔绝空气经 1~3 h 可固化	用于防止螺丝松动接头密封、防漏

胶接的基本原理如下:

(1) 机械的粘合作用。胶粘剂分子渗入被粘材料表面的空穴内,固化后产生机械咬合作用。

(2) 分子间的微观粘合作用。胶粘剂分子与被粘材料分子接触时,因为界面分子之间的相互作用、扩散、静电等原因,产生相互作用力。

4.7.2 胶接的主要特点

胶接可以连接金属、木材、塑料、陶瓷等同种或异种材料。胶接减少了工件因焊接、铆接引起的变形和应力集中,胶接接头应力分布均匀,工件的疲劳寿命增加,胶结接头具有密封性。

胶结的缺点是强度低于焊接或铆接,且接头一般不耐高温。

4.7.3 胶接工艺

典型的胶接工艺:清理表面→涂胶→晾置→装配→固化→检验。

(1) 清理表面的一般方法是:先用水洗或擦干净待胶接的表面,再用丙酮等溶液去油。然后,用打磨或锉削等方法粗化表面,以增大胶接的接触面积。

(2) 涂胶的厚度以 0.05～0.20 mm 为好,厚度太大会使胶接强度降低。

(3) 涂胶以后,须在一定的温度下将工件晾置一段时间,然后将所胶接的工件紧密地贴合在一起。

(4) 固化是指胶接剂通过物理作用或化学反应转变为固体的过程。固化的参数是温度、压力和时间。不同的胶粘剂有不同的固化温度与时间。压力有利于工件的紧密接触,也有利于胶粘剂的扩散渗透。

(5) 胶接接头的检验内容包括:接头有无气孔、缺胶、裂纹,是否完全固化等。检验的办法包括超声波探伤、X 射线探伤等。胶接接头的检验工作比较困难。

4.8 焊接新技术简介

随着科学技术的发展,焊接技术近期有较大的发展。简单介绍如下。

4.8.1 等离子弧切割

等离子弧切割目前已经成为一种广泛应用的切割方法,等离子弧是压缩电弧。如图 4-20 所示,电弧经过水冷喷嘴孔道,受到机械压缩、热收缩与磁收缩效应的作用,弧柱截面减小,电流密度增大,弧内电离度提高,成为压缩电弧,即等离子弧。等离子弧的温度高于所有金属及其氧化物的熔点,可以切割各种金属材料包括高熔点材料。用传统的氧-乙炔切割方法难以切割的材料,如铸铁、非铁金属等,均可用等离子弧切割。

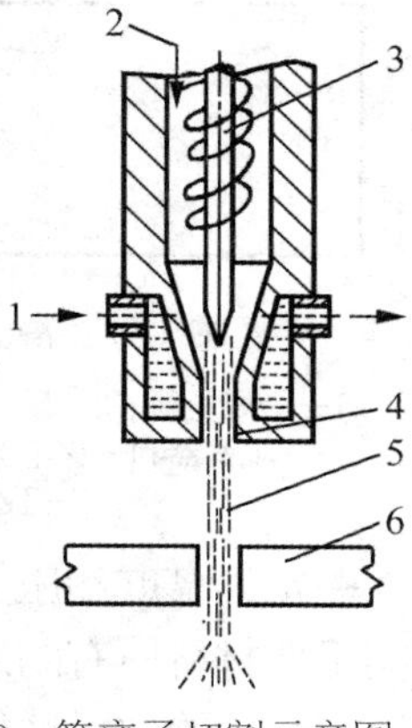

图 4-20 等离子切割示意图

1—冷却水；2—等离子气；3—电极；4—喷嘴；5—等离子弧；6—工件

4.8.2 激光切割

激光切割和打孔也日益得到广泛的应用。激光切割的特点是割缝宽度一般小于 1 mm,切割质量高。被切割的零件往往无需机械加工即可直接使用。激光切割可以切割金属、陶瓷、塑料等多种材料。

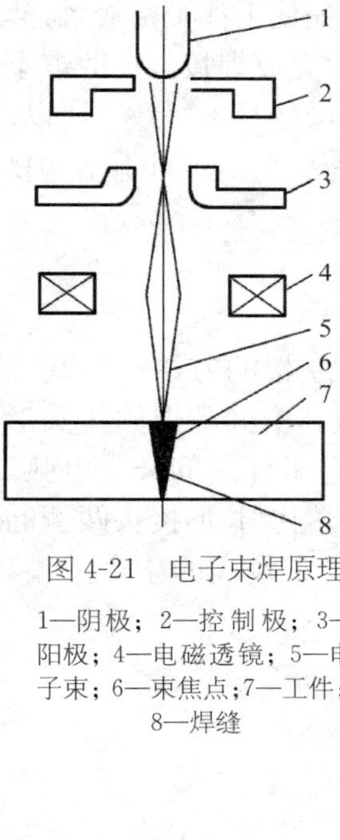

图 4-21 电子束焊原理

1—阴极；2—控制极；3—阳极；4—电磁透镜；5—电子束；6—束焦点；7—工件；8—焊缝

4.8.3 水射流切割

水射流切割是利用高压水(200～400 MPa)喷射工件进行切割的工艺方法。为了提高切割效率,常在水中加入金刚砂作为磨料。

水射流切割可以切割金属、玻璃、陶瓷、塑料等几乎所有的材料。

水射流切割没有热变形,割缝整洁,没有粉尘,是很有发展前途的切割工艺方法。

目前数控切割机在生产上已大量使用。现代的数控切割机用计算机控制,具有图形处理、自动跟踪等功能,是毛坯下料工序的有效方法。数控切割机一般可以与等离子弧切割、激光切割、水射流切割以及氧-乙炔切割方法配备使用。

4.8.4 电子束焊

电子束焊接方法如图 4-21 所示,属于高能密度焊接方法。其特点是焊接时的能量密度大,可以焊出宽度小、深度大的焊缝,热影响区以及焊接变形很小。电子束焊在真空中进行,焊缝受到充分保护,能保证焊缝金属的高纯度。

电子束焊以前多用于航空航天、核工业等部门,焊接活性材料及难熔材料。现已应用在汽车制造、工具制造等工业,如焊接汽车大梁及双金属锯条等。

4.8.5 激光焊

激光焊如图 4-22 所示,也属于高能密度焊接方法,焊接时的能量密度很高,热影响区以及焊接变形很小。激光束可以用反射镜、偏转棱镜或光导纤维引到一般焊炬难以到达的部位进行焊接,甚至可以透过玻璃进行焊接。

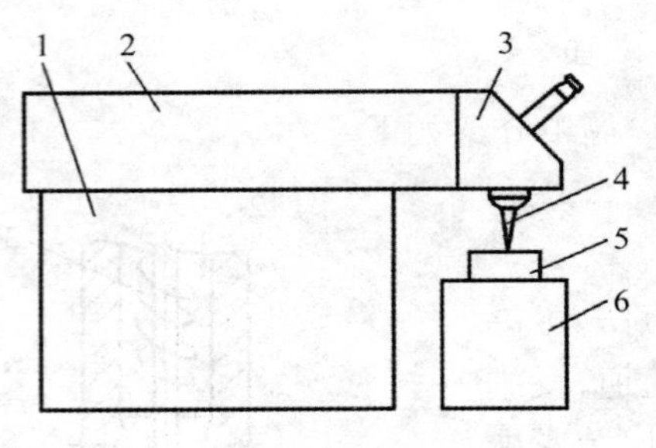

图 4-22 激光焊示意图

1—激励电源;2—激光器;3—聚焦系统、观察器;4—聚焦光束;5—工件;6—工作台

激光焊经常用于微电子工业与仪器仪表工业,如焊接集成电路的内外引线等。激光焊在其他部门的应用也日益广泛,如焊接汽车底板与外壳,焊接食品罐等。使用激光焊焊接汽车齿轮,焊后无需机械加工,可直接装配。

4.8.6 扩散焊

扩散焊的焊接过程如下:首先使工件紧密接触,然后在一定的温度和压力下保持一段时间,使接触面之间的原子相互扩散完成焊接。扩散焊不影响工件材料原有的组织和性能,接头经过扩散以后,其组织和性能与母材基本一致。所以,扩散焊接头的力学性能很好。扩散焊可以焊接异种材料,可以焊接陶瓷和金属。对于结构复杂的工件,可同时完成成形连接,即所谓超塑成形-扩散连接工艺。

4.8.7 窄间隙焊

焊接厚板的传统方法为电渣焊。窄间隙焊是新发展的一种焊接厚板的方法。窄间隙焊属于气体保护焊,其工作原理如图 4-23 所示,与熔化极氩弧焊类似。窄间隙焊的接头形式为"I"形对接接头。焊丝由特定的装置送入接头的底部,并在焊丝与工件之间产生电弧。电弧摆动装置使电弧在沿着焊缝纵向移动的同时产生横向摆动,以便熔化"I"形接头两侧的工件。在经过由下而上的多层焊接以后,最终形成焊缝。窄间隙焊具有较高的生产效率,较好的接头质量。

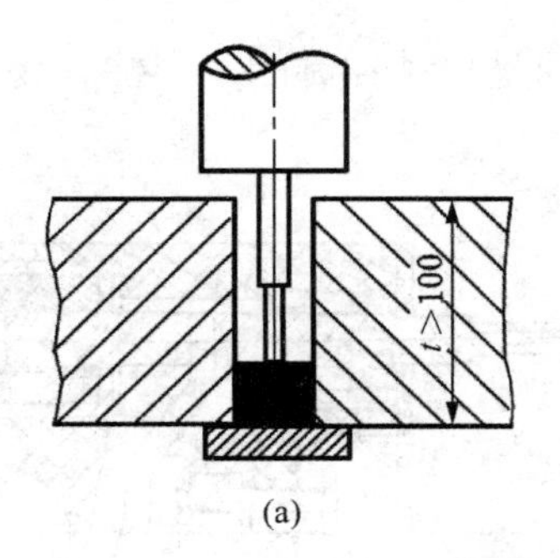

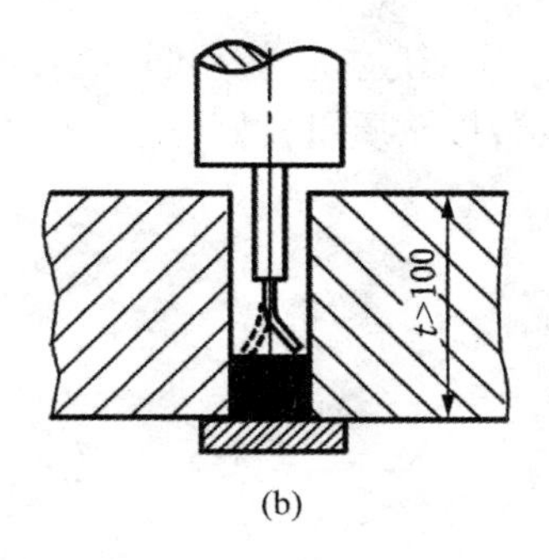

图 4-23　窄间隙焊示意图

(a) 焊丝不摆动　(b) 焊丝摆动

4.8.8　堆焊与喷涂

堆焊与喷涂是常用的改善材料表面性能的工艺方法,目前已大量使用。

堆焊通常采用熔焊方法在工件表面焊接一层具有一定性能的材料。堆焊可以使工件表面具有耐磨、高硬度、耐腐蚀等性能。

喷涂是一种将金属粉末或其他材料粉末熔化,用压缩空气将其喷射到被加工表面的工艺。喷涂有火焰喷涂、电弧喷涂、等离子喷涂等。喷涂可以使材料表面具有防腐、美观等性能。喷涂时工件表面的温度较低,对工件材料的影响较小。

4.8.9　搅拌摩擦焊

1991 年搅拌摩擦焊(FSW)技术由英国焊接研究所发明,作为一种固相连接手段,它克服了熔焊的诸如气孔、裂纹、变形等缺陷,更使以往通过传统熔焊手段无法实现焊接的材料可以采用 FSW 实现焊接,被誉为“继激光焊后又一革命性的焊接技术”。

FSW 主要由搅拌头的摩擦热和机械挤压的联合作用下形成接头如图 4-24 所示,其主要原理和特点是:焊接时旋转的搅拌头缓缓进入焊缝,在与工件表面接触时通过摩擦生热使周围的一层金属塑性化。同时,搅拌头沿焊接方向移动形成焊缝。作为一种固相连接手段,FSW 除了可以焊接用普通熔焊方法难以焊接的材料外(例如可以实现用熔焊难以保证质量的裂纹敏感性强的 7 000、2 000 系列铝合金的高质量连接),还具有温度低,变形小、接头力学性能好(包括疲劳、拉伸、弯曲),不产生类似熔焊接头的铸造组织缺陷。其组织由于塑性流动而细化、焊接变形小,使 FSW 具有焊前及焊后处理简单,能够进行全位置的焊接,适应性好、效率高、操作简单、环境保护好等优点。

尤其值得指出的是,搅拌摩擦焊具有适合于自动化和机器人操作的优点,诸如:不需要填丝、保护气(对于铝合金),可以允许有薄的氧化膜;对于批量生产,不需要进行打磨、刮擦之类的表面处理非损耗的工具头,一个典型的工具头就可以用来焊接 6 000 系列的铝合金达 1 000m 等。

4.8.10　螺柱焊

螺柱焊是一种加压熔焊方法,可以将螺柱或类似螺柱的紧固件焊在不同位置的工件上,目前获得了广泛的应用。螺柱焊枪如图 4-25 所示,螺柱本身充当电极。焊接时螺柱被电弧快速熔化并快速挤压形成接头。引弧、燃弧时间与挤压时间是自动控制的。螺柱焊允许工件表面有污染和涂层,接头质量良好,是一种高效的焊接方法。

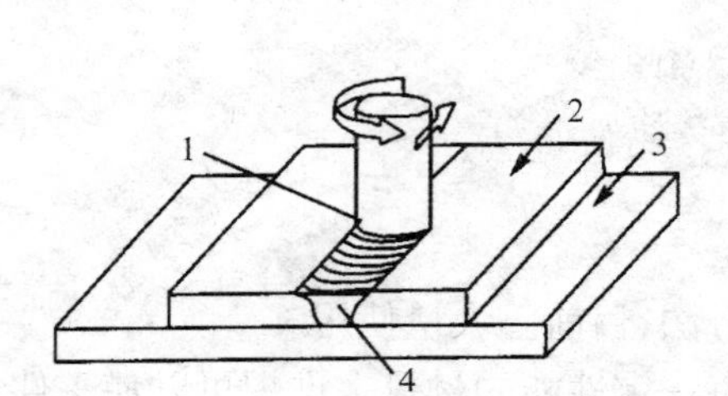

图 4-24　搅拌摩擦焊工作示意图

1—搅拌头；2—被焊工件；
3—垫板；4—焊缝

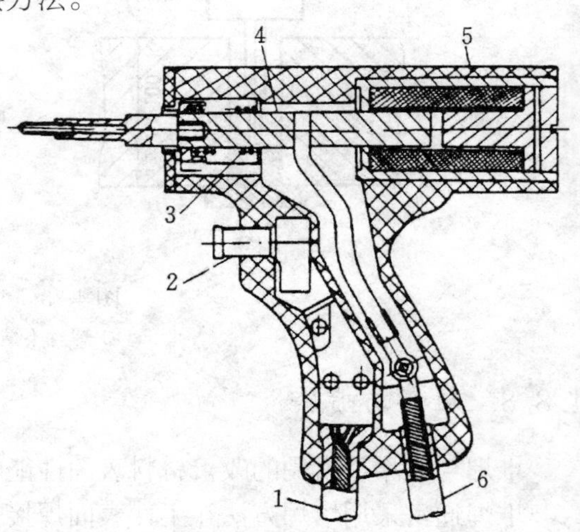

图 4-25　螺柱焊枪的结构

1—控制电缆；2—开关；3—主弹簧；4—铁芯；
5—电磁线圈外壳；6—焊接电缆

4.8.11　焊接机器人

近年来各国所安装的工业机器人中,大约一半是焊接机器人。焊接机器人大量使用在汽车制造等领域,适用于弧焊、点焊和切割。焊接机器人常安装在自动生产线上,或和自动上下料装置及自动夹具一起组成焊接工作站。工业机器人大量应用于焊接生产不是偶然的事情,这是由焊接工艺的必然要求所决定的。无论是电弧焊还是电阻焊,在由人工进行操作的时候,都要求焊枪或焊钳在空间保持一定的角度。随着焊枪或焊钳的移动,这个角度不断地由操作者人为地进行调整。也就是说,焊接时焊枪或焊钳不仅需要有位置的移动,同时应该有"姿态"的控制。满足这种要求的自动焊机就是焊接机器人,如图 4-26 所示。焊接机器人的应用,可以提高焊接质量,改善工人的工作条件,是焊接自动化的重大进展。

焊接机器人工作时一般有两种方式,可编程方式与示教方式。所谓可编程,就是操作者可以根据被焊零件的图纸,用简单易学的命令编制运动轨迹,然后,把机器人焊枪引到起始点,焊接机器人就会自动地完成焊接工作。所谓示教方式,就是操作者只要通过点动示教台上的按钮,把机器人焊枪移动到被焊零件的几个关键工作点处,让机器人记住这几个关键点,然后再输入适当的命令,机器人就能正确完成操作者希望的焊接工作。在编程或示教时,还可对焊接机器人逐段输入不同焊接电流和电弧电压。这样,在实际的焊接过程中,焊接的轨迹和焊接的参数都被机器人自动控制。此外,焊接机器人能够记忆编程或示教时的数据,下一次焊接时不必再进行编程或示教,机器人会自动操作。

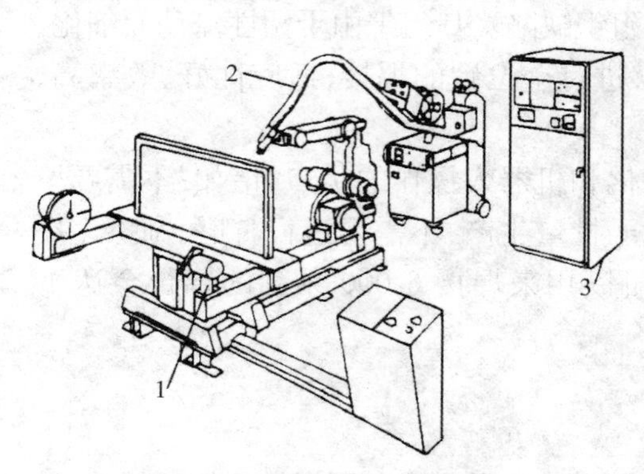

图 4-26　弧焊机器人自动焊接系统

1—夹持装置；2—焊接装置；3—机器人和控制系统

习　　题

4-1　焊条药皮有什么作用？酸性焊条和碱性焊条的区别是什么？它们各用在什么场合？

4-2　焊接低碳钢时，其热影响区的组织和性能有什么变化？

4-3　产生焊接热裂纹和冷裂纹的原因是什么？如何减少和防止？

4-4　生产下列焊接结构选用什么焊接方法：

(1) 起重机吊臂。

(2) 铝合金容器，厚度 2 mm，对接。

(3) 不锈钢零件，厚度 1 mm，搭接，焊缝要求气密。

(4) 汽车装配时的对接连续焊缝。

(5) 图 4-27 所示的锅炉汽包的焊缝 A，B，C。

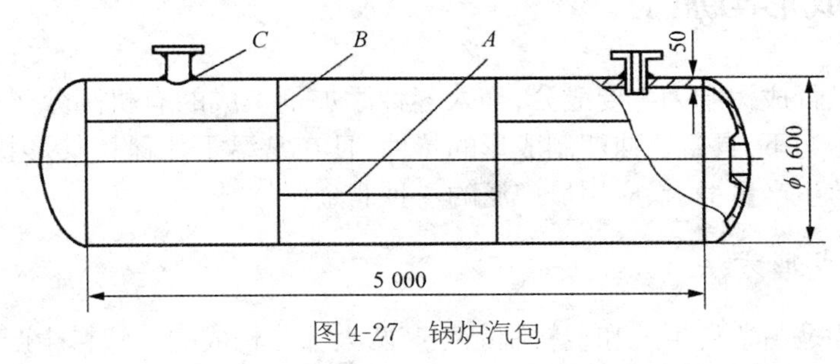

图 4-27　锅炉汽包

4-5　图 4-28 所示的梁结构，材料为 Q235 钢，批量生产。现有钢板长度为 2 500 mm。选择：

(1) 腹板、翼板焊缝的位置。

(2) 各条焊缝的焊接方法。

(3) 焊接顺序。

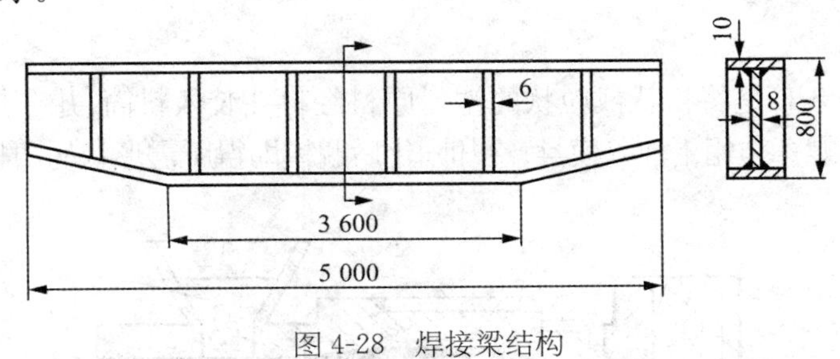

图 4-28　焊接梁结构

第 5 章　非金属材料的成形

非金属材料是除金属材料以外的其他一切材料的总称，主要包括有机高分子材料、无机非金属材料和复合材料三大类。与金属材料相比，非金属材料最突出的优点是密度小、重量轻、抗腐蚀性能优良且电绝缘性较好；同时其材料来源十分广泛，成形工艺简单，生产成本较低，因此在各行各业中的应用日益广泛。目前在工程领域应用最多的非金属材料是塑料、橡胶、陶瓷及复合材料等。

5.1　塑料的成形与加工

塑料是一种以合成树脂为主要成分，加入各种添加剂组成的有机高分子材料。这种材料在特定的温度和压力下，具备快速塑制成形的特性，且在常温下能保持其形状不变，故称之为塑料。塑料是目前生产量最大、应用最广泛的一种非金属材料。

5.1.1　塑料的成形方法

塑料工业主要是由塑料生产和塑料制品生产两大部分构成的。塑料生产是指树脂及塑料原材料的生产，通常是由石化厂完成的。塑料制品生产(即塑料的成形加工)是采用各种成形加工手段将粉状、粒状、溶液、糊状等各种形态的塑料原料制成所需形状的制品或坯件的过程。

塑料的成形方法很多，目前国内外应用较多的有注射成形、挤出成形、压制成形、吹塑成形、浇铸成形、滚塑成形等。

1. 注射成形

注射成形(见图 5-1)是将粉状或粒状的塑料原料经料斗装入料筒，并在其内加热至熔融状态，在注射机柱塞或螺杆作用下注入模具，冷却固化后脱模即得所需形状的塑料制品的方法。

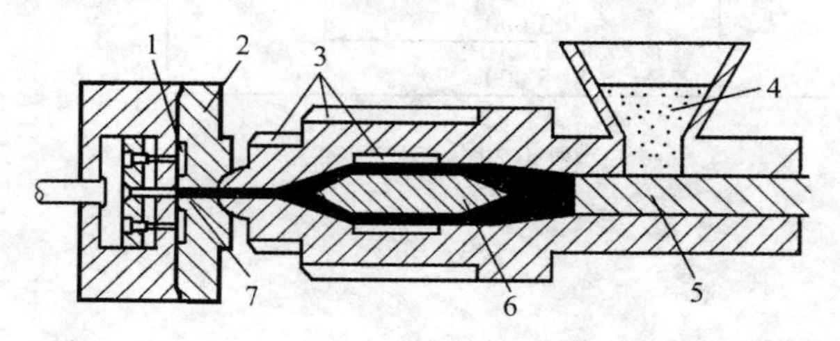

图 5-1　注射成形示意图

1—制品；2—模具；3—加热器；4—粒状塑料；5—柱塞；
6—分流梳；7—喷嘴

注射成形工艺包括成形前的准备、注射成形过程和制件成形后的修饰与处理三个阶段。

1）成形前的准备

包括材料准备，即对成形树脂进行必要的质量检验和干燥；辅助操作准备，即调试模具、清洗料筒、预热、安放嵌件及涂脱模剂。

2）注射成形过程

这是从树脂变为制品的主要阶段。按工序先后次序介绍如下：

(1) 加料。每次加料应尽可能保证定量。

(2) 塑化。指使塑料达到成形的熔融状态，一要达到规定的温度；二要使熔融体温度均匀；三是使热分解产物含量尽量少。

(3) 注射。指注射机用柱塞或螺杆对熔融塑料施加推压力，使之从料筒进入模腔的工序。它是通过控制注射压力、注射时间和注射速度来实现充模以获得制品的。

(4) 保压。指注射结束到柱塞或螺杆后移的时间。它是保证获得完整制品所必需的程序。

(5) 冷却。为使制品有一定的强度，制品在模腔内必须要冷却一定时间。冷却时间为保压开始至卸压开模卸件为止。

(6) 启模卸件。开启模具，取出制品。

其中加热塑化、加压注射、冷却定型是注射成形过程中三个最基本的工序。

3）成形后的修饰与处理

制品注射成形后，需要切除浇道和修饰制品，以改善制品的外观。另外还要经热处理，消除内应力，以防止变形和开裂。

注射成形是生产一般塑料制件最常用的方法，已成功应用于热塑性塑料和部分热固性塑料的成形。注射成形生产周期短、效率高，易于实现机械化、自动化，而且制品尺寸精确，适用于大批量制造形状复杂件、薄壁件及带有金属或非金属嵌件的塑料制品，如电视机、收录机的外壳等。特别是近年来热流道注射成形、双色注射成形以及气压注射成形等新工艺的不断涌现，为注射成形提供了更为广泛的应用前景。

2. 挤出成形

挤出成形（见图 5-2）是将粉状或粒状的塑料原料加入挤压机的料筒中，加热软化后，在旋转螺杆的作用下，使塑料受挤前移而通过口模，冷却后制成等截面连续制品的方法。

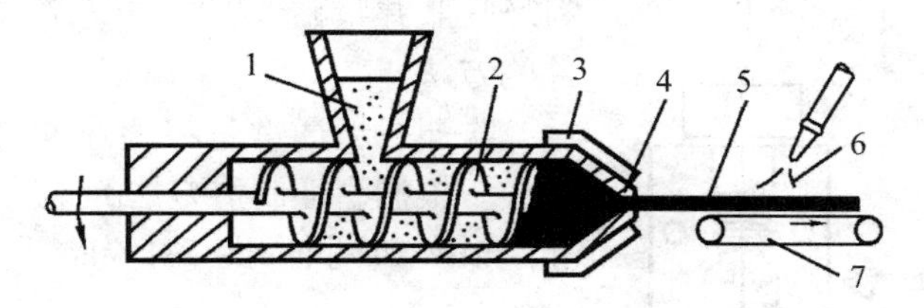

图 5-2　挤出成形示意图

(a) 模压法　(b) 层压法

1—塑料粒；2—螺杆；3—加热器；4—口模；5—制品；6—空气或水；7—输送机

成形工艺过程是：粒状塑料从料斗送入螺旋推进室，然后由旋转的螺杆送到加热区熔融，变成黏流态；在压力下迫使它通过口模落到输送机输送带上；用喷射空气或水使之冷却变硬，以保持口模所给予的形状。

挤出成形是应用最广、适应性最强的加工方法。配合不同形状和结构的口模,可生产塑料管、棒、板、条、带、丝及各种异型断面的型材,还可进行塑料包覆电线、电缆工作。

3. 压制成形

压制成形分为模压法和层压法(见图 5-3),是将粉状、粒状的塑料原料(模压法)或片状的塑料坯料(层压法)放入模具中,经加热和加压而成形为塑料制品的方法。

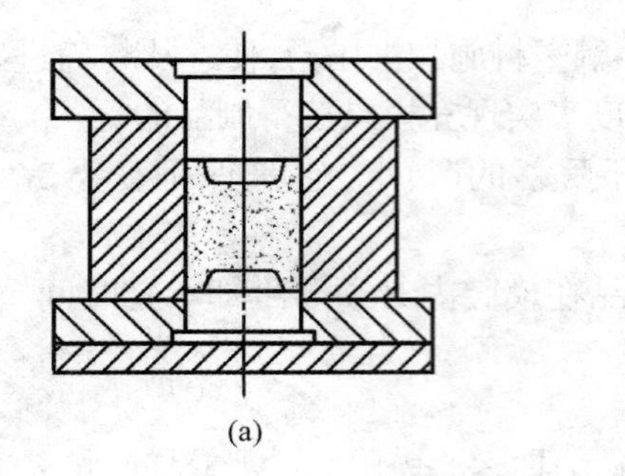
(a)

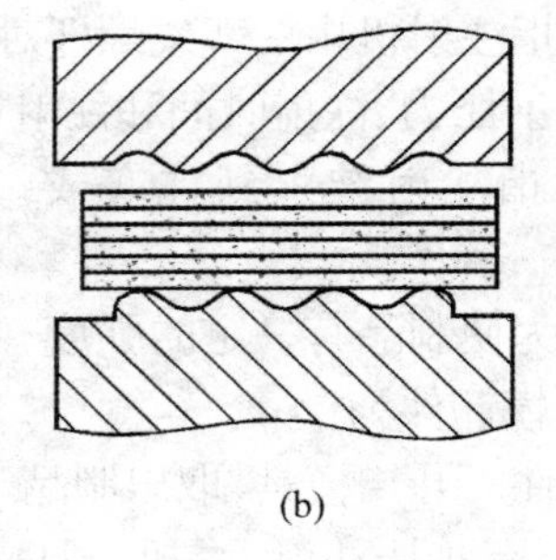
(b)

图 5-3 压制成形示意图

(a) 模压法 (b) 层压法

压制成形工艺主要是控制温度、压力和时间,以保证成形。适当的加热温度是为使塑料软化熔融而具流动性;也为使塑料交联而硬化,以成为不溶不熔的塑料制品。掌握好施加的压力是为了提高塑料流动性以充满型腔,同时也为排除水蒸气和挥发物,使制品内没有气泡。恰当的压制时间是保证塑料在模具中反应充分。总之这三个工艺参数的正确掌握是获得合格制品的保证。

压制成形是热固性塑料常用的成形方法,也可用于流动性极差的热塑性塑料(如聚四氟乙烯)的成形,如常见的电器开关、插头、插座、轴瓦、汽车方向盘等就是用压制成形的。

4. 吹塑成形

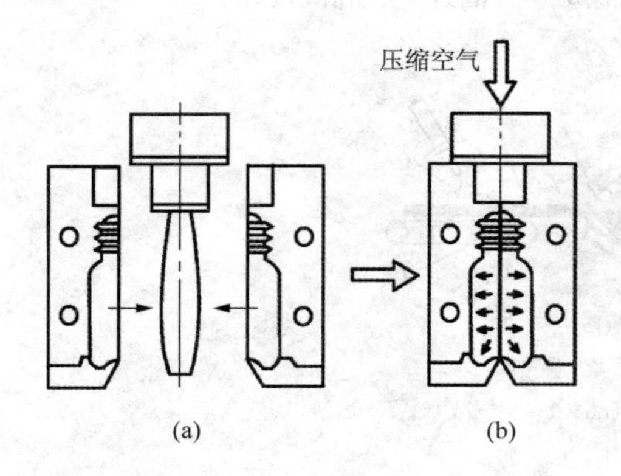

图 5-4 挤出吹塑成形示意图

(a) 挤出型坯 (b) 吹胀成形

吹塑成形是利用压缩空气将片状、管状的熔融塑料坯吹胀并紧贴于模腔内壁,冷却脱模后制得空心制件的方法。

吹塑成形通常是将型坯的制造与吹胀成形联合完成。根据型坯制造方法的不同,一般分为挤出吹塑和注射吹塑两种,图 5-4 为常用的挤出吹塑的成形过程。

吹塑成形只限于热塑性塑料的成形(如聚乙烯、聚氯乙烯、聚丙烯、聚苯乙烯、聚碳酸酯、聚酰胺等),常用于成形中空、薄壁、小口径的塑料制品,如塑料瓶、塑料罐、塑料壶等。还可利用吹塑原理生产各种塑料薄膜。

5. 浇铸成形

浇铸成形(见图 5-5)是将树脂与添加剂混合加热至液态后浇铸入模具中,冷却固化后脱模即得制品的方法。

浇铸成形主要适用于流动性好、收缩小的热塑性塑料或热固性塑料,尤其适宜制作体积大、质量大、形状复杂的塑料件。近年来,又在普通浇铸的基础上衍生出离心浇铸(即将聚合物熔体浇入高速旋转的模具中依靠离心力贴模成形)见图 5-5(b),嵌铸(即用聚合物包封非塑料件)等工艺,进一步扩大了浇铸成形的应用范围,提高了浇铸件的精度和力学性能。

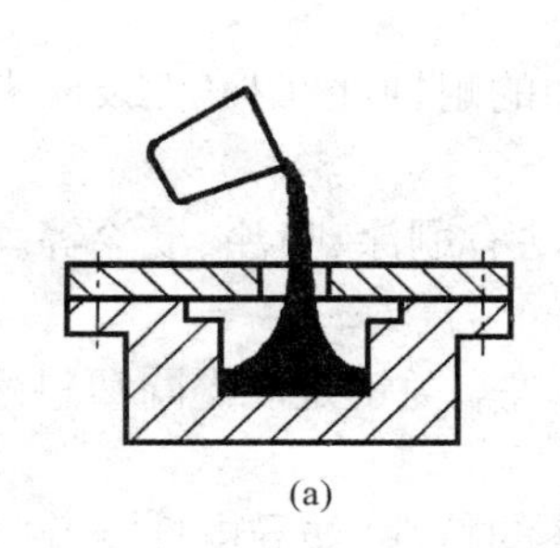

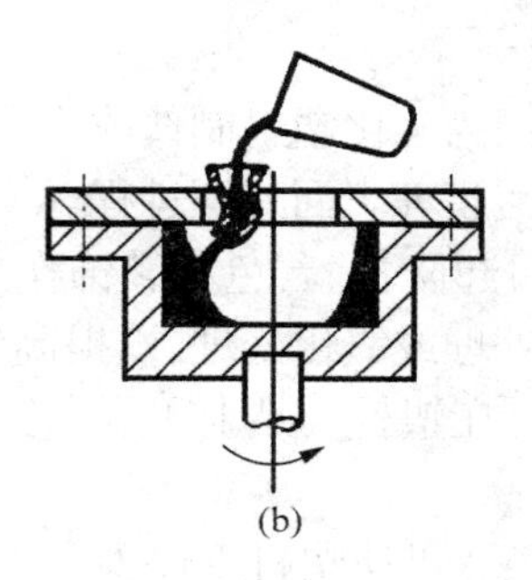

图 5-5 浇铸成形
(a) 普通浇铸 (b) 离心浇铸

6. 滚塑成形

滚塑成形是将定量的粉状树脂装入模具中,通过外加热源加热模具,在此同时模具进行缓慢的公转和自转,从而使树脂熔融并借助自身的重力均匀地涂布于整个模具内腔表面,最后经冷却脱模后得到中空制品的方法。为提高滚塑的生产效率,缩短生产等待时间,一般生产中多采用四工位周期性操作,即装料→加热→冷却→脱模。如图 5-6 所示的四工位滚塑机,四个臂绕同一心轴旋转,即为模具的公转;同时每一臂上的一套模具以该臂为轴线旋转,即为模具的自转。

滚塑是制造大型中空塑料制品最经济的方法,尤其是在模具中使用石棉、氟塑料等不粘材料可生产局部有孔或敞口的塑料制品,因而已越来越多地用于生产大型厚壁的塑料管道、塑料球、塑料桶等。

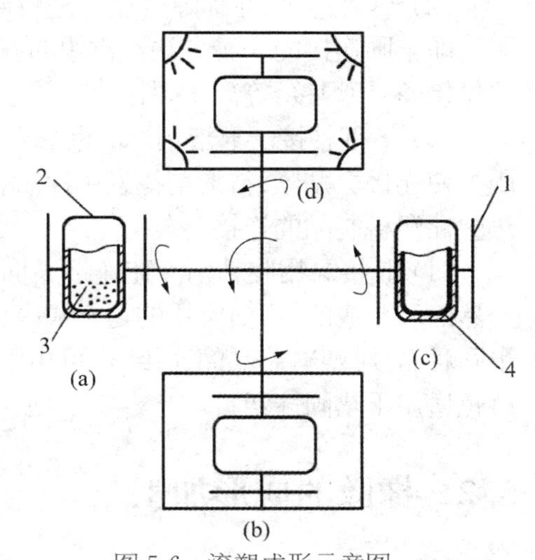

图 5-6 滚塑成形示意图
(a) 装料或脱模 (b) 加热 (c) 风冷 (d) 水冷
1—模架; 2—模具; 3—塑料粉; 4—塑件

5.1.2 塑料的加工方法

塑料加工是指将成形后的塑料制品进一步进行机械加工、表面修饰及装配,以形成产品的过程。也称为塑料的二次加工。

1. 机械加工

对有较高尺寸精度和表面质量要求的塑料零件,

需在成形后进一步机械加工以保证质量;对于某些形状简单的塑料件,用棒材、管材、板材等塑料型材直接机加工制造,可以简化生产工序;而当零件上有小孔、深孔和螺纹时,用后道机加工比直接成形更为经济。

塑料零件的机械加工与金属的切削加工方法基本相同,如可以车、铣、刨、钻、扩、铰、镗、锯、锉、攻丝、滚花等。但在切削时,应充分考虑塑料与金属的性能差异,如塑料的散热性差、热膨胀系数大、弹性大,加工时容易变形、软化、分层、开裂、崩落等。因此,要采用前、后角较大的锋利刀具,较小的进给量和较高的切削速度;正确地装夹和支承工件,减少切削力引起的工件变形;并采用水冷或风冷加快散热。

2. 表面处理

表面处理是指为美化塑料制件或为提高制品表面的耐蚀性、耐磨性及防老化等功能而进行的涂漆、印刷、镀膜等表面处理过程。

(1) 涂漆。可起防护、着色和装饰作用。主要方法有刷涂、喷涂、浸涂等。涂漆前塑料制件必须进行净化处理或氧化处理,以提高涂层与塑料的结合力。

(2) 印刷。可在塑料制品上印刷广告、说明、资料等。关键是油墨同塑料之间要有足够的黏合性。

(3) 镀金属膜。可使塑料零件表面具有某些金属的特性,如导电性、导磁性、反光性等以及提高表面硬度和耐磨性,延缓老化。生产中常用的有电镀法、化学镀膜法、真空镀膜法等。

3. 连接

连接的目的是将简单的塑料件与其他塑料件、非塑料件连接固定,以构成复杂的组件。塑料连接通常有以下四种方法:

(1) 机械连接。用螺丝、铆钉、按扣、压配合等机械手段实现连接和固定的一种方法。适合于一切塑料制件,特别是塑料件与金属件的连接。

(2) 热熔连接,亦称焊接法。是将两个被连接件接头处局部加热熔化,然后压紧,冷却凝固后即牢固连接的一种方法。常用的有外热件接触焊接、热风焊接、摩擦焊接、感应焊接、超声波焊接、高频焊接、等离子焊接等。焊接只适用于热塑性塑料。

(3) 溶剂粘接。靠溶剂(如环已酮、甲乙酮、甲苯等)将塑料表面溶解、软化,再施加适当的压力使连接面贴紧,待溶剂挥发干净后,将连接面粘接在一起的一种方法。主要适用于同品种热塑性塑料制品的连接。

(4) 胶接。用胶粘剂涂在连接表面之间,靠胶层的作用连接制件的一种方法。胶粘剂有天然的和合成的,目前常用的是合成高分子胶粘剂,如聚乙烯醇、环氧树脂等。胶接法既可用于同种、异种塑料制品的连接,也可用于塑料与金属、陶瓷、玻璃等的连接,既适用于热塑性塑料也适用于热固性塑料。

5.2 橡胶的成形加工

橡胶是以生胶为原料,加入多种配合剂及骨架材料而组成的高分子弹性体。这种材料在很宽的温度范围内(−50～150 ℃)处于高弹性状态,同时还具有优良的柔韧性、伸缩性、电绝缘性、耐磨性、隔音性、阻尼特性及储能能力。因而广泛用于弹性材料、密封材料、减震材料、防震材料和传动材料,起着其他材料所无法替代的作用。

5.2.1　橡胶的组成

橡胶是由生胶、配合剂及骨架材料组成的。

1. 生胶

生胶是指未经硫化处理的橡胶。其分子结构为线型的或带有支链型的大分子长链,分子中有不稳定的双键存在,因而其弹性很高,但强度及耐磨性差。此外,生胶的稳定性较差,受热发黏,遇冷变硬、变脆,且易为溶剂所溶解,故不能直接用来制造橡胶制品,必须在生胶中加入配合剂和骨架材料,以提高制品的力学性能,改善成形加工性能。

2. 配合剂

配合剂是指为改善生胶的性能而添加的各种物质。主要包括硫化剂、促进剂、活化剂、软化剂、填充剂、防老化剂和着色剂。

3. 骨架材料

骨架材料是指为增加橡胶制品的承载能力,减少变形而在胶料中加入的某些纤维或织品。常用的骨架材料有合成纤维、石棉纤维、布、金属丝网等。

5.2.2　橡胶的分类和性能

橡胶的种类很多,按原料来源可分为天然橡胶和合成橡胶,按用途可分为通用橡胶和特殊橡胶。常用橡胶的品种、性能及用途如表 5-1 所示。

表 5-1　常用橡胶的品种、性能及用途

种类(代号)		特　　性	用　　途
通用橡胶	天然橡胶(NR)	较高的弹性和强度,耐磨性、耐碱性、耐气腐蚀性、介电性、耐低温性及加工工艺性能均较好,但耐油、耐溶剂性和耐臭氧老化性差,不耐高温,最高使用温度一般不超过 100 ℃	制造轮胎、胶带、胶管、胶鞋、电线、电缆绝缘体及刹车皮碗、衬垫等各种通用橡胶制品
	丁苯橡胶(SBR)	耐磨性、耐老化性、耐热性和介电性较高,价格便宜,但弹性、强度、耐寒性及成形性较差	广泛制造各种轮胎、胶管、胶带、胶布及生活用橡胶制品
	顺丁橡胶(BR)	弹性、耐磨性超过天然橡胶,并具有良好的耐寒性、防老化性和电绝缘性,同时原料价格便宜,但其加工成形性较差,强度不高	制造轮胎、三角皮带、减振器、橡胶弹簧、电绝缘制品及鞋底等
	丁基橡胶(HR)	气密性、防水性优异,耐热性、减振性好,但强度低、耐磨性差	制造车轮内胎、密封件、嵌缝胶、建筑与设备的防水涂层以及车辆减振件等

（续表）

种类(代号)		特　　性	用　　途
通用橡胶	氯丁橡胶(CR)	耐油、耐溶剂、耐氧化、耐老化、耐酸、耐碱、耐热、耐燃烧、耐挠曲及透气性好，但耐寒性较差，工作温度不应低于－35 ℃	制造电线、电缆包皮以及输送油品和腐蚀性液体的胶管、容器衬里，作粘合剂及各种模压制品
	乙丙橡胶(EPDM)	优异的耐老化性能，较高的耐热、耐寒性，可耐水、碱、乙醇、硫酸等，耐磨性和电绝缘性很好，但硫化速度慢	制造耐热蒸汽导管、胶布板、电绝缘件等
特种橡胶	丁腈橡胶(UR)	耐油、耐燃性极高，对有机溶剂也有很高的耐蚀性，同时耐磨、耐热、耐老化等性能均超过天然橡胶和其他通用橡胶，但其弹性、强度、耐寒性、耐酸性、电绝缘性较差	主要用于耐油制品，如油箱、输油管、耐油运输带、密封垫圈、印刷胶辊、化工衬里等
	聚氨酯橡胶(NBR)	是性能介于橡胶和塑料之间的弹性体，具有较高的强度，优异的耐磨性、耐油性，突出的抗弯性及高硬度下的高弹性	制造胶管、胶辊、实心胎及耐磨件，还常用作冲压中的软模、卸料橡皮等
	氟橡胶(FPM)	耐蚀性极好，尤其是耐酸碱及耐强氧化剂腐蚀能力居所有橡胶之首，耐油性、耐热性较好，抗老化性优良，但价格昂贵、耐寒性差、加工性能较差	制造国防和尖端技术中的重要元件，如飞机油箱、高温和室温工作的密封件、高真空件等

5.2.3　橡胶的成形加工

橡胶制品的成形过程如图 5-7 所示，主要包括生胶的塑炼、胶料的混炼、制品的成形、制品的硫化四个阶段。

1. 生胶的塑炼

弹性的生胶很难与配合剂充分均匀地混合，成形加工则更困难。所以必须先进行塑炼，使橡胶分子发生裂解，减小分子量而增加可塑性。

塑炼通常在滚筒式塑炼机上进行，生胶放在两个相向旋转的滚筒之间(滚筒温度为 40～50 ℃)，承受轧扁、拉长、撕裂等机械力的作用以及空气中氧的作用，并借助于摩擦生热使温度升高，促使生胶分子链被扯断裂，可塑性增大。

此外，也可直接向生胶中通入热压缩空气，在热和氧作用下，促使生胶分子裂解，以增加其可塑性。

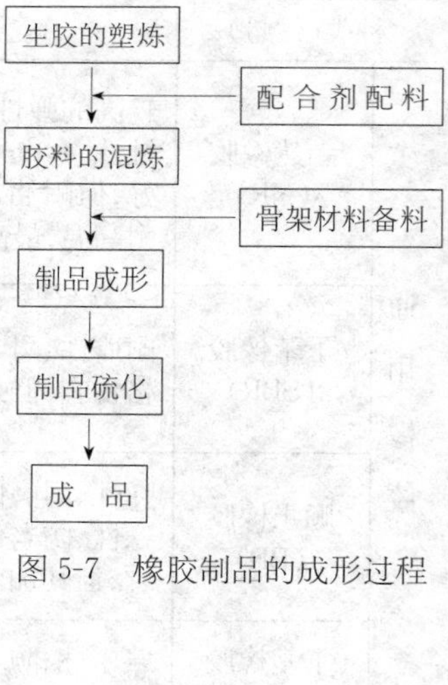

生胶的塑炼
配合剂配料
胶料的混炼
骨架材料备料
制品成形
制品硫化
成　品

图 5-7　橡胶制品的成形过程

2. 胶料的混炼

使生胶和配合剂混合均匀的加工过程称为混炼。先将塑炼后的生胶在滚筒式炼胶机上预热，再按一定的顺序放入配合剂。一般应先放入防老化剂、增塑剂、填料等，最后放入硫化剂和硫化促进剂，这样可避免过早硫化而影响后续成形工序的进行。混炼时要不断翻动、切割胶层，并掌握适宜的温度和时间，以保证混炼质量。

3. 制品的成形

橡胶制品的成形方法主要有挤压成形、压延成形、模压成形等。

(1) 挤压成形法。用螺旋挤压机将混炼后的胶料通过口模挤压成连续断面的制品，如胶管、胶棒、密封胶带等。其原理与塑料挤压成形相同。

(2) 压延成形法。用压延机将混炼后的胶料压成薄的胶板、胶片等，或在胶片上压出某种花纹，或在帘布、帆布的表面挂涂胶层，或将两层胶片贴合起来。此法只适用于形状比较简单的半成品成形。

(3) 模压成形法。将混炼后的胶料直接放在模压机上的金属模具内压制成形，此法适用于小型橡胶零件的生产，如密封圈、皮碗、减振件等。也可将压延出的胶片、胶布等按照制品形状大小裁剪后再在压机上用模具压制成半成品或成品，如胶鞋、橡胶球等。此法适用于形状比较复杂的橡胶零件的生产。

生产带有骨架材料的橡胶制品(如飞机轮胎、软油管、夹布或夹钢丝的胶管等)时，可先将骨架材料贴上胶料，再经模压、挤压或压延成形。

4. 制品的硫化

除了模压法常将制品成形与硫化同时进行外，其他方法成形后的橡胶制品都需再送入硫化罐内进行硫化。大多数橡胶制品的硫化需要加热到 130～160 ℃左右，加压并保压一段时间后再取出。但是某些大型的橡胶制品，如橡皮船等常采用自然硫化胶浆，成形后在常温下放置几天甚至几十天让其逐渐进行自然硫化。

5.3 陶瓷的成形加工

陶瓷原指陶器和瓷器，现已成为包括玻璃、砖瓦、水泥、耐火材料、非金属磁性材料在内的所有无机非金属材料的统称。

与金属、塑料、橡胶相比，陶瓷材料最突出的优点是硬度和耐热性极高，热膨胀系数极低，并具有良好的抗氧化性和不可燃烧性，能耐酸、碱、盐，是良好的绝热、绝缘和耐蚀材料。

5.3.1 陶瓷材料简介

按成分和用途的不同，陶瓷材料可分为普通陶瓷、工程陶瓷和金属陶瓷三大类。

(1) 普通陶瓷。是以黏土、长石、石英等天然硅酸盐矿物为原料制成的陶瓷。又称为传统陶瓷。

(2) 工程陶瓷。是采用高纯度的人工合成原料(如氧化物、氮化物、碳化物、硅化物、硼化物等)制成的具有各种独特的物理、化学或力学性能的陶瓷，又称现代陶瓷或先进陶瓷。

(3) 金属陶瓷。是由金属和陶瓷组成的非均质复合材料。

常用工业陶瓷的种类、性能及用途如表 5-2 所示。

表 5-2 常用工业陶瓷的种类、性能及用途

种类		特性	用途
普通陶瓷		质地坚硬,不氧化生锈,绝缘性、耐蚀性及加工成形性好,但其结构疏松,含杂质较多,强度较低,耐高温性不及工程陶瓷(只能承受 1 200 ℃高温)	除用作日用陶瓷外,工业上常用作电工绝缘陶瓷、建筑卫生陶瓷及化工耐酸陶瓷
工程陶瓷	氧化铝陶瓷	具有很高的硬度,能在 1 600 ℃左右长期使用,并具有较高的强度、高温强度和耐磨性以及良好的绝缘性和化学稳定性	广泛用于制造高速切削刀具、量规、拉丝模、高温炉零件、空压机泵零件、内燃机火花塞及真空材料和绝热材料等
	氧化铍陶瓷	导热性好,热稳定性高,硬度极高,并特有消散高能辐射的能力	主要用于制造熔化坩埚、晶体管散热片、真空设备、集成电路基片、激光管等,还用于原子反应堆装置中作阻滞剂
	氧化锆陶瓷	呈弱酸性或惰性,耐侵蚀,耐高温,导热系数小,但热膨胀系数较高,抗热震性差	主要用作坩埚、高温加热炉和反应堆的隔热材料及金属表面的防护涂层等
	碳化硅陶瓷	具有很高的硬度和高温强度及热传导能力,较好的热稳定性、耐磨性、耐蚀性和抗蠕变性	用来制造工作温度高于 1 500 ℃的零件,如火箭尾喷管、热电偶套管、高温电炉零件等,还可作砂轮、磨料等耐磨材料
	氮化硅陶瓷	硬度高、摩擦系数小,耐磨性良好,而且化学稳定性高,能抵抗各种酸、碱和熔融金属的侵蚀(除氢氟酸外),绝缘性优异	用于制造各种泵的密封环、热电偶套管、切削刀具、高温轴承等
	氮化硼陶瓷	六方氮化硼能耐高温,并有自润滑性;立方氮化硼具有仅次于金刚石的极高硬度	六方氮化硼常用作耐高温、耐腐蚀的润滑剂以及耐热涂料等;立方氮化硼主要用作磨料,制造精密磨轮、刀具等
金属陶瓷	氧化铝基金属陶瓷	高的热硬性和高温强度,抗氧化性良好,与被加工金属材料的黏着倾向小,可提高加工精度、降低表面粗糙度,但韧性差、热稳定性较低	主要用作工具材料,如刃具、模具、喷嘴、密封环等
	碳化物基金属陶瓷	又称为硬质合金。虽硬度、耐磨性略低于氧化物基金属陶瓷,但强度和韧性大大提高	用作各类加工工具、表面耐磨材料等

5.3.2 陶瓷的成形加工

陶瓷的成形加工过程一般包括坯料的制备、制品的成形和制品的干燥与烧制三道工序。

1. 坯料的制备

工程陶瓷坯料是用黏土、石英、长石等天然原料,经过拣选、破碎、配料、混合、磨细等工序,制成泥团状、浆状、粉状等坯料,为成形作准备。

工程陶瓷和金属陶瓷的坯料制备工序也基本如此,只是一般都采用人工合成的化学原料,

对原料的纯度、粒度和分布都有严格的要求,在制备过程中,要加强对化学成分和物理性能的检测与控制,严防有害杂质的混入。

2. 制品的成形

陶瓷制品的成形方法主要有可塑成形、注浆成形和压制成形及固体成形等。

(1) 可塑成形。是采用手工或机械的方法对具有可塑性的坯料泥团施加压力,使其发生塑性变形而制成生坯的方法。常用的可塑成形方法有挤压、滚压、旋压、雕塑及印坯等。

图 5-8 为旋压成形的示意图。将制备好的坯料泥团放在石膏模型上,两者共同旋转,再慢慢放下样板刀,依靠样板刀的压力将泥料均匀分布在模型表面上,并刮除多余的泥料。显然,样板刀口的工作弧线形状与模型工作面的形状构成了坯件的内外表面,而样板刀口与模型工作面的距离即为坯件的胎厚。旋压成形的优点是设备简单,适应性强,可旋制大型深孔的制品。但成形质量较差,生产率低,劳动强度大。

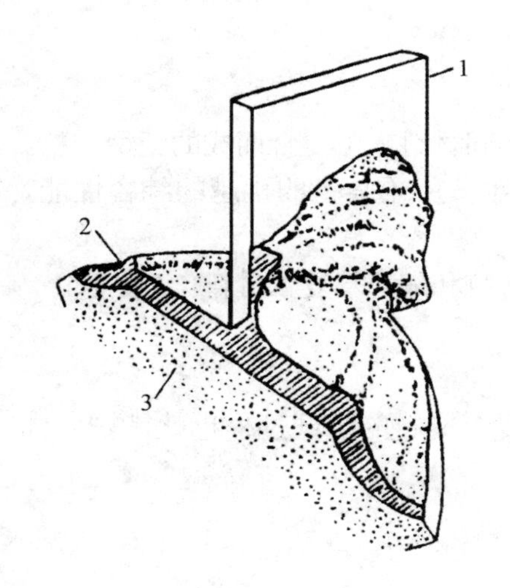

图 5-8 旋压成形示意图
1—样板刀;2—泥坯;3—石膏模型

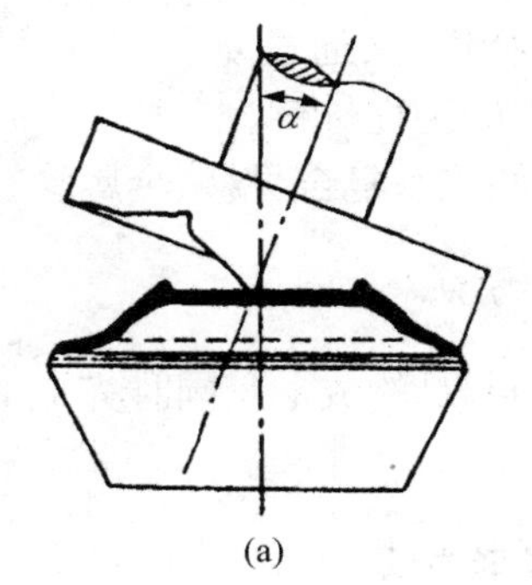

图 5-9 陶瓷的滚压成形
(a) 阳模滚压 (b) 阴模滚压

图 5-9 为滚压成形的示意图。成形时,盛放泥料的模型和回转型的滚压头分别绕自身轴线以一定的速度同方向旋转,同时滚压头向模型靠近,对坯料进行滚压使其成形。滚压成形易于实现机械化操作,故生产率高,滚压后的坯件组织致密、强度大,不易变形,表面质量好。

总之,可塑成形的操作简单,但制品精度不高。主要用于民用陶瓷器皿的生产,工业上用于陶瓷管、棒或型材的成形,如热电偶保护套管、高温炉管等。

(2) 注浆成形。是将制备好的坯料泥浆注入多孔性模具内(石膏模或金属模),形成特定厚度的坯体后再倒出多余的浆料,待注件干燥收缩后修坯脱模获取制件的方法。

由于泥浆坯料的流动性大大好于泥团坯料,故此方法主要用于制造形状复杂但精度要求不高的普通陶瓷制品。近年来,在传统注浆成形的基础上,改良出压力注浆、真空注浆、离心注浆等新方法,对提高注件质量、减轻劳动强度、提高生产率起到了积极有效的作用。

(3) 压制成形。是将含有极少水分的粉状坯料放在金属模具内压制成致密生坯的成形方法。

压制成形的过程简单,制品形状尺寸准确,便于实现机械化。是工程陶瓷和金属陶瓷的主要成形方法。

(4) 固体成形。是先将粉料制成一定强度的块料或经过预烧制成有一定强度的坯料,然后再进行车、铣、刨、钻等加工成形的方法。

3. 制品的干燥与烧制

制品成形后含有较高的水分,强度较低,在运输和再加工过程中容易变形或破损,所以必须进行干燥后再进行烧制。常用的干燥方法有热空气干燥、辐射干燥、高频电干燥、微波干燥、红外线干燥等。

干燥后的型坯将送入窑炉内进行高温焙烧,通过一系列的物理和化学变化使其成瓷,并具有较高的强度和一定的致密度。普通陶瓷的焙烧温度一般为 1 250~1 450 ℃左右,工程陶瓷和金属陶瓷的焙烧温度在 1 450 ℃以上,有时甚至高达 2 000 ℃以上。

5.4 复合材料的成形

复合材料是由有机高分子、无机非金属或金属等几类不同材料人工复合而成的新型材料。它既保留原组成材料的主要特性,又通过复合效应获得原组分所不具备的优越的综合性能。复合材料是 21 世纪极具潜力的工程材料。

常用的复合材料主要有树脂基复合材料、金属基复合材料和陶瓷基复合材料。

5.4.1 复合材料的成形方法

通常,复合材料的制备与制品的成形是同时完成的。复合材料的生产过程也就是复合材料制品的生产过程。

1. 树脂基复合材料的成形方法

树脂基复合材料的成形方法很多,除了采用注射、压制、浇铸、挤出等类似于塑料成形的方法外,常用的主要有手糊成形法、喷射成形法、纤维缠绕成形法等。

(1) 手糊成形法。是将加入固化剂的树脂混合料均匀涂刷在涂有脱模剂的模腔表面,再将按规定形状和尺寸裁剪好的纤维增强织物直接铺设在塑胶层上,用刮刀、毛刷或压辊推压使树脂胶液均匀地浸入织物,并排除气泡,随后再涂刷树脂液、再铺设纤维织物,如此循环往复,直至达到规定的厚度;最后固化、脱模、修整,获得制件的方法。

此种方法的最大优点是操作灵活,制品尺寸和形状不受限制。但生产效率低、劳动强度大,制品质量和性能不稳定。主要适用于多品种、小批量生产精度要求不高的制品,如玻璃钢遮阳棚、玻璃钢瓦片等。

(2) 喷射成形法(见图 5-10)。是将装有引发剂的树脂和装有促进剂的树脂分装在两个罐中,由液压泵或压缩空气按比例输送到喷枪内进行雾化,同时与短切纤维混合并喷射到模具上;当沉积到一定厚度时,用压辊排气压实,再继续喷射,直到完成坯件制作,最后固化成形的方法。

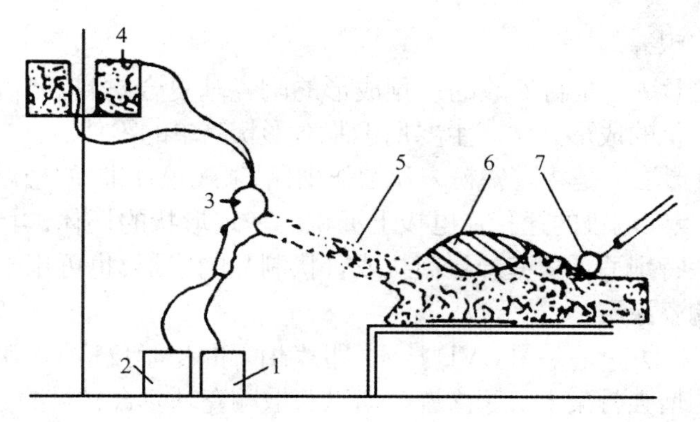

图 5-10　喷射成形示意图

1—固化剂；2—树脂；3—切割器及喷枪；4—纤维料筒；5—复合材料喷射液；6—模具；7—压辊

此方法生产效率高、劳动强度低，节省原材料，制品无搭接缝，整体性好，制件的形状和尺寸不受限制。但场地污染大，制件承载能力低。主要适用于制造船体、浴盆、汽车车身、容器等大型制件。

(3) 纤维缠绕成形法。是将已浸过树脂的纤维丝束或布带，按照一定的规律缠绕到芯模上，然后固化脱模成为制品的方法。

此法生产效率高，制品质量好，易实现机械化自动化。主要用于制造大型旋转体制件，如高压容器、大型管道、锥形雷达罩、火箭筒体等。

2. 金属基复合材料的成形方法

金属基复合材料的成形比树脂基复合材料要困难得多。目前比较常用的成形方法有挤压成形法、旋压成形法、模锻成形法、粉末冶金法、爆炸成形法等。

(1) 挤压成形法。是利用挤压机使短纤维、晶须及颗粒增强复合材料的坯料发生塑性变形，以制取棒材、型材和管材的方法。此法还可制造金属包覆材料，如铜包铝、铝包钢等输电线。

(2) 旋压成形法。是将金属基复合材料的坯料(平板毛坯或预成形件)固定在旋转的芯模上，用旋转轮对毛坯施加压力，得到各种空心薄壁回转体制件的方法。

(3) 模锻成形法。是在压力机或锻锤上利用锻模使金属基复合材料坯锭或坯料发生塑性变形的方法。主要用于批量生产形状复杂的、颗粒或晶须增强的金属基复合材料的零件，如铝基复合材料的火箭发动机端头盖、液压件和接头、连杆、活塞等。特别复杂的还可采用等温模锻或超塑性模锻。

(4) 粉末冶金成形法。是先将金属粉末或预合金粉末和增强相均匀混合，然后压制成锭块或预成形坯，再通过挤压、轧制、锻造等二次加工制成型材或零件的方法。此法是制备金属基复合材料，尤其是非连续纤维增强复合材料的主要工艺方法。

(5) 爆炸成形法。是利用炸药爆炸产生的脉冲高压对材料进行复合成形的方法。通常用于将两层或多层的异种金属板、片、管与增强材料相结合在一起形成复合板材或管材。

3. 陶瓷基复合材料的成形方法

陶瓷基复合材料的成形除采用前述的陶瓷成形方法以外，还可采用热压烧结成形、电泳沉积成形及化学气相沉积等。

(1) 热压烧结成形法。是将松散的或预成形的陶瓷基复合材料混合物置于模具中,并在高温下施压使其致密化的成形方法。主要用于制造形状简单的零件。

(2) 电泳沉积成形法　是将陶瓷粉末和增强相(晶须或短纤维)的悬浮溶液置于直流电场作用下,通过荷电质点向电极的迁移在电极上沉积成一定形状的坯体,再经干燥、烧结后获得产品的方法。此方法特别适于薄壁异形筒状或管状制品的成形,也可用于生产层状复合材料或金属制品的表面陶瓷涂层。

(3) 化学气相沉积法。是采用CVD技术(即气相下的化学反应)在颗粒、纤维、晶须以及其他具有开口气孔的增强骨架上沉积陶瓷基质以获取陶瓷基复合材料的方法。

5.4.2　复合材料的二次加工

大部分复合材料在材料制造时就已直接完成制品的制造,但仍有少部分复合材料是先制成半成品,再经过二次加工获取成品的。复合材料的二次加工主要包括压力加工、机械加工和连接。

1. 复合材料的压力加工

金属基复合材料的坯锭或坯料可以采用模锻、轧制、挤压、冲压、旋压等压力加工工艺获取最终的制品。但由于金属基是延性材料,增强纤维多为脆性材料,加工过程中容易发生材料断裂,故变形量不能太大,同时应适当进行加热。

2. 复合材料的机械加工

复合材料的机械加工可以采用车、铣、钻、锯、抛光等常规机加工方法,但纤维增强复合材料的机械加工过程中会出现一些特殊的困难,如纤维硬脆或坚韧使刀具磨损严重;树脂基柔韧且不导热,使散热困难造成粘刀;层压材料加工时容易分层等。因而,加工复合材料时应选择坚硬的金属合金刀具,控制加工余量,并采取适当的润滑和冷却措施。

(1) 切割。成形后的复合材料板材、管材及棒材等常需按尺寸要求进行切割,可采用机械切割(锯、剪、冲)、砂轮切割、高压水切割、超声波切割、激光切割等。

(2) 铣削与打磨。常采用碳化铣头手动铣或靠模铣对复合材料进行分割、切缝和修整,并用氧化铝或碳化硅的打磨盘打磨配合面或胶接面及毛边。

(3) 钻孔。常采用碳化钨钻头或嵌有金刚石的钻头进行机械钻削或超声波钻削。

3. 复合材料的连接

复合材料的连接可分为机械连接、胶接和焊接三大类。

(1) 机械连接。主要采用螺栓连接、铆钉连接和销钉连接。机械连接的优点是连接强度高、传递载荷可靠、易于分解和重新组合。但必须在复合材料上钻孔,将破坏部分纤维的连续性,并容易引起分层,降低强度。此方法主要适合于受力较大的部件连接,钻孔或装配时应按专门规范进行。

(2) 胶接。用胶粘剂将复合材料制件连接起来的一种方法。胶接的优点是不需要钻孔,可保持复合材料制件的结构完整性,同时避免钻孔引起的应力集中和承载面积减少,成品表面光滑、密封、耐疲劳性能好，成本低廉。但是强度分散性大，可靠性低，容易剥离。一般只适用于载荷较小的部位连接，或与机械连接联合使用。

(3) 焊接。热塑性复合材料和金属基复合材料可采用焊接方法进行连接。通常，热塑性复合材料的焊接不需外加焊料，仅靠加热时复合材料的表面树脂熔融与融合将制件连接在一起。可采用的焊接方法有电阻焊、激光焊、超声波焊、摩擦焊等。金属基复合材料的焊接常采用钎焊或熔化焊。焊接时为防止损伤纤维，通常采用急速加热和冷却。

习　题

5-1　热塑性塑料与热固性塑料的主要区别在哪里？

5-2　塑料的成形方法有哪些？试述各自的应用范围。

5-3　塑料的机械加工与金属材料机械加工有何区别？

5-4　橡胶中除生胶外还要添加哪些物质？它们各自起何种作用？

5-5　橡胶制品的成形方法有哪些？试述各自的应用范围。

5-6　陶瓷材料分为哪几种？其性能优点有哪些？

5-7　陶瓷制品的成形方法有哪些？试述各自的应用范围。

5-8　复合材料有哪几种？如何解决金属基复合材料的基体与纤维的化学不相容性？

第 6 章 快速成形

6.1 概述

20 世纪 80 年代后期发展起来的快速成形(rapid prototyping rapid 简称 RP)技术,被认为是近年来制造技术领域的一次重大突破,其对制造业的影响可与数控技术的出现相媲美。RP 系统综合了 CAD、数控技术、激光技术及材料科学技术等多种机械电子技术,是高科技的有机综合和交叉应用,可以自动、直接、快速、精确地将设计思想物化为具有一定功能的原型或直接制造零件,从而可以对产品设计进行快速评价、修改及功能试验,有效地缩短了产品的研发周期。因此,RP 技术是先进制造技术中的一个重要组成部分。而以 RP 系统为基础发展起来并已成熟的快速模具工装制造(rapid tooling)技术、快速精铸技术(rapid casting)、快速金属粉末烧结技术(rapid powder sintering),则可实现零件的快速成品。

RP 技术具有广泛的应用领域和应用价值,世界上主要先进工业国家的政府部门、企业、高等院校、研究机构纷纷投入巨资对 RP 技术进行研究开发和推广应用。他们无不站在 21 世纪世界制造业全球竞争的战略高度来对待这一技术。总之,当前世界上已形成强劲的 RP 热,发展十分迅猛。

6.1.1 快速原型制造

快速原型制造(RP)技术是由 CAD 模型直接驱动的快速完成任意复杂形状三维实体零件的技术总称。简单地说,将零件的数字模型(如 CAD 模型)按一定方式离散成为可加工的离散面、离散线和离散点,而后采用多种手段,将这些离散的面、线段和点堆积形成零件的整体形状。

先进的 RP 系统,即是与 CAD 集成的快速成形制造系统,属于 CIMS 的目标产品的范畴。由于它直接由计算机数据信息驱动设备进行制造,因此是一种数字化制造。RP 技术,迥异于传统的切削成形(如车、铣、刨、磨)、连接成形(如焊接)或受迫成形(如铸、锻,粉末冶金)等成形方法,而是采用材料累积法制造零件原型。

快速成形技术的重要特征如下:

(1) 高度柔性,可以制造任意复杂形状的三维实体。

(2) 可以制成几何形状任意复杂的零件,而不受传统机械加工方法中刀具无法达到某些型面的限制。

(3) 不需要传统的刀具或工装等生产准备工作。任意复杂零件加工只需在一台设备上完成,因而大大缩短了新产品的开发成本和周期,其加工效率亦远胜于数控加工。

(4) 设备购置投资低于数控机床(如 CNC 加工中心)。

(5) 曲面制造过程中,CAD 数据的转化(分层)可百分之百地全自动完成,而不需像数控切削加工中要高级工程人员进行复杂的人工辅助劳动才能转化为完全的工艺数控代码。

(6) 无需人员干预或较少干预,是一种自动化的成形过程。

(7) 成形全过程的快速性,能适应现代激烈的市场竞争对产品更新换代的需求。

(8) 技术的高度集成性,既是现代科学技术发展的必然产物,也是对现代科学技术发展的综合应用,带有鲜明的高新技术特征。

在信息传递网络化的今天,RP 技术逐渐成为实现数字化制造的热点方案。国际统计资料表明,RP 原型中 1/3 被用来作为可视化的手段,用于评估设计、协助设计模具,沟通设计者与制造商及工程投标,1/3 被用来进行试装配和性能试验,如空气动力学试验、光弹应力分析等,1/4 以上用于协助完成模具制造。

对快速原型制造工艺有多种分类方法,如按照所使用原材料的形态,可以将现有各种快速成形制造工艺分为液态、气态、粉末、片材四类,而根据单元制造机理和所用能量形式的不同也可以将各种快速原型制造分成多种类别,如表 6-1 所示。

表 6-1　快速成形工艺分类

按原材料形态	液态材料	SLA　FDM　SDM　RFP　BPM　SGC　SOUP
	气态材料	SLAD
	粉末材料	SLS　3D-P　LENS
	片状材料	LOM　ShapeMakep
按单元制造	光烧结	SLS
	光诱变	SLA　SGC　SLAD　SOUP
	光切割	LOM
	凝固沉积	FDM　SDM　REF　BPM　LENS
	粘结	3D-P
按能量形式	光化学变化	SLA　SGC　SLAD　SOUP
	供热式	SLS　LOM　FDM　SDM　BPM　LENS
	光热式	REF
	粘结式	3D-P

6.1.2　快速模具制造

快速模具制造(RT)技术是用高新制造技术改造传统技术的成功范例。它包括用硅橡胶、金属粉、环氧树脂粉、低熔点合金等方法将 RP 原型准确复制成模具,这些简易模具的寿命为 50～1 000 件,适宜产品试制阶段。

制造长寿命的钢制模具成熟的工艺是:采用以 RP 原型作母模,翻制由环氧树脂与碳化物构成的整体研磨轮(3D 砂轮),在石墨电极成形机上研磨出整体石墨电极,通过电火花成形制造钢模具。工艺的特点在于 RP 原型及振动研磨法,它免除了 CNC 加工,节约了 CNC 编程及加工时间。一个中等大小,较为复杂的电极一般 4～8 h 即可完成,成形精度也较高。该工艺对制造注塑模、锻模、压铸模等型腔模均较适合。

运用 RP/RT 技术制造模具比传统的数控加工,周期缩短为 1/3～1/10,费用降低为1/3～1/5。由于 RT 的显著经济效益,近年来,工业界对 RT 的研究开发投入日益增加,RT 的收益也有较大的增长。据 SME 统计,几年来,RT 服务的收益年增长率均高于 RP 系统销售,如 1996 年比 1995 年增长 62.7%,而 RP 设备销售额的增长为 42.6%。

6.1.3 快速精铸

快速精铸(RC)是采用快速成形(RP)技术,快速制出熔模铸造、消失模铸造或陶瓷型铸造的模样原型,进行快速精铸的。RP 方法可以提供蜡芯原型(FDM 法、SLS 法)以及几乎可完全汽化的光敏树脂原型,故可用熔模铸造或消失模铸造,铸出精密铸件。用陶瓷型铸造工艺,可铸出粗糙度达 6.4 μm 的精密铸件。直接用 RP 工艺制造出压制蜡芯的树脂模具,可以很经济地铸造出小批量铸件。为了减少消失模铸造产生的过多气体,RP 原型可制成中空结构,中空部分还可以加以蜂窝状支撑,以增强 RP 原型刚度。由于 RP 原型上附加冷却管道等结构非常方便,因此 RP 原型甚至可以直接作为注塑模,制造出少量塑料件,以供产品开发阶段使用。

RP 与 RC 相结合,为产品开发期的金属件需求提供了快速响应技术。尤其对航天、航空、兵器等领域的复杂形状零件非常适用。

6.1.4 快速逆向工程

目前,尽管已经出现了如 UG、Pro/E、I-Deas、Solid Works 等许多成功的三维 CAD 商用软件,但运用这些软件建立一个复杂的零件模型,还是相当费时的。尤其对于只提供实物,要求由实物制造模具或在实物的基础上改进设计往往格外困难。快速检测及三维 CAD 重构技术提供了由实物直接获得 CAD 模型的途径。检测方法有三种:

(1) CMM(三坐标测量仪)。这种方法检测精度高,但速度较慢,有时还必须事先知道曲面形状,以编制 CNC 检测程序。

(2) 光学扫描法。采用激光或自然光,对需反求的型面进行光学扫描,用 CCD 传感器摄像,获得海量数据(点云)。该方法的测量精度可达 0.01 mm/m,测量效率极高,目前被汽车工业和模具制造业广泛采用,作为自由曲面的数据采集方法。该方法的缺点是有光学死点,无法扫描被测件的内表面,测量精度也没有接触式测量仪高。

(3) 层切法。这是 RP 生长成形的逆过程。它用充填剂将零件内外封装起来,用铣刀一层层铣出截面来。CCD 摄像获得截层数据,精度可达到 0.02 mm,可以满足工程精度要求。

有了测量数据,还需要三维重构软件来建立 CAD 模型。三维重构软件的功能是精化测量数据,找出曲面的交界点及特征点,使数据与 CAD 软件合理匹配。最后通过调用 CAD 软件,自动获得 CAD 模型。

用这一技术输入复杂零件的设计信息比人工利用 CAD 软件输入要快得多,一般较复杂的中小零件,几个小时即可完成,而 CAD 软件人工输入往往要数天才能完成,同时也大大降低了对人员的技术水平要求。

6.2 快速成形技术的基本过程

6.2.1 RP 技术的工艺过程

快速成形技术的基本工艺过程如下。

(1) 由 CAD 软件设计出所需零件的计算机三维曲面或实体模型。

(2) 将三维模型沿一定方向(通常为 Z 向)离散成一系列有序的二维层片(习惯称为分层 slicing)。

(3) 根据每层轮廓信息,进行工艺规划,选择加工参数,自动生成数控代码。

(4) 成形机制造一系列层片并自动将它们连接起来,得到三维物理实体。

快速成形工艺过程的框图如图 6-1 所示。

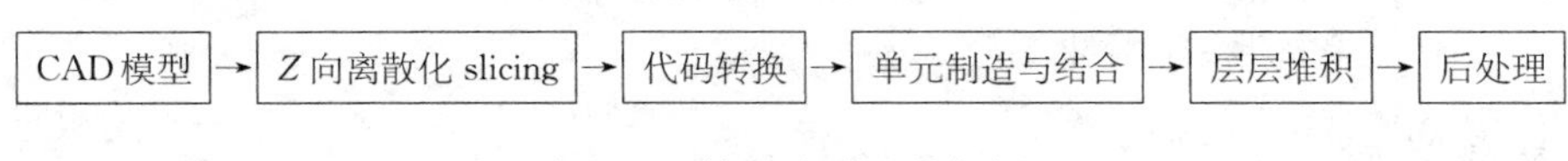

图 6-1　快速成形工艺框图

这样将一个物理实体的复杂三维加工离散成一系列层片的加工,大大降低了加工难度,且成形过程的难度与待成形的物理实体形状和结构的复杂程度无关。

6.2.2　RP 技术的功能

RP 技术是 CAD 模型直接驱动,快速地制造出复杂的三维实体。它与 NC 机床的主要区别在于高度柔性。无论是数控机床还是加工中心,都是针对某一类型零件而设计的。如车削加工中心、铣削加工中心等。对于不同的零件需要不同的装夹,采用不同的工具。虽然它们的柔性非常高,可以生产批量只有几十件、甚至几件的零件,而不增加附加成本。但它们不能单独使用,需要先将材料制成毛坯。而 RP 技术具有最高的柔性,对于任何尺寸不超过成形范围的零件,无需任何专用工具就可以快速方便地制造出它的模型(原型)。从制造模型的角度,RP 具有 NC 机床无法比拟的优点,即快速方便、高度柔性。

尽管零件的模型或原型只反映出最终零件的几何特性,不能反映出全部的力学性能,但 RP 技术还是受到了极大的欢迎。德国奔驰公司的 Werner Pollman 博士在 IMS 快速产品开发国际会议上讲:“购买一辆车,首先考虑的是它的客观印象,然后是它的技术特性,如马力、安全设备等。像噪音、操作性能和款式等特性是作出购买决定的重要因素。但这些特性只有通过物理原型来评价。因此高质量的功能原型在产品开发中是重要的方面,不能被数字模型和分析所取代。”

在美国福特汽车公司,RP 技术被用于为多种目的制造模型。

(1) 设计者和工程师可以拿着他们设计概念的实物模型进行早期的观察、验证,反复改进和优化。

(2) 模型作为并行工程的联系工具。

(3) 用于零部件的加工和配合测试。

(4) 用于市场研究,作为测试样品,研究消费者的偏好。

(5) 帮助制定生产规划,决定工具夹具的需求。

(6) 帮助设计包装衬板。

(7) 制造出金属原型。

(8) 用 rapid cast 方法直接从 SLA 原型制造出成对的凸凹模具,这些模具可用于注塑成形,加工出最终使用的零件。

从上述例子可以看到快速制造零件原型,将 CAD 的数字模型快速转换成实体模型的 RP 技术已被人们所接受,并受到产业界的广泛欢迎。

6.3 几种常用 RP 技术的工艺原理

RP 技术及其系统有许多不同的形式和原理,但每种 RP 设备及其操作原理都是基于逐层制造即逐层累加或逐层减去的过程。所谓逐层累加法,是随着制作过程的进行,形成一层新的材料,同时将形成的新材料层附着在前一层上。而逐层减去法,则是在一开始时便将整层首先粘着在上一层中,然后切除非零件部分。

6.3.1 立体光固化

立体光固化(SLA)工艺也称光造型或立体光刻,由美国的 C. Hall 于 1986 年研究成功,1987 年获美国专利。1988 年美国 3D System 公司推出世界上第一台 RP 商品化样机 SLA—1, SLA 各种类型成形机占据着 RP 设备市场的较大份额。西安交通大学已有成熟产品推出。

SLA 技术是基于液态光敏树脂的光固化原理上工作的。这种液态材料在一定波长和强度的紫外光(如 $\lambda=325$nm)的照射下能迅速发生光反应,分子量急剧增大,材料也就从液态转变成固态。

如图 6-2 所示,液缸中盛满液态光固化树脂,激光束在偏转镜作用下,在液态表面上扫描,扫描的轨迹及光线的有无均由计算机控制,光点打到的地方,液体就固化。成形开始时,工作平台位于液面以下一个确定的深度,聚焦后的光斑在液面上按计算机的指令逐点扫描,即逐点固化。当一层扫描完成后,未被照射的地方仍是液态树脂。然后升降台带动平台下降一层高度,已成形的层面上又布满一层树脂,刮平器将黏度较大的树脂液面刮平,然后再进行下一层的扫描,新固化的一层牢固地粘在前一层上,如此重复直到整个零件制造完毕,得到一个三维实体模型。

SLA 方法是目前应用最广泛、研究最深入、零件精度和表面质量比较高(精度达 0.1 mm)而且稳定的 RP 工艺。但这种方法也有自身的局限性,比如需要支撑、树脂收缩导致精度下降、光固化树脂有一定的毒性等。

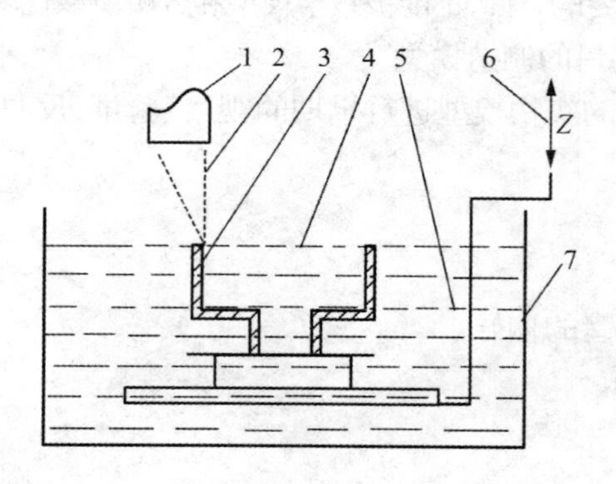

图 6-2　立体光固化工作原理图

1—激光器;2—激光束;3—已成形部分;4—液面;5—树脂;6—升降台;7—液缸

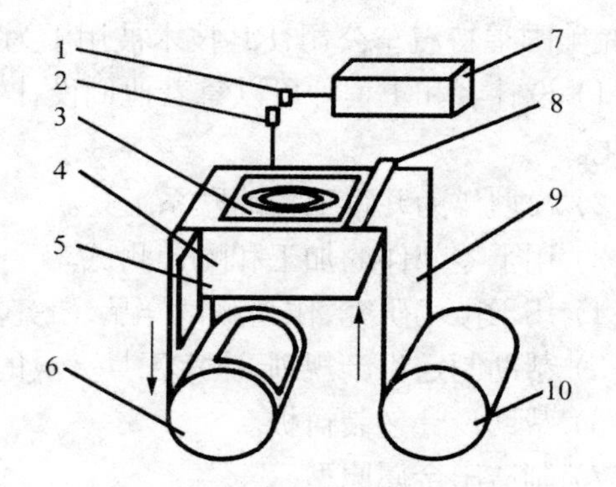

图 6-3　LOM 成形原理示意图

1—反光镜;2—x-y 扫描振镜;3—切割轮廓;4—已堆积零件;5—工作台;6—回收纸卷;7—激光器;8—热压辊;9—片材;10—供料纸卷

6.3.2　分层实体制造

分层实体制造(LOM)工艺亦称分层实体制造或叠层实体制造，由美国 Helisys 公司的 Michael Feygin 于 1986 年研制成功。华中科技大学早已有成熟产品推出。

LOM 工艺采用薄片材料，如纸、塑料薄膜等，工作原理如图 6-3 所示。片材一面事先涂覆上一层热熔胶。加工时，热压辊热压片材，使之与下面已成形的工件粘接；用 CO_2 激光器在刚粘接的新层上切割出零件截面轮廓和工件外框，并在截面轮廓与外框之间多余的区域内切割出上下对齐的网格；激光切割完成后，工作台带动已成形的工件下降，与带状片材(料带)分离；供料机构转动收料轴和供料轴，带动料带移动，使新层移到加工区域；工作台上升到加工平面；热压辊热压，工件的层数增加一层，高度增加一个料厚；再在新层上切割截面轮廓。如此反复直至零件的所有截面粘接、切割完，得到分层制造的实体零件。

LOM 工艺只须在片材上切割出零件截面的轮廓，而不用扫描整个截面。因此成形厚壁零件的速度较快，易于制造大型零件。工艺过程中不存在材料相变，因此不易引起翘曲变形，零件的精度较高(公差小于 0.15 mm)。工件外框与截面轮廓之间的多余材料在加工中起到了支撑作用，所以 LOM 工艺无需加支撑。但 LOM 工艺后处理时间长，纸质片材易受潮变形，不易久放。

6.3.3　选择性激光烧结

选择性激光烧结(SLS)工艺称为选择性激光烧结，由美国得克萨斯大学奥斯汀分校的 C. R. Dechard 于 1989 年研制成功。该方法已被美国 DTM 公司商品化。华北工学院已有成熟产品推出。

SLS 工艺是利用粉末状材料成形的。将材料粉末铺洒在已成形零件的上表面，并刮平；用高强度的 CO_2 激光器在刚铺的新层上扫描出零件截面；材料粉末在高强度的激光照射下被烧结在一起，得到零件的截面，并与下面已成形的部分连接；当一层截面烧结完后，铺上新的一层材料粉末，继续选择性烧结下一层截面，如图 6-4 所示。

SLS 工艺的特点是材料适应面广，不仅能制造塑料零件，还能制造陶瓷、蜡等材料的零件。特别是可以制造金属零件。这使 SLS 工艺颇具吸引力。SLS 工艺无需加支撑，因为没有烧结的粉末起到了支撑的作用。

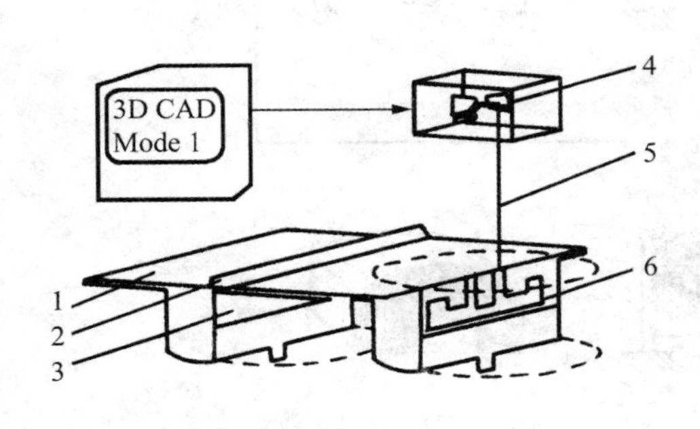

图 6-4　SLS 成形原理示意图

1—布料平台；2—布料辊；3—贮料缸；4—转镜；5—激光束；6—已烧结零件

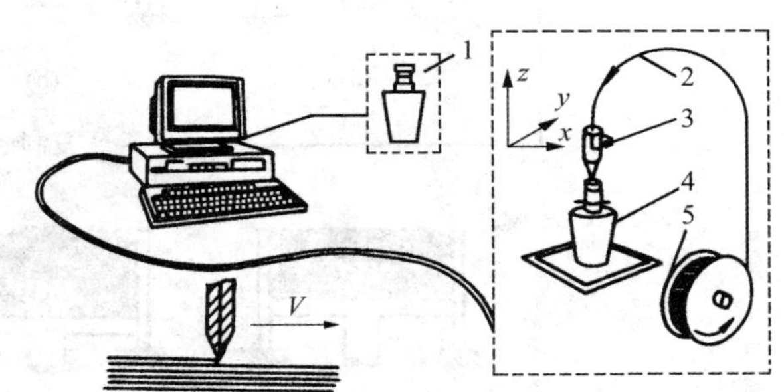

图 6-5　FDM 成形示意图

1—模型；2—丝；3—喷头；4—原型；5—丝轮

6.3.4 熔融沉积成形

熔融沉积成形(FDM)工艺由美国学者 Dr. Scott Crump 于 1988 年研制成功,并由美国 Stratasys 公司推出商品化的 FDM 系列产品。清华大学已有成熟产品推出。

FDM 的材料一般是热塑性材料,如蜡、ABS、尼龙等,以丝状供料。材料在喷头内被加热熔化。喷头沿零件截面轮廓和填充轨迹运动,同时将熔化的材料挤出;材料迅速凝固,并与周围的材料凝结(见图 6-5)。

FDM 工艺不用激光器件,因此使用、维护简单,成本较低。用蜡成形的零件原型,可以直接用于熔模铸造。用 ABS 制造的原型因具有较高强度而在产品设计、测试与评估等方面得到广泛应用。由于以 FDM 工艺为代表的熔融材料堆积成形工艺具有一些显著优点,该类工艺发展极为迅速。

6.3.5 三维打印

三维打印(3D-P)工艺是美国麻省理工学院 Emanual Sachs 等人研制的。已被美国的 Soligen 公司以 DSPC (direct shell production casting)名义商品化,用以制造铸造用的陶瓷壳体和型芯。3D-P 工艺与 SLS 工艺类似,采用粉末材料成形,如陶瓷粉末、金属粉末。所不同的是材料粉末不是通过烧结连接起来的,而是通过喷头用黏接剂(如硅胶)将零件的截面"印刷"在材料粉末上面,如图 6-6 所示。用黏接剂黏接的零件强度较低,还须后处理。先烧掉黏接剂,然后在高温下渗入金属,使零件致密化,提高强度。

3D 系统等公司开始探索全新的材料。经过无数次的试验、他们掌握了纳米复合材料、不同配比的塑料和不同配比的金属粉末。三维打印的产品不再是模型,完全可以用作实际的机器部件。

三维打印行业从只是辅助原型设计(这只是快速设计制造中的一项功能),演变成制造业的新策略——直接数字化制造 DDM。能通过这种方法制造的行业,已经不胜列举:宇航、汽车、飞机、医疗、康复,甚至建筑、食品……

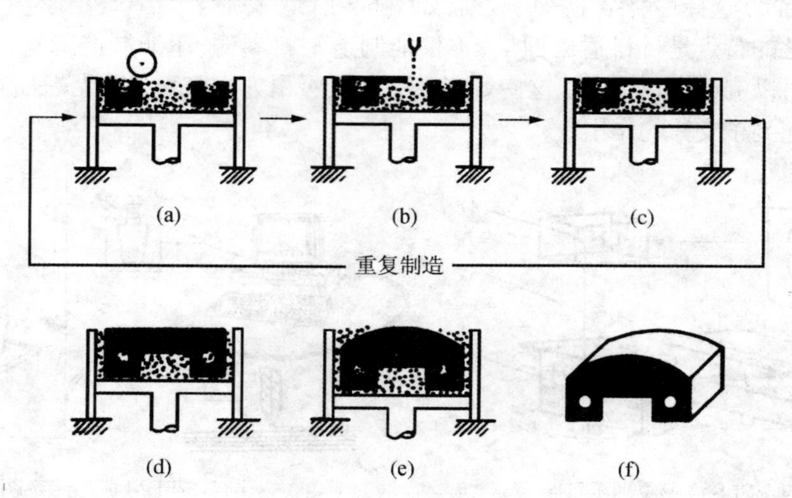

图 6-6 3D-P 成形示意图

(a) 布料 (b) 层黏接 (c) 活塞下降 (d) 中间层制造 (e) 层黏接制造 (f) 最终零件

2013年5月,首届世界3D打印技术产业大会在北京举行,世界3D打印技术产业联盟同期成立。来自美国、德国和世界3D打印行业的600多位嘉宾就3D打印技术产业化过程中的热点难点问题展开深入讨论,并发表了2013世界3D打印技术产业发展(北京)宣言。3D打印技术受到世人注目,将得到快速发展。

6.3.6 形状沉积快速成形

形状沉积快速成形(SDM)是去除加工与分层堆积加工相结合的一种新型快速原型制造工艺,因而综合了两种零件成形的优点,既可以制造金属零件,具有较高的成形精度(由切削加工保证),又基本突破了零件复杂程度限制,而且与其他快速成形工艺一样,由CAD模型直接驱动,无需编程。其层层加工原理是:喷头喷出的熔化材料沉积到成形表面上冷却凝固,点点堆积获得层面,然后利用五轴数控加工设备精确地加工新获得的层面(包括轮廓形状和层面厚度)并进行喷丸去应力处理,使其具有较高的精度和较小的内应力,如图6-7所示。成形材料包括金属和各种塑料。

除此之外,近几年还出现了热塑性材料选择性喷洒、变长线扫描SLS RPT、高功率激光二极管线阵能量源SLS RPT。

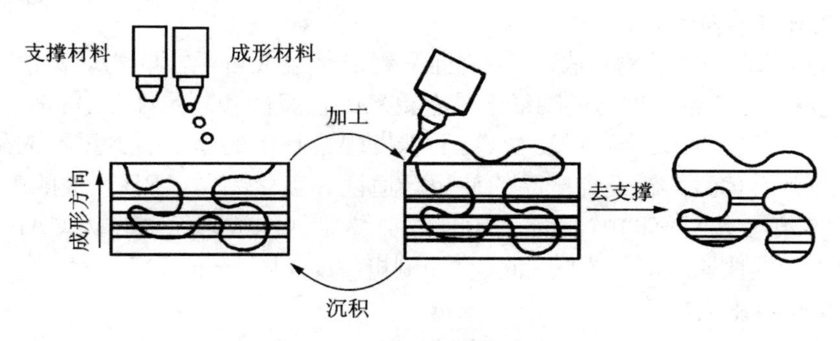

图6-7 SDM成形原理示意图

6.4 RP技术的应用领域

由于快速成形技术的特点,它一经出现即得到了广泛应用。目前已广泛应用于航空航天、汽车、机械、电子、电器、医学、建筑、玩具、工艺品等许多领域,取得了很大成果。

1. 医学

熔融沉积快速成形在医学上具有极大的应用前景。根据CT或MRI的数据,应用熔融沉积快速成形的方法可以快速制造人体的骨骼(如颅骨、牙齿)和软组织(如肾)等模型,并且不同部位采用不同颜色的材料成形,病变组织可以用醒目颜色。这些人体的器官模型对于帮助医生进行病情诊断和确定治疗方案极为有利,受到医学界的极大重视。

在康复工程上,采用熔融沉积快速成形的方法制造人体假肢具有最快的成形速度,假肢和肌体的结合部位能够做到最大程度的吻合,减轻了假肢使用者的痛苦。

2. 试验分析模型

快速成形技术还可以应用在计算分析与试验模型上。例如,对有限元分析的结果可以做出实物模型,从而帮助了解分析对象的实际变形情况。

另外,凡是涉及到空气动力学或流体力学实验的各种流线型设计均需做风洞等试验,如飞行器、船舶、高速车辆的设计等,采用 RP 原型可严格地按照原设计将模型迅速地制造出来进行测试。对各种具有复杂的空间曲面的设计更能体现 RP 的特点。

3. 建筑行业

模型设计和制造是建筑设计中必不可少的环节,采用 RP 技术可快速准确地将模型制造出来。

此外,RP 技术也逐步应用于考古和三维地图的设计制作等方面;RP 技术在艺术品领域使用也大大加快了艺术家的创作速度。

4. 工程上的应用

1) 产品设计评估与校审

RP 技术将 CAD 的设计构想快速、精确而又经济地生成可触摸的物理实体,显然比将三维的几何造型展示于二维的屏幕或图纸上具有更高的直观性和启示性,正可谓"一图值千言,一物值千图"。因此,设计人员可以更快、更易地发现设计中的错误。更重要的是,对成品而言,设计人员可及时体验其新设计产品的使用舒适性和美学品质。RP 生成的模型亦是设计部门与非技术部门交流更好的中介物。因此,国外常把快速成形系统作为 CAD 系统的外围设备,并称桌上型的快速成形机为"三维实体印刷机(3D solid printer)"。

2) 产品工程功能试验

在 RP 系统中使用新型光敏树脂材料制成的产品零件原型具有足够的强度,可用于传热、流体力学试验,用某些特殊光敏固化材料制成的模型还具有光弹特性,可用于产品受载应力应变的实验分析。例如,美国 GM 在为其 1997 年将推出的某车型开发中,直接使用 RP 生成的模型进行其车内空调系统、冷却循环系统及冬用加热取暖系统的传热学试验,较之以往的同类试验节省费用 40%以上。Chrysler 则直接利用 RP 制造的车体原型进行高速风洞流体动力学试验,节省成本达 70%。

3) 与客户或订购商的交流手段

在国外,RP 原型成为某些制造厂家争夺订单的手段。例如位于 Detroit 的一家仅组建两年的制造商,由于装备了两台不同型号的快速成形机及以此为基础的快速精铸技术,仅在接到 Ford 公司标书后的 4 个工作日内便生产出了第一个功能样件,从而在众多的竞争者中夺到了为 Ford 公司生产年总产值达 300 万美元发动机缸盖精铸件的合同;另一方面,客户总是更乐意对着实物原型"评头论足",提出其对产品的修改意见。因此,RP 模型是设计制造商就其产品与客户交流沟通的最佳手段。

4) 快速模具制造

以 RP 生成的实体模型作模心或模套,结合精铸、粉末烧结或电极研磨等技术可以快速制造出企业生产所需要的功能模具或工装设备,其制造周期较之传统的数控切削方法可缩短30%～40%以上，而成本却下降35%～70%。模具的几何复杂程度越高，这种效益越显著。据一家位于美国Chicago的模具供应商(仅有20名员工)声称，其车间在接到客户CAD设计文件后1周内可提供任意复杂的注塑模具，而实际上80%模具则可在24～48 h内完工。

5）快速直接制造

快速成形技术利用材料累加法亦可用来制造塑料、陶瓷、金属及各种复合材料零件。

5. 快速成形的发展

由于RP技术给工业界带来巨大的效益，因而，它被誉为近几十年来工业界的一项重大(革命性与突破性)的科技发展。1992年以前全世界总共装机为300台，而到2002年世界装机为10000台，分布于六大洲的40多个国家，这期间几乎以每年50%的速度增长。据不完全统计，到2002年为止，世界上大约有近百家公司和研究单位开发了不同的快速成形系统。目前占主导地位的快速成形技术有4类，它们是：SLA，约占24%；FDM，约占20%；SLS，约占9%；LOM，约占9%。从快速成形应用地区分布来看，大约45%的设备安装在美国和加拿大，28%在亚太地区，而欧洲约占25%。据美国Wohlers Associates咨询公司称，2002年中国的RP设备台数仅次于美国和日本，占据世界第三位。其中60%是由中国自己制造生产的。鉴于这种形势，我国政府在国家科技攻关中，把先进制造技术列为重点资助的领域之一，而先进制造技术中的几项重要内容，如精密成形、CAD推广应用、并行设计和并行工程、敏捷制造、虚拟制造等技术方面都与RP有关，甚至主要以RP作技术支撑。

制造商们逐渐采用RP系统开发复印机、计算机、电话机、飞机部件装配、汽车仪表板、医用诊断设备、制造广泛应用的注射器零件和铸造零件的模型。RP系统犹如一种润滑剂使企业的产品开发工作变得更加流畅。许多公司也用它来缩短开发周期。作为一种可视化的辅助工具，RP系统也有助于企业减少在产品开发中失误的可能性。

习　题

6-1　RP技术的特点有哪些？为什么说它有较强的适应力和生命力？

6-2　请举例说明在测绘制造中如何使用RP技术，采用何种工程原理可使测绘制造速度最快效果最好？

6-3　RP技术与传统的切削成形、受迫成形有何不同之处？

6-4　SLA技术是基于什么原理上工作的，其制造精度如何，制造时是否需要支撑？

6-5　请叙述LOM技术的工作原理，该方法在诸多RP方法中是否先进？

6-6　SLS是利用什么材料成形的，在制作中是否需要支撑？

6-7　FDM是利用什么方法成形的，为何可直接用于熔模铸造？

6-8　3D-P与SLS技术的异同点是什么，为何说它是三维打印？

6-9　为什么说SDM是去除加工与分层堆积加工相结合的新型RP工艺？

第7章 测 量

7.1 测量基础知识

在现代化的工业生产中,处处离不开测量。测量是精细加工和生产过程自动化的基础,没有测量也就没有现代化的制造业。在产品设计和生产过程中,为了检查、监督、控制生产过程和产品质量,必须对生产过程中的各道工序和产品的各种参数进行测量,以便进行在线实时监控。生产水平越是高度发达,测量的规模就越大,需要的测量技术与测量仪器也越先进。

1. 狭义测量的定义

测量是为了确定被测对象的量值而进行的实验过程。在这个过程中,人们借助专门的设备,把被测对象直接或间接地与同类已知单位进行比较,取得用数值和单位共同表示的测量结果。测量结果可表示为:

$$x = \{x\} \cdot x_0 \tag{7-1}$$

式中:x——测量结果;$\{x\}$——测量数值;x_0——测量单位。

测量的基本原理是通过比较来识别被测对象,测量就是比较。比较可采用直接或间接的方法进行,比较通常需要用专门的设备(测量仪器)才能实现。

2. 广义测量的定义

测量是为了获取被测对象的信息而进行的实验过程。在这个过程中,人们借助专门的设备去感知和识别有关的信息,取得关于被测对象的属性和量值的信息,并以便于人们利用的形式表示出来。信息获取的基本原理如图 7-1 所示。

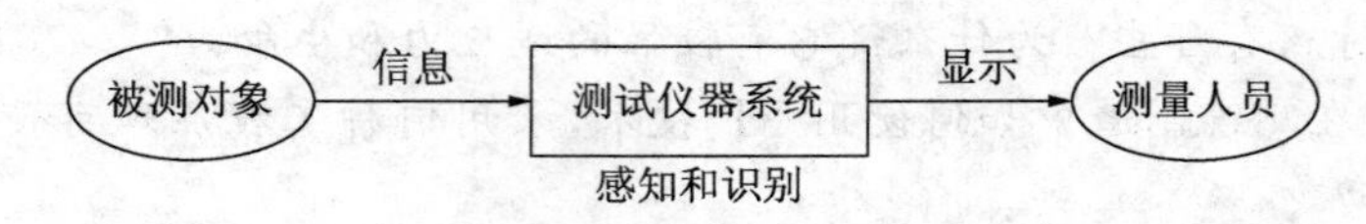

图 7-1 测量的基本原理图

所谓获得某事物的信息,即获得该事物(系统)的运动状态及其变化方式。世间万物,无不在运动。事物运动的状态也总会随着时间的推移依照某种方式发生变化或转移,这就是说,世界随时随地产生着巨量的信息。人们要认识世界,首先必须获取事物的信息。

广义测量原理可以从信息获取过程来说明,即从信息的感知和识别两个环节来说明。

(1) 信息的感知是信息获取的首要环节。信息感知的原理是通过感知系统与产生信息的源事物之间的相互作用,把源事物信息转化为某种物理量形式表现的信号。所以,感知的实质是信息载体的转换,是获取信息的必要前提。

(2) 信息的识别是信息获取的重要环节,还必须识别所感受到的信息是有用的还是无用的

(甚至是有害的)。有用信息识别的基本原理是与标准样板进行比较,判断出信息的属性和数量。

从广义讲,测量不仅对被测的物理量进行定量的测量,而且还包括对更广泛的被测对象进行定性、定位的测量。例如故障诊断、无损探伤、遥感遥测、矿藏勘探、地震源测定、卫星定位等。而测量结果也不仅仅是由量值和单位来表征的一维信息,还可以用二维或多维的图形、图像来显示被测对象的属性特征、空间分布、拓扑结构等。

7.1.1 测量方法

1. 直接测量与间接测量

(1) 直接测量。直接对被测零件进行测量,得出测量值的一种方法。如在天平上用砝码对物体的质量进行比较。

(2) 间接测量。通过对一些相关尺寸的测量再进行计算而得到测量值的测量方法。如通过弹簧秤对物体质量进行比较。

2. 绝对测量和相对测量

(1) 绝对测量。指被测量和标准量直接比较后得到被测量绝对值的测量方法。

(2) 相对测量。指被测量和标准量进行比较后只确定被测量相对于标准量的偏差值。

3. 接触测量和非接触测量

(1) 接触测量。测量装置的测头与被测对象表面发生机械接触的测量。

(2) 非接触测量。测量装置的敏感元件与被测对象表面不直接接触的测量。

4. 静态测量与动态测量

(1) 静态测量。在测量过程中,被测零件与敏感元件处于相对静止状态。

(2) 动态测量。在测量过程中,被测零件与敏感元件处于相对运动状态。

7.1.2 测量误差的来源

1. 测量装置误差

(1) 标准器误差。标准器是提供标准值的器具,如量块、标准量规等。它们自身表现的客观量值之间有差异值,即标准误差。

(2) 仪器误差。测量仪器与标准值之间的差异。

2. 环境误差

环境误差是指由于环境因素造成的误差。如温度、湿度等引起的误差。

3. 人员误差

人员误差是指由于测量人员生理差异和技术不熟练引起的误差。如视差、观测误差、估读误差等。

4. 方法误差

方法误差是指由于测量方法或计算方法不完善引起的误差。

7.1.3 测量方法的选择

由于任何测量方法都存在测量误差，因此合理地选择测量方法是保证产品质量的重要措施。一般按以下几点进行选择。

(1) 应满足被测对象的准确度和精度。

(2) 必须考虑低成本的、容易实现的。

(3) 计量器具应简单可靠、操作方便、容易维护。

(4) 对测量者的技术水平和熟练程度要求尽可能低些。

7.1.4 计量器具的选择

(1) 计量器具的测量范围能够适应被测对象的外形、位置以及被测量零件的大小。

(2) 按被测对象的尺寸精度来选用计量器具。一般是高一等级的计量器具来测量低一等级工件。

(3) 按被测对象的结构特殊性选用计量器具。

如对象的大小、形状、质量、材料、刚性和表面粗糙度等都是选用时的考虑因素。对象的大小确定量具的测量范围。

(4) 被测对象的加工方法、批量和数量等也是选择计量器具时要考虑的因素。

对于单件测量，应以选择通用计量器具为主；成批的测量，应以专用量具、量规和仪器为主，或选用高效率的自动化专用测量器具。

7.2 常用计量器具介绍

7.2.1 游标卡尺的结构、使用方法和读数方法

如图 7-2 所示，游标卡尺主要用来较精确地测量工件的内、外表面及工件的深度、台肩以及高度尺寸。其分度值有 0.1 mm、0.05 mm、0.02 mm 三种。

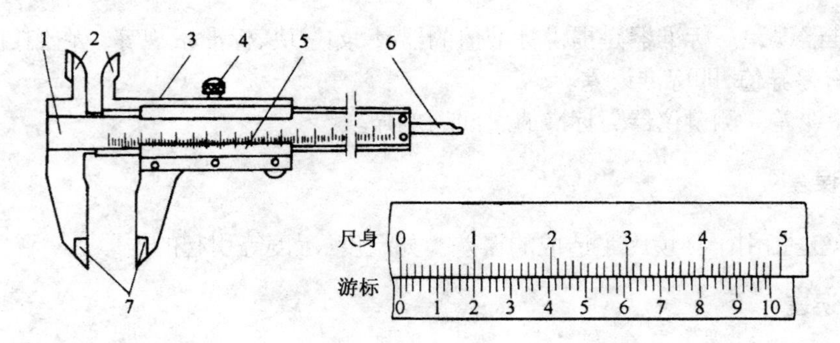

图 7-2 游标卡尺

1—尺身；2—刀口内测量爪；3—尺矩；4—紧固螺钉；5—游标；6—深度尺；7—外测量爪

1. 使用方法

使用游标卡尺前应先检验，将两卡尺量爪靠紧，贴合面应无光隙，尺身与游标应对准零位

线。测量小工件时，用左手拿工件，右手拿卡尺；测大工件时，用左手拿尺身量爪，使其与被测面紧靠，右手使游标量爪靠近另一被测面，使两量爪与两被测面接触，接触的松紧程度要适中。测量孔径时方法同上，方向相反。

测量深度时，用右手大拇指揿住游标操作点，其余四指捏住尺身，将尺身尾端面靠紧被测件的起始面，并使深度尺端头垂直于工件深底接触。

量爪与工件的正确测量位置是关键。测外尺寸时，需将两量爪上下串动，通过摆动尺身，以确定量爪的最小开度，测内尺寸时，固定量爪靠紧被测面不动，用上下左右摆动尺身，并微调游标量爪以确定两量爪的最大开度。

2. 读数方法

以读数值为 0.02 mm 游标卡尺为例，说明游标卡尺的读数方法。尺身上刻度值每格为 1 mm，游标上刻有读数值 0.02 mm，即游标上每格读数为 0.02 mm(游标上直接用数字刻出)。

先读尺身上右边靠近游标零线的整数值，然后找出尺身刻线与游标刻线相对准(或者靠近)的游标线至零线的格数乘以 0.02 即为小数值(从游标上的刻数值直接读出)，将整数值与小数值相加即为实测尺寸。看读数时，两眼要顺着刻线看，不能与刻线产生倾斜。

7.2.2　外径千分尺的结构、使用方法和读数方法

外径千分尺(见图 7-3)主要用来精确测量圆柱体外径和工件外表面长度。其分度值为 0.01 mm。

1. 使用方法

使用前按需复验零位。测量时，左手握住千分尺的隔热装置，将测砧贴住被测工件一面，用右手大拇指和食指轻轻旋转棘轮手柄，当测微螺杆接触另一被测面时，会发生咔咔声，此时应将测微螺杆前后、左右移动，以确定测砧的正确位置。即表示已经到位，停止棘轮旋转，用大拇指扳紧锁紧手柄，然后读数。

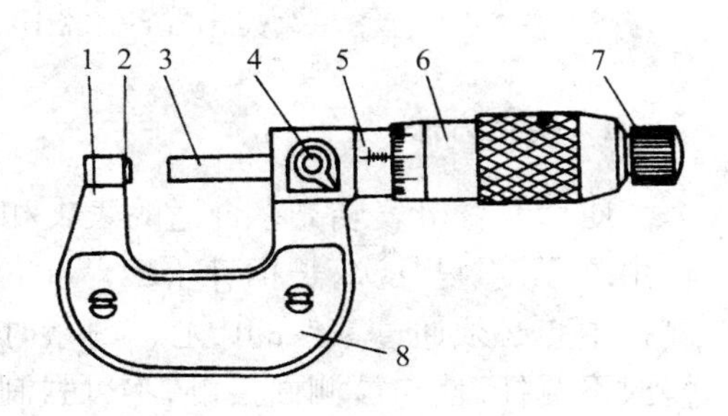

图 7-3　外径千分尺

1—尺身；2—测砧；3—测微丝杆；4—锁紧装置；5—固定套筒；6—微分筒；7—测力装置；8—隔热装置

2. 读数方法

固定套管纵线上、下面刻线值每格 1 mm，但相互错开 0.5 mm，因此可读得毫米整数和半毫米数。微分筒圆周上分 50 格，刻度值每格为 0.01 mm。与套管纵线所对准的刻线即为小数部分值，如纵线对准在两格之间，可近似估计到 μm(微米)值。将套管读数与微分筒读数相加就是工件的测量尺寸(见图 7-4)。

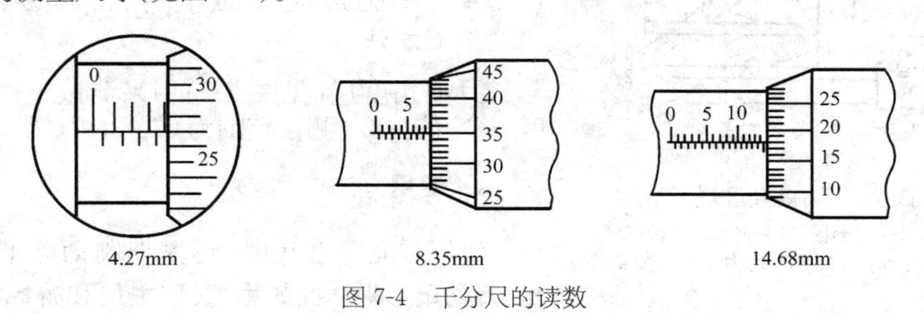

图 7-4　千分尺的读数

7.2.3 百分表和千分表的结构、使用方法和读数方法

百分表和千分表(见图 7-5)用来精确测量零件圆度、圆跳动、平面度和直线度等形位误差。其分度值百分表为 0.01 mm;千分表为 0.001 mm,测量时均需配有专用表夹和表座。

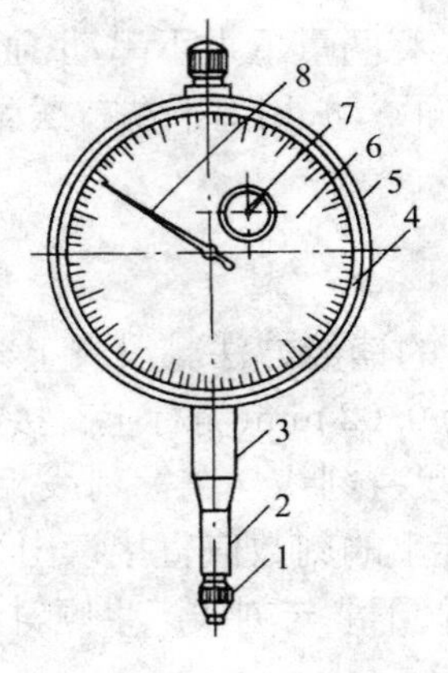

图 7-5 百分表与千分表

1—测头;2—测杆;3—装夹套;4—表座;5—表体;6—刻度盘;7—转数指针;8—长指针

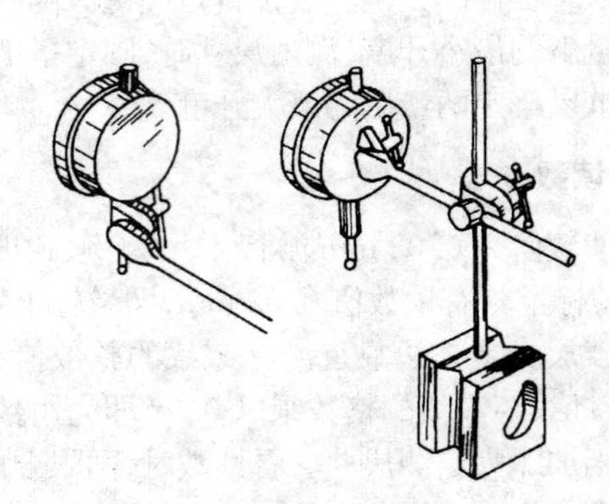

图 7-6 磁性表座与量表的装夹

1. 使用方法

使用前将量表装夹在合适的表夹和表座上(见图 7-6),用手指向上轻抬测头,然后让它自由落下,重复几次,长指针不应产生位移。测平面时,测杆要和被测面垂直;测圆柱体时测杆中心必须通过零件的中心。测量时先将测杆轻提起,把表架或零件移到测量位置后缓慢放下测杆,使与被测面接触,不可强制将测量头推上被测面,然后转动刻度盘使其零件对正长指针,此时要多次重复提起和放下测杆,观察长指针是否都在零位上,在不产生位移情况下,才能进行读数。

2. 读数方法

(1) 百分表。长指针每转一格为 0.01 mm,转数指针每转动一格为 1 mm。

(2) 千分表。长指针每转一格为 0.001 mm,转数指针每转动一格为 1 mm。

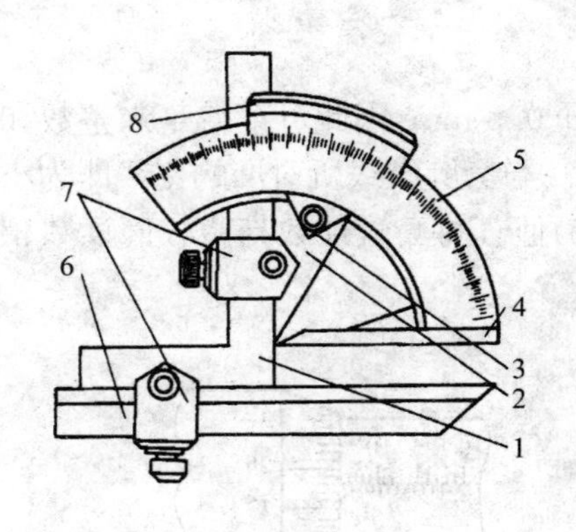

图 7-7 万能角度尺

1—直角尺;2—扇形板;3—制动器;4—基尺;5—主尺;6—直尺;7—卡块;8—游标

7.2.4 万能角度尺的结构、使用方法和读数方法

万能角度尺(见图 7-7)用来测量工件的内外角度,分度值为 2′,测量范围为 0°～360°。

1. 使用方法

使用万能角度尺时,首先把制动器上的螺母拧松,转动扇形板后面的手把,使主尺和游标相对移动,

直到角度尺两个测量面与工作的被测角度面接触、贴合，即可从尺座和游标的刻度线位置读出被测角度。若被测角度大于 90°，则可借用直尺和角尺附件，用变换不同安放位置来进行测量。

2. 读数方法

与游标卡尺读数方法相似，主尺每格为 1°，游标分 30 格，每格分度值为 2′。先读主尺上游标零线的整度值，然后找出主尺刻线与游标刻线相对准(或最靠近)的游标刻线至零线的格数，乘以 2′，即为分数值。整度值与分数值相加，即为测数值(见 7-8)。

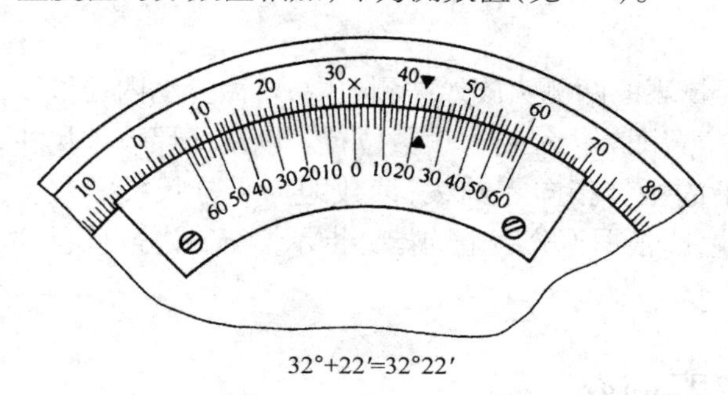

图 7-8　分度 2′的读数法

7.2.5　内径量表的安装、校零、读数及使用

内径量表是精确测量内孔最常用的测量工具之一，它使用相对测量来对孔径进行测量(见图 7-9)。

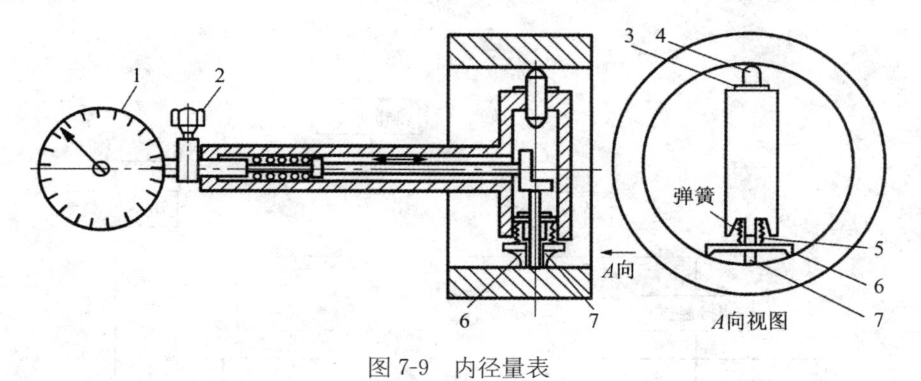

图 7-9　内径量表

1—百分表；2—锁紧螺钉；3—固定螺母；4—固定测头；5—弹簧；6—定位片；7—活动测头

1. 安装

先用游标卡尺对被测孔进行初步测量得到孔的大致尺寸，根据孔径选择测量头，再将测量头旋上固定螺母一起安装在测量杆上。调整固定测头长度，使固定测头至测量杆上的活动测头距离比孔径尺寸大 0.3 mm 左右，拧紧固定螺母。将百分表测头插入测量杆内，观察百分表使百分表小的指针指向 0～1 之间。拧紧测量杆上的锁紧螺钉，使百分表固定在测量杆上。

2. 校零

将千分尺或标准器上的尺寸复制到内径量表上(例如用千分尺校零)。将千分尺刻度值固定在被测孔径尺寸上,再将内径量表两测头放入千分尺内,使两测头的连线垂直于千分尺两测量面,同时注意百分表上的指示情况。轻微晃动内径量表就会发现,只要当内径量表两测头连线垂直于千分尺两测量面时,百分表上的指针始终回复指向同一位置。旋转表头刻度盘,使该位置指针指向零刻线。

3. 读数

将校零完成的内径量表的两测头放入被测孔内,轻微晃动内径量表,百分表上的指针始终回复指向同一位置,该位置即为内径量表读数位置。以千分尺校零尺寸为基本读数,结合百分表读数。如果百分表上的指针指向零刻线,读数即为千分尺校零尺寸。如果百分表上的指针指向零刻线左右位置,即根据百分表上的指针指示情况,按分度值加或减而得到内径量表的准确读数。

7.3 现代测试仪器简介

门捷列夫说过,"没有测量就没有科学"。随着科学技术的不断发展,测量技术与机械加工工艺更紧密地结合起来,通过计算机实现机械加工的全盘自动检测,从而实现质量检测的全盘自动化。数字化测量技术的发展、动态检测的发展,实现了一些参数的连续检测,通过反馈使测量保持在最佳的范围。现代测量技术的发展,使测量和加工统一组成了一个工艺系统的整体。

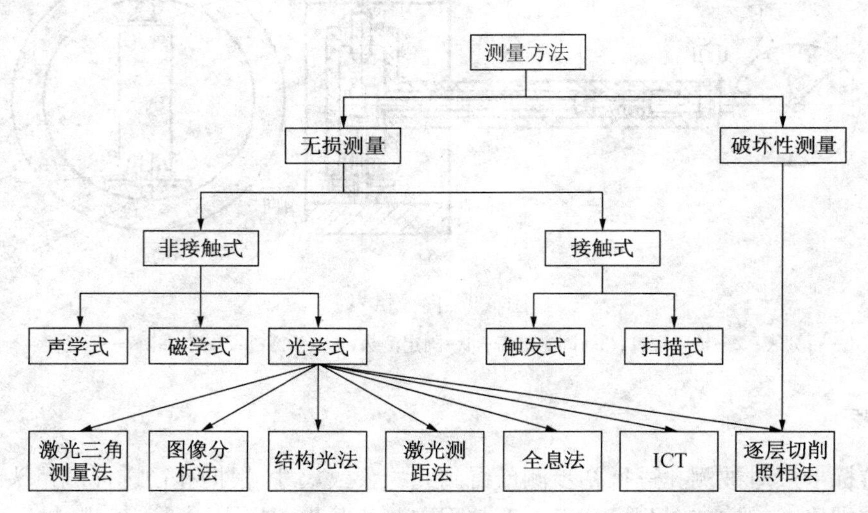

图 7-10 三维测量方法

随着传感技术、控制技术、图像处理和计算机视觉等相关技术的发展,出现了种类繁多的测量方法,一般来说可以分为无损测量和破坏性测量(层切法)两大类,而无损测量又可以分为接触式数据采集和非接触式采集，接触式基于力变形原理分为触发式和连续扫描式。非接触式主要有激光三角测量法、激光测距法、结构光法、图像分析法、全息法、工业 CT(ICT)等。其中，声学式、磁学式、工业 CT、层切法可以对产品的内部结构进行测量。图 7-10 清楚地反映了以上各种测量方法之间的关系。

7.3.1　测高仪

数显测高仪(见图 7-11)运用了高精度的容栅式测量系统，其内置的单片机固化有多种测量模式，使仪器能在垂直方向上完成面与面，点与面，孔中心到面，轴中心到面，孔中心距以及孔径和轴径的测量。当工件置于标准的 90 量块上时，仪器可实现二维数据的测量并能直角坐标与极坐标的转换，坐标变换，节圆直径的测量，二维数据的统计分析等。该仪器特别适合箱体类零件的测量，其特有的价格性能比是各大中小型企业的最佳选择。

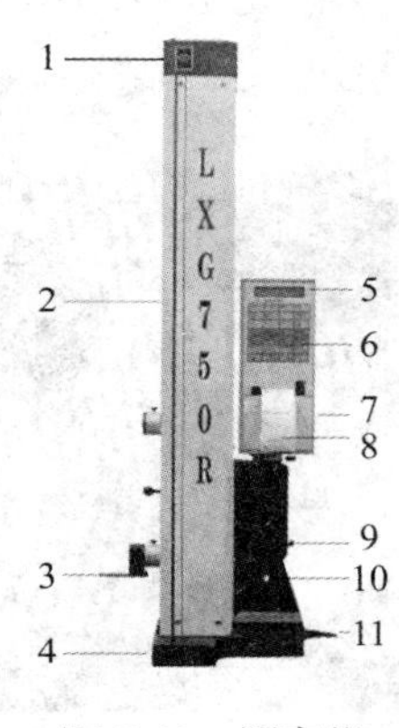

图 7-11　测高仪

1—测力调节；2—测头座；3—测头；4—气垫；5—大屏幕液晶显示；6—触摸开关；7—RS-232 输出；8—打印机；9—驱动开关；10—气动开关；11—电源

图 7-12　三坐标测量仪

7.3.2　三坐标测量仪

三坐标测量仪(见图 7-12)是近几十年来，随着计算机、机床业的飞速发展而产生的一种高效高精度的接触式精密测量仪器。它有机地结合了数字控制技术，利用计算机软件技术，采用先进的位置传感技术和精密机构技术，并使之完美结合。使诸如齿轮、凸轮、涡轮蜗杆等以前需要专用检测设备才能完成的工件，现在可用通用的三坐标测量仪进行数据采集，结合相应测量、评价软件来实现专业的检测、评价。

采用先进传感技术、数字控制技术、计算机软件控制和处理技术，使三坐标测量仪具有很高的数据采集和处理效率；它以精密的机械主体为基础，采用软件控制和补偿技术，再配以高精度的位置传感器，可实现很高的精度。它实现空间坐标点的测量，采用计算机软件来完成产品几何尺寸、形位公差的评价，不同类型的产品只要调整软件即可完成，从而使三坐标测量仪既具有很高的柔性，又具有相应的专用性。

测高仪和三坐标测量仪属于接触式测量，其具有精度高，测量准确的优点，但是由于其接触式的测量方式，也使其有如下致命缺点。

(1) 由于探针与样件接触,因而不能对松软材料的表面进行数据采集,测量表面细小凹位等复杂轮廓具有一定的困难。

(2) 数据采集速度较慢,尤其对大型自由曲面的海量数据难以完成采集。

(3) 由于探头直径大小的限制,所采集的数据必须进行探头半径补偿。

7.3.3 快速三维光学数字化测量仪

由于接触式测量仪对自由曲面难以正确测量的缺陷,非接触式光学测量仪得到了较大的发展。德国 GOM 公司推出的以 CCD 摄像机为基础的 ATOS 光学三维测量系统(见图 7-13),是三角测量方法与投影光栅法相结合的一种扫描方法,是非接触测量方法的典型代表,其测量精度范围 0.05～0.1 mm,近年来得到广泛的应用。

扫描头中间采用普通白炽灯作为光源,两端是 CCD 摄像机。采用的是一种非接触式测量方法——投影光栅法。这也是非接触式测量的典型代表,广泛应用在自由曲面的数据采集和逆向工程中。

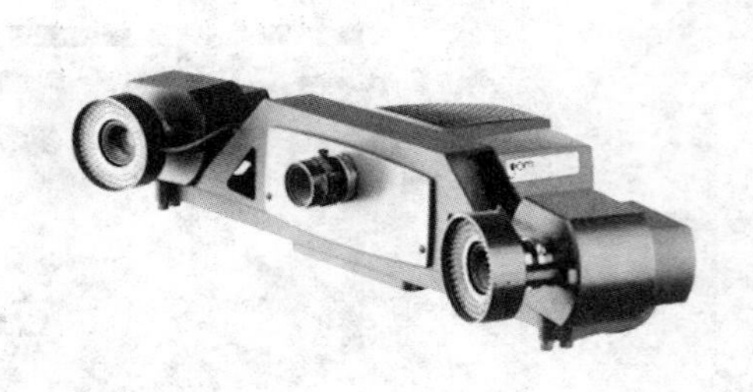

图 7-13　ATOS 光学三维测量仪

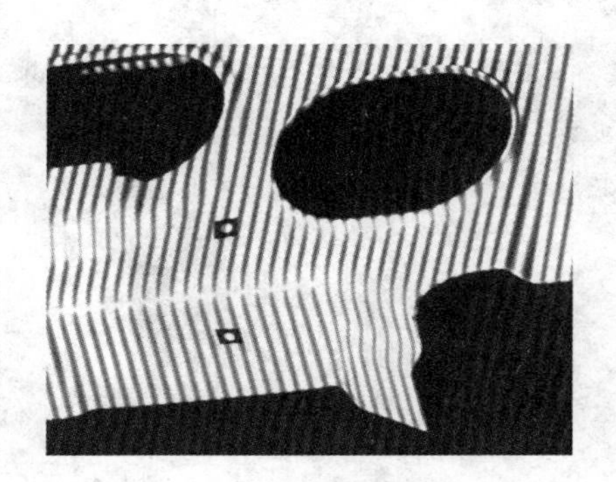

图 7-14　编码光栅影像投影

测量进行时,ATOS 将投影单元的编码光栅影像投影到物体表面(见图 7-14),此时光栅影像受到被测样件表面高度的调制,光栅影线发生变形,同时从不同的角度被两个 CCD 数码相机抓取,基于三角测量原理,经过数字图形处理后,大约 400 000 个像素点的 3D 坐标值被独立而精确地计算出来。ATOS 采用高分辨率 CCD 数码相机采集数据,可在短时间内获得任何复杂表面的密集点云(点距 0.03～0.5 mm),并可根据表面的曲率变化生成完美的网格面,便于后期的曲面重建和直接加工。可清晰获得细小特征,并可方便提取工件表面各种特征。

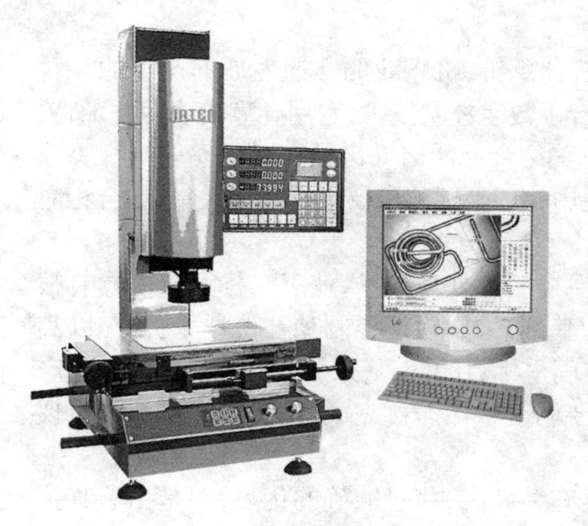

图 7-15　影像式测绘系统

7.3.4 影像式测绘系统

影像式测绘系统(见图 7-15)也是一种非接触式测量系统,其作用为:①可检测被测物体的上表面的盲孔、沟槽等尺寸,可清楚地看到工件表面上的图像和颜色;②可把影像输出到计算机中用软件测绘存档,可进行拍照、打印、保存;③计算机软件测绘功能可把图形输出到 autoCAD; autoCAD 的工程图可输入到软件中、可随时设置客户坐标。

影像式测绘系统是一种趋势,它有传统投影仪的所有测量方法和功能,随着社会的发展,随着影像式测绘系统操作性的简化和操作人员素质的提高,最终影像式测绘系统终将会取代现有的传统式投影仪。

习　　题

7-1　在传统长度测量中一般的测量方法有哪几种?

7-2　测量误差的来源及减少测量误差的方法有哪些?

7-3. 企业中选择测量方法的因素对企业带来哪些好处?

7-4. 用游标卡尺测量外径或内孔时,在怎样情况下读数最合理、准确性最高?

7-5　用千分尺测量外径时,棘轮起什么作用?

7-6　内径量表的测量原理是什么?

7-7　三坐标测量仪与传统测量手段相比,优势在哪里?

7-8　接触式测量仪(如三坐标测量仪)和非接触式测量仪(如 ATOS 测量仪)分别适合测量哪些表面?

第 8 章　金属切削基本知识

8.1　概述

8.1.1　切削加工方法

切削加工是利用切削工具从毛坯(如铸件、锻件或型材等坯料)或工件上切除多余材料，以获得合格零件的加工过程。

到目前为止，机器上的零件，除少部分是用材料的精密成形技术，如精密铸造、精密锻造、粉末冶金、快速成形等净终成形方法获得以外，绝大多数零件是靠切削加工获得的。因此，切削加工是目前机械制造的主要手段，在各种基本加工方法中具有重要的地位。

切削加工分为采用手动工具加工和机械加工两种。采用手动工具加工称为钳工，而机械加工是指利用机械力，采用切削刀具切除工件余量的方法。其主要的方法有车、镗、钻、刨、铣、磨及螺纹、齿轮加工等。所用的机床为车床、镗床、钻床、刨床、铣床、磨床及螺纹、齿轮加工机床等。所用的刀具为车刀、镗刀、钻头、刨刀、铣刀、砂轮及螺纹、齿轮加工刀具。

8.1.2　机械加工质量

零件的加工质量直接影响着产品的使用性能、使用寿命、外观质量、生产率和经济性。零件的机械加工质量包括加工精度和表面质量。

1. 机械加工精度

机械加工后，零件的尺寸、形状、位置等参数的实际数值与设计理想值的符合程度称为机械加工精度，简称加工精度。相符合的程度越高，即加工误差越小，加工精度就越高。加工精度包括尺寸精度、形状精度和位置精度，在零件图上分别以尺寸公差、形状公差和位置公差来表示。

(1) 尺寸精度　指的是零件实际尺寸与设计理想尺寸的符合程度(如孔间距离等)。

国家标准 GB1800—1979 规定：尺寸公差分为 20 级，即 IT01，IT0，IT1 至 IT18。IT 表示标准公差，后面的数字表示公差等级。从 IT01 至 IT18，等级依次降低。IT01～IT12 用于配合尺寸，IT13～IT18 用于非配合尺寸。不同公差等级的加工方法和应用如表 8-1 所示。

加工过程中影响尺寸精度的因素很多，表 8-1 中表示的某种加工方法所对应达到的加工精度，是指在正常生产条件下保证一定生产率所能达到的加工精度，称之为经济精度。

(2) 形状精度　指的是零件实际表面和理想表面之间在形状上的符合程度，如直线度、平面度、圆度、圆柱度、线轮廓度和面轮廓度。

(3) 位置精度　指的是零件表面、轴线或对称平面之间的实际位置与理想位置的符合程度，如两平面间的平行度、垂直度；两圆柱面轴线的同轴度；一根轴线与一个平面之间的垂直度、倾斜度等。

一般零件通常只规定尺寸公差。对要求较高的零件,除了尺寸公差以外,还规定所需要的形状公差和位置公差。

加工过程中影响尺寸精度的因素很多,表 8-1 中表示的某种加工方法所对应达到的加工精度是指在正常生产条件下保证一定生产率所能达到的加工精度,称之为经济精度。

各种形状和位置公差的标准公差值按 GB1184—1980 分为 1～12 级(圆度、圆柱度分为 0～12 级),1 级最高,12 级最低。

机械加工精度越高,加工费用也越高。每种加工方法在正常条件下所能达到的加工精度范围称为经济精度。

2. 表面质量

加工表面质量包含以下两方面的内容:

(1) 表面几何特征。主要指表面粗糙度、浓度和纹理。

表面粗糙度是指在机械加工中,由于切削刀痕、表面撕裂、振动、摩擦等原因在被加工表面上所产生的一种微观几何形状误差。它直接影响零件的配合性质、疲劳强度、耐腐蚀性、密封性、零件的检测精度和外观以及导热性、发射特性等。常用的表面粗糙度评定参数为轮廓算术平均偏差,用符号 Ra。

轮廓算术平均偏差 Ra 就是在取样长度 l 内,被测轮廓上各点至轮廓中线偏距绝对值的算术平均值,如图 8-1 所示。

$$Ra=\frac{1}{l}\int_{0}^{l}|Y(x)|dx \tag{8-1}$$

或近似地

$$Ra=\frac{1}{n}\sum_{i=1}^{n}|y_i| \tag{8-2}$$

式中:n——在取样长度内所测点的数目;Ra——表面粗糙度数值(单位:μm)。

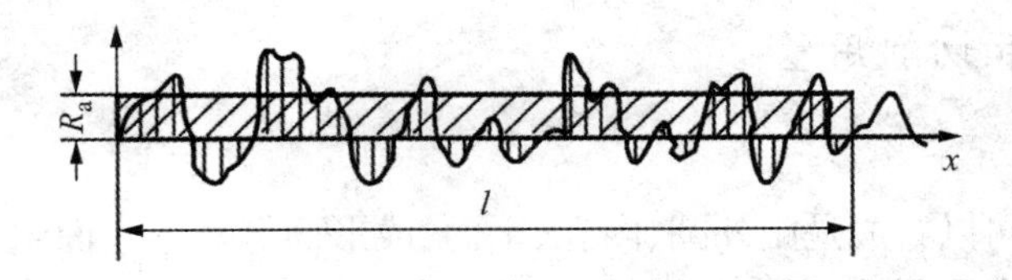

图 8-1　轮廓算术平均偏差 Ra 测定示意图

(2) 表面层材质的变化。零件加工后在表面层内出现不同于基体材料的力学、冶金、物理及化学性能的变质层——表现为加工硬化、金相组织变化、残余应力产生、热损伤、疲劳强度变化及耐腐蚀性下降等。零件的加工表面质量对它们在机器中工作时的使用性能有很大影响。

对于零件的精度和表面质量的选择过程包括在零件的设计和制造过程之中。在零件设计时,应根据零件在设备中的作用和零件的寿命要求来确定零件应具备的公差等级和表面质量,在制造过程中,应根据经济和可行性原则来选择每个加工过程中的加工精度和表面质量。总的原则是,在满足零件的性能要求和后续工序要求的前提下,尽可能选用较低的精度等级和较大的表面粗糙度值。常见加工方法所能达到的表面粗糙度如表 8-1 所示。

表 8-1 各种加工方法所能达到的公差等级和表面粗糙度

<table>
<tr><th colspan="2">表面微观特征</th><th>R_a /μm</th><th>加工精度</th><th>加工方法</th><th>应 用</th></tr>
<tr><td>不加工</td><td>清除毛刺</td><td></td><td>IT16～IT14</td><td></td><td>铸件、锻件、焊接件、冲压件</td></tr>
<tr><td rowspan="3">粗加工</td><td>明显可见刀痕</td><td>≤80</td><td>IT13～IT10</td><td rowspan="3">粗车、粗刨、粗铣、钻、毛锉、锯断</td><td>用于非配合尺寸或不重要的配合</td></tr>
<tr><td>可见刀痕</td><td>≤40</td><td>IT10</td><td rowspan="2">用于一般要求,主要用于长度尺寸的配合</td></tr>
<tr><td>微见刀痕</td><td>≤20</td><td>IT10～IT8</td></tr>
<tr><td rowspan="3">半精加工</td><td>可见加工痕迹</td><td>≤10</td><td>IT10～IT8</td><td rowspan="3">半精车、精车、精刨、精铣、粗磨</td><td rowspan="4">用于重要配合</td></tr>
<tr><td>微见加工痕迹</td><td>≤5</td><td>IT8～IT7</td></tr>
<tr><td>不见加工痕迹</td><td>≤2.5</td><td>IT8～IT7</td></tr>
<tr><td rowspan="3">精加工</td><td>可辨加工痕迹方向</td><td>≤1.25</td><td>IT8～IT6</td><td rowspan="3">精车、精刨、精磨、铰</td></tr>
<tr><td>微辨加工痕迹方向</td><td>≤0.63</td><td>IT7～IT6</td><td rowspan="2">用于精密配合</td></tr>
<tr><td>不辨加工痕迹方向</td><td>≤0.32</td><td>IT7～IT6</td></tr>
<tr><td rowspan="5">超精加工</td><td>暗光泽面</td><td>≤0.16</td><td>IT6～IT5</td><td rowspan="5">精磨、研磨、镜面磨、超精加工</td><td rowspan="5">量块、量仪和精密仪表、精密零件的光整加工</td></tr>
<tr><td>亮光泽面</td><td>≤0.08</td><td>IT6～IT5</td></tr>
<tr><td>镜状光泽面</td><td>≤0.04</td><td></td></tr>
<tr><td>雾状光泽</td><td>≤0.02</td><td></td></tr>
<tr><td>镜面</td><td>≤0.01</td><td></td></tr>
</table>

8.2 切削加工基本知识

8.2.1 切削运动和切削用量

1. 切削运动

任何机械零件都可以看成是由外圆、内孔、平面、成形面等基本表面组成的。而这些基本表面在切削加工时都是由刀具和工件之间的相对运动(即切削运动)组合来形成的(见图 8-2)。因此在切削加工中,刀具和工件要有相对运动,才能切除工件上的余量,得到合乎质量要求的工件。

切削运动分为主运动和进给运动两类,如图 8-2 所示。

1) 主运动

主运动是使刀具和工件之间产生相对运动,从而使刀具前面接近工件实现切削的运动(见图 8-2空心箭头所示的运动)。主运动速度最高,消耗的功率最大。

2) 进给运动

进给运动使刀具与工件产生附加的相对运动,加上主运动,即可连续地切除余量,并得出具有所需几何特征的已加工表面(图 8-2 虚线箭头所示的运动)。

切削运动有旋转运动或直线运动,也有曲线运动;有连续的也有间断的。切削运动可以由

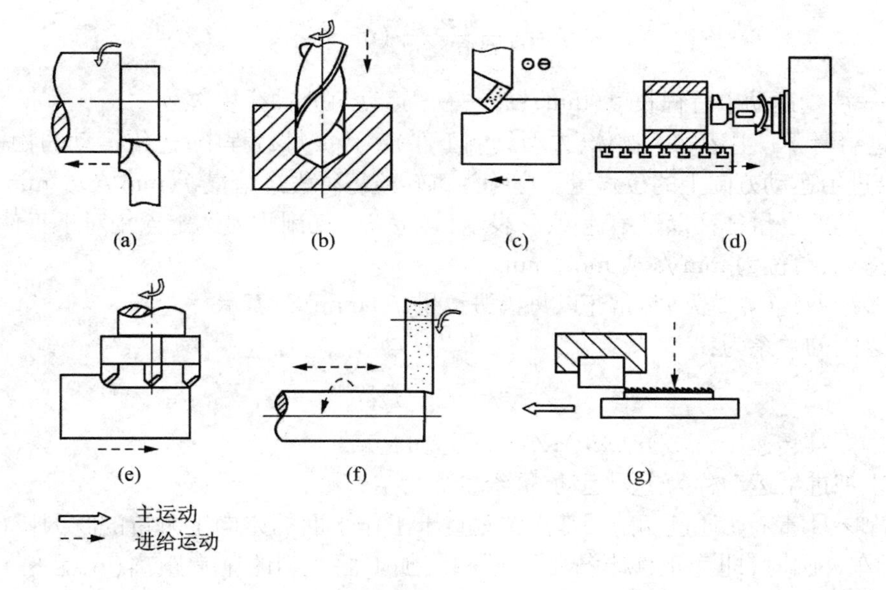

图 8-2　切削运动

(a) 车外圆　(b) 钻床上钻孔　(c) 刨平面　(d) 镗床上镗孔　(e) 铣平面　(f) 磨外圆　(g) 拉平面

刀具和工件分别完成，也可以由刀具和工件同时动作，或交替完成。在切削加工中，通常主运动只有一个，而进给运动可能有一个或数个。

在切削过程中，在工件上有三个不断变化的表面(见图 8-3)：

(1) 已加工表面。工件上经刀具切削后形成的表面。

(2) 过渡表面。工件上由切削刃形成的那部分表面。

(3) 待加工表面。工件上待切除的表面。

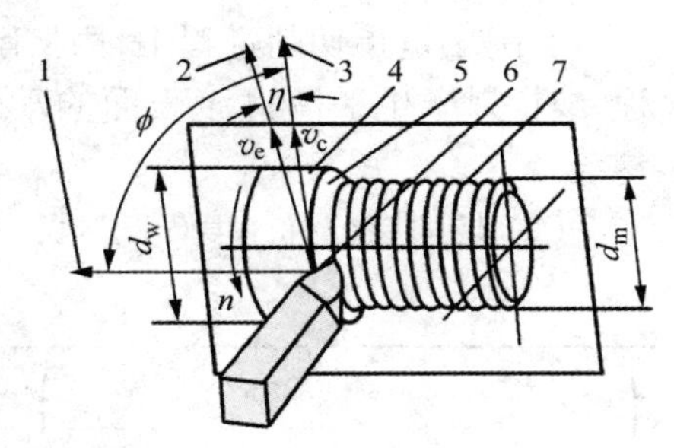

图 8-3　车削过程中的各个表面

1—进给运动方向；2—合成切削运动方向；3—主运动方向；4—待加工表面；5—过渡表面；6—切削刃选定点；7—已加工表面

2. 切削用量

切削速度、进给量和背吃刀量常称为切削用量三要素。

(1) 切削速度 v_c。切削刃上选定点相对于工件的主运动的瞬时速度。

$$v_c=\frac{\pi dn}{1\,000}\ (\text{m/s 或 m/min}) \tag{8-3}$$

式中：d——工件或刀具直径(mm)；n——工件或刀具转速(r/s 或 r/min)。

当主运动为刀具旋转时，式 8-3 中 d 为刀具直径，n 为刀具转速。

当主运动为工件旋转时(如图 8-3 所示)，式中 d 为待加工表面直径 d_w。

当主运动为直线往复运动时，平均切削速度 v 满足：

$$v = \frac{2Ln_r}{1\,000 \times 60}(\text{m/s}) \tag{8-4}$$

式中:L——往复运动单行程长度(mm);n_r——主运动每分钟往复次数。

(2) 进给量 f。主运动的物体(如刀具或工件)每转或每行程中,进给运动的物体(如工件或刀具)沿进给运动方向上的位移量。亦称为每转或每行程进给量 f(mm/r 或 mm/st)。

进给运动的度量往往以进给速度 v_f 表示,其定义为切削刃上选定点相对于工件的进给运动的瞬时速度,单位为 mm/s 或 mm/min。

对于多齿刀具(如铣刀)常常还以每齿进给量 f_z(mm/Z)表示。

它们之间的关系为:

$$v_f = fn = f_z Zn \tag{8-5}$$

式中:n——刀具转速(r/s 或 r/min);Z——刀具的齿数。

习惯上把进给运动称为走刀运动,进给量称为走刀量。

(3) 背吃刀量 a_p。通过切削刃基点并垂直于工作平面的方向上测量的吃刀量(以前称切削深度)。车外圆时,即为工件上待加工面和已加工面之间的垂直距离(见图 8-4),单位是 mm。在车削外圆时:

$$a_p = \frac{d_w - d_m}{2} \tag{8-6}$$

式中:d_w——待加工表面直径;d_m——已加工表面直径。

3. 切削层参数

切削层是指切削过程中,由切削部分的一个单一动作(或指切削部分切过工件的一个单程,或指只产生一圈过渡表面的动作)所切除的工件材料层。图 8-4 为车外圆时的切削层参数。

(1) 切削层公称厚度(h_D)。在同一瞬间的切削层公称横截面积与其公称切削层宽度之比,单位 mm。

$$h_D = f\sin k_r \tag{8-7}$$

(2) 切削层公称宽度(b_D)。是在给定瞬间,作用主切削刃截面上两个极限点间的距离,单位 mm。

$$b_D = \frac{a_p}{\sin k_r} \tag{8-8}$$

(3) 切削层公称横截面积(A_D)。是在给定瞬间,切削层的实际横截面积,单位 mm^2。

$$A_D = b_D h_D \quad (\text{mm}^2) \tag{8-9}$$

式中:k_r——主偏角

切削用量和切削层参数合称为切削要素。

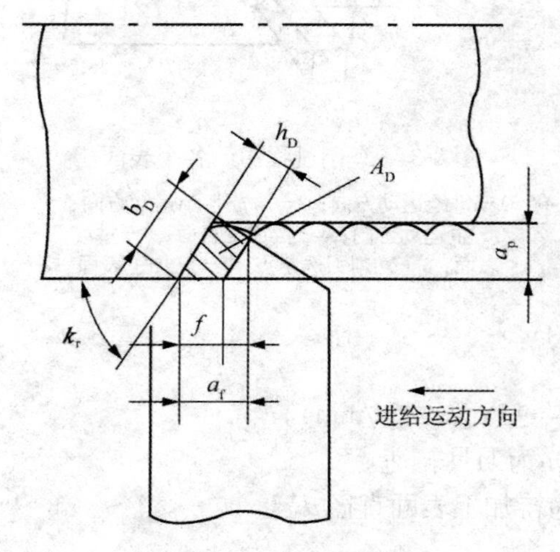

图 8-4 车外圆时切削层参数

4. 切削用量的合理选择

切削用量的选择,对于加工质量、生产率和刀具的使用寿命(耐用度)有着重要的影响。合理地组合切削用量,对提高产品的技术经济效益有着重要的影响。

1) **切削用量对加工质量的影响**

在切削用量中,a_p 和 f 的增大,都会使切削力增大,工件变形增大,并有可能引起振动,从而降低加工精度和增大表面粗糙度。如图 8-5 所示,f 增大还会使残留面积的高度显著增大,表面更加粗糙。由图可知,截面 ABE 为未被切除的残留面积。

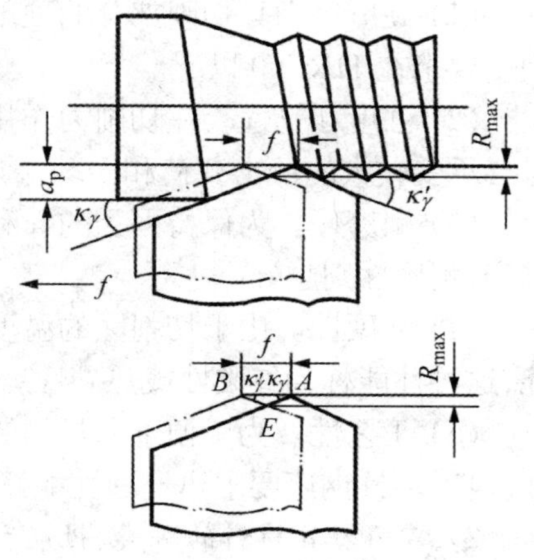

图 8-5 进给量对残留面积的影响

2) **切削用量对基本工艺时间的影响**

以车外圆为例,加工工件的基本工艺时间可用下式计算:

$$t_m = \frac{L}{nf} \cdot \frac{h}{a_p} = \frac{\pi d_w L h}{1\,000 v f a_p}\ (\text{min}) \tag{8-10}$$

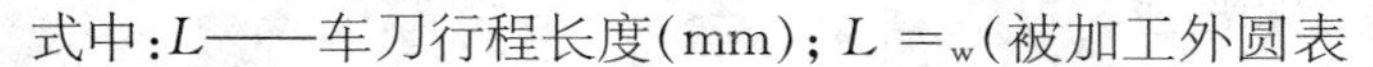

式中:L——车刀行程长度(mm); $L =_w$(被加工外圆表面长度) $+ l_1$(切入长度) $+ l_2$(切出长度); h——外圆面加工余量的一半(mm); $\frac{h}{a_p}$——切除加工余量所需的走刀次数(应为整数)。

由上式可知,切削用量 v、f、a_p 对基本工艺时间 t_m 的影响是相同的。

3) **对刀具寿命(耐用度)和辅助时间的影响**

在实际生产中,规定刀具从开始切削到磨损量达到磨钝标准为止的切削总时间称为刀具的耐用度。当用硬质合金车刀车削 $\sigma_b = 750$ MPa 的碳钢时,刀具的耐用度 T 与切削用量满足下列关系:

$$T = \frac{C_T}{v^5 f^{2.25} a_p^{0.75}}\quad (\text{当 } f > 0.75\ \text{mm/r 时}) \tag{8-11}$$

式中:G_T——耐用度系数。

由上式可知,切削用量中,切削速度对刀具耐用度的影响最大,进给量的影响次之,背吃刀量的影响最小。因此在粗加工时,从提高生产率的角度出发,一般选取较大的背吃刀量和进给量,选取较小的切削速度。精加工时,主要考虑加工质量,常采用较小的背吃刀量和进给量、较高的切削速度。只有在受刀具等工艺条件限制不宜采用高速切削时,才采用较低的切削速度。

8.2.2 切削刀具的基础知识

1. 切削刀具材料

切削过程中,刀具的切削性能取决于刀具的几何形状和刀具切削部分材料的性能。切削技术发展的基础是刀具材料的发展。早期使用的碳素工具钢,切削速度只有 10 m/min 左右;20 世纪初出现高速钢刀具,切削速度提高到每分钟几十米;20 世纪 30 年代出现了硬质合金刀具,切削速度提高到每分钟一百到几百米;陶瓷刀具和超硬材料刀具的出现,使切削速度提高到每分钟一千米以上。新刀具材料的出现,推动了整个切削加工技术和机床设备的发展。

1）**刀具材料应具备的性能**

刀具材料必须具备的性能包括如下。

(1) 硬度。刀具切削部分的硬度,必须高于工件材料的硬度才能切下切屑。一般其常温硬度要求在 HRC60 以上。

(2) 强度和韧性。在切削力作用下工作的刀具,必须具有足够的抗弯强度。刀具在切削时会承受较大的冲击载荷和振动,因此必须具备足够的韧性。

(3) 耐磨性。为保持刀刃的锋利,刀具材料应具有较好的耐磨性。一般来说,材料的硬度越高,耐磨性则越好。

(4) 红硬性。由于切削区的温度较高,因此刀具材料要有在高温下仍能保持高硬度的性能,这种性能称为红硬性或热硬性。

(5) 工艺性。为了便于刀具的制造和刃磨,刀具材料应具有良好的切削加工性和可磨削性,对于工具钢还要求热处理性能好。

2）**常用刀具材料的种类、性能和用途**

表 8-2 为常用刀具材料的种类、性能和用途。

表 8-2　常用刀具材料的种类、性能和用途

种　类	常用牌号	硬度 HRC（HRA）	抗弯强度 σ_{bb} /GPa	红硬性 /℃	工艺性能	用　途
优质碳素工具钢	T8A～T10A T12A, T13A	60～65 (81～84)	2.16	200	可冷热加工成形、刃磨性能好	手动工具,如锉刀、锯条等
合金工具钢	9SiCr, CrWMn	60～65 (81～84)	2.35	250～300	可冷热加工成形、刃磨性能好,热处理变形小	用于低速成形刀具,如丝锥、板牙、铰刀
高速钢	W18Cr4V, W6Mo5Cr4V2	63～70 (83～86)	1.96～4.41	550～600	可冷热加工成形、刃磨性能好,热处理变形小	中速及形状复杂的刀具,如钻头、铣刀等
硬质合金	YG8, YG6, YT15, YT30	(89～93)	1.08～2.16	800～1 000	粉末冶金成形,多镶片使用,性较脆	用于高速切削刀具,如车刀、刨刀、铣刀
涂层刀具	TiC, TiN, TiN-TiC	3 200 HV	1.08～2.16	1 100	在硬质合金基体上涂覆一层 5～12 μm 厚的 TiC,TiN 材料	同上,但切削速度可提高 30% 左右。同等速度下寿命提高 2～5 倍多
陶瓷	SG4, AT6	(93～94)	0.4～0.785	1 200	硬度高于硬质合金,脆性略大于硬质合金	精加工优于硬质合金,可加工淬火钢等
立方碳化硼(CBN)	FD, LBN-Y	7 300～9 000 HV		1 300～1 500	硬度高于陶瓷,性脆	切削加工优于陶瓷,可加工淬火钢等
人造金刚石		10 000 HV 左右		600	硬度高于 CBN,性脆	用于非铁金属精密加工,不宜切削铁类金属

2. 车刀的几何形状

切削刀具的种类繁多,不论刀具的结构如何复杂,都可以看成是以外圆车刀切削部分为基本形态演变而成的。因此,在确立刀具基本定义时,常以外圆车刀为基础。

1) 外圆车刀的组成

外圆车刀由夹持部分和切削部分所组成,如图 8-6 所示。夹持部分用以夹固在刀架上;而切削部分则常用高速钢或硬质合金等刀具材料制成。目前广泛使用的车刀,是在碳素结构钢的刀体上焊硬质合金刀片。

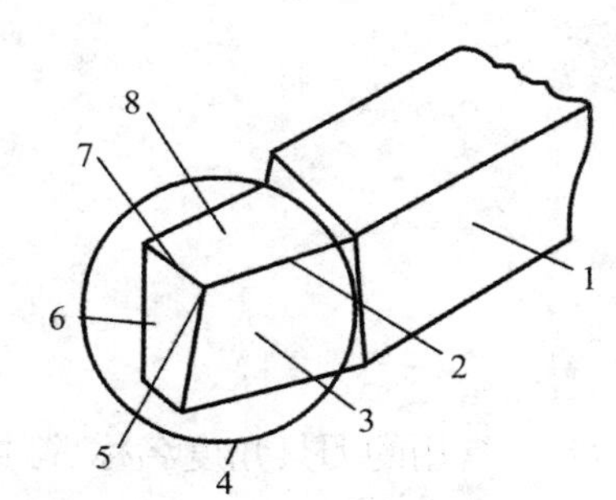

图 8-6 外圆车刀的组成

1—刀杆; 2—主切削刃; 3—主后面; 4—切削部分; 5—刀尖; 6—副后面; 7—副切削刃; 8—前面

外圆车刀的切削部分一般由三面二刃一尖组成。它们的名称及意义如下:

(1) 前面(A_γ)——刀具上切屑流过的表面。

(2) 主后面(A_α)——刀具上与前面相交形成主切削刃的面,亦即与工件过渡表面相对的面。

(3) 副后面(A'_α)——刀具上同前面相交形成副切削刃的面,亦即与工件已加工面相对的面。

(4) 主切削刃(S)——起始于切削刃主偏角为零度的点,并至少有一段切削刃拟用来在工件上切出过渡表面的那个整段切削刃。

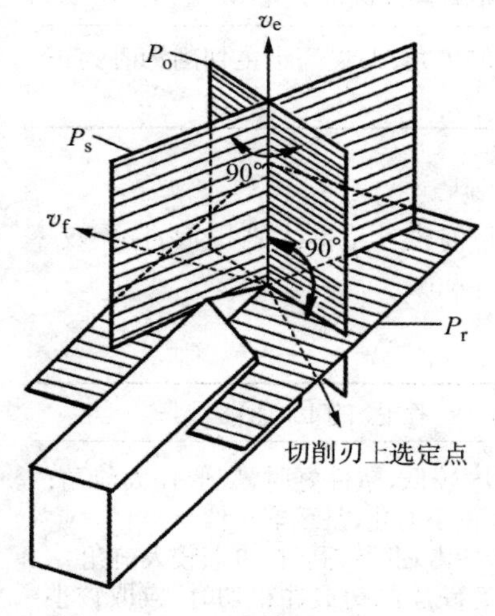

图 8-7 刀具静止参考系 P_r-P_s-P_o 平面

(5) 副切削刃(S')——切削刃上除主切削刃以外的刃,亦起始于主偏角为零的点,但它向背离主切削刃的方向延伸。

(6) 刀尖——指主切削刃与副切削刃连接处的那部分切削刃。

2) 车刀切削部分的主要角度

(1) 刀具的静止参考系。刀具要从工件上切除余量,就必须使它具有一定的几何角度。为了适应刀具在设计、制造、刃磨和测量时的需要,选取一组几何参数作为参考系称为静止参考系。选择刀具的静止参考系有两点假设:

• 运动假设——假设刀具的进给运动速度为零。

• 安装假设——假设刀具安装时刀尖与工件的轴线等高;刀杆与工件的轴线垂直。

刀具的静止参考系如图 8-7 所示。

刀具静止参考系的主要平面名称、定义、符号,如表 8-3 所示。

表 8-3 刀具静止参考系的主要平面

名 称	符号	定 义
基 面	P_r	过主切削刃选定点的平面,其方位垂直于假定的主运动方向
主切削平面	P_s	通过主切削刃选定点与主切削刃相切并垂直于基面的平面
正交平面	P_o	通过主切削刃选定点并同时垂直于基面和切削平面的面

(2) 刀具的角度。刀具的角度指刀具在静止参考系中的一套角度，常用的刀具角度，如图 8-8 所示。

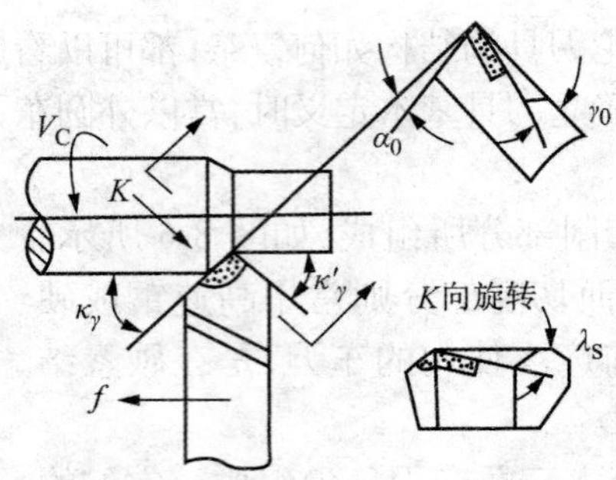

图 8-8　常用的刀具角度

常用的刀具角度名称、符号和定义如表 8-4 所示。

表 8-4　常用的刀具角度定义

角度名称		符号	定　义
在正交平面中测量的角度	前角 后角	γ_0 α_0	前面与基面间的夹角 后面与切削平面间的夹角
在基面中测量的角度	主偏角 副偏角	κ_γ κ'_γ	主切削平面与假定进给方向的夹角 副切削刃与假定进给方向反向的夹角
在主切削平面中测量的角度	刃倾角	λ_s	主切削刃与基面间的夹角，刀尖高于主切削刃时为正值，反之为负值

3）*刀具主要角度的合理选择*

刀具角度的合理选择是指在保证加工质量和经济耐用度的前提下，能达到提高生产效率或降低生产成本的要求。表 8-5 是刀具主要角度的选择。

表 8-5　刀具主要角度的选择

角度名称	作　用	选择时应考虑的因素
前角 γ_0	增大前角刃口锋利，减小切削层塑性变形和摩擦阻力，降低切削分力和切削热以及功率消耗 前角过大将导致切削刃和刀头强度降低，减少散热体积，使刀具寿命降低，甚至造成崩刃	① 工件材料的强度、硬度较低，塑性好时，应取较大前角；加工硬脆材料时应取较小前角，甚至取负值 ② 刀具材料抗弯强度和冲击韧度较高时，可取较大前角 ③ 粗加工、断续切削或有硬皮的铸锻件粗切时，应取较小前角 ④ 工艺系统刚度差或机床功率不足时应取较大前角
后角 α_0	后角的主要作用是减小刀具后面与工件过渡表面之间的接触摩擦 后角过大会降低刀楔的强度，并使散热条件变坏，从而降低刀具寿命或造成崩刃	① 工件材料强度、硬度较高时，为保证刀楔强度，应取较小的后角；对软韧的工件材料，后刀面摩擦严重，应取较大后角；加工脆性材料时，切削力集中在刃口处，为提高刀楔强度，宜取较小的后角 ② 粗加工、强力切削、承受冲击载荷刀具，要求刀楔强固，应取较小后角；精加工及切削层公称厚度较小的刀具，应取较大后角 ③ 工艺系统刚度较差时宜适当减小后角，以增大后面与工件的接触面积，减小振动

(续表)

角度名称	作　用	选择时应考虑的因素
主偏角 κ_γ	主偏角增大时进给力 F_f 增加，背向力 F_p 减小，可降低工艺系统的变形和振动；减小主偏角，刀尖处强度增大，且作用切削刃长度增加(进给量 f 和背吃刀量 a_p 不变时)，有利于散热和减轻单位刀刃上的负荷，提高刀具的寿命；主偏角减小也会使表面粗糙度减小	① 加工很硬的材料时，为加强刀尖强度，应取较小的主偏角 ② 在工艺系统刚度允许时，应尽可能取小的主偏角，以提高刀具寿命 ③ 粗加工和半精加工时，硬质合金车刀应取较大的主偏角，以减少振动 ④ 应考虑工件的形状和具体加工条件。如加工细长轴及需要中间切入工件或阶梯轴时，都要取大的主偏角
副偏角 κ'_γ	较小的副偏角可减小工件表面粗糙度、提高刀尖强度、增加散热体积，但过小的副偏角会增加背向力 F_p，在工艺系统刚度不足时会引起振动，恶化与已加工表面的摩擦	① 加工高强度和高硬度材料或断续切削时，应取小的副偏角，以提高刀尖强度 ② 精加工时副偏角应取更小值，必要时可磨出一段 $\kappa'_\gamma=0°$ 的修光刃 ③ 在不引起振动的情况下，可选较小的副偏角
刃倾角 λ_s	① 影响切屑流出方向，$-\lambda_S$ 角使切屑流向已加工表面，$+\lambda_S$ 角使切屑流向待加工表面 ② 影响切削分力的大小，当 λ_S 绝对值增大时，背向力 F_p 显著增大	① 当加工材料硬度大或有大的冲击载荷以及强力切削时，应取负的较大的 λ_S，以保护刀尖 ② 精加工时 λ_S 应取正值，使切屑流向待加工表面、切削刃锋利，因而已加工表面质量好 ③ 在工艺系统刚度不足时，应尽量不用负刃倾角

8.2.3　金属的切削过程

1. 切屑的形成及类型

金属切削过程实质上是一种挤压过程，根据实验结果，切削塑性金属过程中，金属在受到刀具前面的挤压后，将发生塑性剪切滑移变形，然后被切离工件形成切屑。实际上，这种塑性变形—滑移—切离三个过程，会根据加工材料等条件不同，不完全地显示出来。例如，加工铸铁等脆性材料时，被切层在弹性变形后很快形成切屑离开母材。而加工塑性很好的钢材时，滑移阶段特别明显。由于切屑形成过程不同，切屑的形状也不同。一般可以分成三类，如图 8-9 所示。

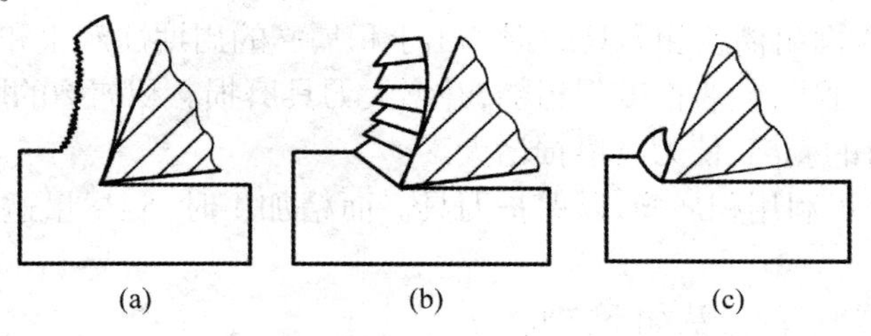

图 8-9　切屑类型的示意图

(a) 带状切屑　(b) 挤裂切屑　(c) 崩碎切屑

(1) 带状切屑　通常在加工塑性金属材料,切削厚度较小,切削速度较高,刀具前角较大的情况下获得。形成带状切屑时,材料没有充分变形。因此切削中产生的力和热均较小,切削平稳,已加工表面粗糙度低。

(2) 挤裂切屑　在加工较硬的塑性金属材料且所用的切削速度较低、切削厚度较大、刀具前角较大的情况下产生。这是由于材料在剪切滑移过程中滑移量较大,由滑移变形所产生的加工硬化使剪切应力增大,在局部地方达到了材料的断裂强度所引起的。因此切削力波动较大,已加工表面粗糙度较大。

(3) 崩碎切屑　在加工铸铁、青铜等脆性材料时,易形成崩碎切屑。产生崩碎切屑时,切削热和切削力都集中在主切削刃和刀尖附近,刀尖易磨损,容易产生振动,影响表面质量。工件材料越硬脆,刀具前角越小,切削厚度越大,越易形成这类切屑。

上述情况说明切屑类型对切削过程有很大的影响。由于变形和摩擦的结果,在切削过程中会产生一系列的物理现象,如切削力、切削热、积屑瘤、工件表面变形强化、刀具磨损等。

2. 积屑瘤

切削钢和铝合金等塑性金属时,在切削速度不高且形成带状切屑的情况下,常有一些来自切屑和工件的金属粘接层堆积在刀具的前面上,形成硬度很高(约为工件材料硬度 2～3.5 倍)的楔块,称为积屑瘤,积屑瘤形成过程如图8-10 所示。

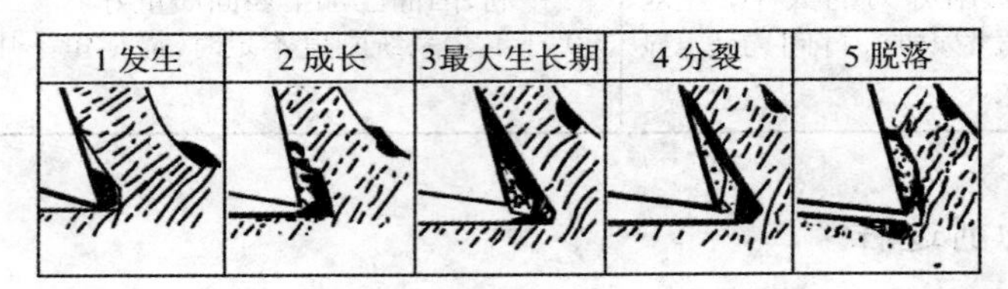

图 8-10　积屑瘤的形成过程

(1) 积屑瘤对切削过程有有利的影响,也有不利的影响,具体体现在如下方面。

• 保护刀刃。积屑瘤在形成而且覆盖了部分刀刃和前面后就代替刀刃进行切削,起到保护刀刃的作用。

• 增大了实际前角。可减少切削变形、降低切削力。

• 易引起振动。由于积屑瘤的产生、成长和脱落是有一定周期的,因此使切削力发生变化,引起振动。

• 增大已加工表面粗糙度和刀具磨损。由于积屑瘤的周期性产生和脱落,使一部分脱落的碎片留在工件的表面上,使表面变得粗糙,并增大刀具磨损。积屑瘤的脱落还伴随着硬质合金刀具前面上的材料的剥离,使刀具磨损增大。

因此在粗加工时可利用积屑瘤,以保护刀具。而精加工时,应尽量避免积屑瘤,以提高加工质量。

(2) 避免产生积屑瘤的方法如下方面。

• 加工时控制切削速度,避开产生积屑瘤的切削速度区。一般在切削速度很低($v_c \leqslant 0.083\ m/s$)时,或切削速度很高($v_c > 1.17\ m/s$)时不会产生积屑瘤。

- 增加刀具前角以减小切削变形、降低刀屑接触区压力。
- 使用润滑性良好的切削液,减小摩擦。
- 用适当热处理的方法提高工件材料的硬度,减少加工硬化的倾向。

8.2.4 切削力和切削功率

1. 切削力

1) 总切削力

刀具某个切削部分在切削工件时产生的全部切削力称为该部分的总切削力,而刀具上所有参与切削的各切削部分所产生的总切削力的合力称为刀具总切削力。

总切削力来源于三个方面:其一为克服切屑形成过程中工件材料对弹性变形的抗力;其二为克服切屑形成过程中工件材料对塑性变形的抗力;其三为克服切屑与前面摩擦力 F_r 和后面与已加工表面及过渡表面间的摩擦力 F_α。如图 8-11 所示,这三个方面的力分别作用于前面和后面上,它们的合力就构成了该切削部分的总切削力,如图 8-12 所示。

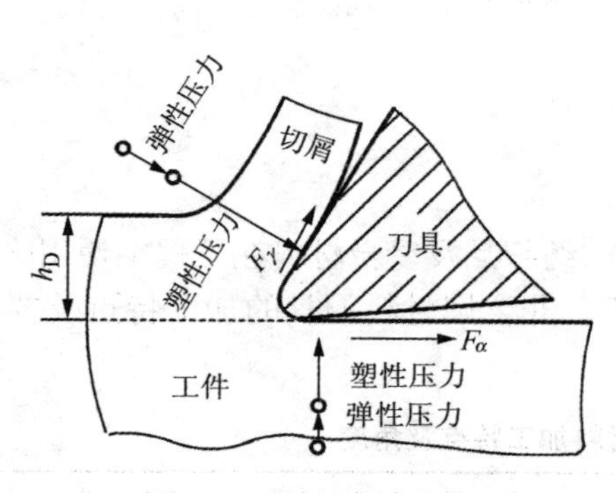

图 8-11 总切削力来源

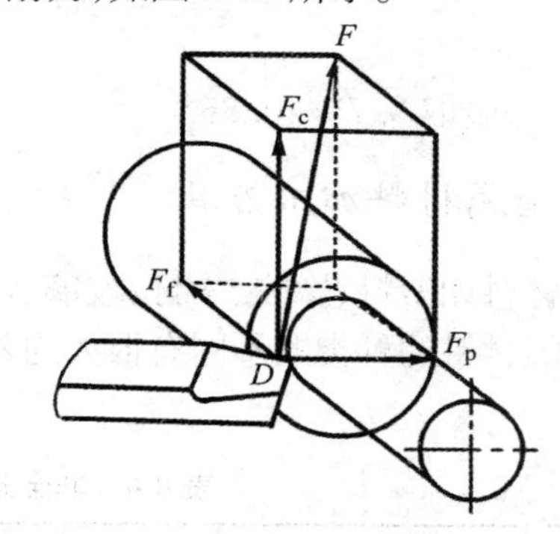

图 8-12 车削时总切削力的分解

2) 总切削力的分解

外圆车削时总切削力可以分解如下。

(1) 切削力 F_c。总切削力 F 在主运动方向上的正投影,亦称切向力。

(2) 进给力 F_f。总切削力在进给方向上的正投影,亦称进给抗力、走刀抗力或轴向力。

(3) 背向力 F_p。总切削力 F 在垂直于工作平面① 上的分力,亦称径向力或吃刀抗力。

这三个分力与总切削力之间的关系为

$$F=\sqrt{F_c^2+F_f^2+F_p^2}。\tag{8-12}$$

F_c 是计算机床所需功率、强度和刚度的基本数据。一般说,F_c 的数值在三个分力中是最大的,且功率消耗最多的。F_p 是设计和校验工艺系统刚度及精度的必需数据。F_f 则是设计和校验机床走刀机构必需的数据。

2. 切削功率

功率是同一瞬间、同一点的力矢量与速度矢量的纯量乘积。

同一瞬间切削刃基点的切削力与切削速度的乘积称为切削功率 P_c;进给力与进给速度的

乘积称为进给功率 P_f；背向力 F_p 方向的运动速度为零，不消耗功率。所以切削过程所需功率 P_m 可按下式计算。

$$P_m = P_c + P_f = 10^{-3}\left(F_c v_c + \frac{F_f v_f}{1\,000}\right)\ (\text{kW}) \tag{8-13}$$

式中：F_c——切削力(N)；v_c——切削速度(m /s)；F_f——进给力(N)；v_f——进给速度(mm / s)。

一般情况下 F_f 小于 F_c，且 F_f 方向的速度很小，因此 F_f 所消耗的功率(约占 P_m 的 1%～2%)远小于 F_c 所消耗的功率，所以 P_m 式中的 P_f 常可以忽略不计，于是式(8-13)可简化为

$$P_m = 10^{-3} F_c v_c(\text{kW}) \tag{8-14}$$

由上式可知，P_m 在这种情况下等于切削功率 P_c。

若要计算机床电机功率 P_E，还应将 P_m 除以机床的传动效率 η_m，即

$$P_E \geqslant \frac{P_m}{\eta_m}\quad (\text{kW}) \tag{8-15}$$

式中：η_m———一般取 0.75～0.85。

8.2.5 非金属材料加工刀具

非金属材料如塑料、橡胶、木材、玻璃、陶瓷、纺织品及复合材料在工程中使用比较广泛，其切削加工性因材料的种类的不同有很大的差距。非金属材料刀具的加工特点及要求，如表 8-6 所示。

表 8-6 非金属材料加工特点及角度

材料	加工特点
塑料	刀具切削力小，可承受较大的切削用量；由于塑料的导热性差，切削区的散热情况差；塑料容易产生崩落现象，刀具的切削刃应锋利；加工时，难以使用切削液，需用干切或压缩空气冷却；热塑性材料常用高速钢刀具，热固性常用硬质合金刀具；$\gamma_0 = 10° \sim 15°$，后角 $\alpha_0 = 8° \sim 20°$
橡胶	工程橡胶强度低、导热性差、弹性大，加工时回弹性强；加工橡胶的主要工序是车外圆、切断和钻孔，常用的刀具材料是高速钢和硬质合金；切削刃应十分锋利，前角 $\gamma_0 = 45° \sim 55°$，后角 $\alpha_0 = 12° \sim 15°$
木材	木材各向异性严重，刀具切削时切削速度很高，切屑量大；刀具主要有木工锯、铣刀、钻头、刨刀、车刀等；刀具前角大，如铣刀 $\gamma_0 = 20° \sim 35°$，后角 $\alpha_0 = 10° \sim 25°$，齿数少，有时只有一个刀齿，以便使铣刀有尽可能大的容屑空间
玻璃	切削过程中产生崩碎的切屑，可以用钨钴类硬质合金刀具，车刀前角 $\gamma_0 = 0°$，后角 $\alpha_0 = 10°$，主偏角应尽量小
复合材料	复合材料由金属、高分子聚合物和陶瓷三者中任选两种复合而成，有较好的综合性能，若再加入纤维，就成为纤维增强复合材料；切削力较大，消耗功率较多，热导率低，切削温度高，加工后容易出现残余应力；车刀前角一般为 $\gamma_0 = 0° \sim -5°$，后角 $\alpha_0 = 16° \sim 18°$

① 工作平面——通过切削刃选定点并垂直于基面，一般其方位平行于假定的进给运动方向。

8.3 金属切削机床

8.3.1 金属切削机床的分类

1. 切削机床应满足的基本要求

机床是用以制造一切机械的机器,也是唯一能制造机床自身的机器,故机床又称为工作母机或工具机。金属切削机床应满足以下几方面的性能:

(1) 工艺可能性。机床的工艺可能性也称为工艺范围,主要指机床的用途和功能,即机床适应不同生产要求实现加工工艺过程的能力。工艺可能性主要包括:机床可完成的工序种类(加工方法);加工对象的类型和尺寸范围;能加工的材料和毛坯种类;切削用量的可能范围等。

(2) 加工精度和表面质量。机床的加工精度是指工件达到的尺寸精度、形状精度和位置精度。机床的几何精度、运动精度、刚度、抗震性、热稳定性、精度保持性和误差补偿策略都会影响加工精度。每种机床在其正常使用条件下能经济合理地达到的加工精度称为经济加工精度。工件能够达到的表面质量与机床的抗震性,与采用的切削用量和切削液,工件材料、刀具(或磨具)材料与几何形状以及影响切削稳定性的其他诸因素有关。

(3) 生产率。机床的生产率通常是以单位时间内能加工的工件数量或单位时间内能切除的材料量来衡量。生产率主要取决于机床的切削加工时间、工作循环辅助动作时间以及分摊到每个工件上的调整、准备和结束时间。

(4) 自动化。机床的自动化程度通常用自动工作时间与全部工作时间之比值表示。机床自动化可减少人对加工的干预,从而保证加工精度和表面质量的一致性,即加工质量的稳定性。提高机床自动化程度还可以提高劳动生产率和减轻工人劳动强度。

(5) 可靠性。机床可靠性是指在规定的时间和条件下保持其应有的工作能力和性能,它包括动作可靠性和工艺可靠性。动作可靠性是指机床在没有任何人为干预条件下能准确无误地完成其应有动作的能力。工艺可靠性是指在规定的时间内机床保持加工质量在指标规定范围内的能力。

(6) 经济性。经济性是指机床质量、功能、成本的合理配置。包括价格比,最低成本所获得的机床必要功能,寿命周期等。

(7) 良好的使用性能和人机关系。包括操作省力、方便、安全等。

2. 金属切削机床的类型

根据GB/T 15375《金属切削机床型号编制方法》,金属切削机床按其工作原理,结构性能特点及使用范围划分为11类如下:

- 车床(C)——主要用于加工回转表面的机床;
- 铣床(X)——用铣刀在工件上加工各种表面的机床;
- 刨插床(B)——用刨刀加工工件表面的机床,主要加工平面;
- 磨床(M)——用磨具或磨料加工工件各种表面的机床;
- 钻床(Z)——主要用钻头在工件上加工孔的机床;
- 镗床(T)——主要用镗刀加工位置精度要求较高的已有预制孔的机床;

• 拉床(L)——用拉刀加工工件各种内、外成形表面的机床；

• 螺纹加工机床(S)——用螺纹切削工具在工件上加工内、外螺纹的机床；

• 齿轮加工机床(Y)——用齿轮切削工具加工齿轮齿面或齿条齿面的机床；

• 锯床(G)——切断或锯断材料的机床；

• 其他机床(Q)——其他仪表机床、管子加工机床、木螺钉加工机床、刻线机、切断机、多功能机床等。

机床的种类虽然很多,但最基本的有五种,即车床、铣床、刨床、磨床和钻床。其他各种机床都是由这五种机床演变而成的。

8.3.2 机床的组成和基本结构

1. 机床的组成

各类机床通常由以下基本部分组成：

(1) 动力源。提供机床动力和功率的部分,通常由电机或马达组成。

(2) 传动系统。包括主传动系统(如车床、铣床和钻床的主轴箱、磨床的磨头),进给传动系统(实现机床进给运动的构件,进行机床的调整、进退刀等。如车床的进给箱、溜板箱,铣床和钻床的进给箱,刨床的变速机构等)和其他运动的传动系统。有些机床主轴组件和变速箱合在一起为主轴箱。

(3) 刀具安装系统。用于安装刀具。如车床、刨床的刀架,铣床的主轴、磨床磨头的砂轮轴等。

(4) 工件安装系统。用于装夹工件。如车床的卡盘和尾架,刨床、铣床、钻床、平面磨床的工作台等。

(5) 支撑系统。机床的基础构件,起支撑和连接机床各部件的作用。如各类机床的床身、立柱、底座等。

(6) 控制系统。控制各工作部件的正常工作,主要是电气控制系统,有些机床局部采用液压或气动控制系统。数控机床则是数控系统。

2. 金属切削机床的传动

1) *传动副和传动链*

金属切削机床常用的机械传动的传动副有以下五种。

(1) 皮带传动。该传动副的特点为结构简单,制造方便,传动平稳,有过载保护作用。其缺点是传动比不准确,传动效率相对齿轮传动较低,所占空间较大。

(2) 齿轮传动。该传动副结构紧凑,传动比准确,传动效率高,传递扭矩大。其缺点是制造较为复杂,当制造精度不高时,传动不平稳,有噪声。

(3) 蜗轮蜗杆传动。降速比较大,传动平稳,无噪声,结构紧凑,可以自锁。其缺点是传动效率低,需良好的润滑条件,制造较复杂。

(4) 齿轮齿条传动。可将回转运动转变为直线运动或将直线运动转变为回转运动。其啮合情况与齿轮传动相似,传动效率高。其缺点为,当制造精度不高时,影响位移的准确性。

(5) 丝杆螺母传动。可将回转运动变为直线运动,工作平稳,无噪声。缺点是传动效率低。

将若干个传动副组合起来,就成为一个传动系统,称为传动链。传动链的总传动比等于传动链各传动比的乘积。

表 8-7 为机械传动各传动副的符号、传动比公式及运动速度计算公式。

表 8-7 机械传动方式及公式

传动元件	符 号	单级传动比、运动速度计算公式
皮带传动		$i=\frac{n_2}{n_1}\eta=\frac{d_1}{d_2}\eta \qquad n_2=n_1\frac{d_1}{d_2}\eta$
齿轮传动		$i=\frac{n_2}{n_1}=\frac{Z_1}{Z_2} \qquad n_2=n_1\frac{Z_1}{Z_2}$ 多级时 $i=\prod_{j=1}^{n} i_j$
蜗杆蜗轮传动		$i=\frac{n_2}{n_1}=\frac{k}{Z} \qquad n_2=n_1\frac{k}{Z}$
齿轮齿条传动		$v_f=pZn=\pi mZn$
丝杆螺母传动		$v_f=np$

注:表中 i 为传动比;n_1, n_2 等为相应传动轴与传动件的转速或转数;d_1, d_2 为皮带轮直径;η 为滑动系数,一般取 0.98;Z_1, Z_2, Z 为齿轮、蜗轮齿数;k 为蜗杆头数;m 为齿轮和齿条模数;p 为齿条的齿距或丝杠、螺母的导程;v_f 为直线运动速度或移动量。

2) 变速机构

为了获得加工时的各种切削速度,金属切削机床中有各种不同的变速机构。由于机械无级变速机构(即在一定的范围内可得到需要的任何速度)成本较高,因此在一般机床上大多采用齿轮变速机构,以获得一定的速度系列,也即有级变速。

(1) 塔轮变速机构。是机床动力输入端常见的一种变速机构,如图 8-13(a)所示。其特点是传动平稳,有过载保护作用。变速比可根据带轮直径方便地设计,但因有摩擦损耗,传动比不够准确。

(2) 滑移齿轮变速机构。是机床传动中经常采用的一种变速机构,如图 8-13(b)所示。其特点是传动比准确,传动效率高,寿命长,外形尺寸小。但制造比较复杂,当制造精度不高时易产生振动。

(3) 离合器变速机构。也是机床传动中较常见的一种变速机构,如图 8-13(c)所示。其特点是传动比准确,传动效率高,寿命长,结构紧凑,刚度好,可传递较大扭矩。但制造复杂。

3) 换向机构

即变换机床部件运动方向的机构。为了满足加工的不同需要,机床的主传动部件和进给传动部件往往需要正、反向运动(例如车螺纹时刀具的进给和返回,车右旋螺纹和左旋螺纹等)。机床运动的换向,可以直接利用电动机反转,也可利用齿轮换向机构等。常见的机床换

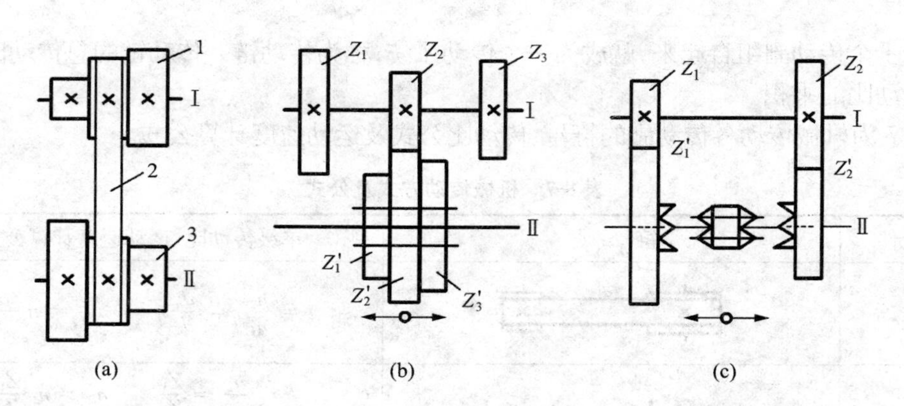

图 8-13 常用的变速机构

(a) 塔轮变速机构 (b) 滑移齿轮变速机构 (c) 离合器变速机构

向机构有中间齿轮机构、三星齿轮机构、锥齿轮机构、往复换向机构等。

习 题

8-1 试说明表 8-8 中几种切削加工方法的主运动和进给运动方式是转动还是移动，并说明是由刀具还是由工件实现的。

表 8-8 不同加工方法的运动形式比较

运动方法	车床车外圆	车床钻孔	车床镗孔	钻床钻孔	龙门刨刨平面	镗床镗孔
主运动形式						
进给运动形式						
运动方法	牛刨刨平面	铣床铣平面	插床插键槽	拉床拉键槽	平面磨床磨平面	外圆磨床磨外圆
主运动形式						
进给运动形式						

8-2 车削外圆时，已知工件转速 $n = 320\ \mathrm{r/min}$，$v_f = 64\ \mathrm{mm/min}$，$d_w = 100\ \mathrm{mm}$，$d_m = 94\ \mathrm{mm}$，求切削速度 v_c、进给量 f、背吃刀量 a_p。

8-3 在一般情况下，YG 类硬质合金刀具适于加工铸铁件，YT 类硬质合金刀具适于加工钢件。但在粗加工铸钢毛坯时，却要选用 YG6 类硬质合金，为什么？

8-4 请说明为什么现在常用高速钢制造拉刀和齿轮刀具这类形状较复杂的刀具，而不采用硬质合金？

8-5 已知下列车刀的主要角度，试画出它们切削部分的示意图：

(1) 外圆车刀：$\gamma_0 = 10°$，$\alpha_0 = 8°$，$\kappa_\gamma = 60°$，$\kappa_\gamma' = 10°$，$\lambda_s = 4°$；

(2) 端面车刀：$\gamma_0 = 15°$，$\alpha_0 = 10°$，$\kappa_\gamma = 45°$，$\kappa_\gamma' = 30°$，$\lambda_s = -5°$；

(3) 切断刀：$\gamma_0 = 10°$，$\alpha_0 = 6°$，$\kappa_\gamma = 90°$，$\kappa_\gamma' = 2°$，$\lambda_s = 0°$。

8-6 车削外圆时，工件转速 $n = 360\ \mathrm{r/min}$，$v = 150\ \mathrm{m/min}$，测得此时电动机功率 $P_E = 3\ \mathrm{kW}$，设机床传动效率 $\eta = 0.8$，试求工件直径 d_w、主切削力 F_z。

8-7　试分析在下述加工条件下，存在的主要工艺问题、影响因素及保证质量的主要措施：①车削细长轴；②镗薄壁套筒孔；③磨削薄片零件。

8-8　切断车刀如图 8-14 所示，试分别标出辅助平面 P_{γ}，P_{s}，P_{0} 及 γ_{0}，α_{0}，κ_{γ}，κ'_{γ} 角度。

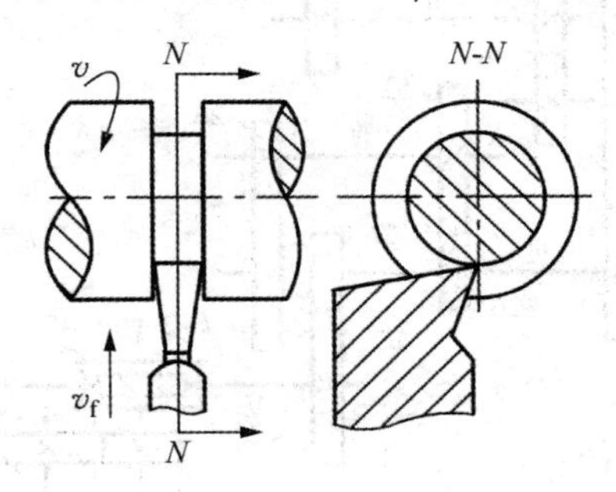

图 8-14　切断车刀

8-9　如图 8-15 所示的(a)，(b)，(c)，(d)四个图，切削面积均相等，试比较：

(1) 背吃刀量、进给量改变时[图(a)与图(b)]，切削力有何变化？

(2) 主偏角改变时[图(b)，图(c)，图(d)]切削力有何变化？

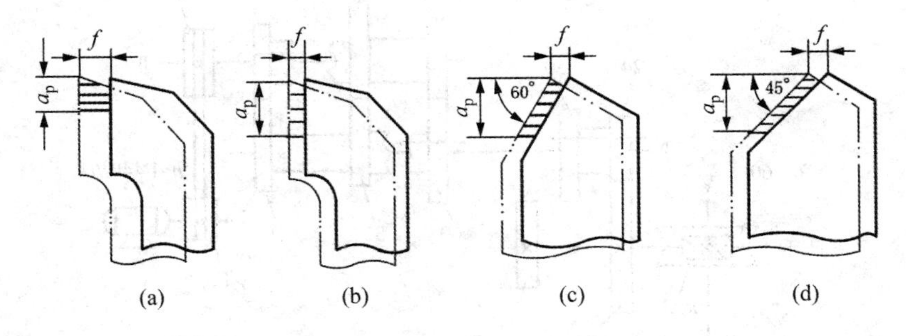

图 8-15　背吃刀量、进给量、主偏角的变化情况

(a) $f = 1$ mm/r, $a_p = 1$ mm　(b) $f = 0.5$ mm/r, $a_p = 2$ mm;
(c) $f = 0.5$ mm/r, $a_p = 2$ mm　(d) $f = 0.5$ mm/r, $a_p = 2$ mm

8-10　在车床上车削三根钢轴，毛坯直径均为 ϕ152 mm，车至直径 ϕ146 mm，加工长度为 1 790 mm，切入长度 5 mm，切出长度 5 mm，采用 $n = 60$ r/min，各使用如下的进给量：$f_1 = 0.2$ mm/r，$f_2 = 0.4$ mm/r，$f_3 = 0.8$ mm/r。求各轴采用不同的进给量时，所需的基本工艺时间 t_m。

8-11　龙门刨床的回程速度为 80 m/min，切削速度为其 1/2，进给量为 1.2 mm/str。若不计切入切出时间，问：刨削 0.5 m 长，0.24 m 宽的平面需多少时间？

8-12　用一个 8 齿、直径 ϕ80 mm 的端铣刀铣削一个 50 mm 宽，350 mm 长的平面，采用对称铣削，铣刀转速为 160 r/min，进给量为 0.1 mm/r，两端超越行程各为 3 mm，试求基本工艺时间 t_m。

8-13　图 8-16 为传动系统中的传动结构形式，当轴 Ⅰ 的转速 $n_1 = 100$ r/min 时，螺母的移动速度 v_f 是多少？

8-14　如图 8-17 传动系统，试：① 作出传动链结构式；② 确定Ⅴ轴的转速级数；③ 计算齿条的最大和最小移动速度。

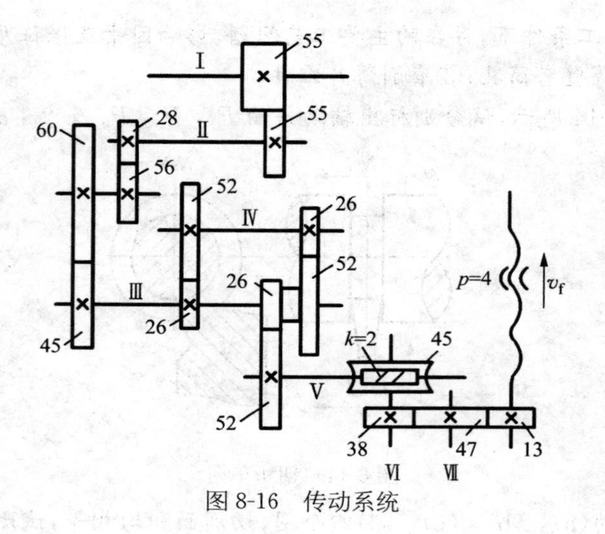

图 8-16　传动系统

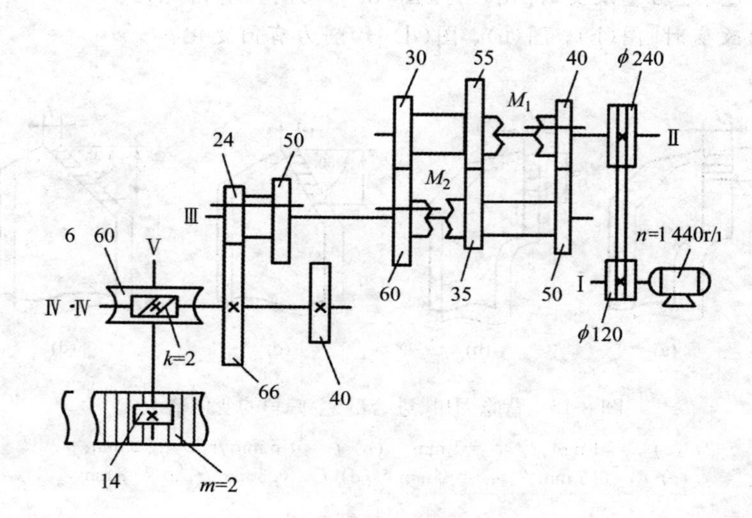

图 8-17　传动系统

第9章　钳　工

9.1　概述

钳工是用手持工具加工工件以获得需要的形状、尺寸和位置要求的方法。它主要用于生产前的准备工作、单件小批生产中的加工、部件装配和设备维修工作中。钳工常用的设备和工具如表9-1所示。

表9-1　钳工常用设备和工具用途及规格

设备名称	用　途	常用规格
钳工工作台	完成在台虎钳上进行的若干钳工工作及划线等操作	高度800～900 mm
台虎钳	装夹在钳工工作台上夹持工件,松开紧固螺钉,可使虎钳绕底座回转任意角度	钳口宽度一般为100～150 mm
钻　床	可进行钻孔等一系列工作,详见9.4节	台钻、立钻、摇臂钻
划针、划规等	划线工具,可在工作表面画出几何图形的线条	
锉　刀	锉削工件,碳素工具钢制造,锉削精度可达IT8～IT7,表面粗糙度 $Ra=0.8\mu m$;普通锉适用于一般表面加工,整形锉(什锦锉)适用于工件上细小部位和精密工件的加工,特种锉可加工特殊表面;锉刀刀齿的粗细以每10 mm长度内齿数来评定,详见右表	每10 mm长度内齿数 粗齿:4～12 中锉:13～24 细锉:30～40 油光锉: 50～62
手　锯	进行切断或切槽的手工工具,由锯弓和锯条组成,锯条由碳素工具钢制造;锯削加工表面精度较低,表面粗糙度较高;常用锯条长300 mm,宽12 mm,厚0.8 mm,粗细是以锯条每25 mm长度内的齿数表示	粗齿:14～18个齿,锯切软材料或厚件用 细齿:24～32个齿,锯切硬材料或薄件用
丝锥和板牙	丝锥攻丝用,板牙套丝用,通常M6～M24的丝锥一组有两个,M6以下和M24以上的一组有3个;板牙有固定的和开缝的(可调的)两种	
刮　刀	碳素工具钢或轴承钢制成,用它从工件的表面上刮去一层很薄的金属	平面刮刀 曲面刮刀

机器由许多不同零件组成,这些零件通过不同的加工手段完成后,需要由钳工来进行装配。在装配过程中,有些零件往往还需经过钻孔、攻螺纹,配键、销等的补充加工后才能装配得起来。有些精度并不高的零件,经过钳工的仔细修配,可以达到较高的装配精度。另外,使用较久的机器,其自然磨损或事故损坏是免不了的,就需要钳工来修理。精密的量具、样板、夹具和模具等的制造都离不开钳工加工。所以钳工的任务是多方面的,专业性是很强的。

随着机械加工的日益发展,生产效率的不断提高,钳工技术也越来越复杂,其应用的范围也越来越广。由于钳工技术应用的广泛性,钳工产生了专业性的分工,如装配钳工、机修钳工、工具钳工等,以适应不同工作和不同场合的需要。

钳工的工作范围很广,专业分工也比较明确,但是每个钳工都必须掌握的工作内容如下:

1. 划线

划线作为零件加工的头道工序,对零件的加工质量有密切的关系。钳工在划线时,首先应熟悉图样,合理使用划线工具,按照划线步骤在待加工工件上画出零件的加工界限,作为零件安装(定位)、加工的依据。

2. 錾削技术

錾削是钳工的最基本的操作。錾削是利用錾子和锤子等简单工具对工件进行切削或切断,此技术在零件加工要求不高或机械无法加工的场合采用。熟练的锤击技术在钳工装配、修理中也是一项必不可少的基本功,其应用的地方比较多。

3. 锉削技术

利用各种形状的锉刀,对工件进行锉削、整形以及修配,使工件达到较高的精度和较为准确的形状。锉削是钳工工作中的主要操作方法之一,它可以对工件的外平面、曲面、内外角、沟槽、孔和各种形状的表面进行锉削加工。

4. 锯削技术

锯削用来分割材料或在工件上锯出符合技术要求的沟槽。锯削时,必须根据工件的材料性质和形状、正确使用锯条和切削方法。

5. 钻孔、扩孔、锪孔和铰孔技术

钻孔、扩孔、锪孔和铰孔是钳工对孔进行粗加工、半精加工和精加工的方法。应用时根据孔的精度要求、加工条件进行选用。钳工的钻、扩、锪是在钻床上进行的,铰孔可以手工铰削,也可以通过钻床进行机铰。所以掌握钻、扩、锪、铰的操作技术,也必须要熟悉钻、扩、锪、铰等的刀具切削性能以及钻床和一些工夹具的结构和性能,合理选用切削用量,熟练掌握手工操作的具体方法,以保证钻、扩、锪、铰的加工质量。

6. 攻螺纹和套螺纹技术

攻螺纹和套螺纹是用丝锥和圆板牙在工件内孔或外圆柱面上加工出内螺纹或外螺纹。钳工所加工的螺纹,通常都是直径较小或不适宜在机床上加工的螺纹。为了使加工后的螺纹符合技术要求,钳工应对螺纹的形成、各部分尺寸关系以及螺纹切削刀具比较熟悉。

7. 刮削和研磨技术

刮削是钳工对工件进行精加工的一种方法。刮削后的工件表面,不仅可获得形位精度,尺寸精度、接触精度和传动精度的精确性,而且还能通过刮刀在刮削过程中对工件表面产生的挤压,使工件表面组织致密,产生表面压应力,提高材料抗疲劳损坏的能力。

研磨是最精密的加工方法。研磨时,磨料可在研具和工件之间作滑动、滚动而产生微量切削,即研磨中的物理作用;同时,利用某些研磨剂的化学作用,使工件表面产生氧化膜(但氧化膜本身在研磨中又很容易被研磨掉)。这样,氧化膜不断地产生又不断地被磨去,从而使工件表面得到很高的精度。因此研磨实质是物理作用和化学作用的综合。

8. 装配和修理技术

装配是按图样规定的技术要求,将零件通过适当的连接形式组合成部件或完整的机器。对使用日久或由于操作不当造成机器或零件精度和性能下降甚至损坏,通过钳工的修复、调整,使机器或零件恢复到原来的精度和性能要求,这就是钳工装配和修理技术。

9.2 划线

根据图纸的要求,在毛坯或半成品工件表面上画出加工界线称为划线。划线的作用是为了检查毛坯尺寸和校正几何形状,确定工件表面加工余量,确定加工位置。划线的种类有平面划线和立体划线两种。为了使划线的线条清晰,一般在工件上涂覆涂料。

1. 划线的基准

划线时选定工件上的某个点、线或面作为依据,正确地确定工件上其他要加工表面的位置。这些作为依据的点、线或面称为划线基准。

(1) 平面划线的基准选定。凡工件表面已画好的各种线,如中心线、水平线、垂直线等都可作为基准。工件上已加工的边,也可作为基准。

(2) 立体划线的基准选定。如工件上有已加工表面,则应以已加工表面作为基准,这样能保证待加工表面和已加工表面的位置和尺寸精度。如工件为毛坯,则应选重要孔的中心线为基准;如毛坯上没有重要的孔,则应选大的平面作为划线基准。

2. 工件的定位

一般工件定位方法可采用三点支撑法。用已加工表面为基准的工件定位,可将已加工表面放置在平板上。圆柱形工件采用V形铁定位,见图9-1。

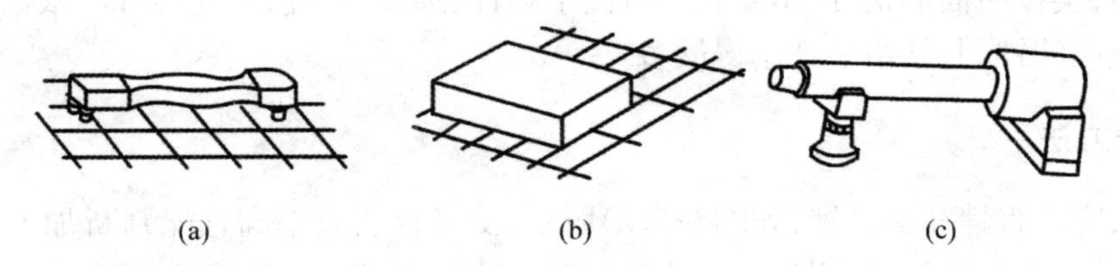

图9-1 工件的定位

(a) 三点支撑法定位 (b) 已加工表面定位 (c) V形铁定位

3. 划线

(1) 平面划线。与平面作图方法类似。

(2) 立体划线。有工件高度不动(适用于大件)和工件翻转移动(适用于中小件,精度低,生产率高)两种方法。在中小件划线时,也可将工件固定在划线方箱上,翻转方箱划线,这样便兼有了两种方法的优点。

9.3 锯削和锉削

9.3.1 锯削

用手锯切断材料或在工件上切缝的工序称为锯削。

锯齿有粗细之分,在锯削时,锯条上同时工作的齿数不应少于2～4个,否则容易产生崩齿。为了提高生产率,尽量选用大值齿距。锯削前应根据工件材料的形状尺寸和硬度情况选择锯齿的粗细(见表9-1)。

锯削操作分起锯、锯削和结束三个阶段:

(1) 起锯。起锯前,右手握锯弓手柄,左手拇指靠稳锯条,锯条与工件表面倾斜10°～15°。起锯角太小,锯齿易打滑,太大,则易崩齿。起锯时压力要小,往复行程要短,速度要慢。待锯痕深度达2 mm左右后才能进行正常锯削。

(2) 锯削。正常锯削时锯条作直线往复运动,速度约为每分钟50次。硬材料应适当慢些。锯削时不能左右晃动,用力要均匀,锯削途中更换锯条,应转180°再锯。

(3) 结束锯削。锯削临结束时,速度要慢,用力要轻,行程要小。

9.3.2 锉削

锉削是用锉刀锉去工件表面多余材料的工序,可加工各种内外表面、槽、孔及配合表面等。锉削精度可达IT8～IT7,表面粗糙度值 Ra 值可达0.8 μm。

1. 锉刀

锉刀由碳质量分数为1.0%～1.3%的优质碳素工具钢制成,经热处理淬硬。表面刻有齿纹,齿纹有单纹、双纹等形式,锉刀刀齿粗细划分见表9-1。锉刀的大小一般用长度表示,有100 mm, 200 mm, 250 mm, 300 mm, 350 mm等规格。

锉刀的种类按断面形状分,主要有:平锉、半圆锉、圆锉、方锉、三角锉等。根据不同形状的工件,选择相应的锉刀,其中平锉用得最多。

2. 锉削方法

粗锉时,常用直锉和交叉锉,如图9-2(a)所示,交叉锉法效率高且能判断加工部分是否锉平。当平面基本锉削平滑,可用细锉或油光锉以推锉法修光,如图9-2(b)所示。

9.4 钻削

钻削加工在切削加工中应用很广,主要有钻孔、扩孔、锪孔、铰孔等。钻削加工一般可在钻床上和在车床上进行,在钻床上可完成表9-2所示内容。

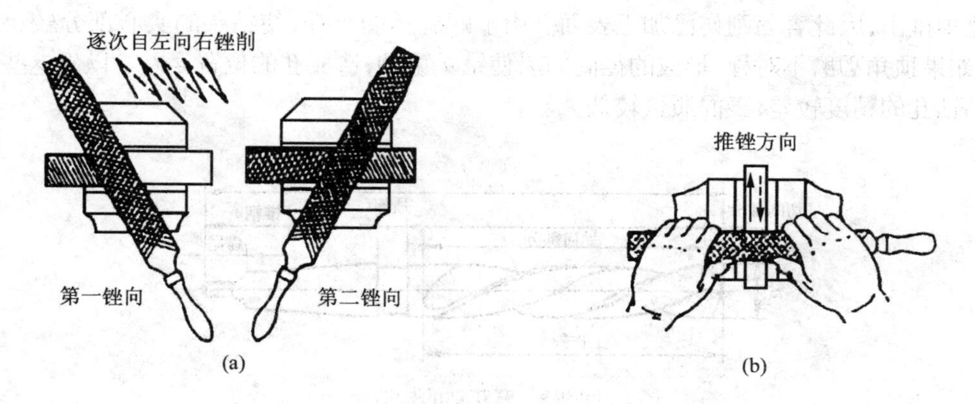

图 9-2　锉削方法

(a) 交叉锉法；(b) 推锉法

表 9-2　在钻床上可完成的工作

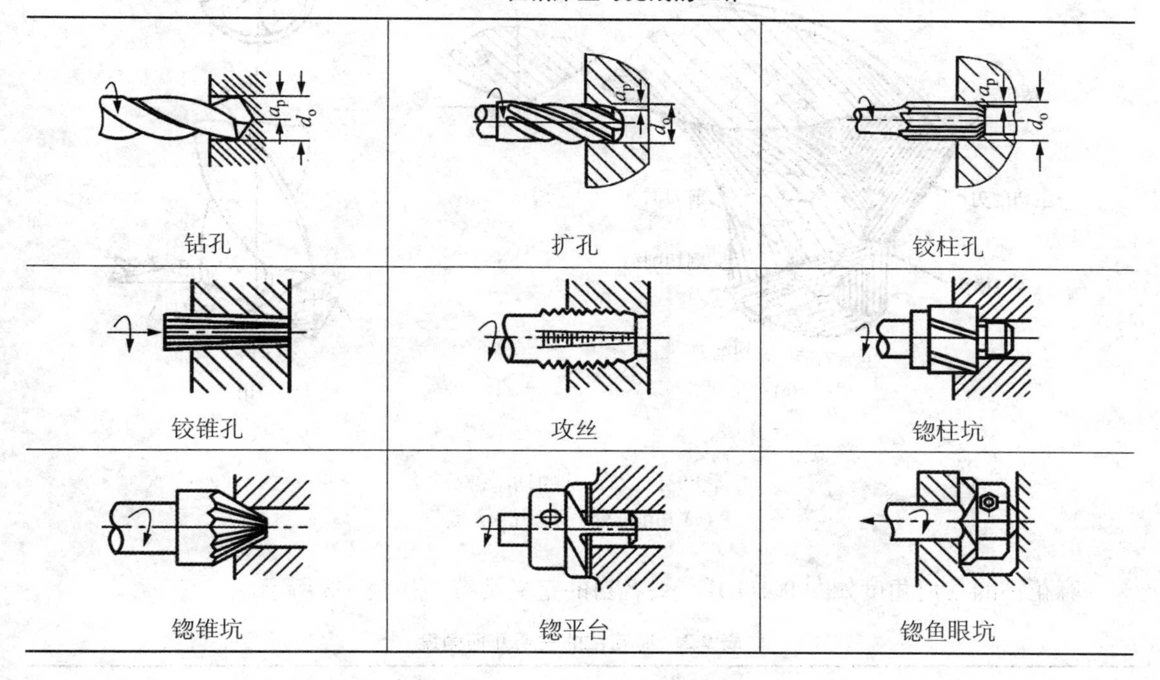

钻孔	扩孔	铰柱孔
铰锥孔	攻丝	锪柱坑
锪锥坑	锪平台	锪鱼眼坑

1. 钻孔

钻头作回转运动和轴向进给运动，从工件实体上切去切屑，加工出孔的工序称为钻孔。钻孔精度一般为 IT12 级，表面粗糙度 Ra 值为 12.5～50 μm。

1）***麻花钻***

麻花钻是钻孔时所用的刀具，如图 9-3 所示。麻花钻的切削部分和几何角度，如图 9-4 所示。麻花钻前端为切削部分，有两条对称的主切削刃，导向部分边缘有两条副切削刃，主切削刃的夹角 2ϕ 称为顶角，标准麻花钻的顶角为 118°。在钻头的顶部，两主后面的交线形成横刃，横刃的前角为负角，因此在钻削时，横刃在挤压、刮削工件，切削条件很差。切屑都是从钻头的螺旋槽中排出，因此容易刮伤已加工表面。由于螺旋槽的存在，使钻头的实心部分较小，刚度较差，如果顶角刃磨不对称，形成的径向力易使钻头引偏，造成孔的位置误差。以上这些，都使麻花钻钻孔的精度较差，表面质量较低。

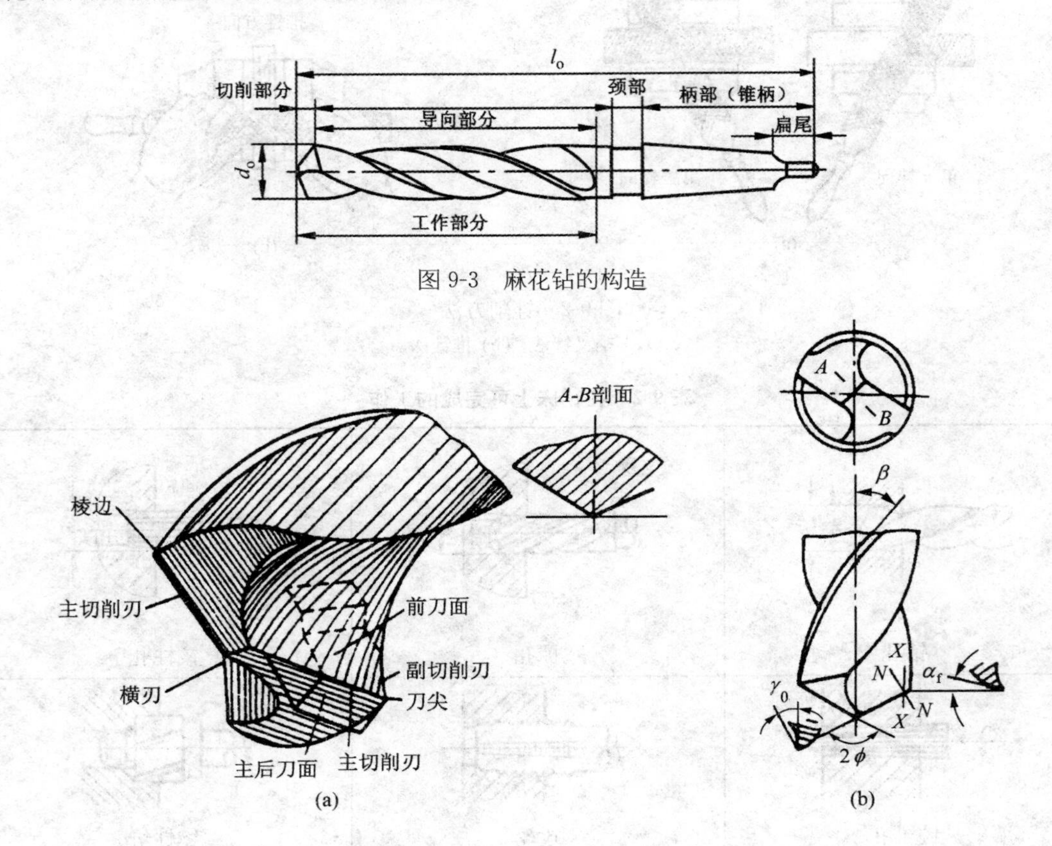

图 9-3 麻花钻的构造

图 9-4 麻花钻的切削部分

(a) 切削部分 (b) 几何角度

麻花钻的几何角度如图 9-4(b)所示，各自的定义及特点如表 9-3 所示。

表 9-3 麻花钻的主要几何角度

角 度	定 义	特 点	标准值
螺旋角 β	棱边切线与钻头轴线之夹角	β 大，切削方便，但钻头强度下降	$\beta = 18^\circ \sim 30^\circ$
顶角 2ϕ	两个主切削刃的夹角	2ϕ 越小，主切削刃越长，轴向力越小	$2\phi = 118^\circ$
前角 γ_0	正交平面 N-N 内前刀面与基面之夹角	从外缘至中心，γ_0 逐渐减小，切削条件变差	横刃处 $\gamma_0 = -54^\circ$
后角 α_f	轴向剖面（X-X 剖面）内后刀面与切削平面间的夹角	与 γ_0 变化相适应，从外缘至中心，α_f 增大，以保证切削刃等强度	外缘 $\alpha_f = 8^\circ \sim 10^\circ$

2）提高钻削精度的方法

在钻削生产中，常采用如下措施来提高钻削精度。

(1) 预钻锥形定心坑，用 $2\phi = 90^\circ \sim 100^\circ$ 的小顶角大直径麻花钻钻定心孔，使以后用标准麻花钻钻孔时定心作用好，减小了因横刃挤压引起的钻孔开始时的引偏现象。

(2) 用钻套为钻头导向，减小了钻孔开始时的引偏现象，特别在斜面或曲面上钻孔，效果格外明显。

(3) 两主切削刃刃磨对称，减小了因主切削刃不对称引起的径向力，从而减小了引偏。

(4) 在钻头上修磨分屑槽，将宽屑分割成几条窄屑，以利于排屑。

(5) 刃磨横刃，将横刃磨短以及在主切削刃上磨出凹圆弧，增大了横刃附近主切削刃上各点的前角，减小了横刃的不利影响。

(6) 合理使用切削液并注意排屑。

2. 扩孔

扩孔利用扩孔钻对已有的孔进行加工以扩大孔径（见图 9-5），并提高孔的精度和降低表面粗糙度。扩孔的精度可达 IT10～IT9，表面粗糙度值 Ra 值为 6.3～3.2 μm。

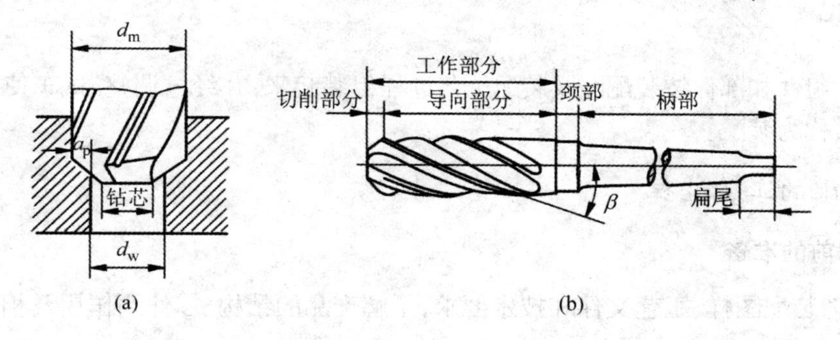

图 9-5　扩孔及扩孔钻
(a) 扩孔　(b) 扩孔钻

扩孔钻与麻花钻相比有以下特点。

(1) 刀齿数较多，有 3～4 个，导向性好，切削平稳。

(2) 加工余量较小，背吃刀量较小，$a_p = \dfrac{d_m - d_w}{2}$(mm)，容屑槽可做得较窄浅，故钻芯较粗，钻头刚度较大，可采用较大的进给量和切削速度。

(3) 无横刃，切削条件好。可以纠正钻孔时形成的位置误差。

(4) 扩孔直径，$10\ \text{mm} < d_m < 80\ \text{mm}$。

3. 铰孔

铰孔是用铰刀对孔进行精加工的方法。铰刀分为手用和机用两种，如图 9-6 所示。

铰孔具有以下特点。

(1) 铰刀刀齿多、刚度好、导向作用好，纠正误差能力强。

(2) 铰削余量小，加工变形小。

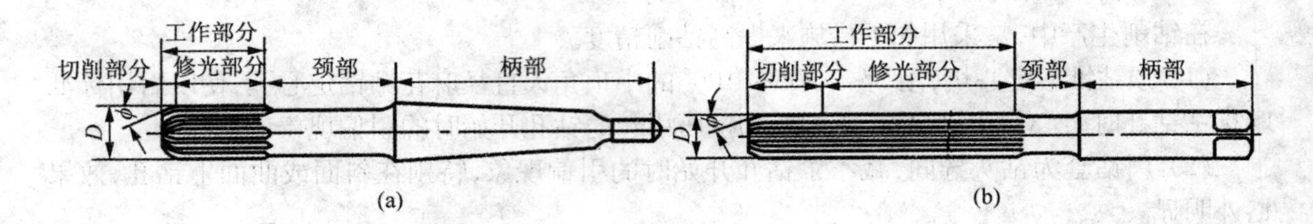

图 9-6 铰刀

(a) 机用铰刀 (b) 手用铰刀

(3) 有校准部分,可修光孔壁。

(4) 便于加工小孔和深孔,铰孔直径 1 mm $< d_m <$ 80 mm。

(5) 精度较高,铰孔的加工精度可达 IT8~IT6,表面粗糙度 Ra 值为 1.6~0.4 μm。

(6) 加工适应性差,不适宜加工阶梯孔、短孔和断续表面的孔,只能进行未淬火零件的精加工。

9.5 装配

将零件、组件和部件按装配图及装配工艺过程组装起来,并经过调整、试车使之成为合格产品的过程,称为装配。

9.5.1 装配的工艺过程

1. 装配前的准备

(1) 熟悉装配图样、工艺文件和技术要求,了解产品的结构、零件的作用及相互间的连接关系。

(2) 按照装配工艺规程确定的装配方法、顺序,准备所需的工具。

(3) 对零件进行清洗和清理工作。

(4) 对有些零件进行刮削和修配;旋转零部件的平衡;密封零部件的密封性试验等。

2. 装配

比较复杂的产品、工装,其装配工作可分部件装配和总装配两个阶段进行。

(1) 部件装配。在总装之前将两个以上的零件组合在一起或将零件与组合件结合起来而成为 1 个装配单元,称部件装配。

(2) 总装配。将零件和部件结合成一套完整的产品的过程称为总装配。

3. 调整、检验和试车

(1) 调整工作。调整各零件、机构间的相互位置、配合间隙,使各机构工作协调。

(2) 检查。检验工装的工作精度和几何精度。

(3) 试车。试验机构或机器运转的灵活性、振动、工作温升、噪声、转速、功率等性能是否符合要求。如果是工装,则将其放在实际生产条件下进行试用,以检验工装能否满足工艺要求,加工出的零部件是否合格以及检查工装的可靠性、合理性和安全性。

4. 油漆、涂油装箱、入库

9.5.2 装配方法

1. 互换装配法

可分完全互换法、不完全互换法和分组互换法三种形式。

(1) 完全互换法。在装配时各配合零件不经修配、选择和调整,即可达到装配精度。其特点是:装配简单,易于掌握,生产率高,便于组织流水作业,维修时零件互换方便。但对零件的加工精度要求比较高,制造费用也随之加大。

(2) 不完全互换法(又称大数互换法)。为克服完全互换法中对零件精度、加工难度和成本要求高的缺点,可以适当降低零件尺寸公差等级,扩大制造公差,使制造方便、成本降低。但在装配时要将少量超差的零件(出现概率小于 0.17%)剔除,其余零件进入装配线装配,它适用于大批量生产中。

(3) 分组互换法。在成批或大量生产中,将产品各配合副的零件按实测尺寸分组,然后按相应的组分别装配,在装配时,无须再选择的装配方法。其特点是:经分组后再装配,提高了装配精度;零件的制造公差可适当放大,降低了成本,但增加了零件测量分组工作。

2. 修配法

在装配过程中,根据装配的实际需要,修去某一配合件上的少量预留量,以消除其积累误差,达到装配精度的方法。这种由钳工边修、边装的方法称为修配法。它的优点是所需装配的零件加工精度要求低、成本低;但增加了装配难度,延长了装配时间,所以只适用于单件或小批量生产中。如车床前后顶尖不等高,就是采用在装配时,用刮研尾座的方法达到装配精度的。

3. 调整法

与修配法的原理相似,而调整法则用来更换零件,以改变其尺寸大小或改变零件的相应位置,来消除相关零件在装配过程中形成的累积误差,达到装配精度。

根据调整形式,调整法可分为固定调整法和活动调整法。

9.5.3 典型零件的装配

锥齿轮轴组件的装配步骤如下。

(1) 装配图将零件编号,并且零件对号计件。

(2) 清洗、去除油污、灰尘和切屑。

(3) 修整、修锉锐角、毛刺。

(4) 制定锥齿轮轴组件的装配单元系统图:

- 分析锥齿轮轴组件装配图和装配顺序,如图 9-7、图 9-8 所示,并确定装配基准零件;
- 绘一横线,如图 9-9 所示,表示装配基准(锥齿轮),标上名称代号和件数于线的左端;
- 按装配顺序,自左至右在横线上下列出零件、组件的名称、代号、件数;
- 至横线右端装毕,标上组件的名称、代号、件数于线的右端;

(5) 分组件组装，如 B-1 轴承外圈与 0 轴承套装配成轴承套分组件。

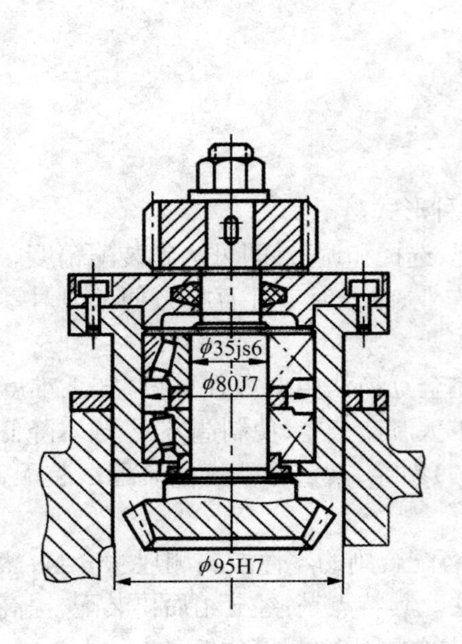

图 9-7 锥齿轮轴组件

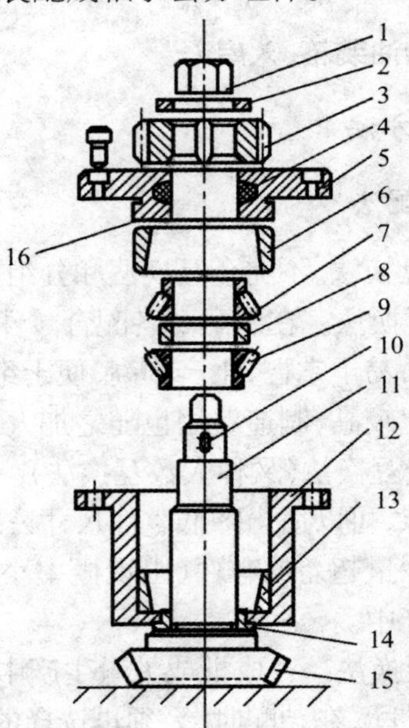

图 9-8 锥齿轮轴组件的装配顺序

1—螺母；2—垫圈；3—齿轮；4—毛毡；5—轴承盖；6—轴承外圈；7—滚动体；8—隔圈；9—滚动体；10—键；11—圆锥齿轮轴；12—轴承套；13—轴承外圈；14—衬垫；15—圆锥齿轮；16—调整面

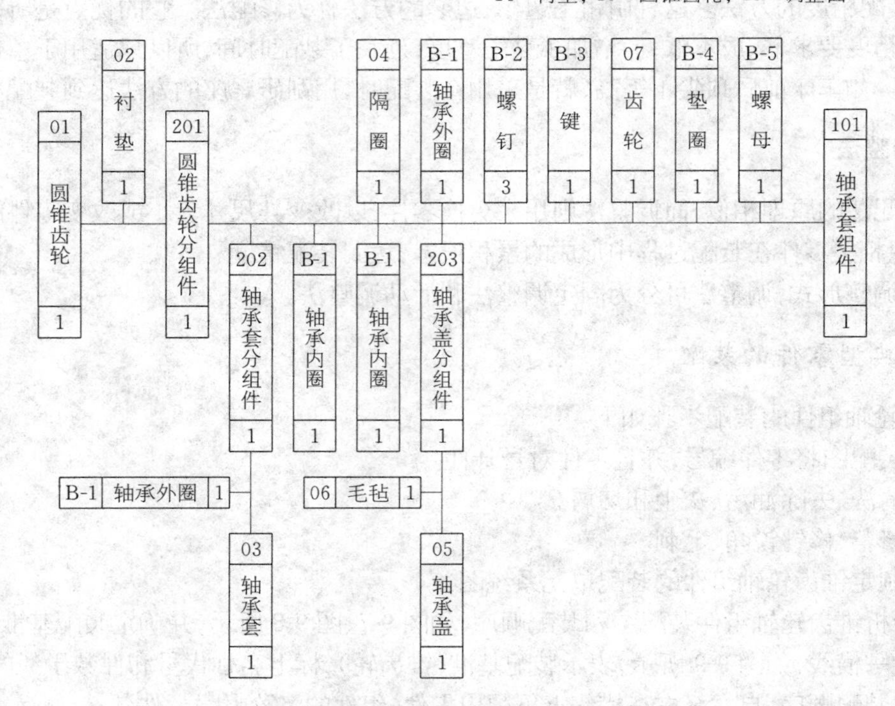

图 9-9 锥齿轮轴组件装配单元系统图

(6) 组件组装。以01锥齿轮为基准零件，将其他零件和分组件按一定的技术要求和顺序装配成锥齿轮轴组件。

(7) 检验。具体如下：

- 按装配单元系统图检查各装配组件和零件是否装配正确；
- 按装配图的技术要求，检验装配质量，如轴的转动灵活性、平稳性等。

(8) 入库。

习　题

9-1　试说出常用的钳工工艺方法有哪些？

9-2　根据你在金工实习中实习内容，说出8种常用的钳工工具及用途。

9-3　零件加工时为什么常常要划线？在哪些情况下可以不划线？

9-4　选取锯条的依据是什么？试分析锯条折断的原因。

9-5　交叉锉、推锉各有何优缺点？怎样正确使用？

9-6　钻削加工有哪些基本特点和类型？

9-7　为什么钻削的精度和表面质量难以提高？

9-8　提高钻削精度的方法有哪些？

9-9　零件、组件、部件、机器之间有什么联系？

9-10　装配单元、组件级数和机器结构之间有什么联系？

9-11　装配单元系统图对装配工作有什么意义？

9-12　试对C6132主轴箱、进给箱进行拆卸和装配以理解典型零件的装配要求。

第 10 章　车削加工

10.1　概述

10.1.1　车削加工范围

在车床上的车削加工是指用车刀进行切削加工。车削加工时，工件作回转运动，车刀作进给运动，刀尖点的运动轨迹在工件回转表面上，切除一定的材料，从而形成所要求的工件的形状。工件的回转为主运动，而刀具的进给运动可以是直线运动，也可以是曲线运动。不同的进给方式，车削形成不同的工件表面。在原理上，车削所形成的工件表面总是与工件的回转轴线是同轴的。车削能形成的工件型面有内表面和外表面的圆柱面、端面、圆锥面、球面、椭圆柱面、沟槽、螺旋面和其他特殊型面，如表 10-1 所示。

表 10-1　车削的加工类型

车端面 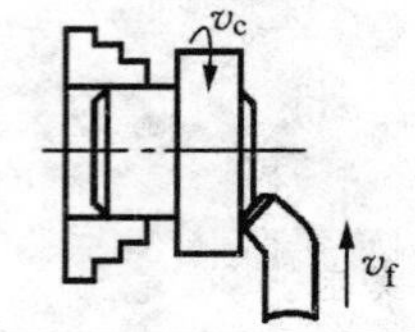	车外圆 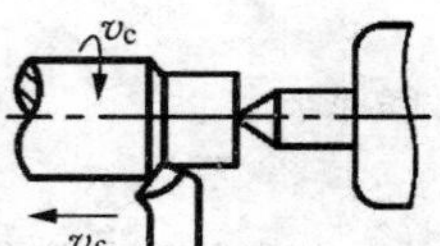	外圆滚花 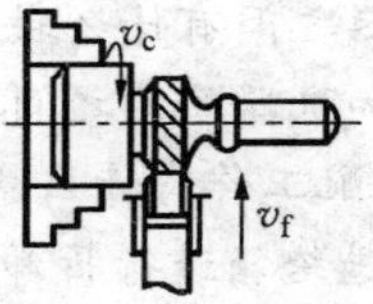	钻孔 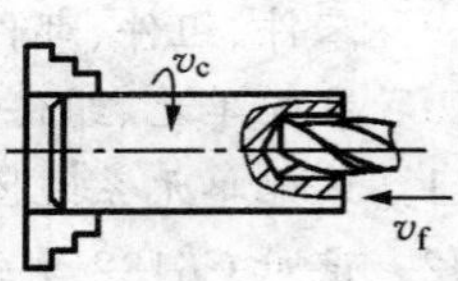
铰孔 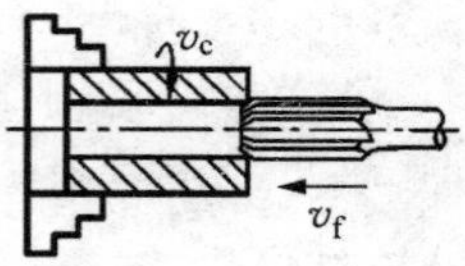	车孔 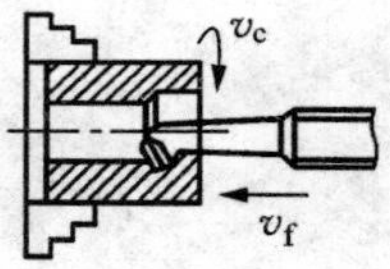	车外螺纹 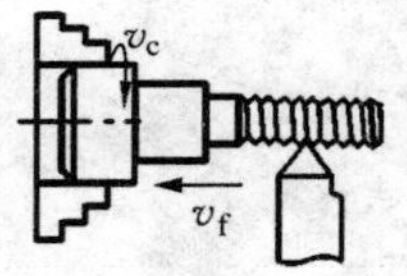	车内螺纹 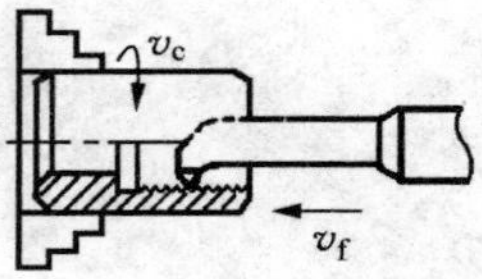
攻内螺纹 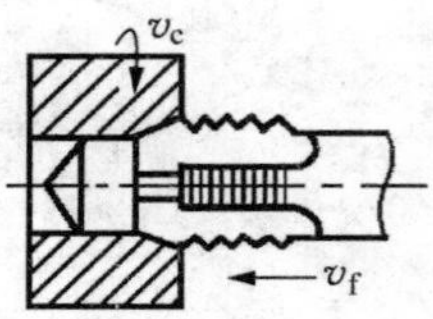	切外槽 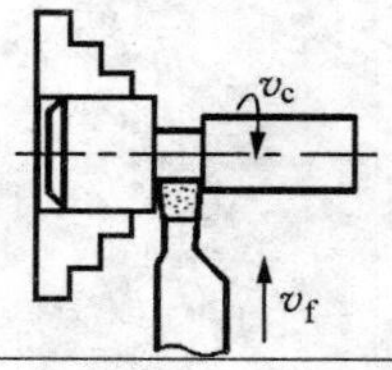	切内槽 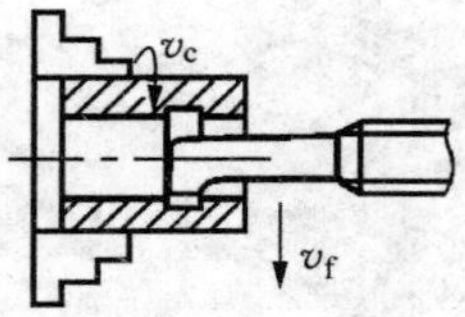	切端面槽 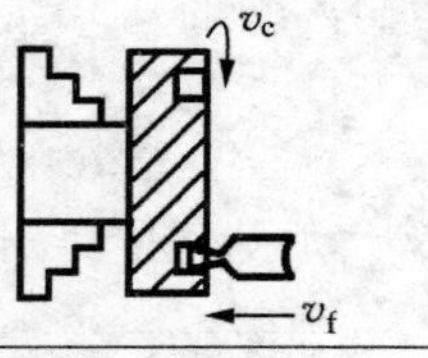
车锥面 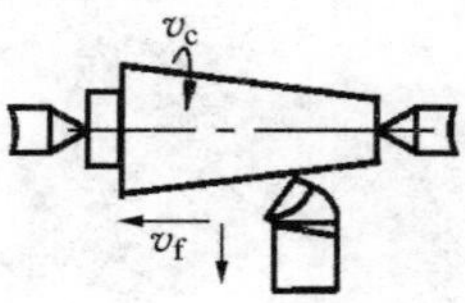	车外球面 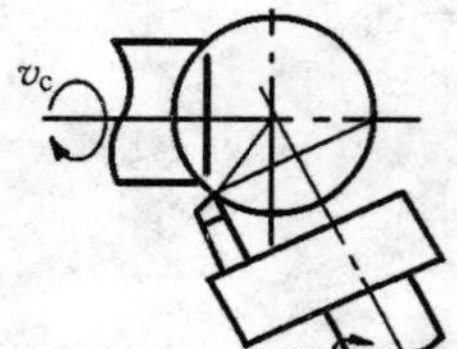	车内球面 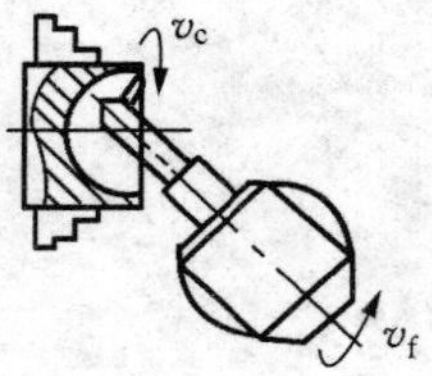	车椭圆柱面 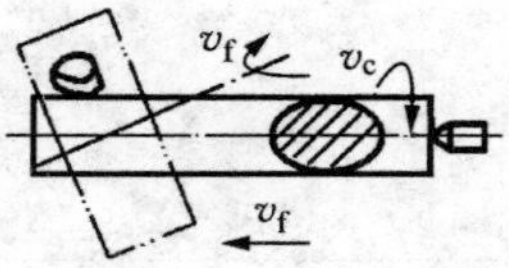

（续表）

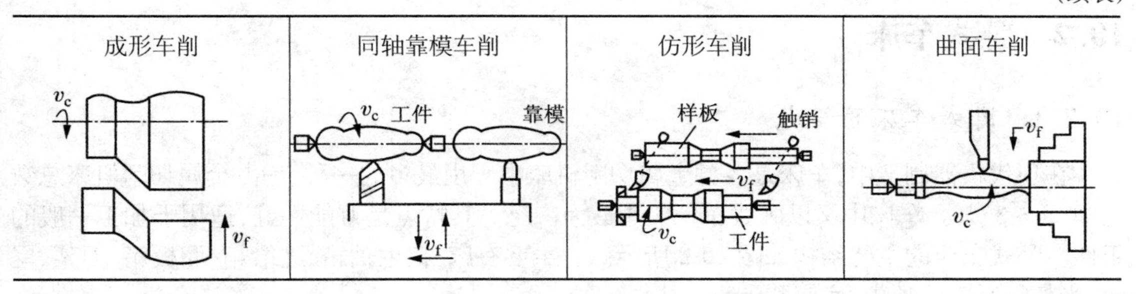

车床的成形运动特点，决定了车床适应于加工零件的各种回转表面。常用的 9 种最主要车刀的名称、形状和工作位置如图 10-1 所示。1 为切断车刀，适合于切口、切断；2 和 3 为右偏刀（由床尾向床头方向进给），适合加工外圆和倒角；4 为 90°右偏刀，适于修正外圆和直角台阶；5 为宽刃光刀，适于精加工外圆；6 为 90°端面车刀，适于加工端面；7 为右偏刀，适于加工外圆和直角台阶；8 为内孔车刀，适于加工通孔；9 为内孔端面车刀，适于加工不通孔端面。

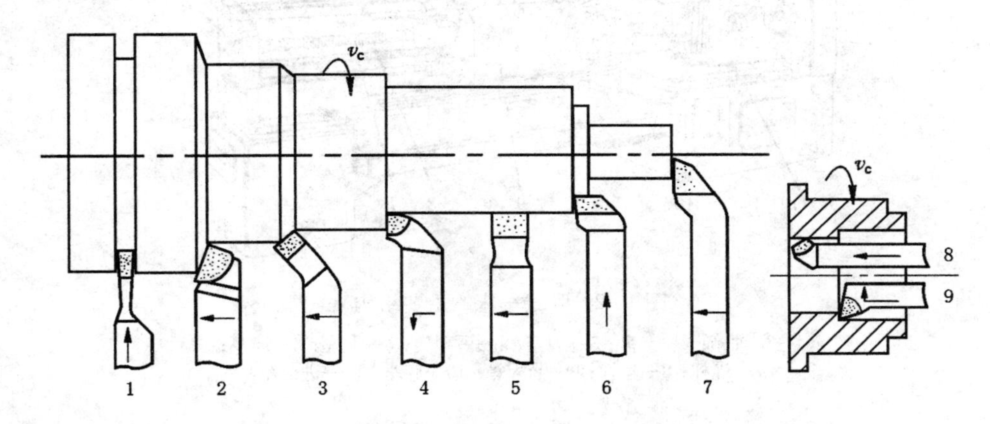

图 10-1　9 种主要车刀的工作位置

1—切断刀；2—75°右偏刀；3—45°右偏刀；4—90°右偏刀；5—宽刃光刀；6—端面 90°车刀；7—90°右偏刀；8—内孔车刀；9—内孔端面车刀

车削加工的经济精度为 IT11～IT7，最高可达 IT6；表面粗糙度 R_a 值为 12.5～0.8 μm。

10.1.2　车削加工的工艺特点

车削加工是应用最为广泛的加工工艺。其主要特点为：

(1) 易于保证各加工面之间的位置精度。车削时，工件作主运动绕某一固定轴回转，各表面具有同一的回转轴线。因此，各加工表面的位置精度容易控制和保证。

(2) 切削过程比较平稳。一般情况下车削过程是连续进行的，不像铣削和刨削，在一次走刀过程中，刀齿有多次切入和切出，产生冲击。并且当刀具几何形状以及 a_p 和 f 一定时，切削层的截面尺寸稳定不变，切削面积和切削力基本不变，故切削过程比铣削、刨削稳定。又由于车削的主运动为回转运动，避免了惯性力和冲击的影响，所以车削允许采用较大的切削用量，进行高速切削或强力切削，有利于生产率的提高。

(3) 刀具简单。车刀是机床刀具中最简单的一种，制造、刃磨和安装都比较方便。

10.2 卧式车床

10.2.1 卧式车床的组成

在现代机器制造中，车床是各种金属切削机床中应用最多的一种，约占金属切削机床总数的20%～35%。车床中又以卧式车床应用最为广泛。其特点是万能性好，适用于加工一般的工件。卧式车床的主要结构如图10-2所示。它主要有床身、主轴箱、进给箱、溜板箱、刀架、尾座、光杠、丝杠、后顶尖、底座和卡盘组成。

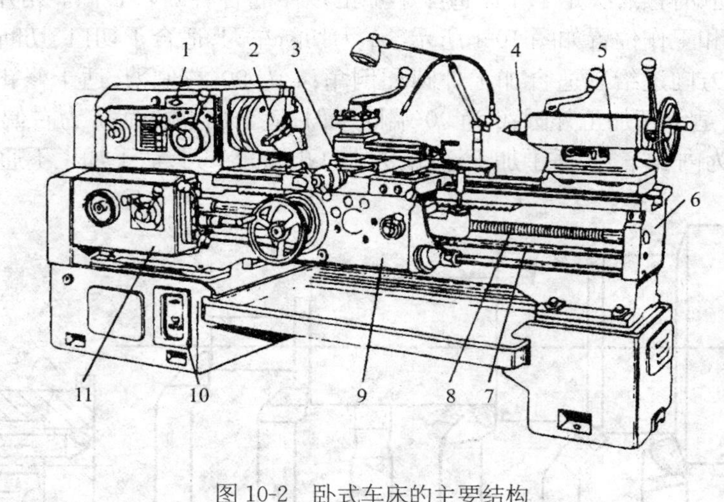

图10-2 卧式车床的主要结构

1—主轴箱；2—卡盘；3—刀架；4—后顶尖；5—尾座；6—床身；
7—光杠；8—丝杠；9—溜板箱；10—底座；11—进给箱

(1) 床身是支撑车床的基础部分，连接各主要部件并保证各部件之间有准确的相对位置，床身上面有两条相互平行的纵向导轨，分别来承放刀架和尾座。

(2) 主轴箱内装有主轴和主轴变速机构。通过改变变速机构手柄的位置使主轴获得各档转速。主轴为一空心轴，前端的内锥面用来安装顶尖，外锥面可安装卡盘等车床附件。主轴带动工件旋转，同时通过传动齿轮带动挂轮旋转，将运动传至进给箱。

(3) 进给箱内装有进给运动的变换机构，用以改变进给量或加工螺纹的导程，进给箱的作用是将主轴的旋转运动传给光杠或丝杠。

(4) 溜板箱是车床进给运动的操纵箱。溜板箱内有纵横向进给传动机构、反正向机构、开合螺母机构、快速移动机构、过载保护机构、互锁机构等。通过箱内的齿轮变换，将光杠传来的旋转运动变为车刀的直线运动；也可操纵对开螺母，由丝杠带动车刀作纵向移动，车削螺纹。

(5) 刀架由大拖板、中拖板、转盘、小拖板和方刀架组成。用来装夹车刀并可作纵向、横向和斜向运动。

(6) 尾座支撑工件，安装孔加工刀具，可在导轨上纵向移动并固定在所需位置上。

(7) 光杠是将进给箱的运动传给溜板箱，使车刀作自动进给。

(8) 丝杠在车削螺纹时使车刀按要求作纵向移动。

10.2.2 车床的传动系统

C6132 型卧式车床传动系统如图 10-3 所示。

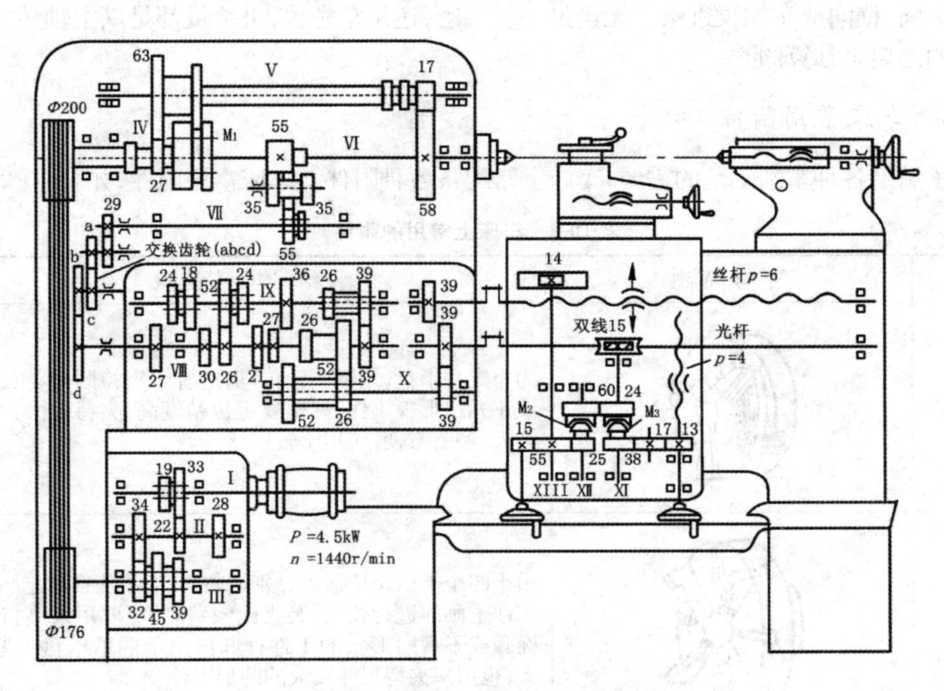

图 10-3 C6132 型卧式车床传动系统

1. 主运动传动

主运动传动路线是电机→ Ⅰ轴 →Ⅱ轴→Ⅲ轴→ Ⅳ轴→ Ⅴ轴→主轴 Ⅵ 。主运动传动

（Ⅳ轴 ——M_1——→ 主轴 Ⅵ）

路线可用传动结构式表示，即按机床的传动顺序，以传动件的传动比关系列出：

$$\text{电机}(1\,440\ \text{r/min})\text{——Ⅰ轴——}\left\{\begin{matrix}33/22\\19/34\end{matrix}\right\}\text{——Ⅱ轴——}\left\{\begin{matrix}34/32\\22/45\\28/39\end{matrix}\right\}\text{——Ⅲ轴——}\frac{\phi176}{\phi200}\text{——}$$

$$\underbrace{\text{Ⅳ轴——离合器 }M_1\left\{\begin{matrix}\text{向右(图示位置)}27/63\text{—轴 Ⅴ—}17/58\\\text{向左}\end{matrix}\right\}\text{——主轴Ⅵ}}_{\text{主轴箱}}$$

从车床的电机到主轴的结构式中，每一条路线，根据传动链传动比的计算都可以求得一种转速。例如，图示位置的传动路线其主轴转速，可计算如下：

$$n_{\text{主轴}} = 1\,440 \times 33/22 \times 34/32 \times 176/200 \times 0.98 \times 27/63 \times 17/58 \approx 249(\text{r/min})\text{。}$$

该车床的最高转速为 1 980 *r/min*，最低转速为 45 *r/min*。主轴的反转是通过电机的反转来实现的。

2. 进给运动传动

机床的进给运动是从主轴开始的。通过反向机构、挂轮、进给箱和溜板箱的传动机构，使刀架作纵向、横向或车螺纹进给。无论是一般车削，还是车螺纹，进给量都是以主轴转一转，刀具移动的距离来计算的。

10.2.3 车床常用附件

为了满足各种车削工艺的需要，车床上常配备各种附件。车床常用附件，如表 10-2 所示。

表 10-2 车床上常用的附件

附件名称	结构简图	结构特点
三爪卡盘		为自定心卡盘，用锥齿轮传动；适宜于夹持圆形、正三角形或正六边形等工件；其重复定位精度高、夹持范围大、夹紧力大、调整方便，应用比较广泛
四爪卡盘		由于四个卡爪是用扳手分别调整的，故不能自动定心，需在工件上画线进行找正，装夹比较费时；主要用来夹持方形、椭圆或不规则形状的工件；同时，由于四爪卡盘夹紧力较大，也用来夹持尺寸较大的圆形工件
花　盘		安装形状复杂的工件，在花盘上安装工件时，找正比较费时；同时，要用平衡铁平衡工件和弯板等，以防止旋转时发生振动
顶　尖		较长或加工工序较多的轴类工件，常采用两顶尖安装；工件装在前、后顶尖之间，由卡箍、拨盘或卡盘代替拨盘带动工件旋转，前顶尖装在主轴上，和工件一起旋转，后顶尖装在尾座上固定不转
心　轴	心轴　工件	安装形状复杂和同心要求较高的套筒类零件；先加工孔，然后以孔定位，安装在心轴上加工外圆，以保证外圆和内孔的同轴度，端面和孔的垂直度

(续表)

附件名称	结构简图	结构特点
中心架		中心架是固定在床身导轨上的,用以车削有台阶或需要调头车削的细长轴,以增加轴的刚度,避免加工时由于刚度不够而产生形状误差
跟刀架		跟刀架装在车床刀架的大拖板上,与整个刀架一起移动,用来车削细长的光轴,以增加轴的刚度,避免加工时由于刚度不够而产生形状误差

10.3 车削加工基本方法

10.3.1 车削外圆

车削加工最基本的是车削外圆。车外圆常须经过粗车和精车两个步骤。粗车的目的是尽快地从毛坯上切去大部分加工余量,使工件接近最后形状和尺寸。为了保护刀刃,提高刀具的耐用度,减少基本工艺时间,粗车时第一刀的背吃刀量应尽量取得大些,并尽可能将粗车余量在一次或两次进给中切去。车削铸件、锻件时,因表面有硬皮,可先车端面,或者先倒角,然后选择大于硬皮厚度的背吃刀量,以免刀刃被硬皮过快磨损。

粗车时在机床及刀具的强度及工件刚度许可的情况下,进给量也应尽量取大一些(0.3～1.2 mm/r),以提高生产率。而采用中等或中等偏低的切削速度,以提高刀具的耐用度。

精车时主要考虑保证加工精度和表面粗糙度的要求,一般采用较小的背吃刀量和进给量,采用较高的切削速度。

车削外圆的步骤如下:

(1) 工件安装。应使工件安装正确,即应使工件轴线与车床主轴轴线重合。同时工件应尽量夹紧。

(2) 车刀安装。应使车刀安装正确,即刀尖应与工件回转轴线等高。车刀刀杆应与车床轴线垂直。车刀在方刀架伸出的长度,一般以刀体高度的 1.5～2 倍为宜。刀杆下垫片应平整,以少量为宜。

(3) 机床调整。用变速手柄调整主轴转速和进给量。

(4) 试切。通过试切来确定背吃刀量,以准确控制尺寸。

(5) 车削外圆。

10.3.2 车削端面

车削端面时,常用偏刀或弯头车刀如图 10-4 所示。车刀安装时,刀尖应准确对准工件中心,以免车出的端面中心留有凸台。

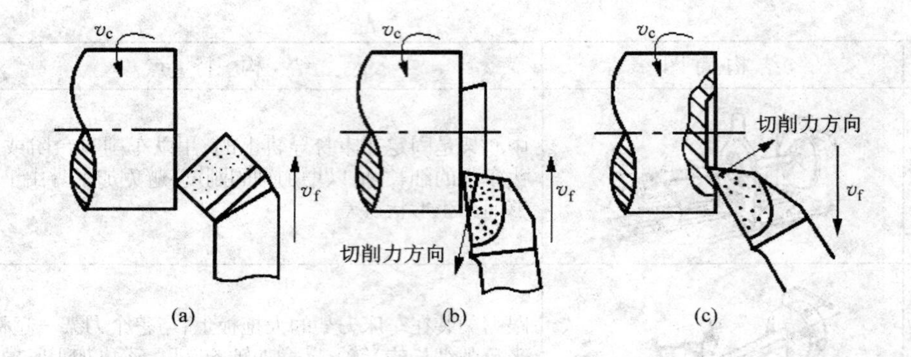

图 10-4　车削端面

(a) 用弯头车刀车端面　(b) 用偏刀车端面　(c) 用偏刀精车端面

10.3.3　车削锥面

锥面分外锥面和内锥面。锥面车削的方法有：

1）宽刀法（又称样板刀法）

如图 10-5(a)所示，宽刀法仅适用于车削较短的内、外圆锥面。优点是生产率高，能加工任意角度的圆锥面。缺点是加工的圆锥面长度较小且要求机床与工件系统有较好的刚度。

2）转动小拖板法

如图 10-5(b)所示，将刀架小拖板绕转盘轴线转一 α 角(α 为锥面的斜角)，然后用螺钉紧

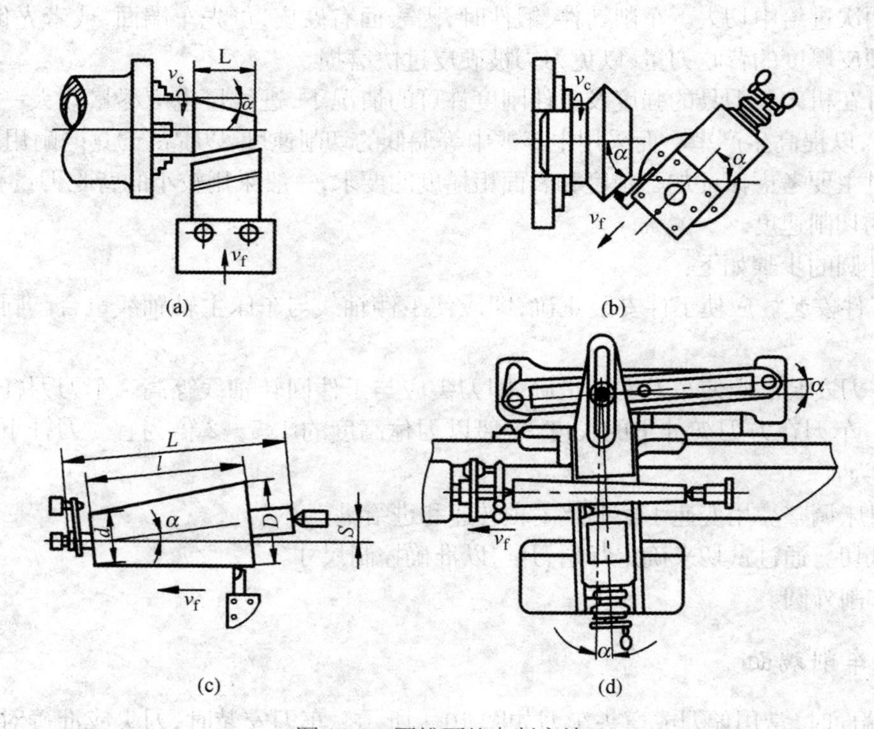

图 10-5　圆锥面的车削方法

(a) 宽刀法　(b) 转动小拖板法　(c) 偏移尾座法　(d) 靠模法

固。加工时，转动小拖板手柄，使车刀沿锥面的母线移动，从而加工出所需的圆锥面。这种方法的优点是调整方便，操作简单，可以加工斜角为任意大小的内外圆锥面，因而应用广泛。缺点是所切圆锥面的长度受小拖板行程长度的限制，且不能自动进给。

3）偏移尾座法

如图 10-5(c)所示，把尾座顶尖偏移一个距离 S，式中：

$$S=\frac{D-d}{2l}L$$

D——圆锥大端直径(mm)；

d——圆锥小端直径(mm)；

L——2 件总长(mm)；

l——圆锥部分长度(mm)。

使工件的旋转轴线与机床主轴轴线相交一个 α 角，利用车刀的纵向进给，车出所需的圆锥面。

这种方法的优点是能自动进给车削较长的圆锥面。缺点是不能加工锥孔和锥角很大的圆锥面(一般 $\alpha < 8°$)，而且精确调整尾座偏移量较费时。

根据图 10-5(c)，可以方便地计算出尾座偏移量和锥角的关系。

4）靠模板法

如图 10-5(d)所示，靠模板法适宜于大量生产，可加工内外圆锥面，自动进给，加工精度较高。

10.3.4 车成形面

对带有表面轮廓为曲面的成形面如手柄、手轮等零件加工，称成形面加工。一般可采用双手控制法、成形刀法和靠模法加工。

10.3.5 车螺纹

1. 螺纹的分类

螺纹的应用非常广泛，根据不同的用途，螺纹可分为两大类：

(1) 连接螺纹。用于零件间的固定连接，如各种螺栓和螺钉的螺纹。

(2) 传动螺纹。用于传递动力和运动，如机床丝杠螺纹。

根据截形不同，螺纹可分为三角螺纹、梯形螺纹、方牙螺纹等(见图 10-6)。其中三角螺纹主要用作连接，梯形、方牙螺纹主要用作传动。

2. 螺纹的几何要素

螺纹总是成对使用的，为了获得正确的内外螺纹的配合，螺纹必须具备五个基本要素(见图 10-7)。

(1) 大径(d 或 D)。外螺纹的牙顶直径或内螺纹的牙底直径。其中小写字母表示外螺纹，大写字母表示内螺纹(以下均同)。

(2) 小径(d_1 或 D_1)。外螺纹的牙底直径或内螺纹的牙顶直径。

(3) 中径(d_2 或 D_2)。轴向剖面内，牙厚等于牙间距的假想圆柱直径。

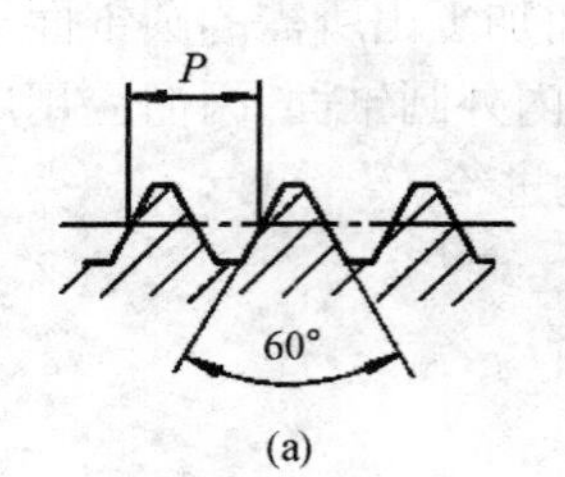

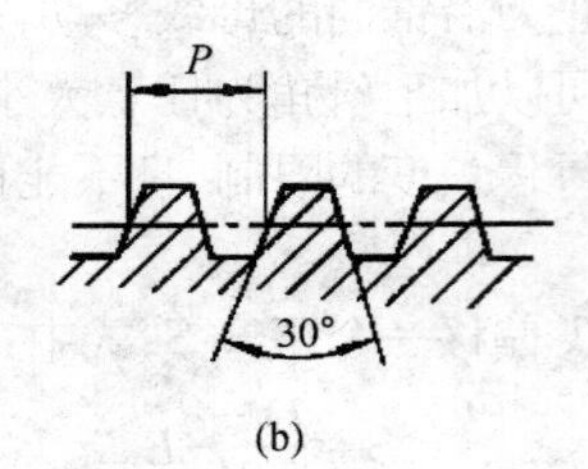

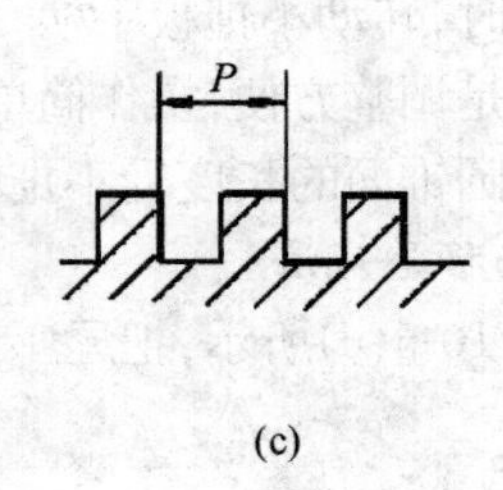

图 10-6　螺纹的牙形

(a) 三角螺纹　(b) 梯形螺纹　(c) 方牙螺纹

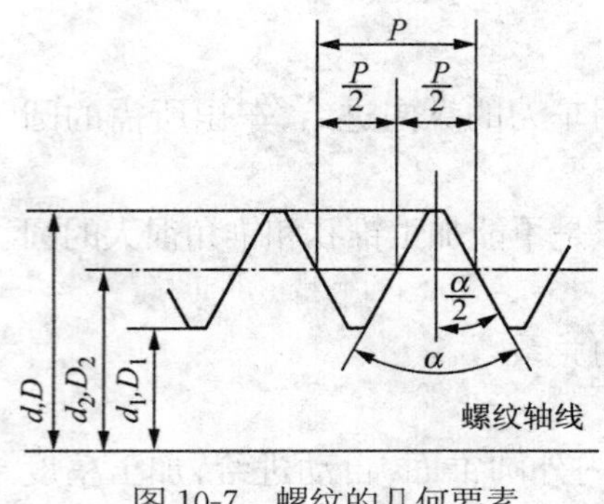

图 10-7　螺纹的几何要素

(4) 螺距(P)。相邻两螺纹牙平行侧面间的轴向距离。

(5) 牙形半角($\alpha/2$)。轴向剖面内,螺纹牙形的一条侧边与螺纹轴线的垂线间的夹角。普通螺纹的 $\alpha/2=30°$。

其中螺距、牙形半角和中径对螺纹的配合精度影响最大,称为螺纹三要素。

3. 螺纹的车削

车削是最常用的螺纹加工方法。在车螺纹中应注意以下几点。

(1) 牙形角 α 的保证。牙形角 α 取决于车刀的刃磨和安装(见图 10-8)。普通公制螺纹车刀刀尖角应为 60°,车刀前角 $\gamma_0=0°$。安装螺纹车刀时,应使刀尖与工件轴线等高,刀头中心线应与工件轴线垂直,可用角度样板对刀。

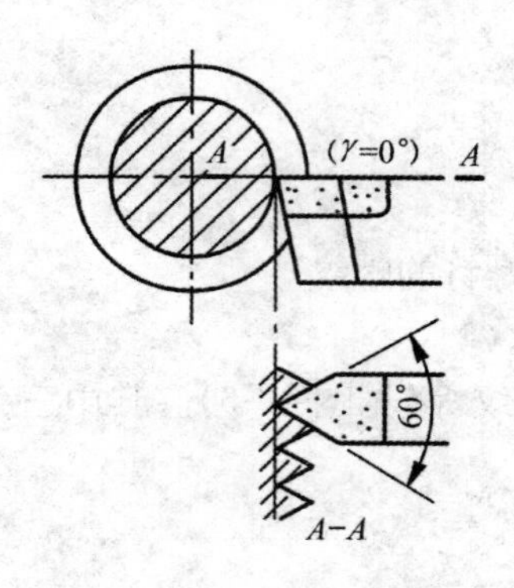

图 10-8　螺纹车刀的刃磨角度

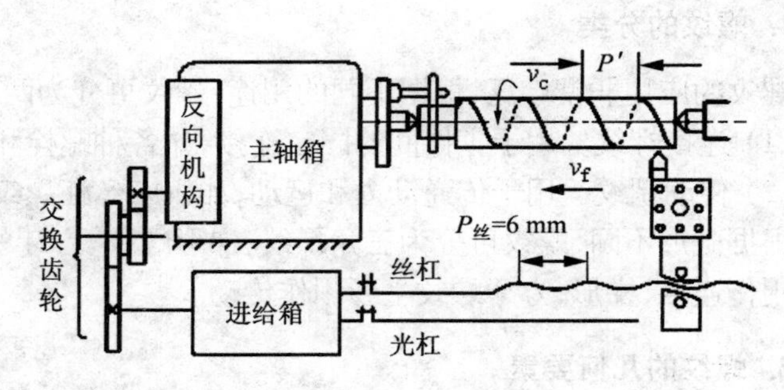

图 10-9　车螺纹的进给系统

(2) 螺距 P 的保证。为了获得准确的螺距,必须用丝杠带动刀架进给,使工件每转一周,刀具移动的距离等于工件的螺距。此时,主轴至丝杠的传动路线如图 10-9 所示。由图可见,更换交换齿轮或改变进给箱手柄位置,即可改变丝杠的转速,从而车出不同螺距的螺纹。

(3) 中径 d_2 或 D_2 的保证。螺纹的中径是靠控制多次进刀的总背吃刀量来保证的,并用螺纹量规等进行检验。

10.4 其他车床简介

在生产上,除卧式车床(普通车床)以外,常用的还有六角车床、立式车床、自动车床、数控车床等。具体的性能特点和适用范围如表 10-3 所示。

表 10-3 各种车床的特点和适用范围

车床名称	特　点	适用范围
卧式车床	• 有常用的车削米制螺纹功能 • 结构简单,主轴转速级数较少 • 整机刚度好,有较大的动力参数	适用于大中型机械制造业、大批或成批生产,为Ⅴ级精度机床
精密卧式车床	• 具有较高的生产率,可车削各种型面 • 刚度和抗振性好,主运动系统和进给运动系统精度高 • 有机械、电气或液压变速和自动定程装置	适用于工具、仪器仪表及机械制造业大批或成批生产,用以加工较为精密的轴套、盘类等零件,为Ⅳ级精度车床
万能卧式车床	• 有车削米制、英制、模数与径节螺纹功能 • 有较多级数的主轴转速和进给量 • 有足够的刚度和进给量	适用于一般机械制造业的单件小批生产,为Ⅴ级精度机床
落地车床	• 主轴箱落地,省去床身 • 刀架座可在基座平板上纵横多位置安放 • 小刀架在大刀架上纵横移动	适用于直径大、长度短、质量较小的盘、环、薄壁筒形工件
立式车床	• 主轴垂直布置,并有一个直径很大的圆形工作台 • 工件重量由床身导轨或推力轴承承受,易保证加工精度 • 在横梁上布置刀架和侧刀架,并有回转刀架	适用于加工直径大,轴向尺寸相对较小、高径比 0.32～0.8、形状复杂的大型和重型工件
转塔式六角车床	• 无尾座、丝杠 • 有六角刀架,加工中可多次更换不同的刀具	适用于内外表面均需在一次安装中加工的中型复杂件
单轴自动车床	采用凸轮和挡块或数控系统自动控制刀架、主轴箱的运动和其他辅助运动	按一定程序自动完成工作循环,主要用于棒料、盘料加工
多轴自动车床	机床的前刀架和后刀架各装有与主轴数目相同的同样刀具,前后刀架依次对夹持在主轴中的坯料进行切削,每个工作循环可加工出与主轴数目相同的工件	在大批大量生产条件下,加工几何形状简单的轴、套类工件,机床可进行简单外圆、成形、切槽、倒角及切断工作
数控车床	• 主轴转速和进给速度高 • 精度高 • 能实现多种工序复合的全部加工 • 高柔性	适用于中、小型较高精度要求的回转体零件(含回转体成形面)加工,具有高自动化、高精度、高柔性的特点

习　题

10-1　常用的车床类型有哪些？在车床上能够完成哪些工作？

10-2　为什么车削应用广泛？车削能达到的经济精度和表面粗糙度范围为多少？

10-3　在普通车床传动系统中，由哪几条传动链组成？它们的传动路线如何？

10-4　车削加工有哪些装夹方式，各用于何种场合？

10-5　车削锥面有哪些方法，各有什么特点？

10-6　有一带锥体的工件，工件全长 480 mm，锥体长 440 mm，锥面大端直径 $D = 50$ mm，锥面小端直径 $d = 48$ mm，请问：①能否用偏移尾座法加工？②若用偏移尾座法加工，尾座偏移量为多少？

10-7　在车床上钻孔，若钻头引偏对所加工的孔有何影响？

10-8　在车床上适合镗何种孔？

10-9　按图 10-3 列式计算出主轴的最高和最低转速。

10-10　车床主轴转速提高一倍，进给量提高多少？

10-11　为什么车螺纹要用丝杠传动而不用光杠传动？车外圆要用光杠传动而不用丝杠传动？

10-12　粗车和精车的加工要求是什么？切削用量的选择和刀具的选择分别有什么不同？

第 11 章　铣、刨、镗、拉削加工

11.1　铣削加工

11.1.1　铣削加工范围

铣削加工是用铣刀对工件进行切削加工的方法。铣刀是多齿刀具，铣削时铣刀回转运动是主运动，工件作直线或曲线运动，是进给运动。铣刀一般有几个齿同时参加切削，铣削能形成的工件型面有平面、槽、成形面、螺旋槽、齿轮和其他特殊型面，如表 11-1 所示。

表 11-1　铣削的加工类型

曲面类工件	铣平面 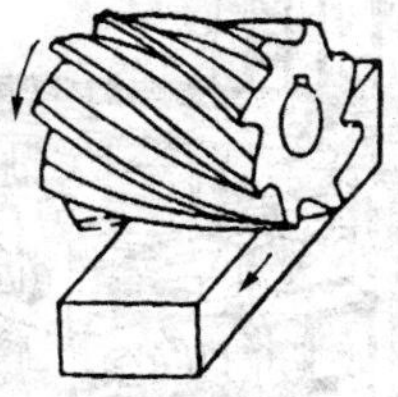	铣成形面 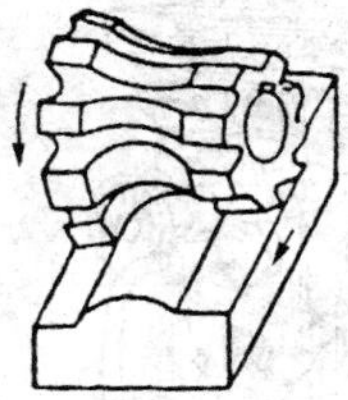	铣齿轮 
槽类工件	铣键槽 	铣螺旋槽 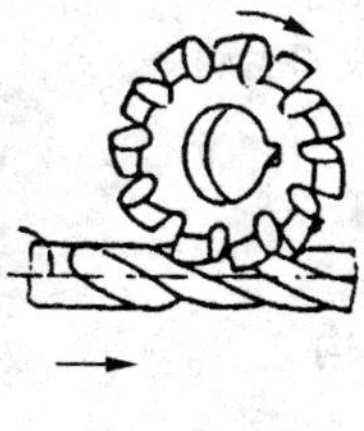	铣圆弧槽 

铣削加工的经济精度为 $IT9 \sim IT7$，最高精度达 $IT6$。经济表面粗糙度 Ra 值为 6.2～3.2 μm，最低可达 0.8μm。

11.1.2　铣削加工工艺特点

铣削加工是应用较为广泛的加工工艺，其主要特点为如下。

(1) 生产率较高。由于铣削是多齿刀具，铣削时有几个刀齿同时参加切削，总的切削宽度较大。铣削的主运动是铣刀的旋转，有利于高速铣削，所以铣削的生产率一般比刨削高。

(2) 刀齿散热条件较好。铣刀刀齿在切离工件的一段时间内，可以得到一定的冷却，散热条件较好。但是，切入和切离时热和力的冲击，将加速刀具的磨损，甚至可能引起硬质合金刀片的碎裂。

(3) 容易产生振动。由于铣削时参加切削的刀齿数以及在铣削时每个刀齿的切削厚度的变化，会引起切削力和切削面积的变化，因此，铣削过程不平稳，容易产生振动。铣削过程的不平稳性，限制了铣削加工质量和生产率的进一步提高。

11.2 铣床

在现代机器制造中，铣床约占金属切削机床总数的25%左右。常用的铣床为升降台铣床。升降台铣床是应用较为广泛的铣床类型，可分为卧式升降台铣床(见图11-1)、立式升降台铣床(见图11-2)和工具铣床三种。

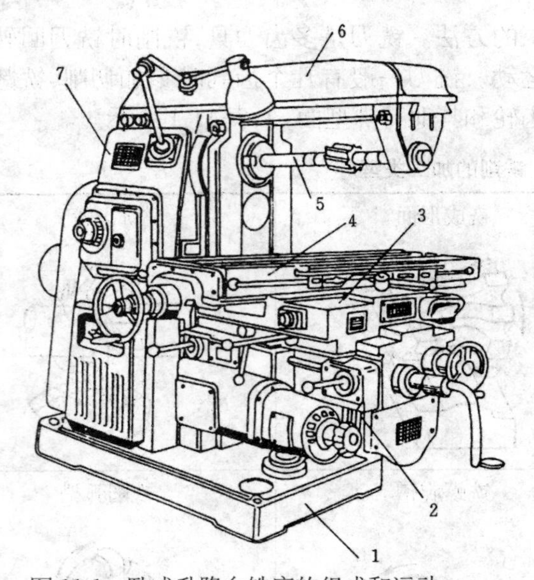

图11-1 卧式升降台铣床的组成和运动

1—底座；2—升降台；3—滑座；4—工作台；5—主轴；6—横梁；7—床身

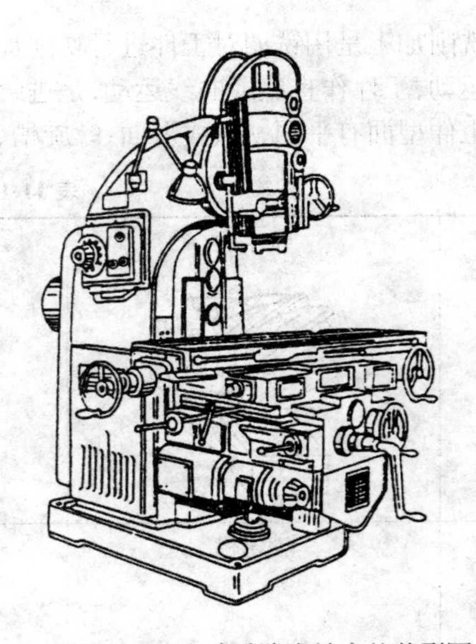

图11-2 立式升降台铣床的外形图

11.2.1 升降台铣床的主要结构

(1) 主轴。安装铣刀的部件，直接承受切削力、扭矩及由此产生的振动，故必须有足够的强度、刚度和良好的抗振性，保证切削过程平稳，因此主轴部件是铣床的关键部件。

(2) 升降台。带动工作台、转台和横向溜板沿床身垂直导轨移动，以调整台面到铣刀间的距离。升降台内部装有进给运动的电机及传动系统。

(3) 滑座。用以带动工作台沿升降台水平导轨作横向移动，在对刀时调整工件与铣刀间的横向位置。万能升降台铣床在工作台和滑座之间增加了一层转台，允许工作台在水平面内转动±45°。

(4) 工作台。用来安装工件和夹具，通过传动丝杠可带动工作台作纵向进给运动。

11.2.2 分度头及其工作

分度头是铣床的重要附件之一，可用来作为铣齿轮、齿条、螺旋槽、多边形、花键等工件的分度。

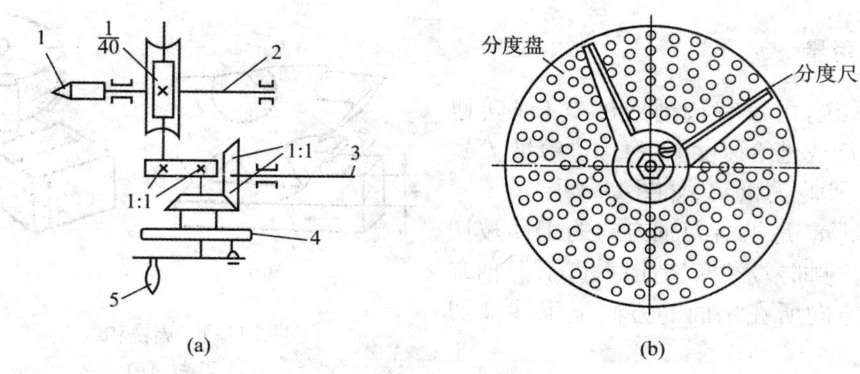

图 11-3　分度头工作原理示意图

(a) 分度头传动系统图　(b) 分度盘

1—顶尖；2—分度头主轴；3—分度头侧轴；4—分度盘；5—分度头手柄

图 11-3(a)为 W125 分度头工作原理。分度头的主轴前端有莫氏锥孔,用于安装顶尖,外部有一定位圆锥体,用于安装三爪卡盘。转动分度手柄 5,经传动比 $i=1$ 的圆柱齿轮副、传动比 $i=1/40$ 的蜗轮蜗杆副,可带动分度头主轴回转至所需分度位置。若要工件转一周,手柄须转 40 转。假如工件的等分数为 Z,则每次分度时,工件应转过 $1/Z$ 周。因此,分度头手柄每次转数:

$$n=40\times\frac{1}{Z}=\frac{40}{Z}\text{周。}$$

例如:　$Z=17$, $n=\frac{40}{17}=2\frac{6}{17}$ 周。

应用上式求得 n 不是整数时,就要借助分度盘来分度,如图 11-3(b)所示。$FW125$ 型分度头配有三块分度盘,可供分度选用,每块分度盘共有 8 个孔圈,其孔数分别为:

第一块:16, 24, 30, 36, 41, 47, 57, 59;

第二块:23, 25, 28, 33, 39, 43, 51, 61;

第三块:22, 27, 29, 31, 37, 49, 53, 63。

上式 $Z=2\frac{6}{17}=2\frac{18}{51}$ 周时,则可利用分度盘上孔数为 17 的倍数(如 51)的孔圈,将定位销调整至分度盘上 51 的孔圈上,转 2 圈又 18 个孔距,主轴便准确地转了 $2\frac{6}{17}$ 周。

以上分度方法是简单分度方法,也是最常用的一种分度方法。

11.3　铣削加工基本方法

11.3.1　铣削方式

铣削方式对铣刀的耐用度、工件表面粗糙度、铣削平稳性和生产率都有很大的关系。铣削时,应根据它们的各自特点,采用合理的铣削方式。

1. 铣削用量

铣削时切削用量有铣削速度 v_c（或转速 n_0）、进给量 f（或进给速度 v_f、每齿进给量 f_z）、背吃刀量 a_p、侧吃刀量 a_e，如图 11-4 所示。

背吃刀量 a_p 是指沿刀轴方向的工件被切削层的尺寸。侧吃刀量 a_e 是指垂直于刀轴方向上和进给方向所在平面的方向上工件被切削层的尺寸。

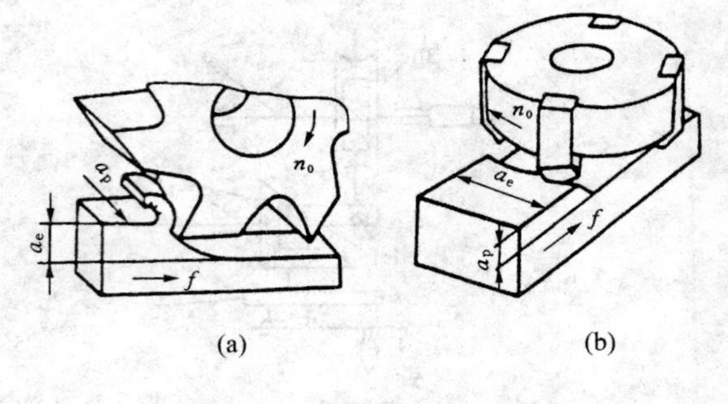

图 11-4　周铣和端铣
(*a*) 周铣　(*b*) 端铣

2. 周铣和端铣(见图 11-4)

用圆柱铣刀的圆周刀齿进行铣削称为周铣；用端铣刀的端面刀齿进行铣削的称为端铣。端铣的加工质量好于周铣，而周铣的应用范围较端铣大，它们的比较如表 11-2 所示。

表 11-2　周铣和端铣的比较

比　较　内　容	周　　铣	端　　铣
修光刃/工件表面质量	无/差	有/好
刀杆刚度/切削振动	小/大	大/小
同时参加切削的刀齿/切削平稳性	少/差	多/好
易否镶嵌硬质合金刀片/刀具耐用度	难/低	易/高
生产率/加工范围	低/广	高/较小

3. 顺铣和逆铣

用圆柱铣刀铣削时，其铣削方式可分为顺铣和逆铣两种(见图 11-5)。当工件的进给方向与圆柱铣刀刀尖圆和已加工平面的切点 A 处的切削速度 v_A 的方向相反称为逆铣，反之为顺铣。顺铣和逆铣的比较如表 11-3 所示。

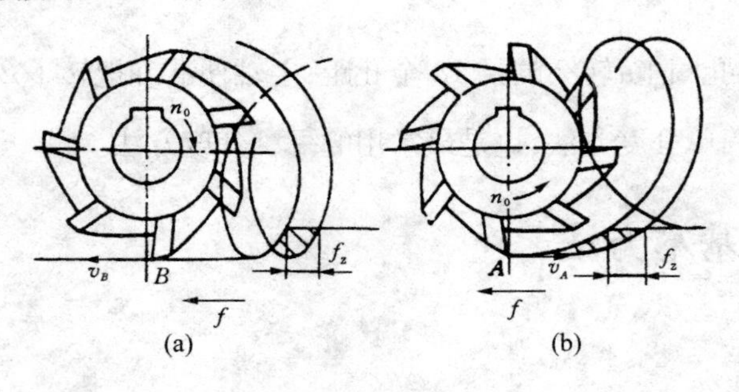

图 11-5　顺铣和逆铣(a) 顺铣　(b) 逆铣

表 11-3 顺铣和逆铣的比较

比较内容	顺铣	逆铣
切削过程稳定性	好	差
刀具磨损	小	大
工作台丝杠和螺母有无间隙	有	无
由工作台窜动引起的质量事故	多	少
加工对象	精加工	粗加工

顺铣有利于提高刀具的耐用度和工件装夹的稳定性,但容易引起工作台窜动,甚至造成事故。因此顺铣时机床应具有消除丝杠与螺母之间间隙的装置。并且,顺铣的加工范围应限于无硬皮的工件。精加工时,铣削力小,不易引起工作台的窜动,多采用顺铣。因为顺铣无滑移现象,加工后的表面质量较好。逆铣多用于粗加工。加工有硬皮的铸件、锻件毛坯时应采用逆铣;使用无丝杠螺母间隙调整机构的铣床加工时,也应采用逆铣。

4. 对称铣和不对称铣

用端铣刀加工平面时,按工件对铣刀中心轴线的位置是否对称,分为对称铣和不对称铣,如图 11-6 所示。采用不对称铣削,可以调节切入和切出时的切削厚度。不对称顺铣和不对称逆铣的特点和应用,如表 11-4 所示。采用不对称逆铣,切削平稳;采用不对称顺铣,减少粘刀,刀具耐用度提高。

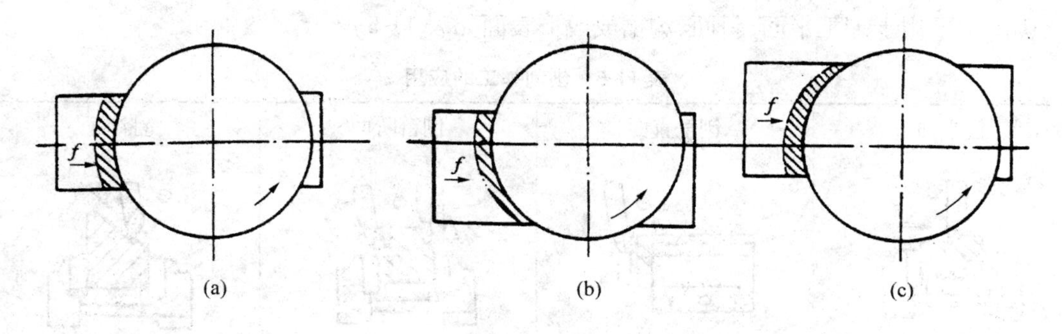

图 11-6 对称铣与不对称铣

(a) 对称铣 (b) 不对称顺铣 (c) 不对称逆铣

表 11-4 不对称顺铣和不对称逆铣比较

比较内容	不对称顺铣	不对称逆铣
特征	以大的切削厚度切入,较小的切削厚度切出	以小的切削厚度切入,较大的切削厚度切出
切削优点	切出时切削厚度减小,粘着在硬质合金刀片上的切屑材料较少,减轻了再次切入时刀具表面的剥落现象	切削平稳,减少冲击,使加工表面粗糙度改善,刀具耐用度提高
适用场合	适用于加工不锈钢和耐热钢如 2Cr13, 1Cr18Ni9Ti, 4Cr14Ni14W2Mo 等	适用于加工低合金钢和高强度低合金钢如 9Cr2 等

11.3.2 铣削发展趋势

铣削目前朝着两个方向发展,一是以提高生产率为目标的强力铣削,一是以提高精度为目标的精密铣削。

强力铣削要求机床具有大功率、高刚度、刀具有良好的切削性能,现代机床与刀具的发展大大推动了强力铣削的发展。

由于铣削效率比磨削高,特别是对大平面及长宽都较大的导轨面,采用精密铣削代替磨削将大大提高生产率。因此"以铣代磨"成了平面与导轨面加工的一种趋势。

针对铣削是断续切削、易产生振动,从而降低加工表面质量和精度,并影响生产率的缺点,近年来研究和发展起一种"变速铣削"的铣削形式,即在铣削过程中按一定的规律改变铣削速度,可以使振动幅值降至恒速铣削的20%以下。

随着新刀具材料的出现,高速铣削发展很快,例如,对中等硬度的灰口铸铁,高速钢铣刀铣削时速度为15～20 m/min,硬质合金铣刀铣削时速度为60～110 m/min,而采用多晶立方氮化硼铣刀的切削速度可达305～762 m/min。

11.4 刨削加工

11.4.1 刨削加工范围

刨削是以刨刀相对工件的往复直线运动与工作台(或刀架)的间歇进给运动实现切削加工的。

刨削主要用于加工平面、斜面、沟槽或成形表面如表11-5所示。

表11-5 刨削加工的应用

刨平面	刨垂直面	刨台阶面	刨斜面
刨直槽 刨垂直沟槽	刨梯形槽	刨燕尾槽	刨成形面

刨削加工的经济精度为IT9～IT7,最高可达IT6,表面粗糙度 R_a 值一般为6.3～1.6 μm,最低可达0.8μm。

11.4.2 刨削加工工艺特点

刨床类机床有牛头刨床、龙门刨床和插床。刨削加工时，在开始切入时有冲击，切削不平稳。但是刨床的结构简单，调整方便，刨刀与车刀基本相同，制造、刃磨、安装都比较方便，所以通用性好。牛头刨床多用于单件小批生产的中小型狭长零件的加工，龙门刨床可以加工大型工件或同时加工多个中小型工件。

在牛头刨床上加工工件时，主运动是刨刀的直线往复运动，刨刀工作行程时进行切削，返回行程时不进行切削，因此工作效率较低。工件则在刨刀每次退回后作横向直线进给。

插削的工作原理类似于牛头刨床刨削，但工作位置是立式的，并可使用较精确的分度工作台进行分度加工。插床可用于加工多边形孔，特别适用于加工键槽、盲孔或有障碍台阶的内表面。

龙门刨床的主运动是工件随工作台所作的直线往复运动，进给运动是刀具的间歇进给。龙门刨床适用于中、大批生产中的大型零件平面和沟槽等的加工。

11.4.3 提高刨削效率的主要方法

刨削加工的主要缺点是有回程损失，因而在目前的生产车间，往往采用铣削代替刨削加工。针对刨削加工生产效率较低的缺点，可对刨削方法进行如下改进。

(1) 正确选择刀具材料、切削部分的几何形状以及切削角度和切削用量。

(2) 对于难切材料可以采用一些特殊的刀具结构和切削方法，以提高刀具的耐用度和生产率。例如对硬脆材料可采用滚切刨刀，对高锰钢可采用等离子加热刨削。

(3) 采用双行程切削，消除回程的空行程。

(4) 对于尺寸大，加工面小而又分散的工件，可采用移动刨削加工。

(5) 采用多刃刨刀刀排和多刀架切削。

11.5 镗削加工

11.5.1 镗削加工范围

镗削加工通常作为大型和箱体零件上的孔的半精加工或精加工工序，其切削运动由刀具回转来实现，进给运动可通过工件或刀具的移动来完成。在卧式镗床上可以完成钻孔、镗孔、车外圆、车螺纹、车端面、铣平面等工作，如表 11-6 所示。

镗削加工的经济精度为 IT7～IT6，表面粗糙度 Ra 值为 0.63～2.5 μm。

表 11-6 卧式铣镗床基本工作范围

用麻花钻钻孔	用整体式或套式扩孔钻扩孔	用整体或套式铰刀铰孔
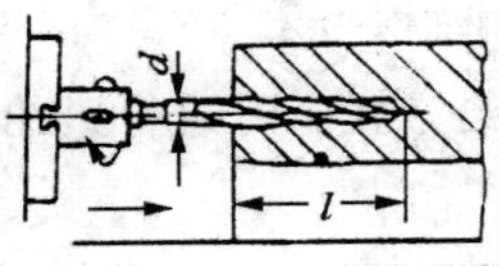 p l	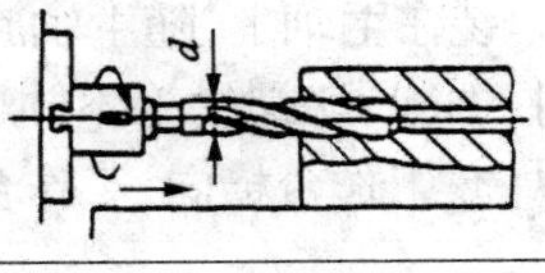 p	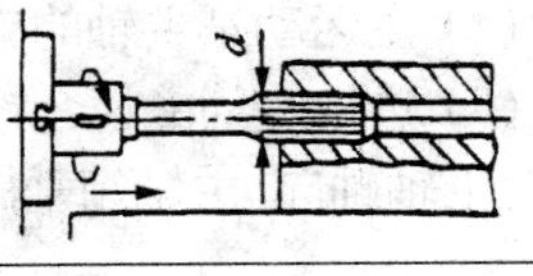 p

（续表）

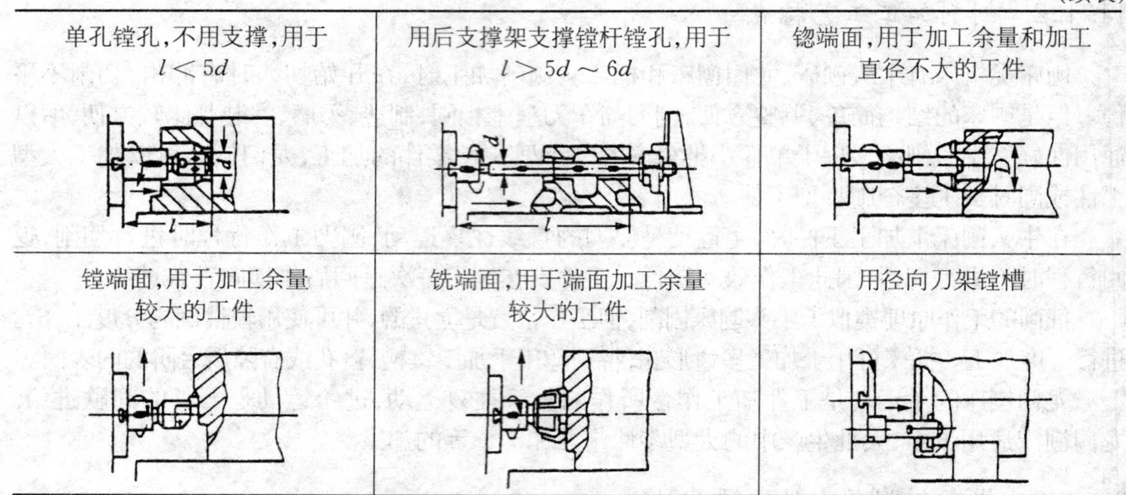

单孔镗孔，不用支撑，用于 $l<5d$	用后支撑架支撑镗杆镗孔，用于 $l>5d\sim 6d$	锪端面，用于加工余量和加工直径不大的工件
镗端面，用于加工余量较大的工件	铣端面，用于端面加工余量较大的工件	用径向刀架镗槽

11.5.2　镗削加工工艺特点

镗削加工的工艺特点如下。

(1) 镗刀作回转运动，工作平稳，加工精度较高，适应于有孔距精度要求的孔系加工。

(2) 镗刀可采用浮动镗刀，或有孔径精密调整机构，特别适合精密长孔和大孔的孔系加工。

(3) 使用镗杆和支撑进行镗削，适用于箱体零件、非回转体零件和大型零件的孔系加工。

(4) 镗削能靠多次走刀来校正孔的轴线偏斜。

(5) 适应性较强，可通过粗镗、半精镗和精镗来达到不同的精度和表面粗糙度，可对有色金属进行精密加工。用一把镗刀可对不同孔径和长度范围的孔进行加工。

11.5.3　镗床

镗床是孔加工类机床，在镗床上加工的孔，一般孔的长径比不能太大。镗床按结构形式可分为立式镗床、卧式镗床、坐标镗床、金刚镗床、专门化镗床等，用得最多的为卧式镗床和坐标镗床。镗床加工精度要求较高，且孔的轴线有严格的同轴度、垂直度、平行度及孔间距离的精确性要求。

1. 卧式镗床

卧式镗床是应用最为广泛的一种镗床(见图 11-7)。

镗削运动可分为主运动和进给运动。

(1) 主运动是主轴的旋转。镗刀装在主轴上，随主轴旋转进行切削运动。

(2) 进给运动能适合镗削、钻削、铣削、切螺纹等不同要求的进给方式。可进行进给运动的有：主轴轴向、主轴箱垂向、滑座纵向、工作台横向、工作台回转等。

2. 坐标镗床

坐标镗床是具有精密坐标定位装置的镗床，属于高精密机床，主要用于镗削尺寸、形状和

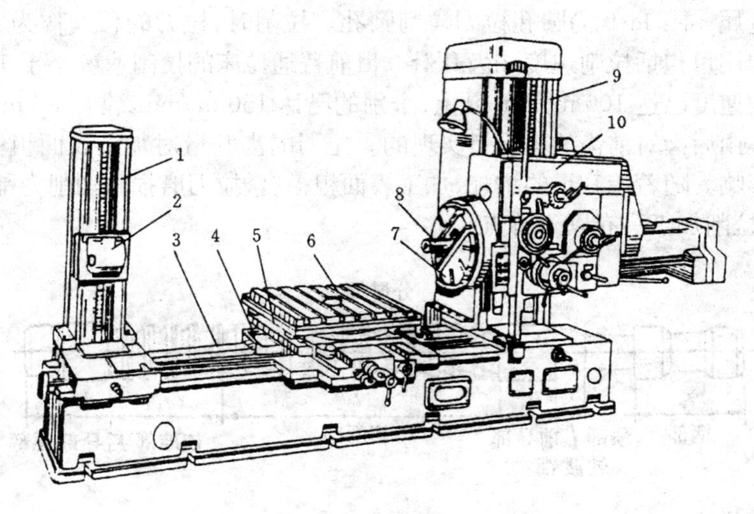

图 11-7　卧式镗床示意图

1—后立柱；2—支撑架；3—床身；4—下滑座；5—上滑座；
6—工作台；7—平转盘；8—主轴；9—前立柱；10—主轴箱

位置精度要求高的孔系。坐标镗床还可以进行钻孔、扩孔、铰孔、坐标测量、精密划线、刻线等工作。为了满足高精度、高效率、自动化的要求，很多坐标镗床已经数控化，并在数控坐标镗床的基础上发展成精密加工中心。普通坐标镗床、数控坐标镗床和精密加工中心的加工效率之比为 1∶2.5∶4，且后者仍保持很高的加工精度。

11.6　拉削加工

11.6.1　拉削加工范围

拉刀是阶梯分层或分段组合为特征的多齿结构刀具。拉削是用拉刀切削材料的高精度、高效率加工方法。拉削加工可拉平面、齿形及在已有孔上拉出各种形状的孔(见图 11-8)。

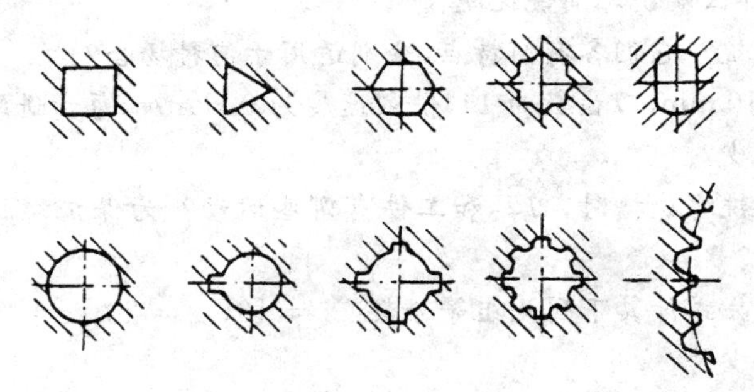

图 11-8　拉削加工的各种形状的孔

11.6.2　拉削加工工艺特点

拉刀是一种多齿刀具，拉削时由于后一个刀齿直径大于前一个刀齿直径，从而能够一层层切除工件上的金属。图 11-9 为圆孔拉刀拉削圆孔。拉削时，拉刀的移动作为主运动，而没有进给运动。拉削用量包括拉削速度和齿升量。目前普通拉床的拉削速度小于 11 m/min，高速拉床的最高拉削速度已达 100 m/min 以上，个别的已达 150 m/min，常用 36 m/min 左右。拉削的连续切削是由后齿对前齿的齿升量实现的。拉刀的齿升量对加工表面粗糙度、拉刀磨损和拉削力都有影响。随着齿升量的增加，加工表面粗糙度、拉刀磨损和切削力都增大。与其他切削方法相比，拉削加工具有以下特点：

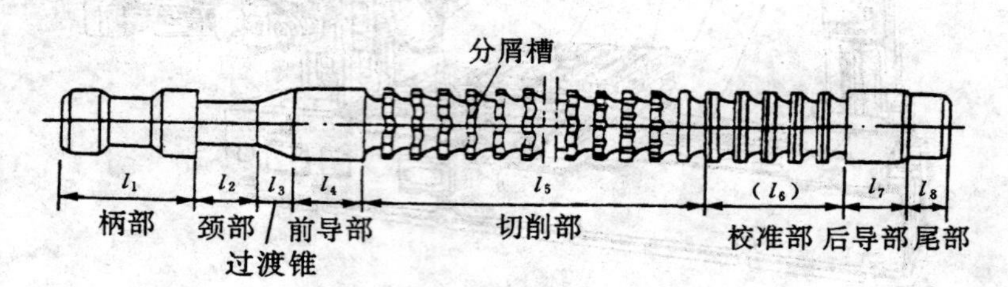

图 11-9　圆孔拉刀

(1) 生产率高。由于拉刀同时工作的刀刃多，且一次拉削行程中完成粗、精加工，故生产率高。

(2) 加工精度高，表面粗糙度低。拉削精度为 IT9～IT7，最高可达 IT6。表面粗糙度 Ra 值为 3.2～1.6 μm，最低可达 0.2μm。

(3) 拉削只适宜于加工短孔，当长度超过孔径 3～5 倍时，不宜采用拉削。盲孔、阶梯孔以及薄壁零件的孔也不能采用拉削加工。

(4) 批量生产时成本低。拉削成本一般为车削的 1/4～1/40，为铣削的 1/80～1/300，为钻削的 1/60～1/450。

(5) 机床结构和操作都较简单。

习　题

11-1　铣平面时，为什么端铣比周铣优越？

11-2　何为逆铣和顺铣？它们各有何特点，分别适用于何种场合？

11-3　铣刀直径为 110 mm，刀齿数为 14，铣削速度为 0.5 m/s，每齿进给量为 0.05 mm，则每秒进给量为多少？

11-4　在金工实习中铣螺旋槽时，刀具和工件有哪些运动？为保证螺旋槽的旋向和导程，铣床应如何调整？

11-5　利用简单分度公式计算下列几组等分数：$z=16$，$z=20$，$z=54$，$z=68$，分度头手柄分别应转多少转？

11-6　图 11-10 为利用分度头铣齿条时的传动示意图，摇动手柄，通过蜗轮、蜗杆、齿轮 a，b，c，d，可使铣床工作台移动。今欲加工齿条的模数 $m=3$，铣床丝杠螺距 $P_{丝}=6$ mm，为操作方便，要求手柄每转 10 圈，工作台移动一个齿条齿距，试求 a，b，c，d 的齿数（注：齿距 $P_{齿}=\pi m$，π 可用 22/7 代替，交换齿轮数为 20，21，30，40，45，50，55，66 各一个）。

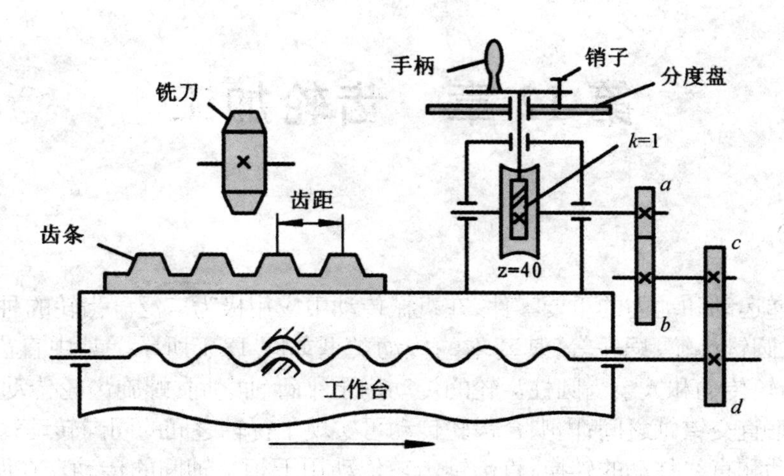

图 11-10　利用分度头铣齿条

11-7　刨削速度为什么是一个变值？如何表达？其对加工质量和生产率有何影响？

11-8　刨削加工的工艺特点是什么？牛头刨床和龙门刨床在加工上有何差异？

11-9　镗床上可加工哪些工件？镗削加工的工艺特点是什么？

11-10　镗削加工的切削运动与车削加工的切削运动有何不同？在镗深孔时，用镗刀进给和用工件进给分别易产生哪类误差？

11-11　拉削加工有什么特点？其切削运动与一般机加工方法有什么不同？

第 12 章　齿轮加工

12.1　概述

齿轮是传递运动和动力的重要零件，在机械传动中应用极为广泛。齿轮的种类很多，常用的有圆柱齿轮、圆锥齿轮、蜗轮等，其基本的传动类型如图 12-1 所示。其中直齿圆柱齿轮传动、斜齿圆柱齿轮传动和人字齿圆柱齿轮的传动用于平行轴之间；螺旋齿轮传动、蜗轮与蜗杆的传动常用于垂直交错轴之间；内啮合齿轮传动可实现平行轴之间的同向转动；齿轮齿条传动可实现旋转运动和直线移动的转换；直齿锥齿轮传动用于相交轴间的传动。在所有这些齿轮传动中，直齿圆柱齿轮的应用最为广泛。

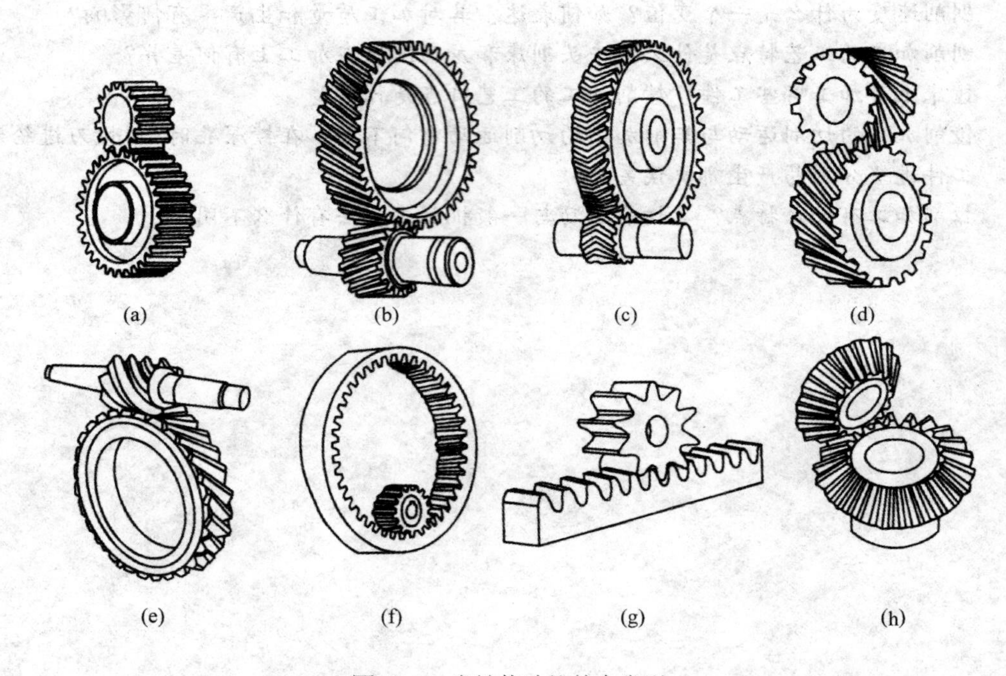

图 12-1　齿轮传动的基本类型
(a) 直齿圆柱齿轮传动　(b) 斜齿圆柱齿轮传动　(c) 人字齿圆柱齿轮传动　(d) 螺旋齿轮传动
(e) 蜗轮蜗杆传动　(f) 内啮合齿轮传动　(g) 齿轮齿条传动　(h) 直齿锥齿轮传动

为了保证齿轮传动的运转精确，工作平稳可靠，必须采用合适的齿形曲线。最常用的齿形曲线是渐开线，此外还有摆线、圆弧线等。

齿轮加工包括齿坯加工和齿形加工。齿坯的加工方法极其简单，在单件、小批量生产中，通常用车削加工；在大批大量生产中，齿坯常选用铸造或锻造，或选用钻孔—拉孔—多刀车削的方式加工。齿形的加工则较为复杂，按其原理可分为成形法和展成法（又称范成法或包络法）两类。成形法是用与被切齿轮的齿槽法向截面形状相符的成形刀具切出齿形的方法；展成法是利用齿轮刀具与被切齿轮的啮合运动,在专用齿轮加工机床上切出齿形的方法。常用的齿形加工方法如表 12-1 所示。

表 12-1　常用的齿形加工方法

加工方法	加工原理	加工质量		生产率	设备	应用范围
		精度等级	齿面粗糙度 $Ra/\mu m$			
铣齿	成形法	9	6.3～3.2	较插、滚齿低	普通铣床	单件修配生产低精度外圆柱齿轮、锥齿轮、蜗轮
拉齿	成形法	7	1.6～0.4	高	拉床	大批大量生产 7 级精度的内齿轮
插齿	展成法	8～7	3.2～1.6	一般较滚齿低	插齿机	单件成批生产中等质量的内外圆柱齿轮、多联齿轮
滚齿	展成法	8～7	3.2～1.6	较高	滚齿机	单件成批生产中等质量的外圆柱齿轮、蜗轮
剃齿	展成法	7～6	0.8～0.4	高	剃齿机	精加工未淬火的圆柱齿轮
珩齿	展成法	改善少	0.8～0.4	很高	珩齿机	成批大量光整加工已淬火的圆柱齿轮
磨齿	成、展	6～3	0.8～0.2	成形高于展成	磨齿机	精加工已淬火的圆柱齿轮

12.2　齿形的基本加工

12.2.1　铣齿

铣齿属于成形法。如图 12-2 所示,铣削时,齿轮坯(工件)通过心轴安装在铣床的分度头

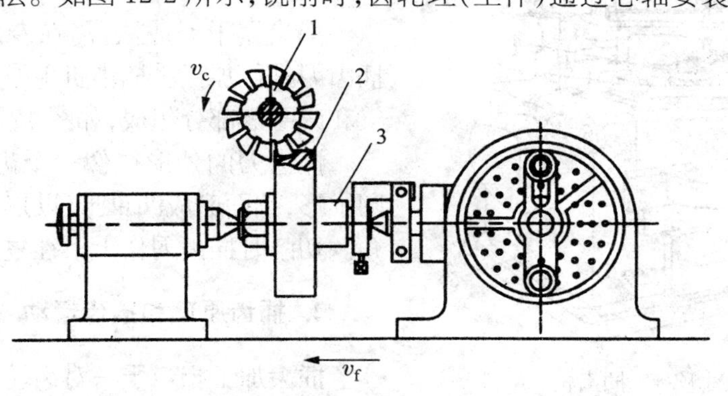

图 12-2　铣齿
1—齿轮铣刀; 2—齿轮坯; 3—心轴

和尾架顶尖之间，铣刀作旋转运动，齿轮坯随工作台作纵向直线进给运动。每铣完一个齿槽后，铣刀纵向退刀，并同时对工件进行分度，再铣削下一个齿槽。如此循环反复，直至铣完全部的齿槽为止。

如图 12-3 所示，对模数 $m \leqslant 8$ 的齿轮，一般用盘状齿轮铣刀在卧式铣床上进行加工；而 $m > 8$ 的齿轮，则用指状齿轮铣刀在立式铣床或专用铣床上进行加工。

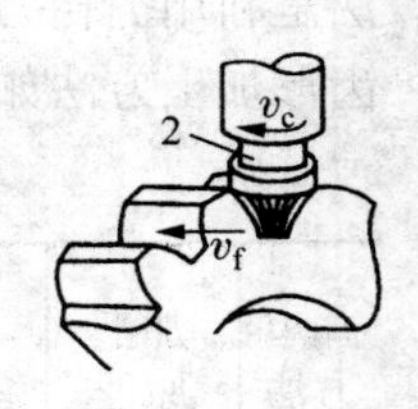

图 12-3 盘状齿轮铣刀和指状齿轮铣刀
1—盘状齿轮铣刀；2—指状齿轮铣刀

铣齿具有如下工艺特点。

(1) 生产成本低。铣齿可以在普通铣床上进行，刀具结构简单、价格低廉。

(2) 生产率低。每铣一个齿槽都要重复消耗切入、切出、退刀和分度等辅助时间。

(3) 加工精度低。从理论上讲，每一种模数和齿数的渐开线形状都是不同的，要加工出准确的齿形，就必须为每个模数和每个齿数都配备一把相应的齿轮铣刀，这显然是非常不经济的。实际生产中，将同一模数的齿轮按齿数划分成 8 组，每组采用同一个刀号的铣刀加工。表 12-2列出了分成 8 组时，各号铣刀加工的齿数范围。各号铣刀的齿形是按该组内最小齿数齿轮的齿形设计和制造的，加工其他齿数的齿轮时，只能获得近似齿形，会产生齿形误差。另外，铣床所用的分度头是通用附件，分度精度不高，故造成的分齿误差也较大。

表 12-2 齿轮铣刀的刀号及铣削加工范围

铣刀号数	1	2	3	4	5	6	7	8
加工齿数范围	12～13	14～16	17～20	21～25	26～34	35～54	55～134	135 以上及齿条

铣齿可以加工直齿、斜齿、人字齿圆柱齿轮、齿条和锥齿轮等。但仅适用于单件小批量生产或维修工作中加工精度不高的低速齿轮。

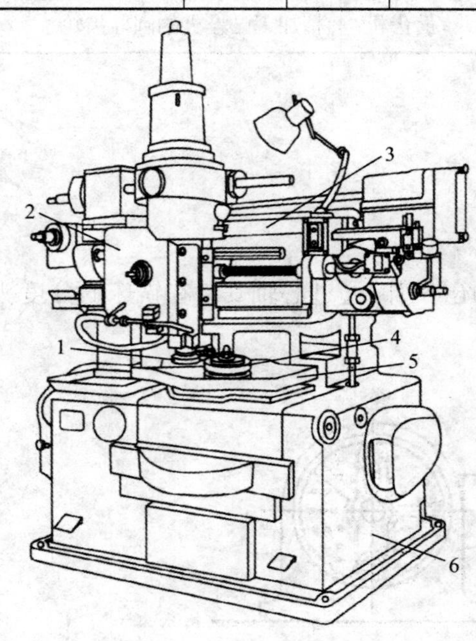

图 12-4 插齿机
1—插齿刀；2—刀架；3—横梁；4—工件；5—工作台；6—床身

12.2.2 插齿

1. 插齿机和插齿刀

插齿属于展成法，需在专用的插齿机上使用插齿刀进行加工。插齿机主要由工作台、刀架、横梁和床身等部分组成，如图 12-4 所示。

插齿刀的外形很像一个齿轮，只是齿顶磨成圆锥形，端面磨成凹锥形，以形成顶刃的后角和前角。切削时插齿刀作上下往复运动进行切削。

2. 插齿原理和插齿运动

插齿加工相当于一对齿轮作无侧隙的啮合运动，插齿刀与齿轮坯之间严格按照一对齿轮的啮合速比关系强制传动(即插齿刀转过一个齿，齿轮坯也转过相当一个齿的角度)的同时,插齿刀作上下往复运动进行切削(其刀齿侧面运动轨迹所形成的包络线,即为被切齿轮的渐开线齿形),如图 12-5 所示。

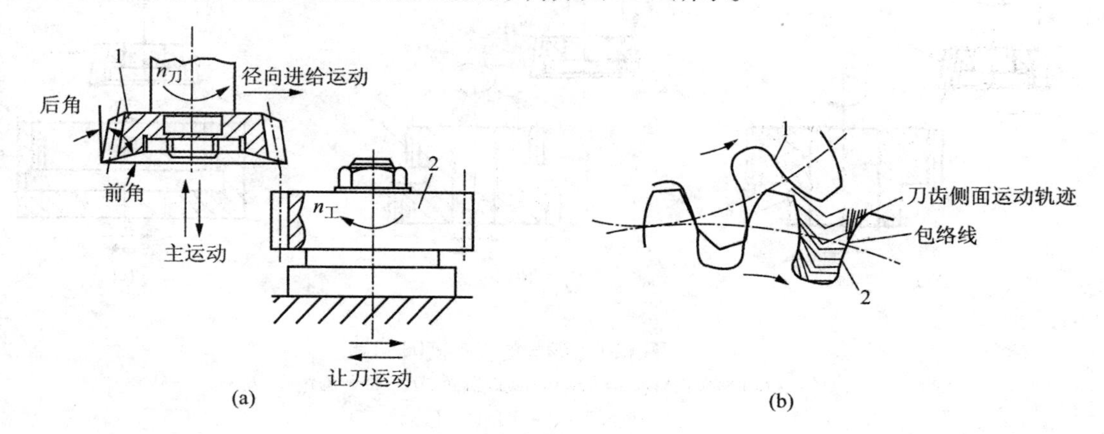

图 12-5　插齿原理与插齿运动

(a) 插齿运动　(b) 齿形的形成

1—插齿刀; 2—工件(齿轮坯)

插齿加工要作下列几个运动:

(1) 主运动。即插齿刀的上下往复直线运动,以每分钟插齿刀的往复次数表示,单位为 str/min。插齿刀向下是切削行程,向上是返回空行程。

(2) 分齿运动。即维持插齿刀与被切齿轮坯之间啮合关系的运动。插齿刀与齿坯的转速比按下式计算:

$$\frac{n_工}{n_刀}=\frac{z_刀}{z_工}$$

式中: $n_刀$——插齿刀转速; $n_工$——齿坯转速; $z_刀$——插齿刀齿数; $z_工$——齿坯齿数。

(3) 圆周进给运动。即分齿运动中插齿刀的旋转运动。插齿刀每往复一次在分度圆上所转过的弧长称为圆周进给量,单位为 mm/str。它决定了每次行程中金属的切除量和形成齿形包络线的切线数目,直接影响齿面的表面粗糙度。

(4) 径向进给运动。即插齿刀沿齿轮坯半径方向的移动。其目的是使插齿刀逐渐切至全齿深,以免开始时金属切除量过大而损坏刀具。径向进给量是指插齿刀每上下往复一次径向移动的距离,单位为 mm/str。径向进给运动是由进给凸轮控制的,当切至全齿深后即自动停止。

(5) 让刀运动。即工件在径向短距离往复移动所形成的退让和复位运动。目的是为了避免插齿刀在返回行程中擦伤已加工表面,减少刀具的磨损。

3. 插齿加工的特点及应用

插齿可用一把插齿刀加工同一模数的各种不同齿数的齿轮,且齿形不会产生误差。插齿加工精度和生产率都高于铣齿,且齿面粗糙度较小。齿轮精度一般能达到 8~7 级,表面粗糙度 R_a 可达 1.6μm。

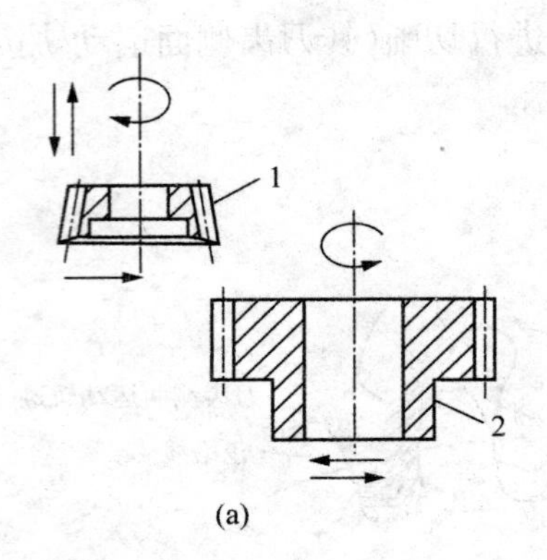

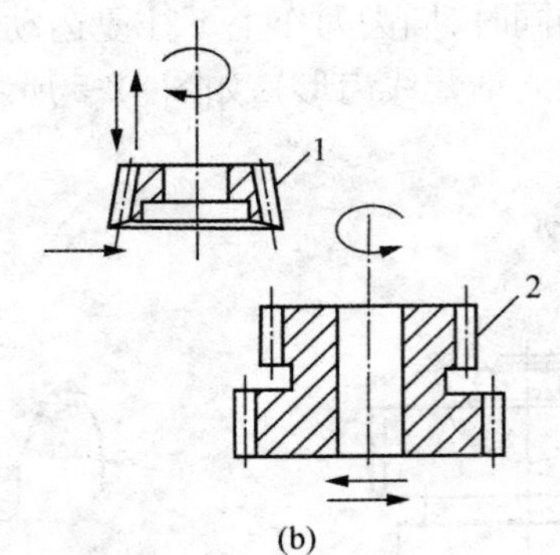

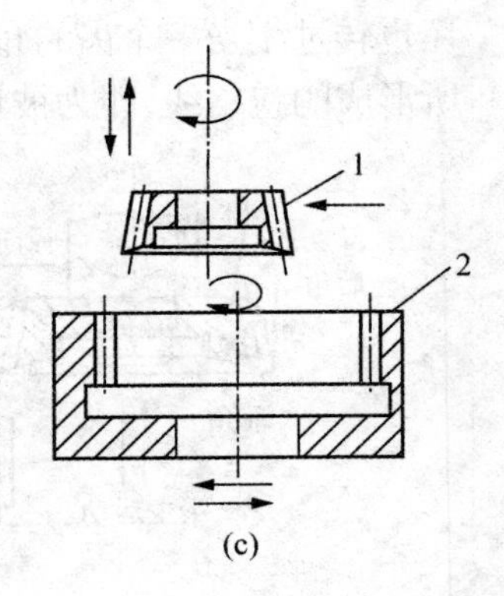

图 12-6　插齿的工作范围

(a) 插外圆柱齿轮　(b) 插双联齿轮　(c) 插内齿轮

1—插齿刀；2—工件(齿轮坯)

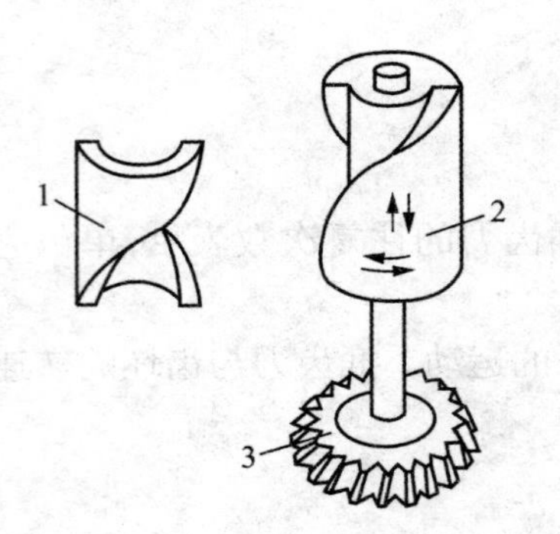

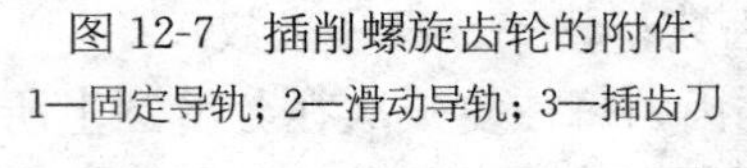

图 12-7　插削螺旋齿轮的附件

1—固定导轨；2—滑动导轨；3—插齿刀

插齿适用于生产各种批量的内、外直齿圆柱齿轮以及相距很近的双联或多联齿轮，如图 12-6 所示。在大批大量生产时，还可以在插齿机上安装如图 12-7 所示的附件，加工内、外螺旋齿轮。

12.2.3　滚齿

1. 滚齿机和滚齿刀

滚齿也属于展成法，需在专用的滚齿机上使用滚刀进行加工。滚齿机主要由工作台、刀架、支撑架、立柱和床身等部件组成，如图 12-8 所示。

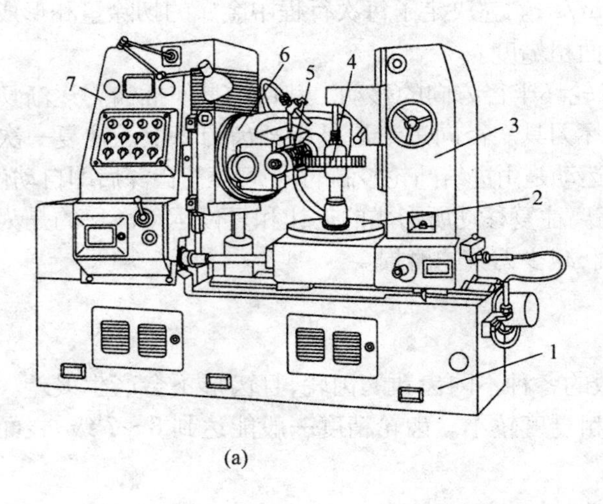

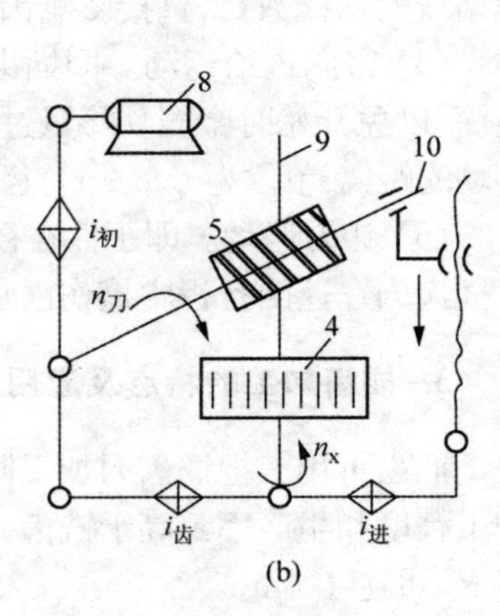

图 12-8　滚齿机外形和传动示意图

(a)滚齿机外形图　(b)滚齿机传动示意图

1—床身；2—工作台；3—支撑架；4—工件；5—滚刀；6—刀架；7—立柱；8—马达

滚刀的外形像一个蜗杆(一个齿数很少、螺旋角很大的具有切削刃的螺旋齿轮),如图12-9(a)所示;其法向剖面相当于一个无限长的移动齿条,如图12-9(b)所示。滚刀的刀齿分布在螺旋线上,且多为单线右旋;在垂直于螺旋槽方向开出沟槽(当螺旋升角大于5°时,沿法向开槽;螺旋升角小于等于5°时,沿轴向开槽),以形成切削刃及容纳切屑。

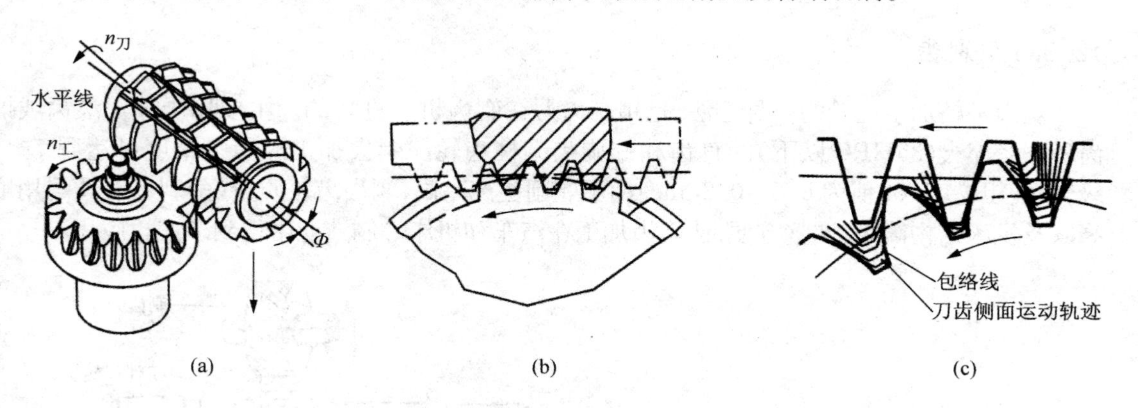

图12-9 滚齿加工原理

(a) 滚齿运动 (b) 啮合原理 (c) 齿形的形成

2. 滚齿原理和滚齿运动

滚齿加工相当于一对轴线相交叉的螺旋齿轮(或齿轮与齿条)在作无间隙的啮合传动。齿轮坯与滚刀之间严格按照齿轮与齿条的传动比强制啮合,滚刀刀齿运动轨迹的包络线即为齿轮的渐开线齿形,如图12-9(c)所示。随着滚刀的垂直进给,即可滚切出所需的渐开线齿廓。

滚齿加工时,滚齿机有以下几个运动:

(1) 切削主运动　即滚刀的旋转运动。其切削速度 $n_{刀}$ 由电动机通过变速传动机构 $i_{切}$ 来实现,如图12-8(b)所示。

(2) 分齿运动　即强制齿轮坯与滚刀之间保持齿轮与齿条啮合关系的运动。其运动关系由分齿挂轮的传动比 $i_{齿}$ 来实现,如图12-8(b)所示。滚刀与齿坯的转速比例按下式计算:

$$\frac{n_{刀}}{n_{工}}=\frac{z_{工}}{k} \tag{12-1}$$

式中:$n_{刀}$、$n_{工}$——分别为滚刀和被切齿轮的转速,r/min;$z_{工}$——被切齿轮的齿数;k——滚刀螺旋线的线数。

(3) 垂直进给运动。即滚刀沿工件轴线的垂直移动。这是保证切出整个齿宽所必需的运动,是由进给挂轮的传动比 $i_{进}$ 再通过与滚刀刀架相连的丝杆螺母来实现的。

3. 滚齿加工的特点及应用

与插齿一样,滚齿加工可以用一把滚刀加工出模数相同而齿数不同的渐开线齿轮,且不会因此产生齿形误差。滚齿加工精度比铣齿高、与插齿相当,一般为8～7级;生产效率高于铣齿和插齿;齿面粗糙度较小,一般 Ra 值为3.2～0.6 μm。

滚齿主要用于生产各种批量的直齿或斜齿的外圆柱齿轮、蜗轮以及轴向尺寸较大的齿轮轴,但一般不能加工内齿轮和相距很近的多联齿轮。

12.3 齿形的精加工

12.3.1 剃齿

剃齿是精加工齿轮的一种方法,是用剃齿刀在剃齿机上进行的。主要用于加工滚齿或插齿后未经淬火(35HRC以下)的直齿和螺旋齿圆柱齿轮。剃齿加工的齿轮精度可达到7~6级,齿面粗糙度 Ra 值为0.8~0.2μm。由于剃削生产率高,剃齿齿轮质量好,剃齿刀具耐用度高以及机床结构简单,调整方便,使剃齿加工在汽车和机床等制造业中得到了广泛应用。

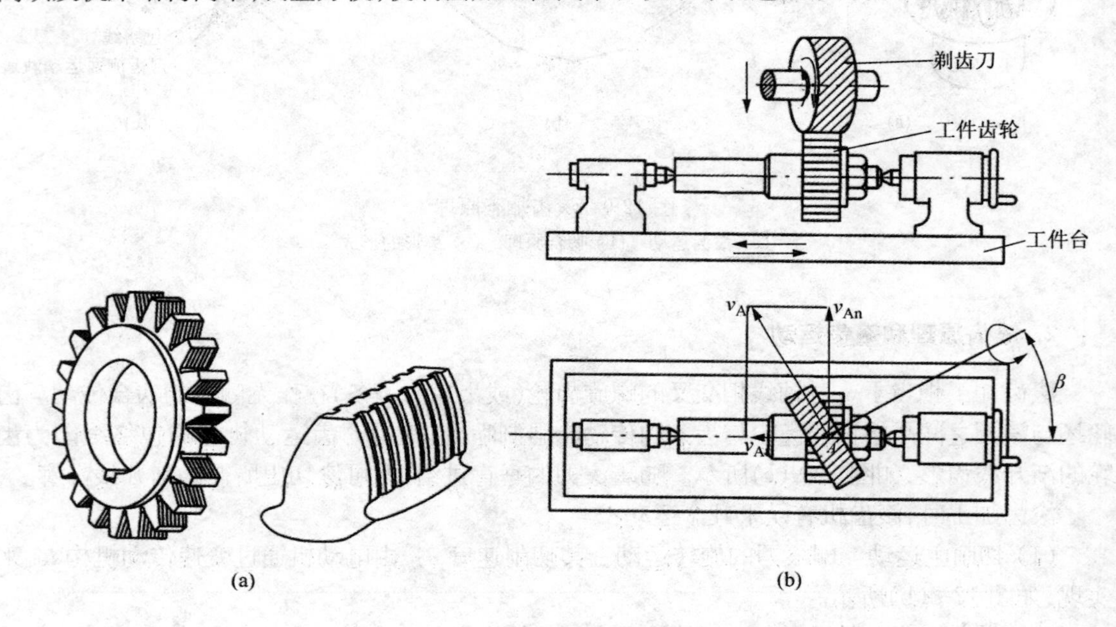

图12-10 剃齿刀和剃齿原理及方法

(a)剃齿刀 (b)剃齿原理及方法

1—剃齿刀;2—齿轮工件;3—工作台

剃齿刀的外形如图12-10(a)所示,类似于一个高精度、高硬度的螺旋齿圆柱齿轮,齿面开有许多小沟槽以形成切削刃。在与被加工齿轮啮合运转的过程中,剃齿刀齿面上众多的切削刃从工件齿面上剃下细丝状的切屑,能提高齿形精度和减小齿面粗糙度。

剃削直齿圆柱齿轮的原理及方法如图12-10(b)所示。经过粗加工的齿轮装夹在心轴上,并安装在机床工作台上的两顶尖间,剃齿刀装在机床主轴上,与工件相交成一角度,带动工件时而正转,时而反转;正转时剃削轮齿的一个侧面,反转时则剃削轮齿的另一个侧面。剃刀与工件相当于一对无侧隙的螺旋齿轮啮合,两者之间没有强制的展成运动,是一种“自由啮合”的展成法加工。剃齿刀高速旋转时,由于剃齿刀和工件在接触点的速度方向不一致,使工件的齿侧面沿剃齿刀齿侧面滑移,即在刀具和工件啮合齿面间沿螺旋线的切线方向产生相对滑动速度,即剃削速度。同时为了保证剃削到轮齿的全齿宽和剃去全部余量,工作台需带动齿轮作纵向往复直线运动,并在工作台每次往复行程终了时,剃齿刀作径向进给运动。进给量一般为0.02～0.04mm/str。

剃齿主要是提高齿形精度和齿向精度，降低齿面粗糙度，但不能修正分齿误差。因此，剃齿前的齿轮多采用分齿精度较高的滚齿加工。剃齿的生产效率很高，多用于大批大量生产。剃齿余量一般为0.08～0.12mm，模数越小，余量留得越小。

12.3.2 珩齿

珩齿是用珩磨轮在珩齿机上进行的一种齿形精加工方法，其原理和方法与剃齿相同。加工后齿轮的齿面粗糙度 Ra 值可达0.4～0.2μm。

珩磨轮是用金刚砂或白刚玉磨料与环氧树脂等材料合成后浇铸或热压而成的，可视为具有很高齿形精度并具有切削能力的"螺旋齿轮"。如图12-11所示，当模数 $m>4$ 时，采用带齿芯的珩磨轮；而模数 $m<4$ 时，则采用不带齿芯的珩磨轮。

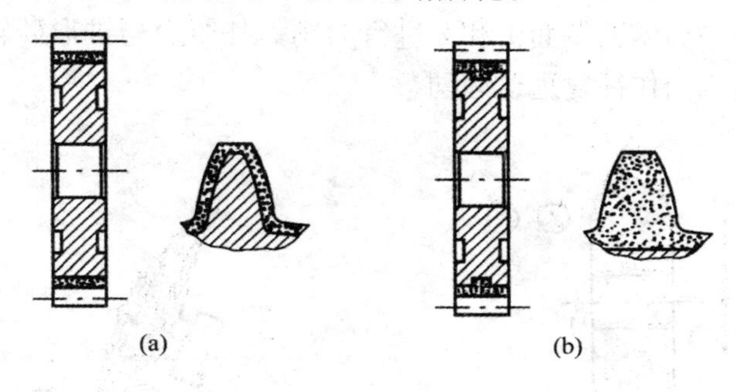

图12-11　珩磨轮
(a)带齿芯的珩磨轮　(b)不带齿芯的珩磨轮

珩磨时，珩磨轮的转速比剃齿刀高得多，一般为1 000～2 000r/min。当珩磨轮以高速带动被珩齿轮旋转时，在相啮合的轮齿齿面上产生相对滑动，从而实现切削加工。珩齿具有磨削、剃削和抛光的综合作用。

珩齿主要用于消除淬火后的氧化皮和轻微磕碰而产生的齿面毛刺与压痕，可有效地降低表面粗糙度和齿轮噪音。对修整齿形和齿向误差的作用不大。珩齿可作为齿轮精度在7级或6级淬火齿轮的滚—剃—淬火—珩加工工艺的最后工序，一般可不留加工余量。

12.3.3 磨齿

磨齿是用砂轮在磨齿机上加工高精度齿形的一种精加工方法。齿轮精度可达6～4级，齿面粗糙度 Ra 值为0.4～0.2 μm。可磨削淬火或未经淬火的齿轮。

磨齿的方法有成形法和展成法两种。

1. 成形法磨齿

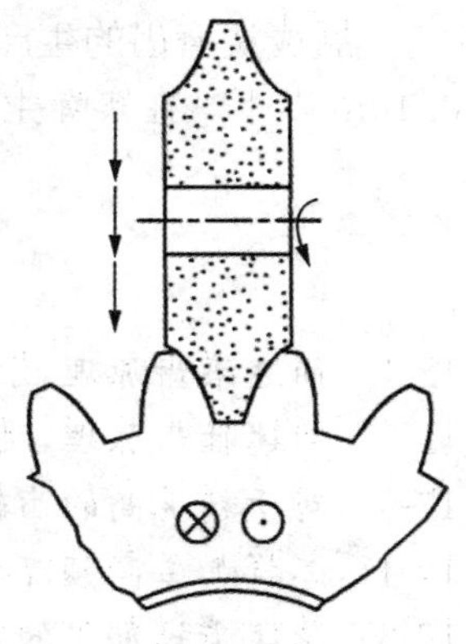

图12-12　成形法磨齿

成形法磨齿如图12-12所示。其砂轮要修整成与被磨齿轮的齿槽相吻合的渐开线齿形。这种方法的生产效率较高，但砂轮的修整较复杂。在磨齿过程中砂轮磨损不均匀，要产生一定的齿形误差，齿轮精度一般能达 6～5 级。

2. 展成法磨齿

展成法磨齿有锥形砂轮和双碟形砂轮磨削两种形式。

锥形砂轮磨齿如图 12-13(a)所示。砂轮的磨削部分修整成与被磨齿轮相啮合的假想齿条的齿形。磨削时,砂轮与被磨齿轮保持齿条与齿轮的强制啮合运动关系,使砂轮锥面包络出渐开线齿形。为了在磨齿机上实现这种啮合运动,砂轮作高速旋转,被磨齿轮沿固定的假想齿条向左或向右作往复纯滚动,以实现磨齿的展成运动,分别磨出齿槽的两个侧面 1 和 2;为了磨出全齿宽,砂轮沿着齿向还要作往复的进给运动。每磨完一个齿槽,砂轮自动退离工件,工件自动进行分度。

双碟形砂轮磨齿如图 12-13(b)所示。将两个碟形砂轮倾斜一定角度,构成假想齿条两个齿的外侧面,同时对两个齿槽的侧面 1 和 2 进行磨削。其原理与锥形砂轮磨齿相同。为了磨出全齿宽,被磨齿轮沿齿向作往复进给运动。

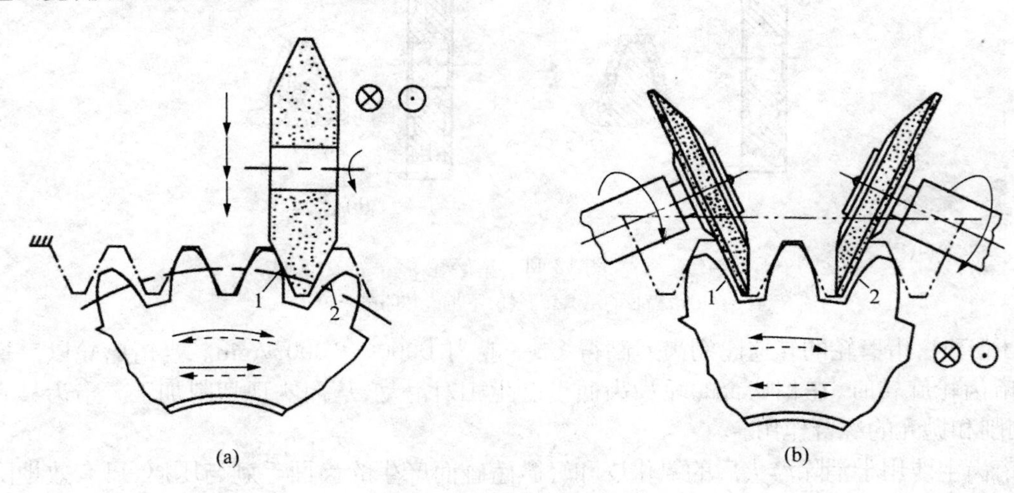

图 12-13 展成法磨齿
(a) 锥形砂轮磨齿 (b) 双碟形砂轮磨齿

展成法磨齿的生产效率低于成形法磨齿,但齿轮精度可达 6～4 级,表面粗糙度 Ra 值在 0.4μm 以下。在实际生产中,它是齿面要求淬火的高精度齿轮常采用的一种加工方法。

习 题

12-1 简述滚齿原理,滚齿应具备哪些运动?

12-2 简述插齿原理,插齿应具备哪几个运动?

12-3 对于精度高的齿轮,应如何进行加工?

12-4 怎样加工高频淬火齿轮?

12-5 试述齿轮加工的方法及各自的特点。请归纳铣齿、滚齿、插齿、剃齿、磨齿和珩齿的加工特点以及所能达到的精度等级。

第 13 章　磨削、精密加工

13.1　概述

磨削加工、精密加工、超精密加工主要有以下几部分：①磨削加工；②超精密磨削和磨料加工；③超精密切削；④精密特种加工。

当代精密和超精密加工正从微米、亚微米级($1\sim10^{-2}$ μm)向纳米级($1\ \text{nm}=10^{-3}$ μm)的纳米工艺发展。精密和超精密加工已成为在国际竞争中取得成功的关键技术，是现代制造技术的前沿，也是明天制造技术的基础。

目前，普通机械加工、精密加工和超精密加工的精度可分别达到 1 μm、0.01 μm及0.001 μm(1 nm)，而且超精密工程正在向原子级加工精度逼近，也就是做到“移动原子”。

13.2　磨削加工

13.2.1　磨削加工的加工范围

磨削的主要特点是利用磨粒组成的固结磨具、半固结磨具和游离磨粒对高硬度材料或精度和表面质量要求高的零件进行加工的一种加工方法。

磨削加工的范围很广，它可以利用不同类型的磨床分别磨削外圆、内孔、平面、沟槽和成形面等，如表 13-1 所示。

表 13-1　磨削可加工的各种型面

外圆面	外圆锥台面	端　面	台 阶 面
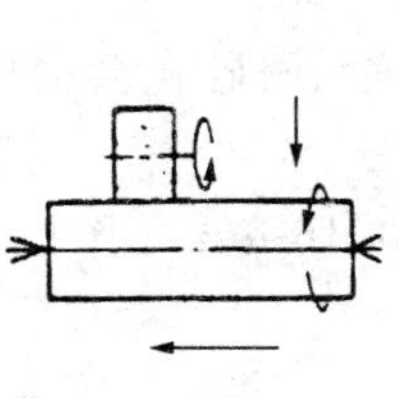	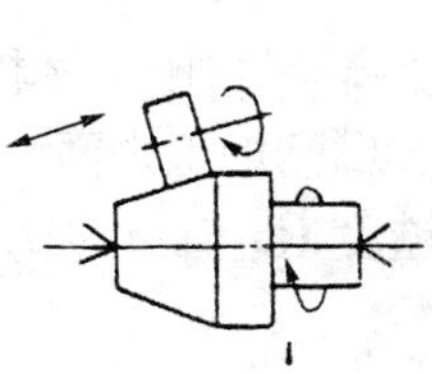	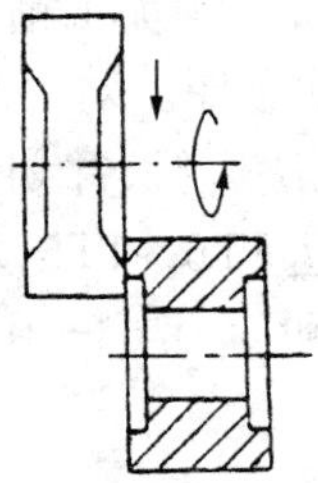	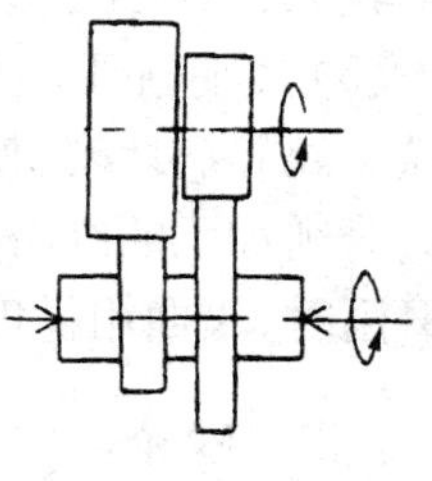
曲轴轴径	**球面滚子外圆**	**圆球面**	**锥　孔**
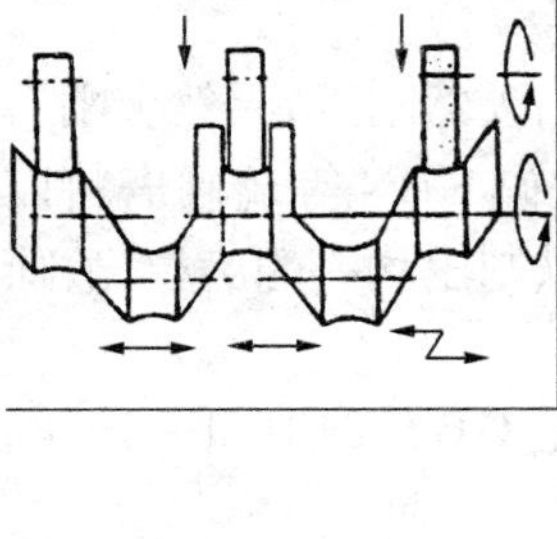	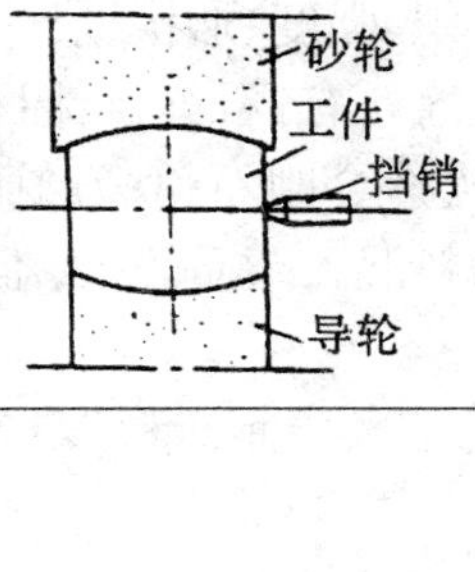 砂轮 工件 挡销 导轮	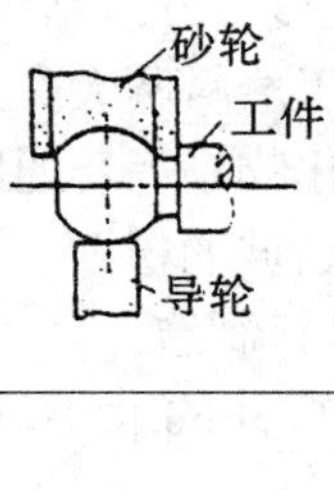 砂轮 工件 导轮	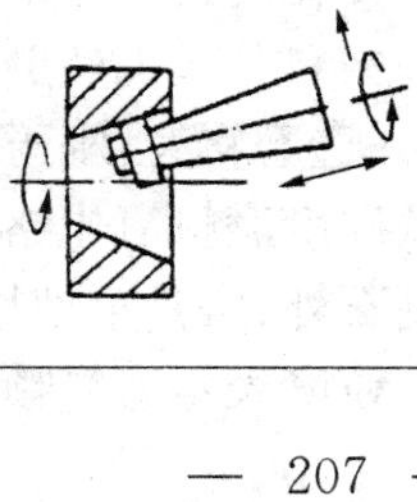

（续表）

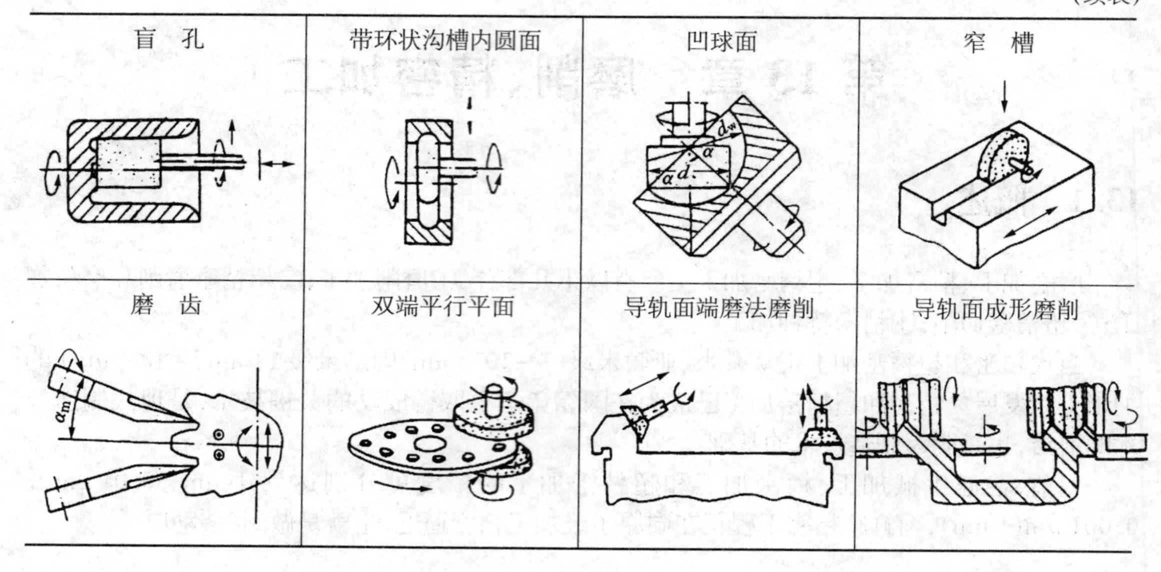

13.2.2 磨削加工的工艺特点

磨削加工的工艺特点如下。

(1) 参加切削的磨粒数目多。砂轮每平方厘米表面的磨粒数为 60～1 400，磨粒上较锋利的切削刃能切下很薄的金属。砂轮线速度为 20～60 m/s，甚至更高，单位时间内参加切削的磨粒数极多。

(2) 磨粒硬度高、热稳定性好、自锐性好（磨粒在切削力作用下破碎，自我更新能力好）。

(3) 磨削温度高。高速磨粒的瞬时表面温度达 400～1 000 ℃，且 80%以上的热将传入工件，极易烧伤工件。故磨削时，一定要加冷却液，以保证良好的冷却。

(4) 径向分力大。由于砂轮与工件的接触宽度大，且磨粒多以负前角进行切削，致使径向分力较大，易使工艺系统变形，影响加工精度。

(5) 不宜加工较软的非铁金属。对一般非铁金属零件，由于材料塑性较好，砂轮会很快被非铁金属碎屑堵塞，使磨削无法进行，并划伤非铁金属已加工表面。

磨削加工的经济精度可达 IT6～IT5，表面粗糙度 *Ra* 值可达 1.25～0.16 μm。当采用镜面磨削时，表面粗糙度 *Ra* 值可达 0.04～0.01 μm。

13.2.3 砂轮

砂轮是磨削加工的刀具。它是由磨料（砂粒）用结合剂粘结在一起焙烧而成的疏松多孔体。砂轮的特性包括磨料、粒度、硬度、结合剂、组织、强度、形状、尺寸等。

磨料分成天然磨料和人工磨料两大类。天然磨料有：石英、石榴石、天然刚玉、天然金刚石等；人造磨料有：刚玉系和碳化物系等普通磨料，人造金刚石、立方氮化硼 CBN 等超硬磨料以及低硬度磨料氧化铬、氧化铁、玻璃粉等。天然磨料混入杂质较多，难以制出均一的磨粒，故除金刚石外，磨具全部用人造磨料制造。

粒度表示磨料颗粒平均尺寸的大小，用粒度号来表示。粒度号见 GB/T2481.1—1998。

粒度号数越大,颗粒越小。粗颗粒用于粗加工及磨软料,细颗粒则用于精加工。

砂轮的硬度是指砂轮在外力作用下,磨粒脱落的难易程度,又称结合度。砂轮硬度等级越高,则磨料粘结强度越大。过软的砂轮,磨粒会过早地脱落,损耗过大,并使工件表面粗糙度增大和精度下降;过硬的砂轮,使磨粒被磨钝后不易脱落,仍在磨削,使磨削热增加,造成工件烧伤和变形。选择砂轮硬度时应考虑以下三个因素:

(1) 磨削性质　粗磨应选用软一些的砂轮,以便提高生产率;一般磨削采用中等硬度的砂轮;精磨和成形磨削选用硬一些的砂轮,以便保持砂轮的形状精度和提高加工精度。

(2) 工件的硬度　磨硬的工件需用较软的砂轮,使磨粒磨钝后能自动脱落,以提高自锐性;而磨软的工件可采用较硬的砂轮,以提高砂轮的耐用度。

(3) 工件的导热性　导热性差的材料,应采用软一些的砂轮,以便磨粒能自动脱落,减少磨削热,提高砂轮的切削性能。

13.2.4　磨削用量

在外圆磨削中,有下列磨削用量:

(1) 砂轮线速度 v_s(m/s)。可用下式计算

$$v_s = \frac{\pi D_s n_s}{1\,000} \tag{13-1}$$

式中:D_s——砂轮直径(mm);n_s——砂轮转速(r/s)。

一般取 $v_s = 45$ m/s 左右(内圆磨削由于砂轮直径较小,允许 v_s 取得小些)。砂轮速度提高,在每个单位工作面上所通过的磨粒数增多,工件表面粗糙度值会降低。

(2) 工件速度 v_w(m/s),即工件圆周进给速度。可用下式计算:

$$v_w = \frac{\pi d_w n_w}{1\,000} \tag{13-2}$$

式中:d_w——工件的直径(mm);n_w——工件的转速(r/s)。

v_w 对工件表面粗糙度影响较小,选用较高的 v_w,可减轻工件表面的烧伤。一般粗磨外圆时 v_w 取 0.5～1 m/s,精磨外圆时 v_w 取 0.05～0.1 m/s。

(3) 纵向进给量 f_t(mm/r)。工件每转一圈沿本身轴线方向移动的距离,一般取 $f_t = (0.3 \sim 0.6)B$ (B 为砂轮宽度)。

(4) 磨削吃刀量 a_e(mm/dst)。它是工作台双行程(dst)内砂轮相对于工件的移动距离。一般取 $a_e = 0.005 \sim 0.05$ mm/dst。

(5) 光磨次数。光磨即无进给磨削。在低表面粗糙度磨削时,适当掌握光磨次数,可以降低工件表面粗糙度值。

13.2.5　磨削基本方法

1. 外圆磨削

外圆磨削是对工件圆柱、圆锥、台阶轴外表面和旋转体外曲面进行的磨削。磨削一般作为外圆车削后的精加工工序,尤其是能消除淬火等热处理后的氧化层和微小变形。

外圆磨削常在外圆磨床和万能外圆磨床上进行,也可在无心外圆磨床上进行。外圆磨削可采用以下五种方法。

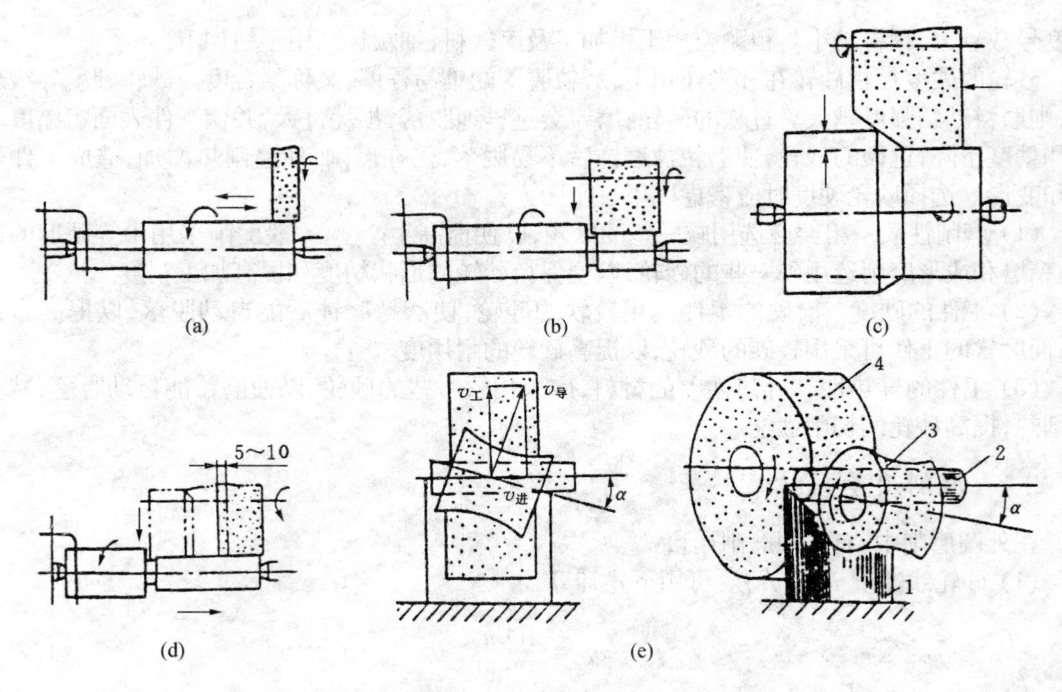

图 13-1　在外圆磨床上磨外圆

(a) 纵磨法　(b) 横磨法　(c) 深磨法　(d) 综合磨法　(e) 无心外圆磨削

1—托板；2—工件；3—导轮；4—磨轮

1）纵磨法

如图 13-1(a)所示,磨削时,砂轮高速旋转为主运动,工件旋转为圆周进给,磨床工作台作往复直线运动为纵向进给。每当工件一次往复行程终了时,砂轮作周期性的横向进给。每次磨削吃刀量很小,磨削余量是在多次往复行程中磨去的。

纵磨法的磨削力小,磨削热少,散热条件好,砂轮沿进给方向的后半宽度,等于是副偏角为零度的修光刃,光磨次数多,所以工件的精度高,表面粗糙度值小。该方法还可用一个砂轮磨削各种不同长度的工件,适应性强。纵磨法广泛用于单件小批生产,特别适用于细长轴的精磨。

2）横磨法

如图 13-1(b)所示,工件不作纵向往复运动,而砂轮作慢速的横向进给,直到磨去全部磨削余量。砂轮宽度上的全部磨粒都参加了磨削,生产率高,适用于成批大量加工刚度好的工件,尤其适用于成形磨削。由于工件无纵向移动,砂轮的外形直接影响了工件的精度。同时,由于磨削力大、磨削温度高,工件易发生变形和烧伤,加工的精度和表面质量比纵磨法要差。

3）深磨法

如图 13-1(c)所示,磨削时用较小的纵向进给量(一般取 1～2 mm/r),较大的吃刀量(一般为 0.3 mm 左右),在一次行程中切除全部余量,因此生产率高。由于沿工件纵向进给方向的砂轮后半部与纵磨法一样可视为修光刃磨削,有光磨的作用。因此,磨削精度和表面质量比横磨法好。深磨法只适用于大批大量生产中,加工刚度较大的工件,且被加工工件表面两端要有较大的距离,允许砂轮切入和切出。

4）综合磨法

如图 13-1(d)所示，先用横磨法将工件表面分段进行粗磨，相邻两端有 5～10 mm 的搭接，工件上留下 0.01～0.03 mm 的余量，然后用纵磨法进行精磨。此法综合了横磨法和纵磨法的优点，生产率比纵磨法高，精度和表面质量比横磨法高。

5）在无心外圆磨床上磨外圆

如图 13-1(e)所示，无心外圆磨削是工件不定回转中心的磨削，是一种生产率很高的精加工方法。磨削时，工件置于磨轮和导轮之间，靠托板支撑。由于不用顶尖支撑，所以称无心磨削。工件用外圆柱面自身定位，其中心略高于磨轮和导轮中心连线。导轮用橡胶结合剂制成，磨粒较粗，在外圆纵向贯穿磨法时，导轮轴线相对于砂轮轴线倾斜一角度 α(1°～5°)，以比砂轮低得多的速度转动，靠摩擦力带动工件旋转。磨削时砂轮旋转，导轮除带动工件回转外，由与工件接触点的水平分速度 $v_{进}$ 推动工件作自动纵向进给。

无心外圆磨削时，工件不需打中心孔，安装方便，可连续加工，易于实现自动化，生产率高。由于工件夹在两个砂轮之间，不会因磨削力而被顶弯，有利于保证工件的直线性，尤其是对细长轴类零件，优点更为突出。但无心外圆磨削机床调整费时，不能磨削断续表面(如带有长键槽或平面的外圆面)，因为导轮无法使这类零件旋转。

2. 内圆磨削

内圆磨削是用直径较小的砂轮加工圆柱通孔、圆锥孔、成形内孔、盲孔等。磨削方式有两种：一种是工件和砂轮均作回转运动，如图13-2(a)所示；另一种是工件不回转，砂轮作行星运动，适应于加工较大的孔，如图 13-2(b)所示。内圆磨削和外圆磨削基本相同，也有纵磨法和横磨法之分，前者应用比较广泛。除此之外，也有用无心内圆磨床磨削孔的。

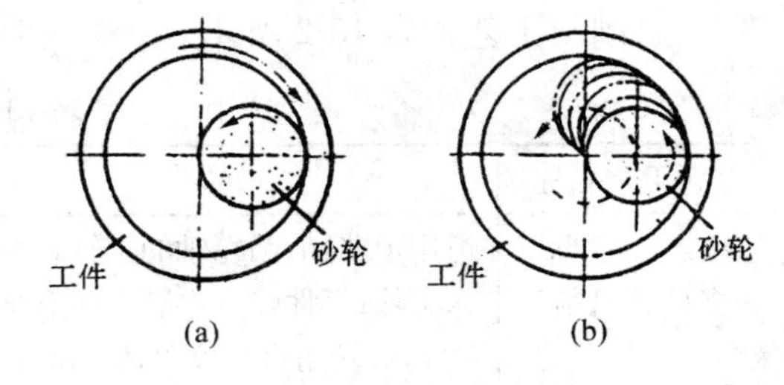

图 13-2 内圆磨削的两种方法
(a) 普通内圆磨削 (b) 行星式内圆磨削

内圆磨削与外圆磨削相比有以下工艺特点。

(1) 精度较低。内圆磨头一般只能采用悬臂式单支撑，磨削深长孔时使用接长轴磨头，刚度比外圆磨削小得多。砂轮与工件接触面积大，发热量集中，冷却条件差，工件热变形大。磨内圆可获得的精度为 IT8～IT6。

(2) 表面粗糙度值较大。砂轮直径受被磨削的孔径限制，很难达到磨外圆的圆周速度。因此加工表面粗糙度值较大。Ra 值为 1.6～0.4 μm。

(3) 生产率低。砂轮直径小，磨耗大，砂轮需经常修整、更换，增加了辅助时间。由于孔径小，磨屑不易被切削液冲走，易堵塞砂轮。同时，磨内圆的横向进给量小，迫使光磨次数增大，也降低了磨削生产率。

(4) 测量困难。内孔测量空间较小，特别是磨削深孔和小孔时测量更为不便。内圆磨削多采用自动测量仪测量。

3. 平面磨削

平面磨削主要有两种方法(见图 13-3)：用回转砂轮周边磨削(周磨)或用回转砂轮端面磨

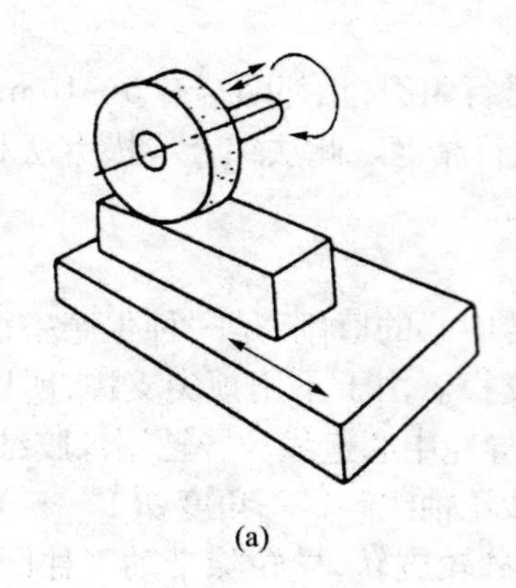
(a)

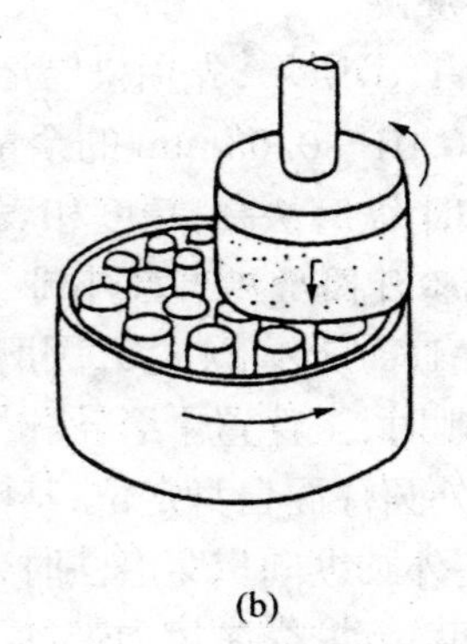
(b)

图 13-3　平面磨削两种方法
(a) 周磨　(b) 端磨

削(端磨)。工件随工作台作直线往复运动,或随圆工作台作圆周运动,磨头作间歇进给运动。

平面磨削可以切槽,同时磨削双端面,或用成形砂轮磨削波形面、齿条,还可以磨削导轨面等。工件多用电磁吸盘安装在工作台上或用专门夹具夹持,大型工件以夹压方式安装在工作台上。

13.2.6　磨削新工艺

磨削新工艺如表 13-2 所示。

表 13-2　磨削新工艺

新工艺名称	新　工　艺　特　点
多砂轮磨削	适用于曲轴、凸轮轴的主轴颈磨削;按工件要求,由多片砂轮排列成相应间隔,同时横向切入工件;工件在一次装夹中磨削,提高了工件各轴颈的同轴度和生产效率;砂轮片数可达 8 片,砂轮组合长度可达 1 m 左右
高速磨削	砂轮圆周速度高于 45 m/s 的磨削,生产上较多使用 45～60 m/s;提高了生产率,进给量增加,砂轮耐用度提高,提高了加工精度,降低了表面粗糙度值;对机床的刚度、砂轮的强度,冷却及安全装置有较高要求
深切缓进给磨削	用减小进给量、加大吃刀量的方法提高材料的切除率,又称蠕动磨削,是一种周磨方法,是强力磨削的一种;工件往复行程次数减少,砂轮磨损小,砂轮精度高,使加工精度提高,表面粗糙度值降低,工件表面剩余应力小,不易产生磨削裂纹
连续修整深切缓进给磨削	是指在深切缓进给磨削中,金刚石滚轮始终与砂轮保持接触,边磨削边修整的高效高精度磨削方法;这种磨削方法正在部分取代铣削和拉削等切削加工方法
高速深切快进给磨削	为防止深切缓进给磨削产生烧伤,在磨削用量上尽量避免高温区,可在加大切深与提高砂轮速度的同时,提高工件进给速度,以提高材料切除率
砂带磨削	根据工件型面,应用砂带形成贴合接触,进行加工的新型高效磨削工艺;能加工各种复杂曲面,有较好的跑合和抛光作用;效率达到铣削的 10 倍,普通砂轮磨削的 5 倍;产生磨削热少,磨削条件稳定,设备简单;Ra 值可达 0.8～0.2 μm

（续表）

新工艺名称	新 工 艺 特 点
精密磨削	靠精密磨床的精度保证微切削、滑挤、摩擦等综合作用，达到精度和表面粗糙度要求；精密磨削是指表面粗糙度 Ra 值为 0.16～0.04 μm，加工精度 1～0.5 μm 的磨削
高精密磨削	指表面粗糙度 Ra 值为 0.04～0.01 μm，加工精度 0.5～0.1 μm 的磨削；使用金刚石或 CNB 等高硬度磨料砂轮；除有微切削外，还有塑性流动和弹性破坏作用
超精密磨削	指表面粗糙度 Ra<0.01 μm，加工精度<0.1 μm 的磨削；靠超微细磨粒等高微刃磨削作用，并采用较小的磨削用量磨削；要求严格消除振动和恒温及超净的工作环境；其光磨微细摩擦作用带有一定的研磨作用性质

13.3 精整和光整加工

13.3.1 精整和光整加工范畴

精整加工是指在精加工后从工件上切除极薄的材料层，以提高工件的精度和降低表面粗糙度值的方法。如珩磨、研磨、超精加工等。光整加工是指不切除或切除极薄金属层，用以降低表面粗糙度值或强化其表面的加工过程。如抛光轮抛光、辊光、砂光等。

13.3.2 精整和光整加工特点

精整和光整加工的特点如表 13-3 所示。

表 13-3 精整和光整加工的特点

名称	特 点	精度和表面粗糙度
研磨	利用研具和研磨剂从工件上研去一层极薄金属层的精加工方法；能提高加工表面的耐腐蚀性和耐磨性，提高疲劳强度；生产率极低，不能提高工件各表面间的位置精度	一般 Ra 值可达 0.3～0.2 μm，研磨块规可达 0.02～0.01 μm
珩磨	是一种固结磨粒压力进给切削的方法，能切除较大的加工余量，能有效提高零件尺寸精度、形状精度和降低零件表面粗糙度值，对零件位置精度改善不大；主要用于加工内孔，如飞机、汽车、拖拉机发动机的气缸、缸套、连杆及液压油缸、炮筒等	加工小圆孔圆度可达 0.5 μm，圆柱度在 5 μm 以下，Ra 值可达 0.4～0.04 μm
超精加工	是一种固结磨粒压力进给切削的方法，是将微细磨粒和低强度结合剂制成的油石加压在待加工表面上，作微小振动，油石在适当黏度的油中作低速圆周运动，一般在几秒到几十秒内即可达镜面	Ra 值=0.08～0.01 μm
抛光	用涂有抛光膏的软轮高速旋转加工工件，一般不能提高工件的形状精度、位置精度和尺寸精度；通常用于电镀或油漆的衬底面、上光面的光整加工，是一种简便、迅速、廉价的零件表面最终光饰方法；普通抛光工件 Ra 值可达 0.4 μm，精密抛光 Ra 值可达 0.01 μm，精度可达 1 μm	高精密抛光 Ra<0.01 μm，精度<1 μm；超精密抛光 Ra<0.01 μm，精度<0.1 μm

(续表)

名称	特　点	精度和表面粗糙度
胶质硅抛光	用胶质硅超微粒子悬浮于含 NaOH(1 g/L)和 Na_2CO_3(7 g/L)的碱性溶液中,对工件进行抛光;由于摩擦产生高温高压,在很短接触时间内,就产生固相反应,由摩擦力除去反应物,实现 0.1 nm 级微小单位的切除抛光	对任何一种结晶 Ra 值均为 0.003～0.002 μm
水合抛光	利用在工件界面上产生的水合反应的新型高效、超精密抛光方法。在普通抛光机上,给抛光工件的部位加上耐热材料罩,使工件在过热水蒸气介质中进行抛光;主要适用于集成电路中蓝宝石表面加工	表面粗糙度 Ra 值可达 0.002～0.001 μm
双盘研抛	超大规模集成电路硅片精密研抛的主要方法;硅片要求厚度误差极严,用 0.01 μm 级胶质硅微粉游离磨粒来研抛硅片表面,能达到要求	全体厚度误差<2 μm,局部厚度误差<1 μm

习　　题

13-1　磨削加工的精度和表面粗糙度一般可达到什么范围?

13-2　外圆磨削时,磨削用量包括哪几个要素?怎样合理选择磨削要素?

13-3　砂轮性质与哪些因素有关?

13-4　请选择下列各外圆磨削的方法:①光轴,直径 ϕ=20 mm,长 L=100 mm,批量 10 件,Ra=0.2 μm;②光轴,直径 ϕ=50 mm,长 L=20 mm,批量 1 万件,Ra=1.2 μm;③光轴,直径 ϕ=50 mm,长 L=20 mm,批量 1 万件,Ra=0.8 μm;④空心轴,外径 ϕ=50 mm,长 L=1 800 mm,批量 1 万件,Ra=0.4 μm。

13-5　精整、光整加工一般有哪些方法?精度和表面粗糙度能达到什么范围?

13-6　为什么珩磨不能提高孔的位置精度?

13-7　为什么抛光和超级光磨不能提高工件的加工精度?

13-8　试分别说出下列工件采用的精整或光整加工的方法:液压缸内孔表面、齿轮齿面、量规表面、车床床身导轨面、轴承外圆面。

第14章 数控加工

14.1 概述

数控是一种利用数字信息控制机床的技术。普通机床是以人的手操作有关手柄、按钮来控制运动的，而数控机床是通过计算机发出指令直接控制机床运转的。数控指令以数字和符号编码方式记录在控制介质上，数控装置从介质上获得信息后，经过计算和处理，将结果以脉冲形式送往机床的有关机构，对机床各种动作顺序、位移量以及速度等实现自动控制。改变加工内容时，只需相应改变加工指令，而改编一个新指令程序要比在生产设备上作一番变动容易得多，因此数控技术有很好的柔性。

14.1.1 数控机床的组成

一般数控机床主要由控制介质、数控装置、伺服机构和机床本体四个基本部分组成。

数控机床的工作过程主要步骤如下：

(1) 根据零件图纸上的零件形状、尺寸和技术条件进行工艺分析和程序设计。

(2) 按照数控装置所能识别的代码(数字、字母、符号)编制加工程序单。

(3) 将程序存储在某种存储介质上(控制介质)，如纸带、磁带或磁盘等。

(4) 将控制介质装入数控装置内，通过输入装置将加工程序输入到数控装置内部。

(5) 数控装置按输入信号进行一系列的运算和控制处理并将结果以脉冲形式送往机床的伺服机构(如步进电机、伺服电机等)。

(6) 伺服机构带动各自的机床运动部件，按程序规定的加工顺序、速度和位移量等进行自动加工。

由零件图纸到制成控制介质的过程称为程序编制。目前数控机床程序编制的方法有手工编程和自动编程(即计算机编程)两种。

14.1.2 数控机床的分类

数控机床品种规格繁多，其分类方法大致有以下几种。

1. 按加工工艺方法分类

1) 金属切削类

指采用车、铣、镗、铰、钻、磨等各种切削工艺的数控机床。它主要分为普通型数控机床(数控车床、数控铣床、数控磨床等)和加工中心(镗、铣类加工中心、车削中心、钻削中心等)。

2) 金属成形类

指采用挤、冲、压、拉等成形工艺的数控机床，常用的有数控压力机、数控折弯机、数控弯管机、数控旋压机等。

3) 特种加工类

主要有数控电火花线切割机、数控电火花成形机、数控火焰切割机、数控激光加工机等。

4）测量、绘图类

主要有三坐标测量仪、数控对刀仪、数控绘图仪等。

2. 按控制系统功能特点分类

1）点位控制数控机床

点位控制数控机床的特点是机床移动部件从一点移动到另一点的准确定位，至于点与点之间移动的轨迹（路径和方向）并不严格要求，各坐标轴之间的运动是不相关的。如图 14-1 所示，起点到终点的运动轨迹可以是图中的任意一种，并且在移动和定位过程中不能进行任何加工。为了实现既快又精确地定位，两点间位置的移动一般先以最快速度移动，到即将接近新的位置点时再降速，使之慢速趋近定位点，以保证其精度。

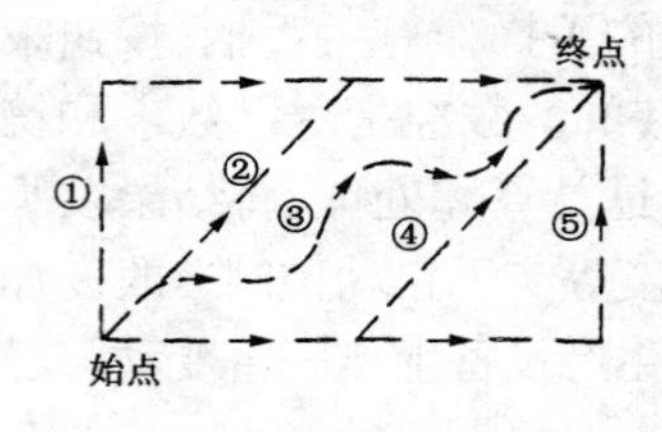

图 14-1　点位运动

这类机床主要有数控钻床、数控镗床、数控冲床等。其相应的数控装置称为点位控制数控系统。

2）点位直线控制数控机床

点位直线控制数控机床的特点是机床移动部件不仅要实现由一个位置到另一个位置的精确移动定位，而且能实现平行坐标轴方向的直线切削加工运动。点位直线数控机床虽然扩大了点位控制数控机床的工艺范围，但它的应用仍然受到了很大的限制。

这类数控机床主要有简易数控车床、数控铣镗床等。

3）轮廓控制数控机床

轮廓控制数控机床的特点是能够对两个或两个以上坐标轴同时进行切削加工控制，它不仅能控制机床移动部件的起点与终点坐标，而且要控制整个加工过程中每一点的速度和位移，也就是说，要控制刀具移动轨迹，将工件加工成一定的轮廓形状。图 14-2 为两坐标轮廓控制数控铣床的工作原理图。

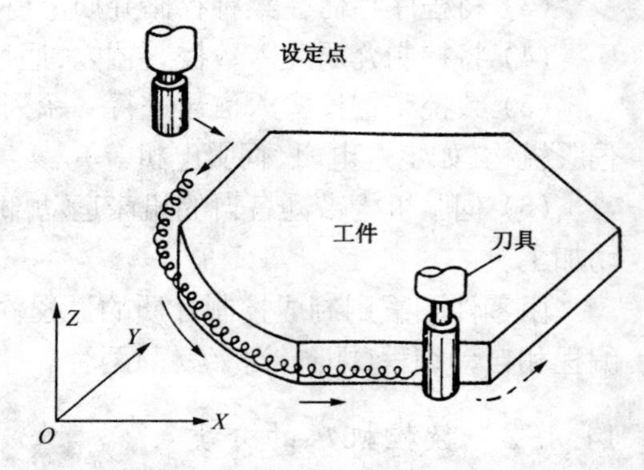

图 14-2　两坐标轮廓控制系统的工作原理

常用的数控车床、数控铣床、数控磨床是典型的轮廓数控机床，它们可代替所有类型的仿形加工，提高加工精度和生产率，缩短生产准备时间。

3. 按伺服控制方式分类

1）开环控制数控机床

开环控制系统是指不带反馈装置，通常使用步进电动机为伺服执行机构。输入的数据经过数控系统的运算，发出指令脉冲，通过环形分配器和驱动电路，使步进电动机转过相应的步距角，再经过齿轮减速装置带动丝杠旋转，通过丝杠螺母机构转换为移动部件的直线位移。移动部件的移动速度与位移量是由输入脉冲的频率和脉冲数所决定的。

2）半闭环控制数控机床

在开环系统的丝杠上装有角位移测量装置，通过检测丝杠的转角间接地检测移动部件的位移，然后反馈到数控装置中去，由于惯性较大的机床移动部件不包括在检测范围之内，因而称为半闭环控制系统。

3）闭环控制数控机床

闭环控制数控系统是在机床移动部件上直接装有位置检测装置，将测量到的实际位移值与预定值进行比较，用差值对机床进行控制，使移动部件按照实际的要求运动，最终实现精确定位。

14.1.3　数控机床的加工特点

1. 加工精度高、质量稳定

数控机床的机械传动系统和结构都有较高的精度、刚度和热稳定性。而且机床的加工精度不受零件复杂程度的影响，零件加工的精度和质量由机床保证，完全消除了操作者的人为误差。所以数控机床的加工精度高，而且同一批零件加工尺寸的一致性好，加工质量稳定。

2. 加工生产效率高

数控机床结构刚度好、功率大，能自动进行切削加工，所以能选择较大的、合理的切削用量，并自动连续完成整个切削加工过程，能大大缩短机动时间。在数控机床上加工零件，只需使用通用夹具，又可免去划线等工作，所以能大大缩短加工准备时间。又因为数控机床定位精度高，可省去加工过程中对零件的中间检测时间，所以数控机床的生产效率高。

3. 减轻劳动强度，改善劳动条件

数控机床的加工，除了装卸零件、操作键盘、观察机床运行外，其他的机床动作都是按加工程序要求自动连续地进行切削加工，操纵者不需要进行繁重的重复手工操作。

4. 加工适应性强、灵活性好

因数控机床能实现几个坐标联动，加工程序可按对加工零件的要求而变换，所以它的适应性和灵活性很强，可以加工普通机床无法加工的形状复杂的零件。

5. 有利于生产管理

数控机床加工，能准确计算零件的加工工时，并有效地简化刀、夹、量具和半成品的管理工作。加工程序是用数字信息的标准代码输入，有利于计算机连接，构成由计算机控制和管理的生产系统。

14.1.4　常用数控系统的种类

目前常用的数控系统有 FANUC、OKUMA、SIEMENS、MITSUBISHI、SINSINATTI 等数控系统，其功能代码相近，但各系统也有不同之处，需要查阅相应的编程手册。常用数控系统功能代码的对照比较如表 14-1 所示。

表 14-1　常用数控系统功能代码的比较

功能＼系统	OKUMA OSP-U10M	FANUC 18-T	MITSUBISHI M50L	SIEMENS
坐标系设定及转换	G15 Hn G16 Hn G11	G54～G59 G68	G54～G59 G61	G53～G57 G58，G59
快速定位 直线插补 圆弧插补 暂停	G00 G01 G02，G03 G04	G00 G01 G02，G03 G04	G00 G01 G02，G03 G04	G00 G01 G02，G03 G04
绝对，相对 公制，英制 进给 加工范围限定	G90，G91 G21，G20 G94，G95 G22，G23	G90，G91 G21，G20 G94，G95	G90，G91 G21，G20 G94，G95	G90，G91 G21，G20 G94，G95 G25，G26
坐标平面选择	G17，G18，G19	G17，G18，G19	G17，G18，G19	G15～G19
刀具长度补偿	G53～G59	G43，G44		
刀具半径补偿	G41，G42，G40	G41，G42，G40	G41，G42，G40	G41，G42，G40
固定循环 子程序调用	G73～G89 CALL On	G73～G89 M98 Pn	G70～G89	G81～G89 Ln
辅助功能 刀具准备 转速 进给 程序停 程序选择停 程序结束 主轴正转反转 主轴停 换刀 冷却开，关 主轴定向停 变速挡 C 轴启动，关闭	 Tn Sn Fn M00 M01 M02(M30) M03，M04 M05 M06 M08，M09 M19 M40～M44	 Tn Sn Fn M00 M01 M02(M30) M03，M04 M05 M06 M08，M09 M19 M40～M44 M54，55	 Tn Sn Fn M00 M01 M02(M30) M03，M04 M05 M06 M08，M09 M19 M40～M44	 Tn Sn Fn M00 M01 M02(M30) M03，M04 M05 M06 M08，M09 M19 M40～M44

14.2　数控加工程序

14.2.1　机床坐标系和工作坐标系的定义

数控机床的坐标系规定已标准化，按右手直角笛卡尔坐标系确定如图 14-3 所示，一般假设工件静止，通过刀具相对工件的移动来确定机床各移动轴的方向。

1. 机床坐标系

机床坐标系是机床固有的坐标系，机床坐标系的方位是参考机床上的一些基准确定的。机床上有一些固定的基准线和基准面如主轴中心线，工作台面、主轴端面、工作台侧面、导轨面等，不同的机床有不同的坐标系。

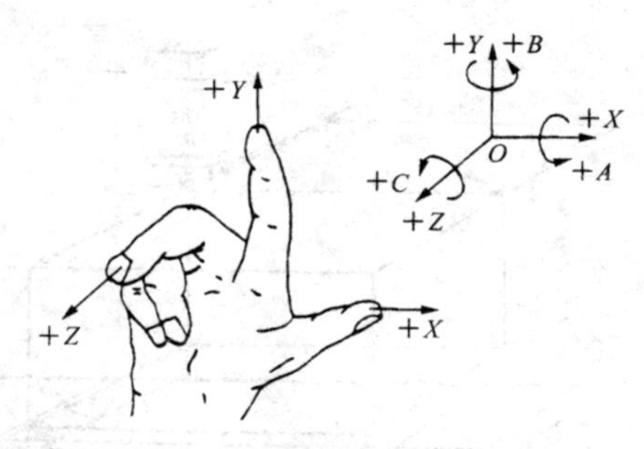

图 14-3　右手直角笛卡尔坐标系

我国已制定了 JB3051—82《数控机床坐标和运动方向的命名》数控标准，它与 ISO841 相同。在标准中，规定平行于机床主轴(传递切削力)的刀具运动坐标轴为 Z 轴，取刀具远离工件的方向为正方向。

X 轴为水平方向，且垂直于 Z 轴并平行于工件装夹面。对工件作回转运动的机床(车床、磨床)，取平行于横向滑座的方向(工件径向)为刀具运动的 X 坐标，同样，取刀具远离工件的方向为 X 的正方向；对于刀具作回转运动的机床(如铣床、镗床)，当 Z 轴为水平时，沿刀具主轴后端向工件方向看，向右的方向为 X 的正方向；如 Z 轴是垂直的，则从主轴向立柱看时 X 轴的方向指向右边。上述正方向都是刀具相对于工件而言的。

在确定了 X、Z 轴之后，可按右手直角笛卡尔坐标系确定 Y 轴的正方向，即在 Z-X 平面内，从正方向 Z 转到正方向 X 时，右螺旋应沿正方向 Y 前进。常见机床的坐标方向如图 14-4 所示，图中表示的方向为实际运动部件的移动方向。

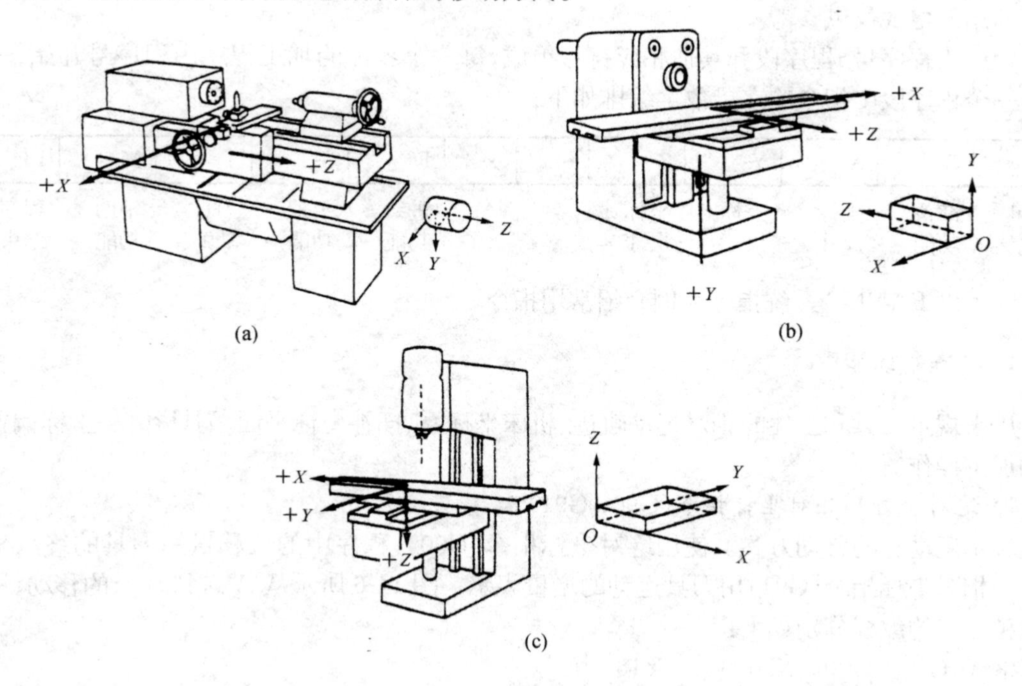

图 14-4　机床坐标方向示意

(a) 数控车床坐标系　(b) 卧式数控铣床坐标系　(c) 立式数控铣床坐标系

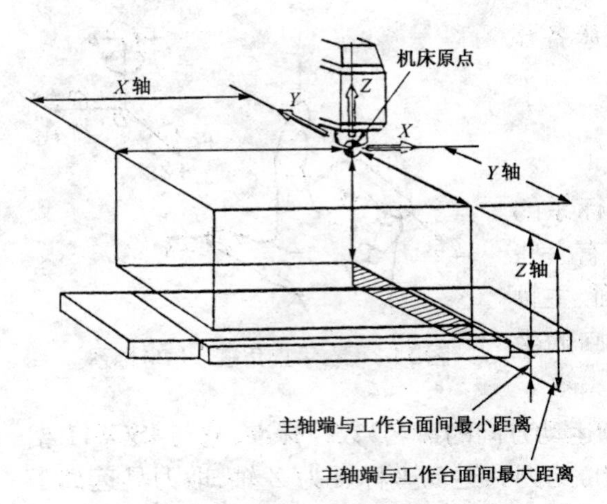

图 14-5　立式铣床机床原点

编程坐标是指在数控编程中，由于工件与刀具是一对相对运动物体，为使编程方便，一律假定工件不动，全部用刀具运动的坐标系来编程，即用标准坐标系 X、Y、Z 进行编程。在实际编程时，正号可以省略，负号不能省且紧跟在字母之后。

机床原点(机械原点)是机床坐标系的原点，它的位置是在各坐标轴的正向最大极限处，如图 14-5 所示。

2. 工作坐标系

工作坐标系是编程人员在编程和加工工件时建立的坐标系。工作坐标系的原点简称工件原点，也称工件零点或编程零点，其位置由编程者自行设定，一般设在工件的设计、工艺基准处。

14.2.2　编制程序的常用工艺指令

零件程序所用的代码主要有准备功能 G 指令，进给功能 F 指令，主轴功能 S 指令，刀具功能 T 指令，辅助功能 M 指令。一般数控系统中常用的 G 和 M 功能都与国际 ISO 标准一致。

每种机床数控系统，根据功能要求和编程需要，有一定的程序格式，由于数控机床数控系统种类很多，程序格式也不同，因此具体使用时必须严格按机床说明书规定格式进行。这里只介绍通用的格式仅供参考。

程序由程序号、程序段和其他相应符号组成，每一个零件的加工程序由程序号开始，一般来说一个程序段中指令的字母数字编排如下：

N-	G-	X-	Y-	Z-	…	…	F-	S-	T-	M-	LF
语句顺序号	准备功能	坐标尺寸	坐标尺寸	坐标尺寸			进给功能	主轴功能	刀具功能	辅助功能	程序段结束

以下以 FANUC 系统指令为例介绍常用指令。

1. G 准备功能

用来规定刀具和工件的相对运动轨迹、机床坐标系、插补坐标平面、刀具补偿、坐标偏置等各种加工操作。

1）绝对坐标和相对坐标指令(G90，G91)

表示运动轴的移动方式。使用绝对坐标指令(G90)，程序中的位移量用刀具的终点坐标表示。相对坐标指令(G91)用刀具运动的增量表示。图 14-6 所示从 A 点到 B 点的移动，用以上两种方式的编程分别如下：

格式：G90　G00　X80.0　　Y150.0，

　　　G91　G00　X-120.0　Y90.0；

2）坐标系设定指令(G92、G54)

在使用绝对坐标指令编程时，预先要确定工作坐标系，通过 G92 可以确定当前工作坐标系，该坐标系在机床重开机时消失，如图 14-7 所示。

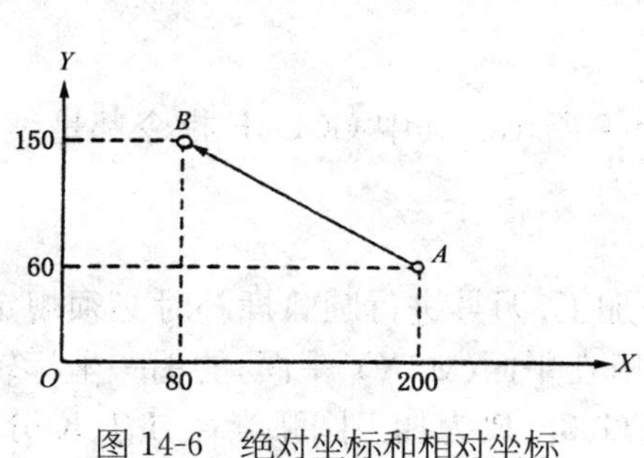

图 14-6　绝对坐标和相对坐标

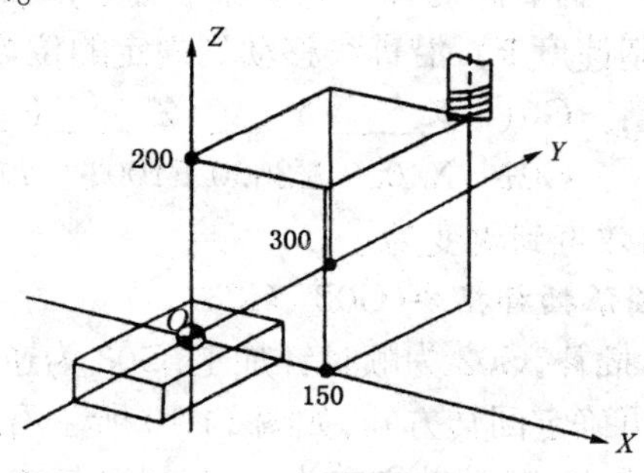

图 14-7　工作坐标的设定

格式：　G92　X____　Y____　Z____；

例：　　G92　X150.0 Y300.0 Z200.0；

3）平面选择指令(G17，G18，G19)

在三坐标机床上加工时，如进行圆弧插补，要规定加工所在平面，用 G 代码可以进行平面选择。

- G17——*XY* 平面。
- G18——*ZX* 平面。
- G19——*YZ* 平面。

工作坐标生活经验 G54 设定；

格式：G54

例：　G54；

工作坐标系 G54 设定，其数值在机床坐标系 G54 中输入。在 X 中输入－150.，Y 中输入 0、－300.，Z 中输入－200.。

G90 G00X____　Y____　Z____；

4）快速定位(G00)

刀具从当前位置快速移动到切削开始的位置，在切削完了之后，快速离开工件。一般在刀具非加工状态的快速移动时使用快速定位指令，该指令只是快速到位，其运动轨迹因具体的控制系统不同而异，进给速度 F 对 G00 指令无效。

格式：　G00　X____ Y____ Z____；

例：　　G90 G00　X40.0 Y20.0；　如图 14-8 所示。

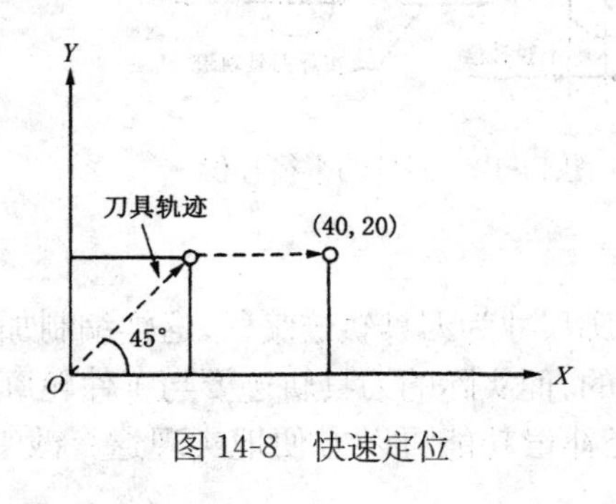

图 14-8　快速定位

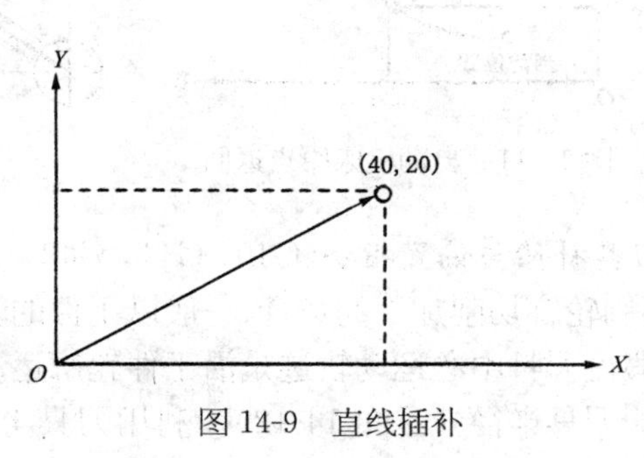

图 14-9　直线插补

5）直线插补指令(G01)

刀具作两点间的直线运动加工时用该指令,G01 指令表示刀具从当前位置开始以给定的速度(切削速度 F),沿直线移动到规定的位置。

格式： G01 X____ Y____ Z____ F____；

例： G01 X40.0 Y20.0 F100； 如图 14-9 所示。其中 G01、F 指令都是续效指令，即一直有效直到改变为止。

6）圆弧插补指令(G02，G03)

圆弧插补,G02 为顺时针加工,G03 为逆时针加工,刀具进行圆弧插补时必须规定所在平面,然后再确定回转方向,如图 14-10 所示沿圆弧所在平面(如 XY 平面)的另一坐标轴的负方向($-Z$)看去,顺时针方向为 G02,逆时针方向为 G03。R 为加工圆弧半径,I、J、K 分别是 X、Y、Z 方向上圆心相对于圆弧起点的增量尺寸。

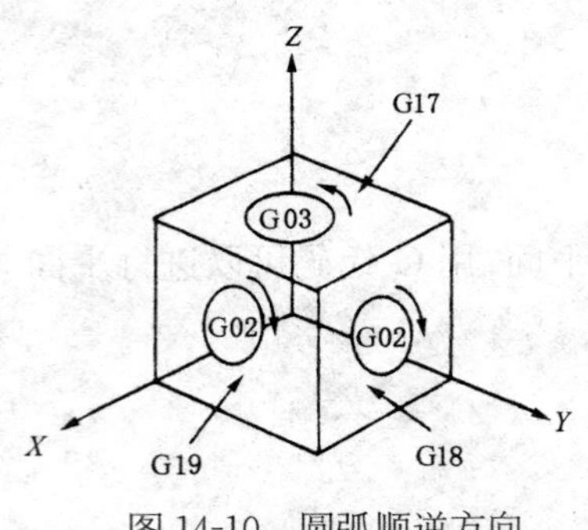

图 14-10 圆弧顺逆方向

格式：

G17 $\begin{Bmatrix}G02\\G03\end{Bmatrix}$ X____ Y____ R____ F____；

G18 $\begin{Bmatrix}G02\\G03\end{Bmatrix}$ X____ Z____ R____ F____；

G19 $\begin{Bmatrix}G02\\G03\end{Bmatrix}$ Y____ Z____ R____ F____；

7）自动机床原点返回指令(G28)

机床原点是机床各移动轴正向移动的极限位置。如刀具在交换时常用到 Z 轴参考点返回。

格式： G28 X____ Y____ Z____；

例： G90 G28 X500.0 Y350.0； 如图 14-11 所示。该指令表示刀具经过中间点坐标返回原点。

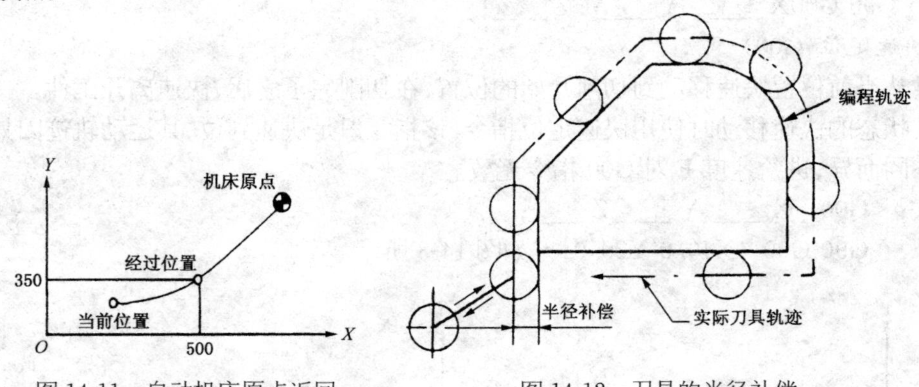

图 14-11 自动机床原点返回

图 14-12 刀具的半径补偿

8）刀具补偿与偏置指令(G40，G41，G42)

在编制轮廓切削加工的场合,一般以工件的轮廓尺寸为刀具轨迹编程,这样编制加工程序简单,即假设刀具中心运动轨迹是沿工件轮廓运动的,而实际的刀具轨迹要与工件轮廓有一个偏移量(即刀具半径)(见图 14-12)。利用刀具半径补偿功能可以方便地实现这一改变，简化程序编制，机床可以自动判断补偿的方向和补偿值大小，自动计算出刀具中心轨迹，并按刀心轨迹运动。

- G40——刀具补偿取消。
- G41——刀具左补偿。
- G42——刀具右补偿。

G41 左补偿指令是沿着刀具前进的方向观察，刀具偏在工件轮廓的左边，而 G42 则偏在右边（见图 14-13）。G41、G42 皆为续效指令。

例：G90 G01 G41　X100.0 Y150.0 D01；其中 D01 为补偿值，需提前输入机床内部。

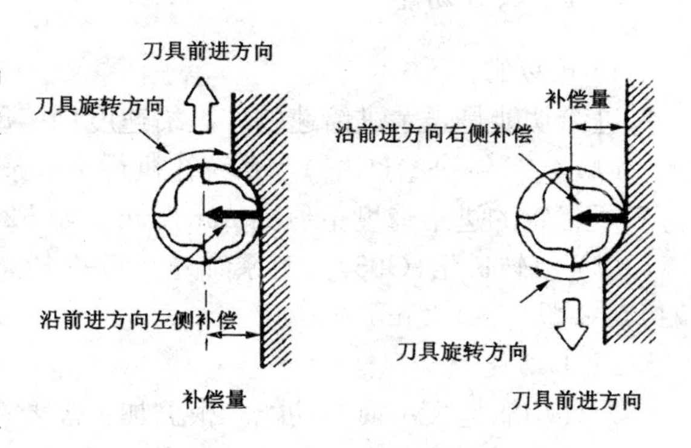

图 14-13　刀具的补偿方向

2. 常用辅助功能 M 指令

M 指令是用来控制机床各种辅助动作及开关状态的。如主轴的转与停、冷却液的开与关等等。程序的每一个语句中 M 代码只能出现一次。

主要的 M 指令如下：

(1) M00 程序暂停。执行含有 M00 指令的语句后，机床自动停止。如编程者想要在加工中使机床暂停（检验工件、调整程序、排屑等工作），使用 M00 指令，重新启动程序后，才能继续执行后续程序。

(2) M01 选择停止。执行含有 M01 的语句时，如同 M00 一样会使机床暂时停止，但是，只有在机床控制盘上的“选择停止”键处于在“ON”状态时此功能才有效，否则，该指令无效。常用于关键尺寸的检验或临时暂停。

(3) M02 程序结束。该指令表明主程序结束，机床的数控单元复位，如主轴、进给、冷却停止，表示加工结束，但该指令并不返回程序起始位置。

(4) M03 主轴正转。主轴正转是从主轴 $+Z$ 方向看（从主轴头向工作台方向看），主轴顺时针方向旋转。

(5) M04 主轴反转。主轴反转是从主轴 $+Z$ 方向看，主轴逆时针方向旋转，当主轴转向开关 M03 转换为 M04 时，不需要用 M05 先使主轴停转。可用 S 指定主轴转速，执行 M03 代码或 M04 后，主轴转速并不是立即达到指令 S 设定的转速。

(6) M05 主轴停转。主轴停止是在该程序段其他指令执行完成后才停止。

(7) M06 换刀指令。常用于加工中心刀库的自动换刀时使用。

(8) M07 冷却液开。执行 M07 后，2 号冷却液打开。

(9) M08 冷却液开。执行 M08 后，1 号冷却液打开。

(10) M09 冷却液关。

(11) M30 程序结束。

(12) M98 调用子程序。子程序是相对以主程序而言的。当一个零件包括重复的图形时，可以把这个图形编成一个子程序存在存储器中，使用时反复调用。子程序调用命令是 M98，子程序可以多重调用。

例:M98　P ____;其中,P 为子程序调用情况。P 后通常有 8 位数字,前 4 位为调用次数,省略时为调用一次,后 4 位为调用的子程序号。

(13) M99 子程序结束命令。当子程序执行 M99 命令后,子程序结束并回到主程序。

3. F、T、S 功能

1) F 功能

进给功能是表示进给速度。进给速度用字母 F 和其后面的若干位数字来表示的。

(1) 每分钟进给(G94)。系统在执行了一条含有 G94 的程序段后,再遇到 F 指令时,便认为 F 所指定的进给速度单位为 mm/min。如 F25.54 mm/min。

(2) 每转进给(G95)。若系统处于 G95 状态,则认为 F 所指定的进给速度单位为 mm/r。如 F0.2 即为 F0.2 mm/r。

2) T 功能

刀具功能是表示换刀功能。根据加工需要在某些程序段指令进行选刀和换刀。刀具功能用字母 T 和其后的四位数字表示。其中前两位为刀具号,后两位为刀具补偿号。每一把刀具加工结束后必须取消其刀具补偿。

例:
```
G50 X270.0 Z400.0
G00 S2000 M03
    T0304      (3 号刀具、4 号补偿)
    X40.0 Z100.0
G01 Z50.0 F20
G00 X270.0 Z400.0
    T0300      (3 号刀具补偿取消)
```

3) S 功能

主轴功能主要是表示主轴转速或速度。主轴功能是用字母 S 和其后面的数字表示的。

(1) 恒线速度控制(G96)。G96 是接通恒线速度控制的指令。系统执行 G96 指令后,便认为用 S 指定的数值表示切削速度。

例:G96 S200;表示切削速度是 200 m/min。

(2) 主轴转速控制(G97)。G97 是取消恒线速度控制的指令。此时,S 指定的数值表示主轴每分钟的转数。

例:G97 S1500;表示主轴转速为 1 500 r/min。

14.2.3　数控机床编程步骤简述

从分析零件图开始到零件加工完毕,整个过程如图 14-14 所示。

1. 分析零件图

根据零件图的技术要求,分析零件的形状、基准面、尺寸公差和粗糙度要求,还有加工面的种类、零件的材料、热处理等其他技术要求。

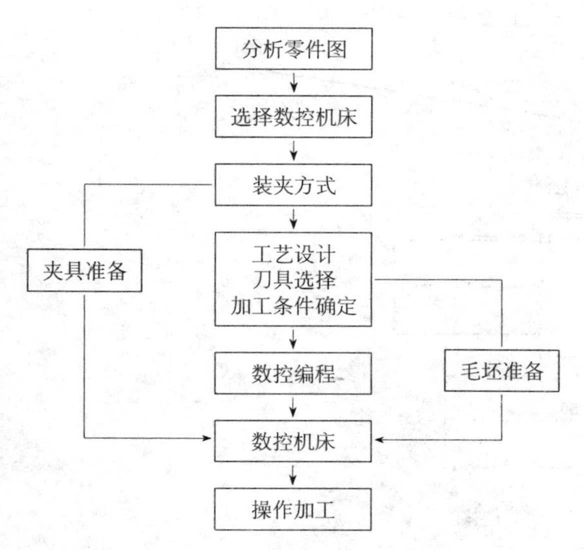

图 14-14　零件加工过程图

2. 数控机床的选择

根据零件形状和加工的内容及范围，确定该零件是否适宜在数控机床上加工，在哪类设备上加工，确定使用机床的种类。

3. 工件的装夹方法

工件的装夹方法直接影响产品的加工精度和加工效率，必须认真加以考虑。工件安装尽可能利用通用夹具，必要时也要设计制造专用夹具。

4. 加工工艺确定

在该阶段要确定加工的顺序和步骤，一般分粗加工、半精加工、精加工阶段。粗加工一般留 1 mm 余量，要使机床和刀具在能力允许的范围内用尽可能短的时间完成。半精加工一般留 0.1 mm 的加工余量。

精加工直接形成产品的最终尺寸精度和表面粗糙度，对于要求较高的表面，要分别进行加工。

5. 刀具的选择

在对零件加工部位进行工艺分析之后，要确定使用的刀具，粗、精加工用的刀具要分开，所采用的刀具要满足加工质量和效率的要求。

6. 程序编制

完成以上工作后，就进入关键的阶段——程序的编制。首先进行数学处理，根据零件的几何尺寸、刀具的加工路线和设定的编程坐标系来计算刀具运动轨迹的坐标值。对于加工由圆弧和直线组成的简单轮廓的零件，只需计算出相邻几何元素的交点或切点坐标值即可。对于自由曲线、曲面等加工，要借助计算机辅助编程来完成。

7. 加工操作

加工程序编制完成以后，在加工以前要进行程序试运行，以便检验程序是否正确。然后操作机床进行加工。

14.3　数控机床编程实例

1. 数控车床编程举例

例：加工如图 14-15 所示零件。精车余量为 1 mm，从右端至左端轴向走刀切削，工件程序原点如图 O 点所示。

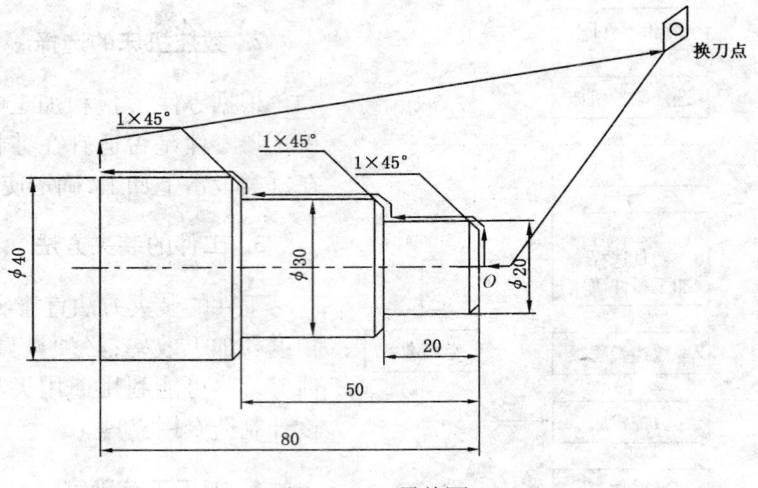

图 14-15　零件图

程序如下:

程序	说明
O0320	程序名
N10 T0101;	刀具号 1 号刀,刀补号为 01 号
N15 M04 S800;	主轴正转,转速 800r/min
N20 G00 X100. Z50;	快速移动至换刀点
N25 G00 X0 Z1;	
N30 G01 Z0 F0.1;	进刀至 Z0,进给量为 0.1mm/r
N35 X20. C1.;	切削端面,C1 表示倒角 1×45°
N40 Z-20.;	切削 φ20 外圆,长度为 20mm
N45 X30. C1.;	切削端面,倒角 1×45°
N50 Z-50.;	切削 φ30 外圆,长度为 50mm
N55 X40. C1.;	切削端面,倒角 1×45°
N60 Z-80;	切削 φ40 外圆,长度为 80mm
N65 G00 X45.;	
N70 Z5.;	快速退刀至 X45,Z5 处
N75 T0100;	取消刀补
N80 M05;	主轴停止
N85 M30;	程序结束

2. 数控铣床编程举例

例:如图 14-16 所示零件。以 ϕ82 内孔定位,精铣外形,精铣余量为 2 mm,立铣刀直径为 ϕ30,工件程序原点为 O 点。

程序如下:

程序	说明
O5032	程序名

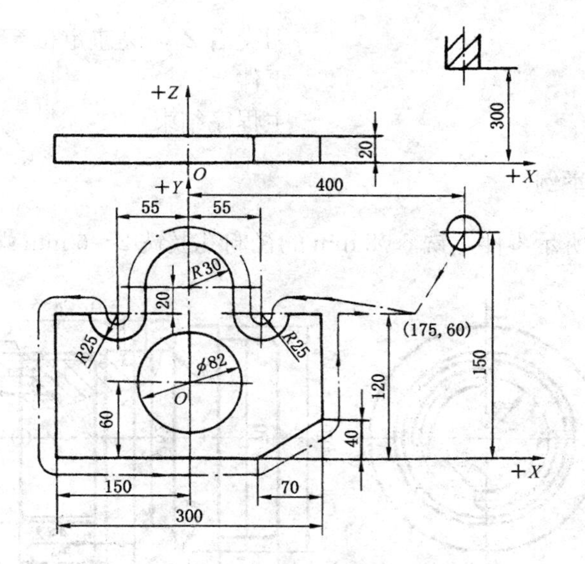

图 14-16　零件图

N005 G54 G40 G90;	选择工件坐标系,采用绝对指令编辑,取消半径补偿
N010 M03 S1000;	主轴正转,转速 1000r/min
N015 G00 Z50;	Z 轴快速定位至所给坐标处
N020 X400 Y150;	X 轴和 Y 轴快速定位至所给坐标处
N025 X175 Y60;	X 轴和 Y 轴快速定位至所给坐标处
N030 Z-5;	刀尖沿 Z 轴快速定位至所给坐标处
N035 G01 G42 X150 Y60 F100 D01;	以 F 所设定的进给速度直线插补至该点,刀具半径右补偿 D01＝15mm
N040 X82;	直线插补至 X80, Y60
N045 G02 X30 Y60 R25;	刀具在 XY 平面内以 F 所设定的进给速度顺时针圆弧插补至该点
N050 G01 Y80;	直线插补至该点
N0055 G03 X-30 R30	逆时针圆弧插补走出一半圆弧
N0060 G01 Y60	直线插补至该点
N0070 G02 X-80 I-25 J0	顺时针圆弧插补至该点(用 I、J 地址能精确地指明圆心相对于起点的坐标位置)
N0075 G01 X-150	直线插补至该点
N0080 Y-60	直线插补至该点
N0090 X80	直线插补切至该点
N0100 X150 Y-20	直线插补至该点
N0110 Y65	直线插补切至该点
N0120 G00 G40 X175 Y60	快速移动至该点,并且取消刀具半径补偿
N0130 M05	主轴停转

N0150 G00 Z100　　刀尖沿 Z 轴快速定位至 100 mm 处，刀具离开工件

N0160 M30　　主程序结束

3. 车削中心编程举例

例：在如图 14-17 所示零件上铣 6-ϕ8 mm 的径向孔及铣 2～6 mm 端面槽。

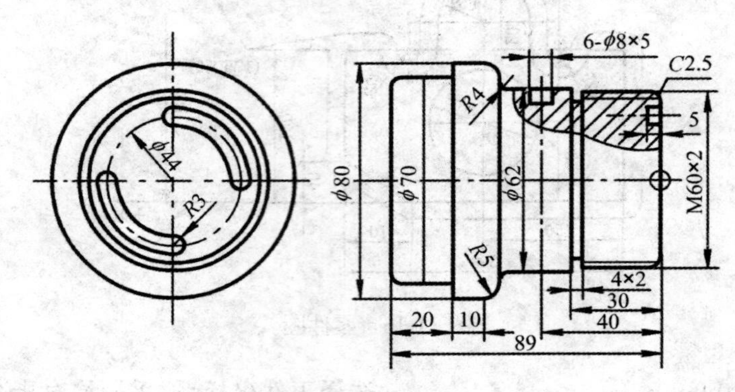

图 14-17　零件图

程序如下：

程序	说明
O0001	程序名
N0010 M54	C 轴离合器上
N0020 G28 H-30	C 轴反向转动 30 度
N0030 G50 C0	设定 C 轴坐标系
N0040 G00 G98 S1000 T0101 M04 F10	铣刀转速 1 000(r/min) 进给量 10 mm/min
N0050 G00 X64.0 Z-40.0	铣刀定位
N0060 M98 P1000 L6	调用子程序 O1000 六次，铣 6-ϕ8 mm 孔
N0070 G00 X100.0	
N0080 G28 U0 W0 C0 T0 M05	
N0090 G50 C0	
N0100 G00 G98 S1000 T0202 M04	
N0110 G00 X44.0 Z1.0	
N0120 M98 P1001 L2	调用子程序 O1001 二次，铣 2～6 mm 端面槽
N0130 G00 X100 M55	C 轴离合器断开
N0140 M30	程序结束
O1000	子程序 O1000
N0150 G01 X52.0 F5	
N0160 G04 U1.0	
N0170 G01 X64.0 F20	

N0180 G00 H60.0
N0190 M99
O1001　　　　　　　　　　　　　子程序 O1001
N0200 G00 Z-5.0 F5
N0210 G01 H90.0 F20
N0220 G01 Z2.0 F20.0
N0230 H90.0
N0240 M99　　　　　　　　　　　子程序结束

4. 加工中心编程举例

例:在如图 14-18 所示方形零件上钻孔,攻丝。
刀具:T01 号为 ϕ20 的钻头,长度补偿号为 H01;
T02 号为 ϕ17.5 的钻头,长度补偿号为 H02;
T03 号为 M20 的丝锥,长度补偿号为 H03;
T04 号为 ϕ20 的键槽铣刀,长度补偿号为 H04。

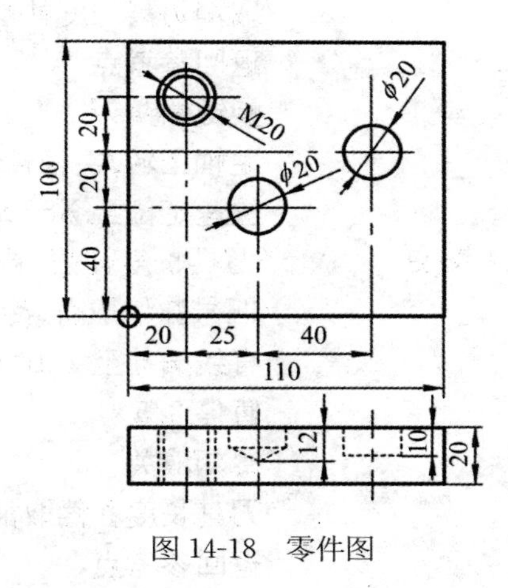

图 14-18　零件图

程序如下:

程序	说明
O0002	程序名
N0010 G90 G17 G40 G49 G15 T02	准备功能 G 代码:采用绝对位置指令方式编程、选择 XY 坐标平面、取消刀具半径与长度的补偿、第一号工件坐标系有效、启动 2 号刀补
N0020 M06 T02	换 ϕ17.5 钻头
N0030 M03 S800	主轴正转,主轴转速为 800(r/min)
N0040 G00 X20.0 Y80.0	X 轴和 Y 轴快速定位至 20 mm 和 80 mm
N0050 G43 G00 Z3.0 H02 M08	给 Z 轴加刀具长度补偿,补偿值从机床的刀具页面中第二号数值取得,同时 Z 轴快速定位至所给坐标处,冷却液开

N0060 G01 Z-24.0 F300	以 F 所设定的进给速度直线插补至 Z-24 mm
N0070 G00 Z3.0	快速定位至 Z3.0 mm
N0080 G00 X85.0 Y60.0	快速定位至 X85 mm Y60 mm
N0090 G01 Z-10.0 F280	直线插补至 Z-10 mm
N0100 G00 Z3.0 M09	快速定位至 Z3.0 mm 冷却液关
N0110 G49 G00 Z300.0	刀具长度补偿取消
N0120 G28 Z303.0 M06	返回参考点
T03	换 M20 的丝锥
N0130 M03 S100	主轴正转,主轴转速为 100(r/min)
N0140 G00 X20.0 Y80.0	快速定位至 X20 mm, Y80 mm
N0150 G43 G00 Z20.0 H03 M08	刀具长度补偿,补偿值从机床的刀具页面中第三号数值取得,冷却液开
N0160 G98	每分进给量
N0170 G84 Z-24 R5.0 F250	攻右旋螺纹循环
N0180 G80 M09	取消循环
N0190 G49 G00 Z300.0	取消刀具长度补偿
N0200 G28 Z303.0 M06	返回参考点
T04	换键槽铣刀
N0210 M03 S800	主轴正转,主轴转速为 800(r/min)
N0220 G00 X85.0 Y60.0	快速定位至 X85 mm Y60 mm
N0230 G43 G00 Z3.0 H04 M08	刀具长度补偿,补偿值从机床的刀具页面中第四号数值取得,冷却液开
N0240 G01 Z-10.0 F300	直线插补至 Z-10 mm
N0250 G04 X3.5	暂停 3.5 s
N0260 G00 Z3.0 M09	冷却液关
N0270 G49 G00 Z300.0	刀具长度补偿取消
N0280 G28 Z303.0 M06	返回参考点
T01	换 ϕ20 的钻头
N290 M03 S800	主轴正转
N0300 G00 X45.0 Y40.0	快速定位至 X45 mm Y40 mm
N0310 G43 G00 Z3.0 H01 M08	刀具长度补偿,补偿值从机床的刀具页面中第一号数值取得,冷却液开
N0320 G01 Z-12.0 F300	直线插补至 Z-12 mm
N0330 G00 Z3.0 M09	冷却液关
N0340 G49 G00 Z300.0	刀具长度补偿取消
N0350 G28 Z303.0 M05	返回参考点,主轴停转
N0360 M30	程序结束

14.4 数控技术的发展趋势

数控技术的应用不但给传统制造业带来了革命性的变化，使制造业成为工业化的象征，而且随着数控技术的不断发展和应用领域的扩大，其对国计民生的一些重要行业(IT、汽车、轻工、医疗等)的发展起着越来越重要的作用，因为这些行业所需装备的数字化已是现代发展的大趋势。从目前世界上数控技术及其装备发展的趋势来看，其主要研究热点有以下几个方面。

14.4.1 高速、高精加工技术及装备的新趋势

效率、质量是先进制造技术的主体。高速、高精加工技术可极大地提高效率，提高产品的质量和档次，缩短生产周期和提高市场竞争能力。在轿车工业领域，年产 30 万辆的生产节拍是 40 秒/辆，而且多品种加工是轿车装备必须解决的重点问题之一；在航空和宇航工业领域，其加工的零部件多为薄壁和薄筋，刚度很差；材料又多为铝或铝合金，只有在高切削速度和切削力很小的情况下，才能对这些筋、壁进行加工。这些都对加工装备提出了高速、高精和高柔性的要求。

目前世界上有些高速加工中心进给速度可达 80 m/min，甚至更高；空运行速度可达 100 m/min 左右。许多汽车制造企业，包括我国的上海通用汽车公司，已经采用以高速加工中心组成的生产线部分替代组合机床。美国 Cincinnati 公司的 hypermach 机床进给速度最高可达 60 m/min，快速为 100 m/min，加速度达 $2g$，主轴转速已达 60 000 r/min。这样的设备加工一薄壁飞机零件，只需 30 min。德国 Dmg 公司的双主轴车床的主轴速度及加速度分别达 12 000 r/min 和 $1g$。

在加工精度方面，近 10 年来，普通级数控机床的加工精度已由 10 μm 提高到 5 μm，精密级加工中心则从 3～5 μm，提高到 1～1.5 μm，并且超精密加工精度已开始进入纳米级(0.01 μm)。

在可靠性方面，国外数控装置的 MTBF(平均无故障工作时间)已达 6 000 h 以上，伺服系统的 MTBF 值达到30 000 h 以上，表现出非常高的可靠性。

14.4.2 联动加工和复合加工机床快速发展

采用 5 轴联动对三维曲面零件的加工，可用刀具最佳几何形状进行切削，不仅光洁度高，而且效率也大幅度提高。一般认为，1 台 5 轴联动机床的效率可以等于 2 台 3 轴联动机床。特别是使用立方氮化硼等超硬材料铣刀进行高速铣削淬硬钢零件时，5 轴联动加工可比 3 轴联动加工发挥更高的效益。但过去因 5 轴联动数控系统、主机结构复杂等原因，其价格要比 3 轴联动数控机床高出数倍，加之编程技术难度较大，制约了 5 轴联动机床的发展。

当前由于电主轴的出现，使实现 5 轴联动加工的复合主轴头结构大为简化，其制造难度和成本也大幅度降低，数控系统的价格差距缩小。因此促进了复合主轴头类型 5 轴联动机床和复合加工机床(含 5 面加工机床)的发展。

14.4.3 智能化、开放式、网络化成为当代数控系统发展的主要趋势

21 世纪的数控装备将是具有一定智能化的系统，智能化的内容包括在数控系统中的各个方面：为追求加工效率和加工质量方面的智能化，如加工过程的自适应控制，工艺参数自动生

成;为提高驱动性能及使用连接方便的智能化,如前馈控制、电机参数的自适应运算、自动识别负载自动选定模型、自整定等;简化编程、简化操作方面的智能化,如智能化的自动编程、智能化的人机界面等;还有智能诊断、智能监控方面的内容,方便系统的诊断及维修等。为解决传统的数控系统封闭性和数控应用软件的产业化生产存在的问题,目前许多国家对开放式数控系统进行研究。数控系统开放化已经成为数控系统的未来之路。

20 世纪末日本、美国、欧共体等倡导“智能制造系统 IMS2020”国际合作计划后,德国“工业 4.0”,“中国制造 2025”相继推出。随着产业结构调整,智能制造快速发展,中国的智能制造一线岗位技术人才培养已时不我待。数控技术的进步,首先在“云、物、移、大、智(云技术、物联网、移动互联网、大数据、人工智能)”方面得到长足的进展,“全球本地化(Glocalized)”云端数控系统已开始实施。如图 14-19 所示,传统数控系统的人机界面、数控核心和 PLC 都移至云端,本地仅保留机床的伺服驱动和安全控制,增加了各类检测用传感器。在云端增加通信模块、中间件和以太网接口,通过路由器与本地数控系统通信。这样一来,在云端有每一台机床的“数字孪生(Digital Twin)”,在云端就可进行机床的配置、优化和维护,通过移动终端,连接大数据,在全球实现数控设备共享,完成在机器人操作的无人工厂智能制造。目前,云端数控系统 i5 智能数控机床已在沈阳机床厂批量生产,国内已有一批企业开始使用。数控技术再也不是独立编程、单机调试、个体加工、区域制造的生产模式。

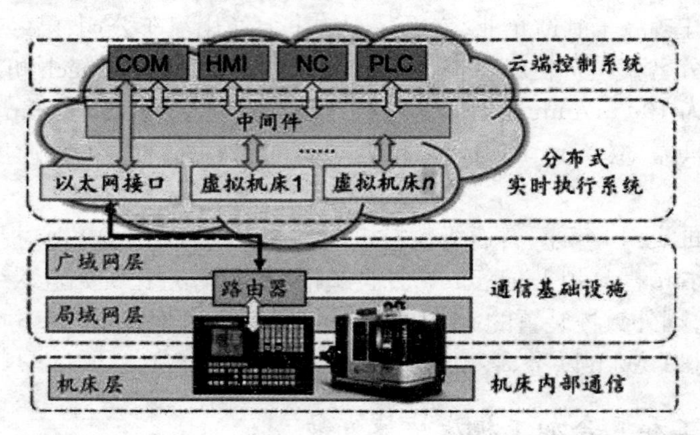

图 14-19 云端数控系统的概念

14.4.4 重视新技术标准、规范的建立

数控标准是制造业信息化发展的一种趋势。数控技术诞生后的 50 年间,信息交换都是基于 ISO6983 标准,即采用 G, M 代码描述如何(how)加工,其本质特征是面向加工过程,显然,这些已越来越不能满足现代数控技术高速发展的需要。为此,国际上正在研究和制定一种新的 CNC 系统标准 ISO14649(step-NC),其目的是提供一种不依赖于具体系统的中性机制,能够描述产品整个生命周期内的统一数据模型,从而实现整个制造过程,乃至各个工业领域产品信息的标准化。step-NC 的出现可能是数控技术领域的一次革命,对于数控技术的发展乃至整个制造业,将产生深远的影响。

习　　题

14-1　简述数控机床工作原理。

14-2　常用数控机床有哪些?

14-3　机床坐标系与工作坐标系的概念各是什么?

14-4　数控铣床上铣零件轮廓时为什么要进行刀具补偿,如何补偿?

14-5　简述数控机床编程步骤。

14-6　刀具退回到换刀点的指令有哪几个? 各在什么情况下使用?

14-7　试述换刀指令的写法、含义和使用,并举例。

14-8　试述 G00, G01, G02, G03 指令的意义和使用特点。

14-9　云端数控加工是如何进行智能化生产的。

第 15 章　特种加工

15.1　概述

1. 特种加工的含义

特种加工是指那些不属于传统加工工艺范畴的加工工艺方法。特种加工是将电、磁、声、光等物理能量及化学能量或其组合直接施加在被加工的部位上,从而使材料被去除、变形、改变性能等。特种加工可以完成传统加工难以加工的材料,如高强度、高韧性、高硬度、高脆性、耐高温材料和工业陶瓷、磁性材料等,还可以对精密、细微、复杂的零件进行加工。

特种加工是对传统加工方法的重要补充与发展,是目前航空、航天、汽车、拖拉机、电子、仪表、家用电器、纺织机械等制造工业中不可缺少的加工方法。

2. 特种加工的分类

特种加工的种类较多,约 30 余种,而且随着新材料的发展还会不断增加。在生产中应用的主要有电火花加工、电解成形加工、电解磨削和激光加工,其次是超声加工、化学加工、电铸成形加工等。

特种加工原理可分为物理加工和化学加工,常用的特种加工种类如表 15-1 所示。

表 15-1　常用特种加工类型

加工方法	加工能量	常用代号	应用范围
电火花加工	电	EDM	穿孔、型腔加工、切割、强化等
电解加工	电化学	ECM	型腔加工、抛光、去毛刺、刻印等
电解磨削	电化学、机械	ECG	平面、内外圆、成形加工等
超声加工	声	USM	型腔加工、穿孔、抛光等
激光加工	光	LBM	金属、非金属材料,微孔、切割、热处理、焊接、表面图形刻制等
化学加工	化学	CHM	金属材料、蚀刻图形、薄板加工等
电子束加工	电	EBM	金属、非金属、微孔、切割、焊接等
离子束加工	电	IBM	注入、镀复、微孔、蚀刻
喷射加工	机械	HDM	去毛刺、切割等

15.2　电火花加工

15.2.1　电火花加工的基本原理和特点

1. 电火花加工的基本原理

电火花加工是基于脉冲放电的蚀除原理,所以又称放电加工。当工具电极与工件(工件电极)在绝缘介质中靠近时,极间电压将在两极间“相对最靠近点”电离击穿,形成脉冲放电,在放电通道中瞬时产生大量热能,使放电点的金属熔化甚至气化,并在放电爆炸力的作用下,把熔化金属抛出,以达到去除金属的目的。但是要将脉冲放电的蚀除原理用于尺寸加工,还必须具备以下条件:

(1) 脉冲放电必须具有足够大的能量密度,以使放电点的金属熔化或气化,脉冲放电通常在绝缘液体介质中进行。

(2) 放电形式应是脉冲的,使脉冲放电时产生的热量绝大部分来不及从微小的加工区扩散到非加工区。

(3) 在加工过程中必须保持一定的极间间隙,并把所产生的电蚀产物从极间间隙中排除出去。

(4) 在每次脉冲放电间的脉冲间隔时间内,极间介质必须来得及电离,使下一个脉冲能在两电极间另一“相对最靠近点”处击穿放电,以实现放电的不断转移,避免总在同一点上放电而形成稳定电弧从而烧伤工件。

2. 电火花加工的主要优点

1) 适合于难切削材料的加工

材料的可加工性主要取决于材料的导电性及其热学特性,而与其力学性能无关。因此可以突破传统切削加工对刀具的限制,实现用软的工具加工硬韧的工件,甚至可加工聚晶金刚石、立方氮化硼等超硬材料。目前电极多采用纯铜(俗称紫铜)或石墨,因此工具电极较容易加工。

2) 可以加工特殊及复杂形状的零件

由于加工中工具电极和工件不直接接触,没有机械加工所伴随的宏观切削力,因此适宜于低刚度工件加工及微细加工。由于可以简单地将工具电极的形状复制到工件上,因此特别适用于加工表面形状复杂的工件,(如复杂模具型腔)。另一方面,采用数控技术使用简单的电极并配合数控轨迹运动,也可以加工出复杂形状的零件。

3. 电火花加工的局限性

(1) 主要用于加工金属等导电材料。在一定条件下也可加工半导体和非导电材料。

(2) 加工速度较慢。所以在安排工艺时通常先采用切削方法来去除大部分余量,然后进行电火花加工,以求提高生产率。

(3) 存在电极损耗。在一定程度上会影响成形精度。

15.2.2 电火花加工的特性

电火花加工的种类较多,且加工方式各不相同,加工特性也不完全相同。其中电火花成形加工的加工特性最为基本,能代表其他电火花加工的基本规律,所以“电火花加工的特性”一般是指电火花成形加工的基本加工特性。

电火花加工特性主要有以下四项:

(1) 加工速度(亦称材料去除率)。在单位时间内工件材料蚀除量(V_w),通常以 mm^3/min 为单位。

(2) 加工表面质量(指加工工件的表面质量。如表面粗糙度、表面组织变化层及表面显微裂纹等。

(3) 间隙(极间侧面间隙)。单边间隙为 δ,双边间隙为 2δ。

(4)工具电极损耗(分绝对损耗和相对损耗)。通常用工具电极的相对损耗来表征电极的损耗量。

15.2.3 电火花成形加工

1. 电火花成形加工的工艺过程

固定在主轴端部的成形工具电极,在主轴带动下作伺服直线运动,逐步接近浸泡在工作液中的工件。施加在电极与工件上的脉冲电压击穿间隙产生火花放电,并在工件上蚀除出一个与工具电极形状相似凹凸相反的型腔。图 15-1 是电火花成形加工原理示意图。

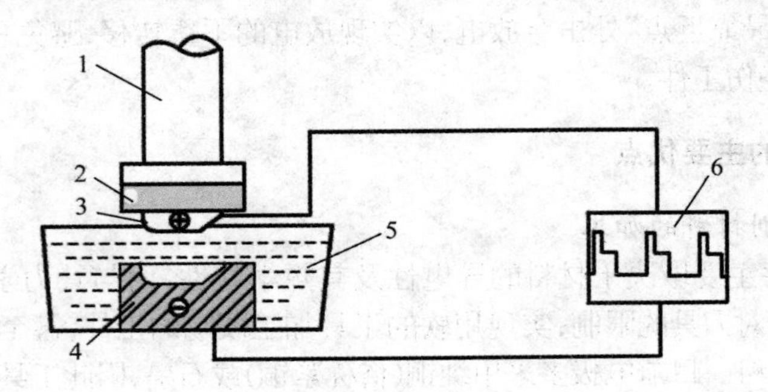

图 15-1 电火花成形工作原理

1—主轴;2—绝缘板;3—工具电极;4—工件;5—工作液;6—脉冲电源

电火花成形加工中,工具电极的损耗、尺寸精度、表面粗糙度等都会对蚀除出的型腔产生相应的影响。成形加工的实质是一种反拷仿形加工,因此,电极损耗直接影响型腔精度。

电火花成形加工分为型腔加工和穿孔加工。穿孔加工时工具电极损耗可用加长电极长

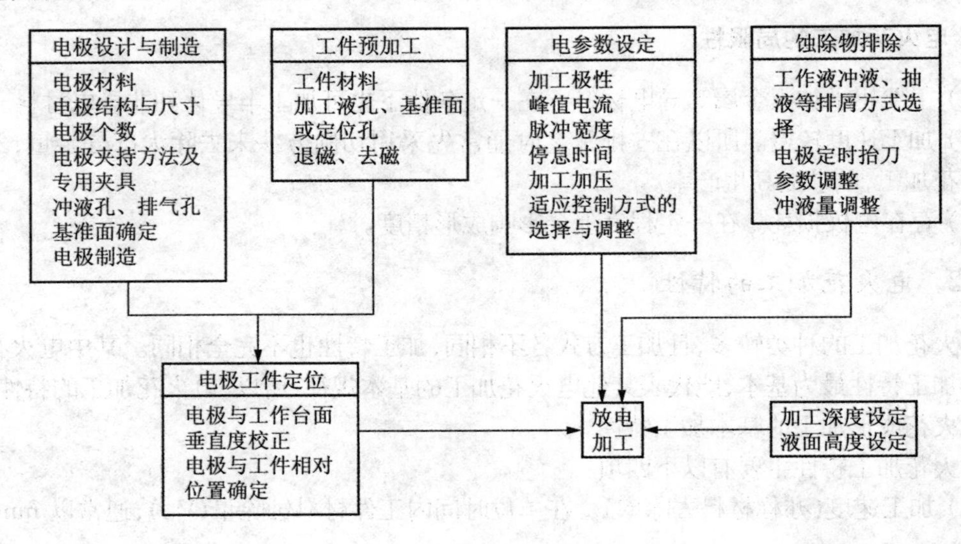

图 15-2 电火花成形加工工艺过程

度、增加进给量来补偿。型腔加工时，工具电极损耗将会直接影响型腔精度。成形加工工艺过程如图 15-2 所示。

2. 电火花成形加工的应用

电火花成形加工主要用于模具中型孔、型腔的加工，是目前模具制造业的主导加工方法。近年来由于加工速度的提高和设备自动化程度的提高，电火花成形已向直接加工零件的方向发展。电火花成形加工零件的数量在 3 000 件以下时，比模具冲压零件在经济上更加合理。

15.2.4 电火花线切割加工

电火花线切割是通过电极丝(即线状工具电极)与工件间规定相对运动，实现切割工件的电火花加工。切割时，电极丝沿自身轴线方向作往复或单向的运行，放置工件的工作台或电极丝的导丝机构按一定的轨迹运动，工件就被切割成所需要的形状，如图 15-3 所示。

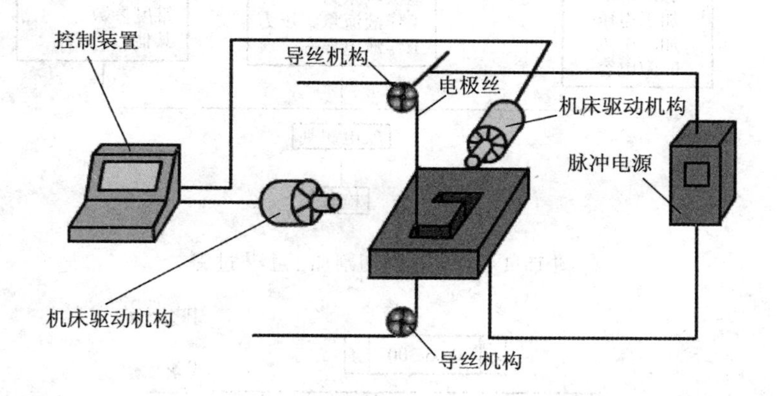

图 15-3 电火花线切割加工原理

1. 电火花线切割加工工艺过程

电火花线切割加工工艺过程如图 15-4 所示。

2. 电火花线切割加工工艺

1) 毛坯的准备

毛坯的准备是指零件在线切割加工之前的全部加工工序。如图 15-5 所示的凹模板准备工序为：

下料→锻造→球化退火→刨(铣)六面(厚度留余量 0.5mm)→粗磨上、下平面及相邻两侧面(基准面)→划线→加工型孔漏料部分→加工螺孔、销孔、穿丝孔→淬火、回火→精磨上、下平面及相邻两侧面→退磁处理。

凸模的准备工序可参照凹模的准备工序进行，但应注意以下几点。

(1) 为了便于加工和装夹，一般都将毛坯锻造成平行六面体。

(2) 切割轮廓与毛坯侧面之间应留有足够的切削余量(一般不小于 5mm)。

(3) 在有些情况下，为防止切割时工件产生变形，在毛坯上加工出穿丝孔，切割的引入程

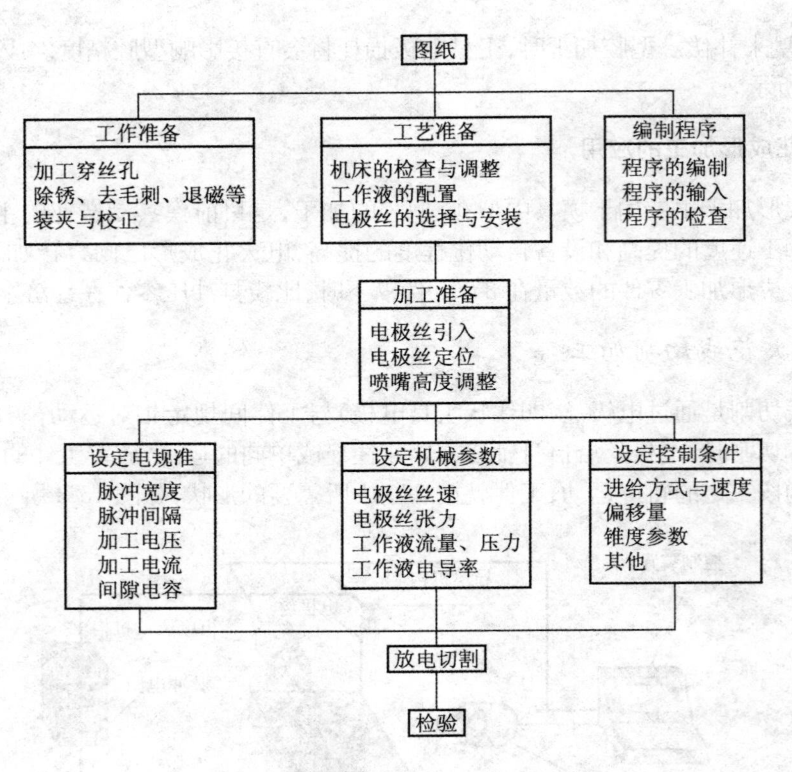

图 15-4　电火花线切割加工工艺过程

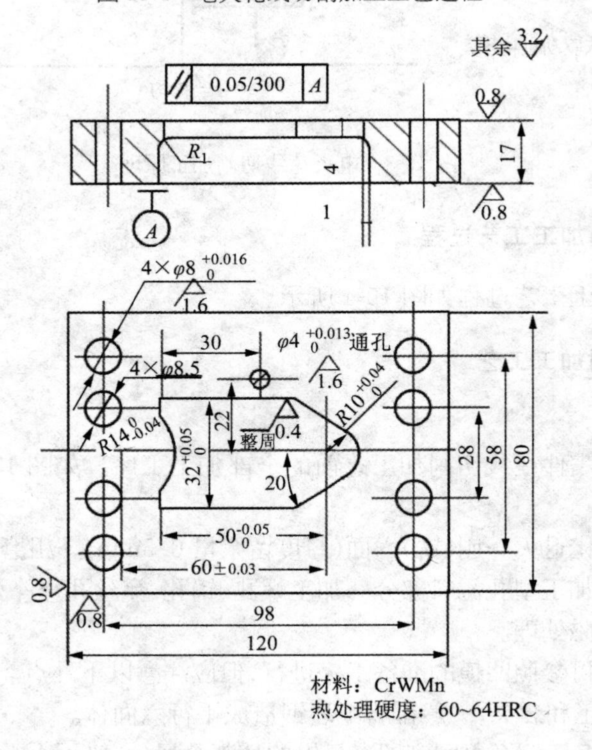

图 15-5　凹模板零件图

序从穿丝孔开始。

2）工艺参数的选择

(1) 电脉冲参数的选择。线切割加工时，可选择的脉冲参数主要有电流峰值、脉冲宽度、脉冲间隙、空载电压、放电电流，如表15-2所示。要求获得较低的表面粗糙度值时，所选用的电参数要小；若要求获得较高的切割速度，脉冲参数要大些，但加工电流的增大受排屑条件及电丝截面的限制，过大的电流易引起断丝。

表15-2 快速走丝线切割加工脉冲参数的选择

应　用	脉冲宽度 t_i /μs	电流峰值 I_e /A	脉冲间隙 t_o /μs	空载电压/V
快速切割或加大厚度工件 $Ra>2.5\mu m$	20～40	>12	为实现稳定加工，一般选择 $t_0/t_i \geqslant 3\sim4$	一般为70～90
半精加工 $Ra=(1.25\sim2.5)\mu m$	6～20	6～12		
精加工 $Ra<1.25\mu m$	2～6	<4.8		

(2) 电极丝的选择。常用的电极丝有钨丝、黄铜丝、钼丝。钨丝抗拉强度高，直径在0.03～0.1mm的范围内，一般用于各种窄缝的精加工，但价格昂贵。黄铜丝抗拉强度差，适用于慢走丝加工。钼丝抗拉强度高，直径在0.08～0.2mm范围内。

电极丝直径的选择应根据切缝宽窄、工件厚度和拐角大小来选择。窄缝、小厚度零件应用较细的电极丝，反之用较粗的电极丝。

(3) 工作液的选配。工作液对切割速度、表面粗糙度、加工精度都有较大的影响，加工时必须正确选配。对于快速走丝线切割加工，常用乳化液可参照机床说明书或乳化液使用说明书配置。

3）工件的装夹

装夹工件时，必须保证工件的切割部位在机床纵、横进给的范围内，同时考虑切割时电极丝的运动空间。

3. 电火花线切割机

电火花线切割加工时虽然只有微弱的加工力，但为了保证加工精度，机床应具有较高的动、静刚度；应尽量减小因电蚀产生的热量所引起的机床变形，控制机床－工作液－工件之间的热平衡。

电火花线切割机的类型可按不同的方法划分，如表15-3～表15-5所示。

表15-3 按轨迹控制方法分类的线切割机

类　型	控制方法	特　点
靠模型	靠模仿形	简单可靠，仿形精度高，但靠模制造麻烦，精度要求高，机床适应性差
光电跟踪型	光电仿形跟踪	适用于形状较复杂的工件，需绘制加工轮廓的放大图样；加工出的凹凸模配合精度较差，机床适应性不高
数控型	NC、CNC	控制精度高，功能丰富，适用于各种形状的工件，易于实现自动化，但需要编制程序

表 15-4　按电极丝运行方式分类的线切割机

类　型	电极丝运行速度	电极丝运行方式	特　点
高速走丝型	一般 3～11m/s	往复循环	结构简单,使用与维护要求不高,自动化程度不高,附属装置少,适用于中等精度工件的加工
低速走丝型	一般 0.5～12m/min	单向运行	精度高,精度保持性好,加工工艺指标好,自动化程度高,附属装置丰富,结构复杂,制造与维护要求高

表 15-5　按工作液供给方式分类的线切割机

类　型	工作液供给方式	特　点
喷流式	工作液仅由喷嘴喷射供给	工作台及工作液供应系统结构简单,电极丝穿引方便
浸入式	工件浸没于工作液中,同时由喷嘴喷射工作液	工作槽及工作液供应系统结构较复杂,工作台伺服驱动系统要求高;工作液供应充分,有利于电蚀热量的扩散,加工精度高

4. 电火花线切割机的型号

按照 GB7925－1987 的规定,电火花线切割机的主参数为工作台的横向行程,第二主参数为工作台的纵向行程,其型号表示方法如下:

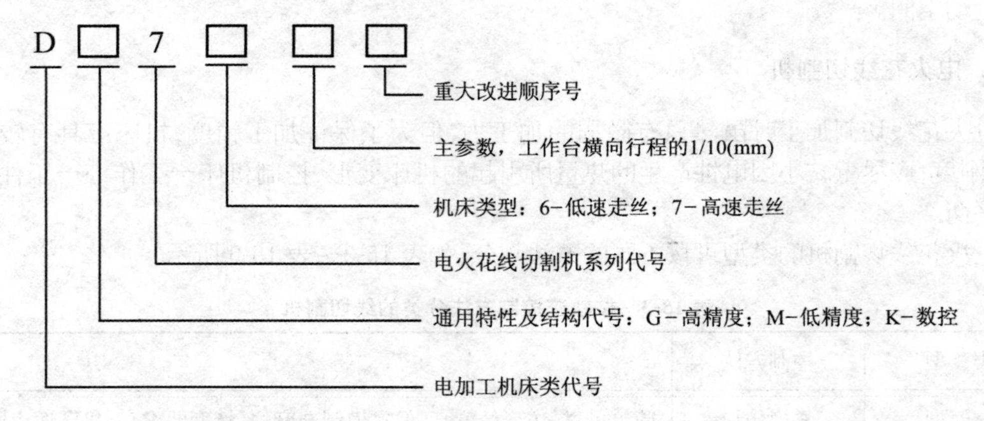

例如:工作台横向行程为 320mm 的高速走丝型数控电火花线切割机,其型号应为 DK7732。工作台横向行程为 250mm 的低速走丝型数控电火花线切割机,第一次重大改进后的型号应为 DK7625A。

5. 数字程序控制原理

电火花线切割机的数字程序控制系统,能够控制加工同一平面上由直线和圆弧组成的任何图形的工作，这是最基本的控制系统。此外，还有带锥度切割，间隙补偿、螺锥补偿、图形编程、图形显示等功能的控制，有的还有加工参数选择与控制及加工过程各种辅助动作的控制等。因而，数控系统的具体组成及计算机的容量也会有所不同。

1）*逐点比较法*

快速走丝电火花线切割机普遍采用的是逐点比较法。逐点比较法加工斜线的原理如图 15-6所示。OA 为需要加工的斜线，坐标原点在斜线的起点 O 上，加工开始时，先从 O 点沿$+X$方向走一步到“1”，第二步沿$+Y$ 方向走到“2”位置。从图 15-6 可知，“1”和“2”都偏离了 OA 的斜线。如此继续不断地走下去，直到 A 点。当每步距离很小，所走的折线就近似于一条光滑的斜线。同理，沿逆时针方向切割圆弧时，坐标原点取在圆心上，从 A 点开始，每走一步都由数控装置进行运算比较，然后发出向圆弧靠拢的命令(见图 15-7)，最后走到 B 点。

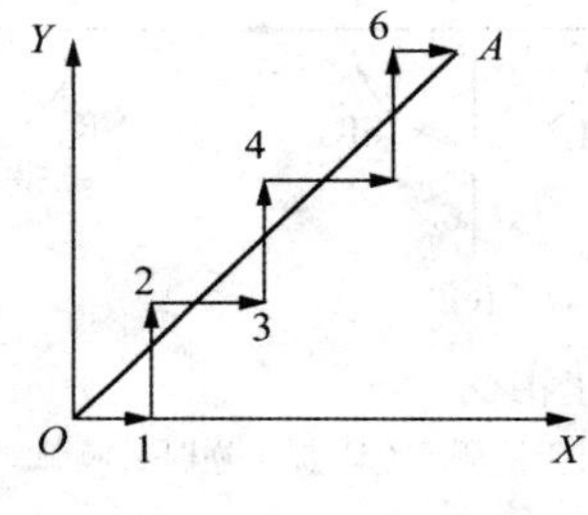

图 15-6　加工斜线原理

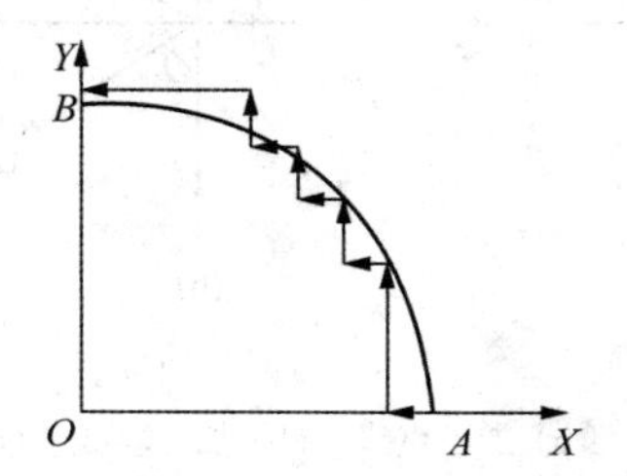

图 15-7　加工圆弧原理

由此可知，采用逐点比较法控制工作台滑板移动是步进的，每走一步都需要完成下面三个工作节拍：

(1) 判别。判别加工点对预定轨迹曲线的偏离位置，由此决定滑板的走向。

(2) 进给。根据判别的结果，控制滑块沿 X 或 Y 方向进给一步，以使加工点向预定的轨迹曲线靠拢。

(3) 计算。计算新的加工点与预定轨迹曲线之间的偏差，以作为下一步判别的依据。

2）*程序格式*

数控电火花线切割机床类型不同，其程序格式也各有不同。一般说来，慢走丝数控电火花线切割机因控制内容多，语言丰富，一般采用字—地址程序格式；而快走丝数控电火花线切割机则大多数采用分隔符号的程序格式。在这里我们重点讨论“3B”指令格式(见表 15-6)。

表 15-6　“3B”指令格式

B	X	B	Y	B	J	G	Z
分隔符号	X 坐标值	分隔符号	Y 坐标值	分隔符号	计数长度	技术方向	加工指令

3B 指令的几点说明

(1) B 为分隔符号，因为 X、Y、J 均为数码，需用分隔符将它们分开。

(2) X、Y 为坐标值，以 μm 为单位。加工圆弧时，以圆心为坐标原点，则 X、Y 为圆弧起点坐标值，加工斜线时，以斜线起始点为坐标原点，则 X、Y 为其终点坐标值，并允许 X 与 Y 坐标值按相同比例缩小或放大。

(3) J 为计数长度，以 μm 为单位。且必须写足六位数。如 $J=1\ 980\mu m$ 时，应写成 001980。

(4) 在同一个工件的加工过程中,X、Y 坐标轴方向应保持不变,即 X 滑板和 Y 滑板的运动方向是不变的。加工不同的曲线段时,所取的坐标原点不同,坐标点能平移,而不能转角度。

(5) 对平行于坐标轴的线段,为了区别于一般斜线,可称其为直线,此时令 X、Y 值均为 0。

(6) 加工指令共 16 种,如图 15-8 所示。加工的斜线在Ⅰ,Ⅱ,Ⅲ,Ⅳ象限时,分别用 L_1、L_2、L_3、L_4 表示;加工顺时针圆弧,而起点在Ⅰ,Ⅱ,Ⅲ,Ⅳ象限时,分别用 SR_1,SR_2,SR_3,SR_4 表示。加工逆时针圆弧时,如起点在Ⅰ,Ⅱ,Ⅲ,Ⅳ象限时,则分别用 NR_1,NR_2,NR_3,NR_4 表示。

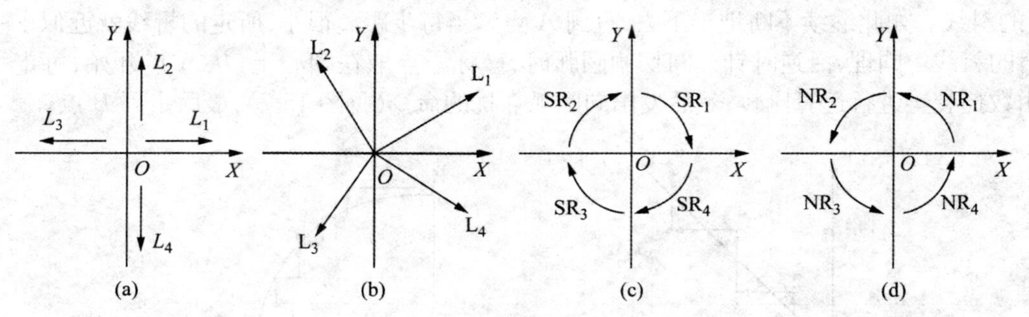

图 15-8　12 种加工指令

(a) 加工直线　(b) 加工斜线　(c) 加工顺时针圆弧　(d) 加工逆时针圆弧

3) 加工程序编制

数控电火花线切割加工的程序编制,是根据工件图样尺寸、电极丝的粗细以及放电间隙大小等因素,在保证一定精度的条件下求得的相应数据和指令,然后按规定的程序格式编写加工程序单。为此,应该注意如下几点。

(1) 所要编制的加工程序单,不是工件的轮廓线,而是加工过程中电极丝中心相对工件的轨迹线,两者之间的垂直距离为 f(常称为补偿量)可按下式计算:

$$f=d/2+\delta$$

式中:d——为电极丝的直径(mm);δ——为单面放电间隙(mm)。

(2) 电极丝中心的移动轨迹是若干条线段组成的连续曲线,而每条线段都应该是光滑的直线或圆弧。不难理解,前一条线段的终点就是下一条线段的起点。

(3) 根据图样尺寸及加工条件,准确求出各线段的交点坐标值。这些坐标值是相对某一个直角坐标系而言,为了方便计算,一般应尽量选择图形的对称轴为坐标系的坐标轴。

(4) 工件尺寸一般都有公差要求,编程时应取公差带的中心为编程计算尺寸。例如,若半径 $R10^{+0.03}_{+0.01}$,则编程时的圆弧半径取

$$R=[10+(1/2)\times(0.01+0.03)]=10.02\text{mm}。$$

(5) 合理选择切割起点即切割方向。起点应尽可能选在线段的交点处。切割方向的选择要考虑避免工件材料内应力所引起的变形影响(两者都是为了提高加工质量)。

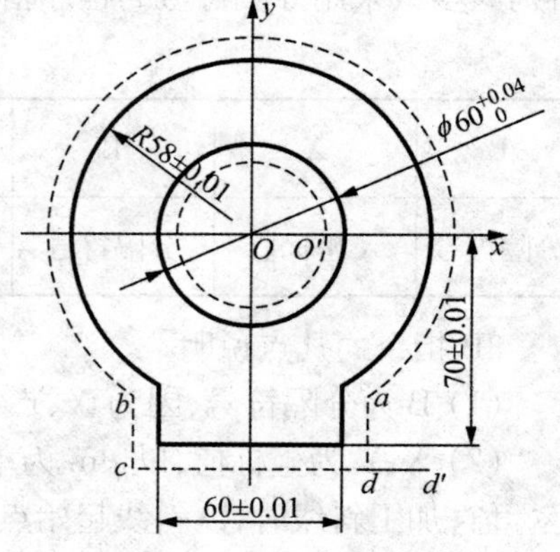

图 15-9

6. 典型零件加工程序编制

图 15-9 所示的凹凸模需用快走丝数控电火花线切割机加工，采用的电极丝直径 d 为 $\phi 0.12$mm 的钼丝，单面放电间隙 $\delta=0.01$mm，其加工程序编制过程如下：

1）取坐标

根据图形的对称性，选定圆心 O 点为直角坐标系原点。

2）计算补偿量

$$f=(1/2)\times d+\delta=(1/2)\times 0.12+0.01=0.07(\text{mm})。$$

3）计算坐标点

这里所计算的是电极丝中心轨迹曲线与各线段的交点坐标值，与凹凸模实际尺寸相差 f 距离。

(1) 圆心 O 的坐标为 $O(0,0)$。

(2) 加工 $\phi 60+0.04$mm 圆弧起点 O' 坐标：

$$XO'=(1/2)\times[60+(1/2)\times(0+0.04)]-f=29.940(\text{mm});\ YO'=0。$$

(3) 交点 a 的坐标：

$$X_a=(60/2)+f=30.070(\text{mm});$$

$$Y_a=-\sqrt{R^2-X^2}=-\sqrt{(58+0.07)^2-30.07^2}=-49.678。$$

(4) 交点 d 的坐标：

$$X_d=X_a=30.070(\text{mm});\qquad Y_d=-(70+f)=-70.070(\text{mm})。$$

(5) 交点 b,c 的坐标可根据对称性求得：

$$b\ (-30.07,-49.678);\qquad c\ (-30.07,-70.070)。$$

(6) 工艺坐标点 d'，是在切割 $\phi 60$mm 圆之后跳步到外凸部分加工的起点。为了穿丝方便，以 d' 为圆心打一个 $\phi 3$mm 左右的穿丝孔，d' 一般与 d 相距 3～5mm。设 $d'd=5$mm，则有：

$$X_d'=X_d+5=35.07(\text{mm});\qquad Y_d'=Y_d=-70.07(\text{mm})。$$

4）确定切割顺序

起点取在坐标原点，有：

$$OO'\to\odot O\to O'd'(\text{跳步})\to d'd\to da\to ab\to bc\to cd$$

5）计数方向与长度

(1) OO'：取 G_x，$J=29940$。

(2) $\odot O$：取 G_y，$J=119760$。

(3) $O'd'$：取 G_y，$J=70070$。

(4) $d'd$：取 G_x，$J=5000$。

(5) da：取 G_y，$J=Y_d-Y_a=20392$。

(6) ab：取 G_x，$J=4R-2X_a=172140$。

(7) bc：取 G_y，$J=Y_c-Y_b=20392$。

(8) cd：取 G_x，$J=60140$。

6）编制加工程序单

根据规定的程序格式，可编写出零件的加工程序单如表 15-7 所示。

表 15-7 凹凸模的加工程序单

序号	B	X	B	Y	B	J	G	Z	备 注
1	B	29940	B		B	029940	G_x	L1	穿丝后起步
2	B	29940	B		B	119760	G_y	NR1	
3					D				拆卸电极丝
4	B	5130	B	70070	B	070070	G_y	L4	空走
5					D				重新穿丝
6	B	5000	B		B	005000	G_x	L3	
7	B		B	20392	B	020392	G_y	L2	
8	B	30070	B	49678	B	172140	G_x	NR4	
9	B		B	20392	B	020392	G_y	L4	
10	B	60140	B		B	060140	G_x	L1	
11					D				加工结束

15.2.5 电火花加工技术的发展

1. 旋转电火花加工

旋转电火花加工是20世纪80年代中期研制出的一种电火花加工技术。它利用旋转的工具电极,解决人造聚晶金刚石,导电陶瓷等超硬导电材料的加工问题。

2. 镜面电火花加工技术

传统的电火花进行模具及大面积型腔加工时,其加工表面粗糙度很难满足模具的使用要求,一般必须对其表面进行抛光等后续处理。而抛光作业一直是国内外模具制造业的最大瓶颈。受加工技术手段的限制,目前对复杂型面的抛光仍然是手工操作,工人劳动强度大,加工效率低。

镜面电火花加工技术的研究起步于20世纪80年代。所谓镜面电火花加工一般是指加工表面粗糙度值 $Ra0.2\mu m$ 以下的电火花加工,此时加工表面具有镜面反光效果。研究表明,具有镜面加工效果的电火花加工表面,其表面变质层厚度均匀、极少有微裂纹,并具有较高的耐磨性和耐蚀性,无需抛光即可用作零件的最终表面。

镜面电火花加工技术是在工作液中添加一定数量的硅、铝等微细粉末,这样能显著改善电火花加工后的表面粗糙度,达到类似镜面的效果,该技术也称混粉电火花镜面加工技术。该方法只需改进加工工作液,而对机床、电极等并无特殊要求。因此,混粉电火花镜面加工技术具有良好的实用性。

3. 电火花表面强化与改性技术

传统的电火花表面强化是20世纪50年代产生的,它是通过在空气中进行不同金属间火花放电,使工件的表面强化和表面改性的。20世纪80年代,日本学者毛利尚武在进行镜面电火花加工研究过程中,发现用硅电极对不锈钢进行电火花加工时,加工后的不锈钢表面具有出色的耐腐蚀性,从而开始了液中放电沉积表面改性处理的研究。

电火花表面改性技术是利用工件和电极之间的电火花放电,在工件表面形成一层所要求性能的处理层,来实现对工件表面进行强化、改性技术的。主要有气体中电火花表面强化(传统的电火花表面强化),液体中放电沉积表面改性处理,钛合金电火花放电着色,气体中放电沉积等。

4. 电火花铣削加工技术

电火花铣削加工是20世纪90年代发展起来的电火花成形加工技术。它利用简单电极在数控系统控制下,按照一定轨迹作成形运动,借鉴数控铣削加工方式,通过简单电极与工件之间在不同相对位置(刀位)的放电加工出所需工件形状。电火花铣削加工技术已成为三维型腔电火花加工的有力手段之一。

传统电火花加工中,成形电极的高成本,低效率,易损耗极大地制约了电火花加工的发展。随着制造业的发展,自20世纪90年代以后,国内外众多学者纷纷开始尝试使用简单形状的电极(如棒状电极),在数控系统控制下按照一定轨迹作成形运动,通过简单电极与工件之间的不同相对位置(刀位)的放电,借鉴数控铣削的方法进行三维轮廓的电火花加工。

电火花铣削加工技术的出现给传统电火花成形加工所带来的影响是十分巨大的,对产品的电火花加工工艺流程将产生重要影响。与传统电火花成形加工相比,电火花铣削加工技术具有以下优点。

(1) 电火花铣削加工可以解决传统成形加工有困难、甚至无法加工的工件。如复杂圆弧直线组成的又长又深的窄槽。

(2) 电火花铣削过程中,可以有效地解决由于采用复杂形状成形电极而造成的电极损耗不均匀及加工间隙中工作液流场不稳定等问题,并大大简化了电极损耗的补偿策略。

(3) 在电火花铣削加工过程中,电极高速旋转以及相对放电位置的不断改变等都可以改善放电条件,从而使加工稳定,可以有效地避免电弧放电和短路现象的产生。

(4) 在传统的成形加工中,随着加工面积的增大,由于电容效应的作用,很难获得较高的表面质量。而采用简单电极的电火花铣削加工,则可在保持相对较小加工面积的状态下进行加工,从而有效地减小电容效应,获得更好的表面质量。

电火花铣削加工技术的出现,给电火花成形加工提供了一个崭新的思路,使CAD/CAM技术、柔性制造技术、网络制造技术等能更好地融入到电火花加工中。同时,由于电火花加工时电极与工件之间没有宏观作用力,因此其工具电极可视加工需要而有旋转、分度或不转(如用方形电极加工方腔)等多种形式,这种主轴运动的多样性是机械切削加工所无法比拟的。

15.3 超声加工

15.3.1 超声加工的特点和应用

1. 超声加工的特点

(1) 适合于加工各种硬脆材料,不受材料是否导电的限制。即可加工玻璃、陶瓷、宝石、石英、锗、硅、石墨、金刚石、大理石等不导电的非金属材料,又可加工淬火钢、硬质合金、不锈钢、钛合金等硬质或耐热导电的金属材料。

(2) 由于去除工件材料主要依靠磨粒瞬时局部的冲击作用,故工件表面的宏观切削力很小，切削应力、切削热更小，不会产生变形及烧伤，表面粗糙度值也较低，Ra 值可达 0.63～0.08μm，加工尺寸精度可达 0.03mm，也适合于加工薄壁、窄缝、低刚度零件。

(3) 工具可用较软的材料做成较复杂的形状，且不需要工具和工件作比较复杂的相对运动，便可加工各种复杂的型腔和型面。一般超声加工机床的结构比较简单，操作、维修也比较方便。

(4) 可以与其他多种加工方法结合 应用，如超声电火花加工和超声电解加工等。

(5) 利用超声焊接技术可以实现同种或异种材料的焊接，不需要焊剂和外加热，不因受热而变形，没有残余应力，对焊件表面的焊接处理要求不高。

(6) 超声加工的面积不够大，且工具头磨损较大，故生产率低。

2. 超声加工的应用

超声加工的应用范围如表 15-8 所示。

表 15-8　超声加工的应用范围

<table>
<tr><td rowspan="3">超声材料去除加工</td><td>超声切削加工</td><td>超声车削、超声钻削、超声镗削、超声插齿、超声剃齿、超声滚齿、超声攻丝、超声锯料、超声铣削、超声刨削、超声振动铰孔</td></tr>
<tr><td>超声磨削加工</td><td>超声修整砂轮、超声清洗砂轮、超声磨削、超声磨齿</td></tr>
<tr><td>磨料冲击加工</td><td>超声打孔、超声切割、超声套料、超声雕刻</td></tr>
<tr><td>超声表面光整加工</td><td colspan="2">超塑抛光、超声珩磨、超声砂带抛光、超声压光、超声珩齿</td></tr>
<tr><td rowspan="2">超声焊接和其他应用</td><td colspan="2">超声焊接、超声电镀、超声清洗、超声处理</td></tr>
<tr><td>超声塑性加工</td><td>超声拉丝、超声拉管、超声冲裁、超声轧制、超声弯管、超声挤压、超声铆镦</td></tr>
<tr><td>超声复合加工</td><td colspan="2">超声电火花复合加工、超声电解复合加工</td></tr>
</table>

15.3.2　超声加工的基本原理

超声加工技术中应用最广泛、最基本的加工方式是磨料冲击加工。超声加工的基本原理如图 15-10 所示，主要由超声波发生器、换能振动系统、磨料供给系统、加压系统和工作台等部分组成。换能器产生的超声振动由变幅杆将位移振动放大后传输给工具头，工具头作纵向振动，其振动方向如图 15-10 的箭头所示。这样，当工具头作纵向振动时，就冲击磨料颗粒，磨料颗粒又冲击加工表面，超声加工主要是利用磨料颗粒的“连续冲击”作用。

由于超声振动的加速度是非常大的，所以磨料颗粒的加速度(或冲击力)也是非常大的。无数磨料颗粒连续不断的冲击，可使加工工件的表面破碎或去除。假如不用磨料而只用振动着的超声工具头直接纵向“锤击”工件表面，那只能使工件表面产生损伤，而材料并没有真正被去除。只有依靠切变应力才能将材料去除，磨料在超声工具头的冲击下产生的应力含有切向分量，此切向分量对加工过程中材料的去除起重要的作用。另外，磨料悬浮液中的超声空化效应对加工也有很大的作用(在液体中辐射声波时，在一定压强下，液体中出现微小气泡，这些气泡随声压的振动作振荡，称为空化)。

超声加工常用频率是从 20kHz 到 40kHz，位移振幅一般在 10～100μm 之间。当频率一

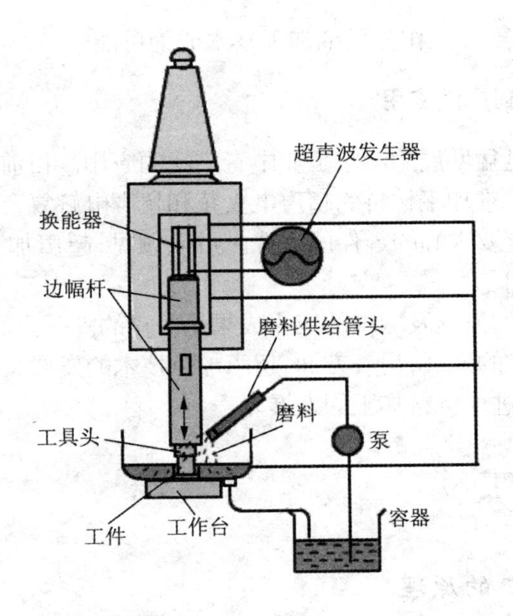

图 15-10　超声加工的基本原理

定时，增大振幅可提高加工速度，但振幅不能过大，否则会使振动系统超出疲劳强度范围而损坏。同样，当位移振幅一定，而频率增高时，也可提高加工速度，但频率提高后，振动能量的损耗将增大。因此，一般采用比较低的超声频率。

工业上已把超声振动与其他加工方式相结合，逐渐形成了多种多样的超声加工方法，如超声振动可与车刀的车削加工、钻头的钻削加工、铰刀的铰削加工、砂轮的磨削加工、砂带的抛光加工、锯条的锯料加工、滚刀的滚齿加工、油石的珩磨加工相结合，实现深小孔加工、拉丝模及型腔模具研磨抛光(包括金刚石、陶瓷、玛瑙、玉石、淬火钢、模具钢、花岗岩、大理石、石英、玻璃和烧结永磁体等难加工材料的加工)。目前超声加工在现代工业、国防和高新技术领域得到广泛应用。

15.3.3　超声加工的发展趋势

1. 超声振动切削技术

研制和采用新的刀具材料，其中天然金刚石、人造金刚石和超细晶粒的硬质合金材料的研究和应用为主要方向。

2. 超声复合加工技术应用

超声、电火花、机械三元复合技术已得到较快发展。

3. 微细超声加工技术

微细超声加工技术正在迅速发展。它既不依赖于材料的导电性又没有热物理作用，且加工高、深、宽比光刻技术更有优势。这就决定了超声加工技术在陶瓷、半导体硅等非金属硬脆材料加工方面有着得天独厚的优势。采用工件加振工作方式可在工程陶瓷材料上打出

0.5μm 的微孔,从而使超声加工作为微细加工技术成为可能。

4. 在汽车工业上得到广泛应用

超声加工技术已在迅猛发展的汽车工业中有广泛的应用。目前超声加工技术主要用于精密模具的型孔、型腔加工,难加工材料的超声电火花和超声电解复合加工,塑料件的焊接,以及对具有小孔窄缝而清洁度要求高的零件的清洗。可以预见,超声加工技术在世界汽车工业中将发挥越来越重要的作用。

因此,超声加工技术的发展及取得的应用成果是可喜的。一方面,材料加工的客观需求推动和促进了超声加工技术的发展;另一方面,超声加工技术的发展又为材料的加工提供了一种强有力的加工手段,而促进了材料加工的发展。

15.4 电解成形加工

15.4.1 电解成形加工的原理

电解成形加工是利用金属在电解液中发生阳极溶解而将零件上部分金属去除的一种加工成形的方法,如图 15-11 所示。电解成形加工时,以工件为阳极,工具为阴极,在极间间隙中通以高速流动的电解液。工具阴极向工件进给以维持小而恒定的加工间隙,这样工件就不断地按阴极面溶解金属而逐渐成形,直至达到要求为止。电解加工的特点如下。

- 工作电压低(6~24V)。
- 工作电流大(最大可达 40 000A)。
- 加工间隙小(0.02~0.8mm)
- 电解液流速高(5~60m/s)。

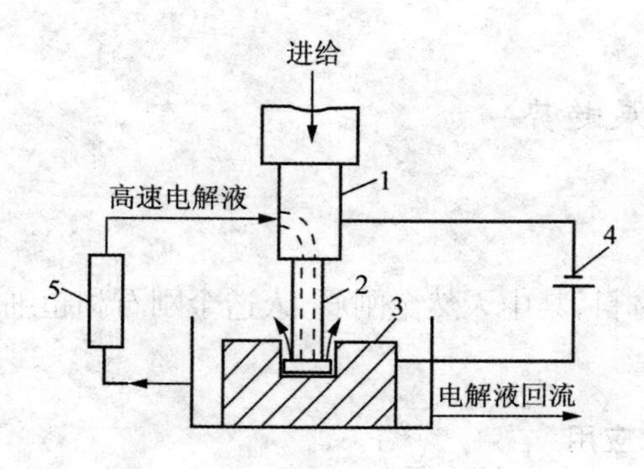

图 15-11 电解成形原理图

1—主轴头;2—工具阴极;3—工件;4—直流电源;5—电解液系统

15.4.2 电解成形加工的分类

电解成形加工的分类如图 15-12 所示。

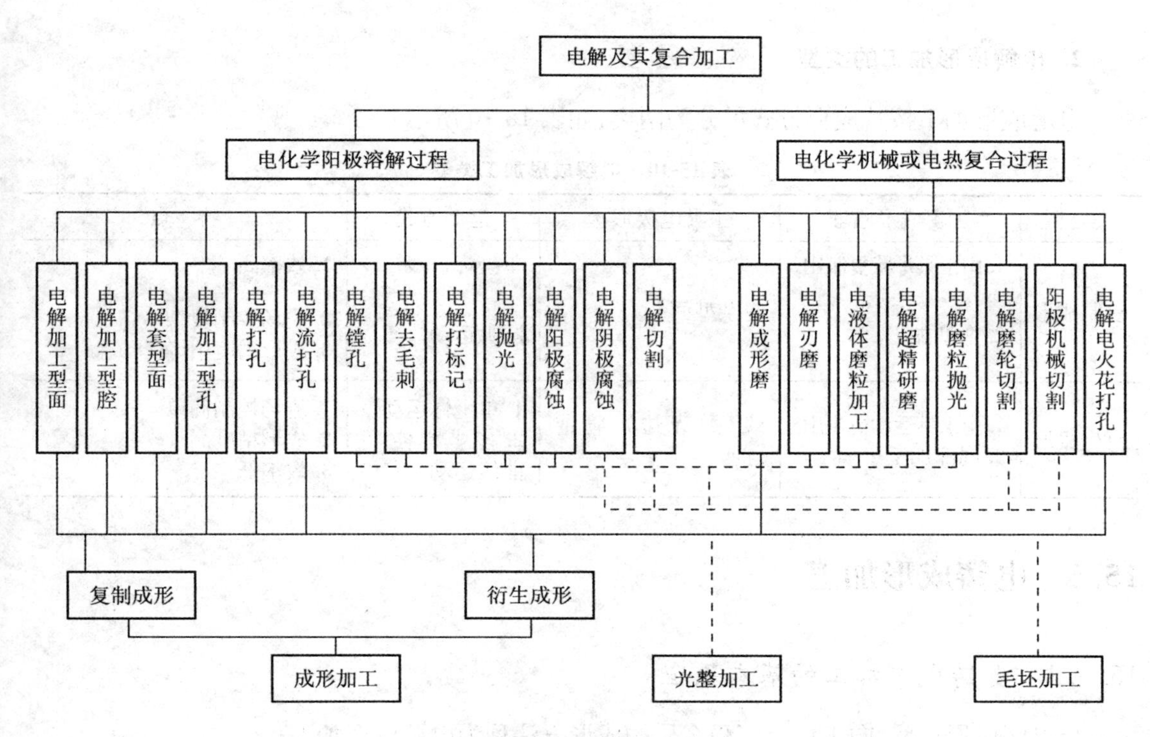

图 15-12　电解成形的分类

15.4.3　电解成形加工的特点、应用范围和类型

1. 电解成形加工的特点和应用范围

电解成形加工不受金属材料力学性能的限制可成形范围宽，加工效率高，加工表面质量好，无残余应力和毛刺，工具不损耗。但加工精度中等，设备、工具均较复杂，一次性投资较大。这些特点决定了电解加工主要用于难加工金属材料，复杂形状工件，或薄壁零件的批量生产。其经济加工范围如表 15-9 所示。

表 15-9　电解成形加工的经济加工范围

零件加工材料	耐热合金、不锈钢、钛合金、模具钢、硬质合金
零件加工形状	三维型面、型腔、二维型面、型孔；深孔、小孔、薄壁腹板、膛线
零件加工尺寸①	最大投影面积 500cm²，最小加工孔径 ϕ0.05，最大径深比 200
	最薄腹板 0.50，最长膛线 7010，最长叶片 1300，最大机匣 ϕ1400
零件加工精度	型面、型腔成形精度 0.10～0.30，小孔精度±0.05，键槽 0.05～0.15
零件加工表面粗糙度	R_a6.3～1.6μm
零件批量	锻模型腔：10 套/年

① 按目前国内外已加工的范围选取。

2. 电解成形加工的类型

电解成形加工按其成形方式可分为两类,如表 15-10 所示。

表 15-10 电解成形加工类型

类 型	加工成形原理	工具电极形状	运动方式	特 点
复制成形	1. 由工具形状复制出 2. 全型加工	复杂型面	单坐标直线 圆弧运动	1. 效率高 2. 流场控制复杂 3. 成形精度中等
衍生成形	1. 由工具运动衍生出 2. 局部加工	线(抛光边)、管或球头	1. 单坐标运动 2. 多坐标空间曲线运动	1. 流场控制简单 2. 成形精度高 3. 效率低

15.5 电铸成形加工

15.5.1 电铸成形加工的基本原理

与电解成形相反,向工件上沉积金属的成形方法称为电铸成形加工。

把预先按所需形状制成的原模作为阴极,把电铸用的金属材料作为阳极,一同放入电铸溶液中,并通以直流电源(见图 15-13)。此时,溶液中的金属离子在原模(阴极上还原成金属并沉积于原模表面,形成电镀层,而阳极金属则变成离子溶解补充到电铸溶液中,使溶液中的金属离子浓度保持不变。当电铸层厚度增加到一定程度时,取出原模,并将电铸层与原模分离,便获得与原模形状完全相对应的金属复制品。

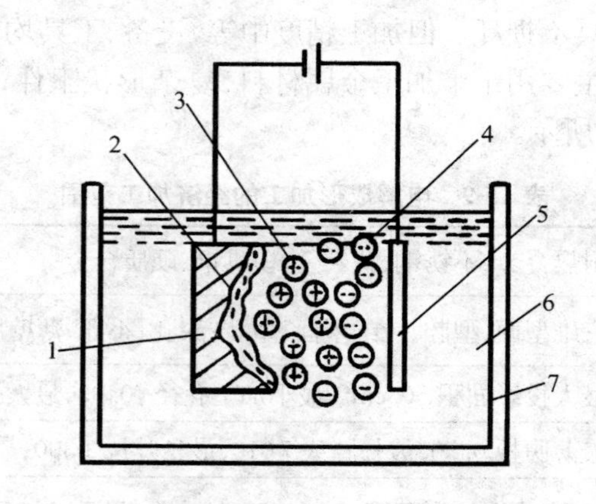

图 15-13 电铸成形加工的基本原理

1—原模;2—电铸层;3—金属阳离子;4—阴离子;5—阳极;6—电铸溶液;7—电铸槽

15.5.2 电铸成形加工的特点和应用

1. 电铸成形加工的特点

(1) 能将零件的内表面加工转换为外表面加工。

(2) 电铸零件与原模的尺寸误差很小,尺寸精度可达几微米,因此可获得精度高、表面粗糙度值低的零件。

(3) 可以制造一些形状复杂的零件。

(4) 能制造多层结构零件及纯度很高的金属制品。

(5) 在形状复杂的电铸模表面,难以获得均匀的电铸层厚度。

(6) 生产周期长、成本比较高。

(7) 电铸模上的伤痕会复制到制品上。

(8) 电铸层一般都有一定的内应力,若应力过大,将会产生裂纹、变形等缺陷。

2. 电铸的应用

电铸主要用于精密复杂零件、复制品、薄壁零件、有关模具等制造。例如:波纹管、唱片模、塑压模、注塑模,各种纸币、证券、邮票等的印刷版,纺织品印花圆筛网,金属的工艺美术复制品,雷达及电子元器件,金属箔,仪表盘,反光镜及电火花成形加工用电极等。

习　题

15-1　特种加工与传统切削加工相比有哪些特点?

15-2　为什么说电火花加工属于放电加工中的一种?

15-3　请分析电火花加工的原理和特性。

15-4　电火花成形和电火花线切割加工有什么异同点,分别用于什么场合?

15-5　试分析什么是高速走丝线切割和低速走丝线切割,它们对机床的要求如何?

15-6　DG7635A 表明是那一类电火花机床?

15-7　试分析 3B 指令格式的内容。

15-8　若图 15-9 中,外圆为 $R60_{-0.01}^{+0.01}$,内径为 $\phi60_{-0.01}^{+0.01}$,电极丝直径为 $\phi0.10$ 的钼丝,单面放电间隙为 0.01mm,请编制线切割加工程序。

15-9　请结合你在金工实习中的实践并通过网络查询,阐述电火花加工技术的发展。

15-10　请分析超声加工的基本原理、特点和使用场合。

15-11　请分析电解成形加工与电铸成形加工的异同点。

15-12　请叙述电解成形加工与电铸成形加工的应用场合。

第 16 章　CAD/CAM 技术

16.1　概述

16.1.1　CAD/CAM 技术概况

CAD(Computer Aided Design) /CAM(Computer Aided Manufacturing)技术是围绕产品的设计与制造两大部分独立发展起来的。20 世纪 60 年代初,美国麻省理工学院(MIT)开发了名为 sketchpad 的计算机交互处理系统,并描述了人机对话设计和制造的全过程,这就是 CAD/CAM 的雏形,形成了最初的 CAD 概念:科学计算、绘图。计算机在设计过程的应用,形成了 CAD 系统。

通过几十年的发展,CAD/CAM 逐步成为制造领域的重要工具。CAD 包含了:从方程求解计算和绘图入手,到建立数字模型,工程分析(CAE),产品设计(包括方案设计、总体设计和零部件设计),动态模拟,自动绘图等;CAM 从手工编程、自动编程,到工装设计,工艺规程设计(CAPP),柔性自动化车间管理与控制等。

CAD/CAM 技术不断地发展和广泛应用,不仅仅在于它能提高产品的质量和缩短产品的生产周期,更重要的是从根本上改变了过去用手工绘图,依靠图纸组织整个生产过程的技术管理模式。CAD/CAM 对于推动现有企业的技术改造,带动整个产业结构的变革,发展新兴技术,促进经济增长具有十分重要的意义。

CAD/CAM 技术是一项综合性的高新技术,该技术的应用和发展,正在引起一场深刻的产品设计与制造的技术革命,并对产品结构、产业结构、管理结构、生产方式以及人才知识结构等产生重大的影响。因此,它是当前国际上科技领域的前沿课题,也是世界各国关注的投资强度很大的计算机集成制造系统(Computer Integrated Manufacturing System,简称 CIMS)的重要组成部分之一。

16.1.2　计算机辅助设计(CAD)的主要技术内容

1. 工程绘图

CAD 能提供工程绘图的完整功能,包含了图面布置、绘制各种视图、剖切图、尺寸标注、图纸标题栏及编辑和修改、提供标准件库等。

2. 曲面造型

根据给定的离散数据和工程问题的边界条件,来定义、生成、控制和处理过渡曲面与非矩形域曲面的拼合能力,提供用自由曲面构造产品几何模型所需要的曲面造型(surface modeling)技术。

3. 实体造型

定义和生成体素(primitive)以及各类实体的方法,提供用规则几何形体构造产品几何形体所需要的实体造型(solid modeling)技术。

4. 物性计算

根据产品几何模型计算相应物体的体积、表面积、质量、密度、重心、转动惯量、回转半径等几何特性，为对产品进行工程分析和数值计算提供必要的基本数据。

5. 三维几何模型的显示处理

CAD能解决动态显示图形、消除隐藏线(面)、彩色浓淡处理等问题，提供视觉效果更好的产品模型，以便进行三维几何模型设计的复杂空间布局。

6. 特征造型

CAD使实体造型中的几何体被赋予较高层次(相对于几何、拓扑等较低层次信息而言)的工程信息(如定位基准、公差、粗糙度或其他设计制造信息等)，提供参数化尺寸驱动的特征造型功能。使CAD系统更接近设计人员思维方式，并可提供集成化产品信息建模的基础。

7. 二维和三维模型的相关

实现三维模型的二维显示，二维图形的轮廓线通过旋转和扫描转化为三维模型。

由上述可知，目前的商品化CAD软件主要分为二维绘图软件与三维造型软件两部分。以多方向投影原理为基础的工程图是工程技术人员反映其设计思想的语言，利用各种国际规定的约定和简化，通过选择最合理的投影面、割切位置、剖切方式来表达零件的几何和工艺信息，具有简洁、完整、准确等特点。这种以投影原理为基础的工程图能够表达的零件的复杂性几乎是无限的。相应的二维CAD系统，可分为两种，一种是传统的，没有视图概念，采用解析几何的原理绘图，绘图速度较慢，学习起来比较困难。另一种是宜人化的二维CAD系统，它模仿工程师绘图的方式，采用画法几何原理，在计算机上实现了多视图概念，利用“长对正、宽相等、高平齐”等方法进行图形定位；采用多视图参数化的算法方便图形的修改和系列化产品设计。目前二维CAD软件一般在微机上运行，系统资源比较丰富。由于目前企业真正实现“无纸化”生产尚有漫长的路程，因此，二维设计与绘图仍将长时期在我国企业中占有重要地位。

三维造型更逼真于现实产品，是物性计算和三维有限元计算的基础；并且为复杂曲面数控加工代码的生成提供了完整、精确的几何数据；还能为复杂结构的产品提供直观的装配干涉检查的依据。目前，三维造型CAD系统的造型功能渐趋完善。但总的说来，三维造型系统需要存储的数据量十分巨大，要求的硬件平台比较贵。而且，随着零件复杂程度的增加，用三维造型系统来表达零件的难度也大大地增加。所以说，宜人化二维CAD系统是一种普及型软件，功能比较专一，但易学。而三维系统是一种专家型软件，功能多，学习难度也大。三维造型系统和二维CAD系统的应用场合不同，可以相互配合、互为补充。

16.1.3 计算机辅助工程(CAE)的主要技术内容

1. 有限元分析

CAE能使构造线框、表面和立体几何元素以及有限元网格自动生成，特别是复杂的三维模型有限元网格的自动划分；定义各种载荷、物理和材料性能及边界条件；能对产品进行多种快速而精确的分析计算，如结构的静、动态特性、强度、振动、热变形、势流分析等；考虑分析结果,如用深浅不同的颜色或等高线绘制来描述应力场等。

2. 优化设计

通过定义特性规范或约束条件(如载荷、材料强度、位移和自然频率等),把握设计的功能极限,优化设计方案。其关键是建立正确的数学模型。若研究对象可用数学描述,称之为理论数学模型;也可用函数拟合手段建立近似模型;还可运用仿真原理建立数学模型。模型确定后,便可选择合适的优化算法,如线性规划、非线性规划、动态规划和最优控制问题等求解。优化设计功能模块可通过前、后处理器及数据库与 CAD 系统集成在一起。前处理器生成几何模型进行显示,并将参数传递到优化设计程序进行优化,优化后的结果对原参数进行修改,并将优化后的设计结果显示出来。

3. 动力学分析

对由一定数量零件通过各种方式联结而成的机械系统进行动力学分析,在系统动力学模型的基础上,根据系统受到的外部激振和实际工作条件分析研究系统的动态特性,从而达到提高整个产品的动态性能的目的。动态分析的主要理论基础是模态分析和模态综合理论,具体研究内容包括系统固有特性分析和动力响应分析。系统固有特性包括系统各阶固有频率、模态振型和模态阻尼比等参数。分析的目的一方面是为了避免系统在工作时发生共振或出现有害的振型,另一方面是为了对系统进行响应分析;响应分析是计算系统在外部激振力作用下的各种响应,包括位移响应、速度响应和加速度响应。系统对外部激振的响应导致系统内部产生动态应力和动态位移,从而影响产品的使用寿命和工作性能,或产生较大的噪音。响应分析的目的就是计算系统对各种可能受到的激振力的动力响应,并将它控制在一定范围之内。

16.1.4 计算机辅助制造(CAM)的主要技术内容

一般而言,CAM 是指计算机在产品制造方面有关应用的统称,有广义和狭义之分。广义 CAM 指利用计算机完成从毛坯到产品制造过程中的直接和间接的活动,如图 16-1 所示。其中,工艺准备包含了计算机辅助工艺设计(CAPP),计算机辅助工装设计与制造,计算机辅助数控编程(NCP),工时定额和材料定额的编制等内容。图中以双线箭头关联起来的表示物流

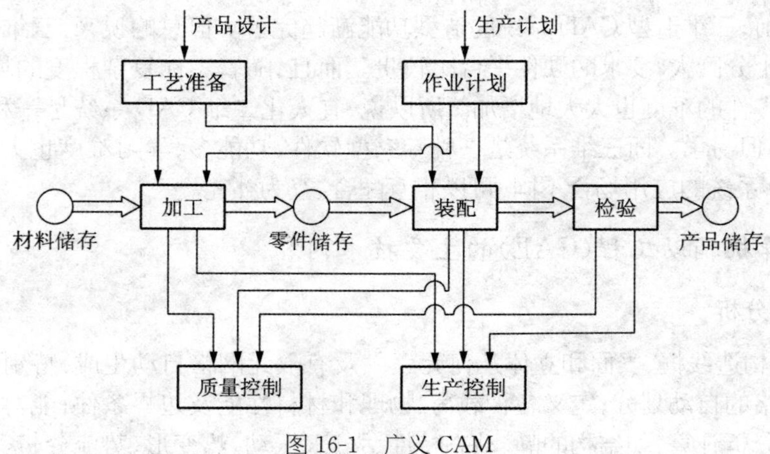

图 16-1　广义 CAM

过程的运行控制,包括加工、装配、检验、输送、贮存等物流的过程控制。广义 CAM 也包含了质量控制、生产控制等主要方面。

狭义 CAM 常指工艺准备或它的某些活动中应用计算机来进行。这儿所讲的 CAM 则指数控程序的编制。编程系统的类型,主要取决于输入方式的不同,常用的有语言编程系统(常称为自动编程系统,亦称为批处理式编程)、交互图形编程系统和 CNC 系统手动数据输入编程。图 16-2 是语言编程系统的工作过程。编程人员根据零件图纸及工艺过程,用规定的数据语言——面向加工的专用语言来编写零件源程序作为计算机的输入。经主信息处理和后置处理的结果可通过屏幕或绘图仪进行走刀轨迹的图形模拟,以检查刀位数据或加工程序的正确性。

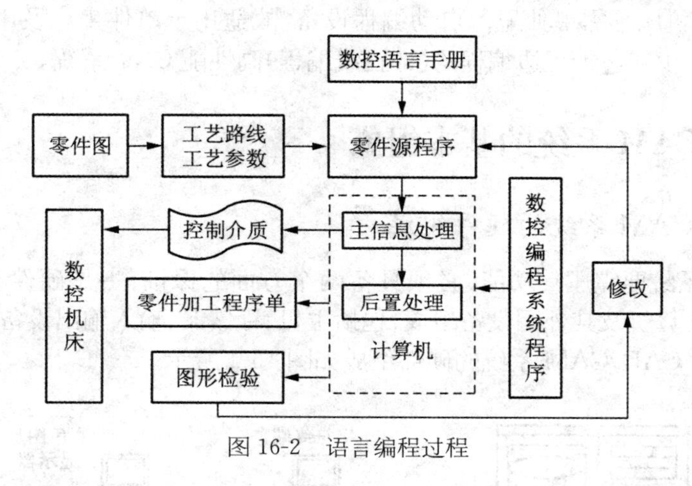

图 16-2　语言编程过程

图 16-3 是交互图形编程系统的工作过程。它通过图像系统,以人与计算机实时对话的方

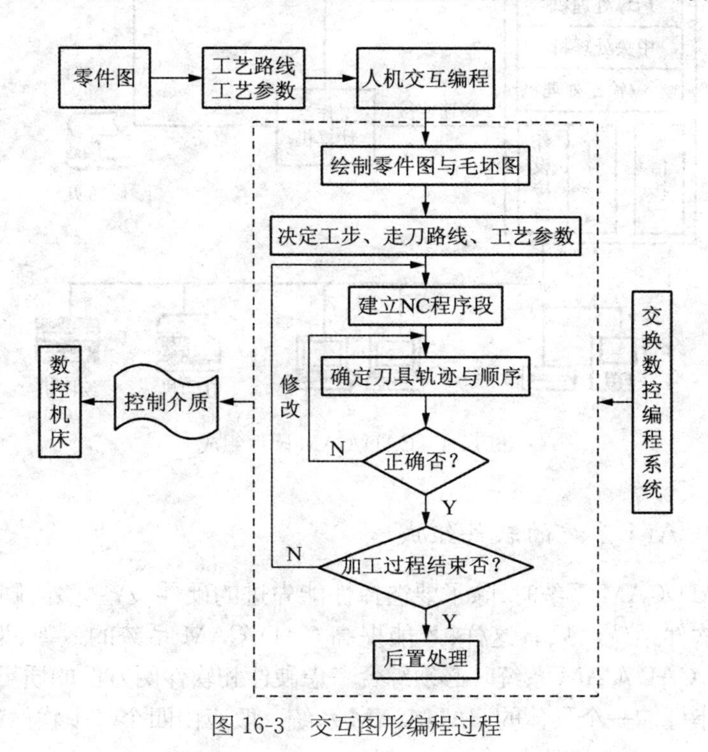

图 16-3　交互图形编程过程

式在计算机内逐步生成零件图形数据和走刀轨迹数据,并在显示屏上显示其图形,在此过程中,能对实际加工过程进行计算机模拟。因此,直观方便和便于修改是其优点。

交互图形编程系统不仅可用已有零件图纸进行编程,而且更多的是适用于 CAD/CAM 系统中零件的设计与数控编程集成化模式。这是因为 CAD 系统已将零件的设计程序予以存储,可以直接调用这些设计数据进行数控程序的编制。

手动数据输入(MDI)编程方式与上述交互编程方式相似,不同的是,机床 CNC 系统本身具备编程功能,即编程人员与 CNC 装置进行实时对话,从而自动生成加工程序并存储。当加工时,调至 CNC 的控制部分进行计算并控制机床。该方式的明显特点是在加工现场进行,省去了数控带。NC 机床不需单独配备自动编程设备,故适用于单件生产及中小企业。尤其是近年来已发展了不少能边加工边编程的(即在线编程)高性能 CNC 系统。

16.2 CAD/CAM 系统的基本组成

16.2.1 CAD/CAM 系统的硬件组成

CAD/CAM 系统要完成其功能,必须具备两个方面的保证,一是硬件系统,二是软件系统。硬件系统由计算机及其外围设备组成,包括主机、存储器、输入输出设备、网络通信设备以及生产加工设备。CAD/CAM 系统的硬件组成如图 16-4 所示。

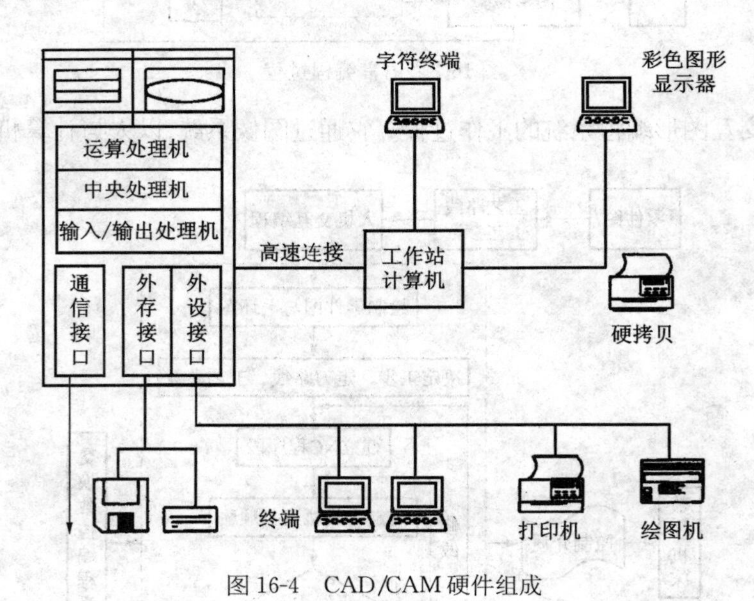

图 16-4 CAD/CAM 硬件组成

16.2.2 CAD/CAM 系统的软件组成

建立一个 CAD/CAM 系统时,除了要选择性能先进的硬件设备之外,同时还要选择与硬件系统相匹配的软件系统。只有这样,才能提高 CAD/CAM 系统的效率,发挥系统的功能。因此,在评价一个 CAD/CAM 系统时必须综合考虑硬件和软件两方面的质量及最终能表现出来的综合性能和指标。一个具体的 CAD/CAM 系统一般应由四个基本软件组成:①控制计算机系统正常运行的系统软件(Operating System Software);②支撑软件(Support Software);③数据库(Data Base);④应用软件(Application Software)。

1. 系统软件

系统软件(Operating System Software)CAD系统软件与一般计算机系统软件大致相同,它是与计算机硬件直接联系且供用户使用的软件,并起到扩充计算机功能和合理调度计算机硬件资源的作用,是使用、管理、控制计算机运行的程序的集合,是用户与计算机硬件的连接纽带。系统软件主要包括管理和操作程序,维护程序和用户服务程序三个部分。

2. 支撑软件

支撑软件(Support Software)从功能上看,该类软件介于系统软件与应用软件之间,它是一类带有一定专门性而又具有普遍性的工具软件。若使用该类软件,则应用软件的编制就要方便和快速得多。现今人们在CAD绘图中广为使用的AutoCAD绘图软件就属于该类软件。

用于CAD系统的图形支撑系统一般应具有如下主要功能:

(1) 计算机图形处理。计算机图形是借助于计算机,通过程序和算法在图形显示和绘图设备上生成图形,并按给定的指令来改变其内容的数据处理方式。先进的图形支撑软件系统都具有人-机界面友好的特点,提供动态导航的智能化菜单,使用户操作更为简单。

(2) 三维产品建模。三维实体造型是产品造型的基础,涉及的问题比较广泛,如形体的定义,集合运算,模型的消隐、着色、渲染,实时动态的旋转、剖切、缩放,基于特征的尺寸驱动参数化和变量化设计的建模功能,数据结构与数据库处理等一系列问题。

采用三维产品建模,可以自动计算物体的体积、质量、重心、转动惯量、表面积等参数;可以产生用于有限元和有限差分的三维网格;可以在计算机中进行装配、安装工作,自动检查干涉情况;可以为CAM、CAPP、RPM、CAE提供完整的必需的信息。因此,三维建模是衡量计算机辅助设计系统性能的一个关键标准。强大的三维造型功能是先进CAD系统的基础与关键。

(3) 有限元建模与分析。有限元建模与分析技术被广泛地应用到产品和零件结构分析以及产品性能的模拟仿真分析。目前,有限元分析技术比较成熟,已达到实用程度。一些大型的三维CAD系统,如PRO/E、UG、I-DEAS、CATIA等均自身集成了有限元分析模块。对于一些中低档的CAD系统(如Solidworks、MDT、Solidge等),一般可以考虑采用这些CAD系统建模,利用数据交换文件与商品化的有限元分析系统接口。市场上商品化的有限元分析系统较多,如ANSYS、MARC、NASTRAN和SAP等等,选择时主要考虑被设计产品对分析计算的要求。

(4) 机构运动分析。一般说来,机构运动分析由三部分组成,包括前置处理、模拟分析和后置处理。前置处理应具有交互式的、面向图形的、用于建立运动学/动力学分析模型的功能。模拟分析模块往往具有静力平衡、运动学、动力学、装配等多种分析功能。后置处理能以静态或动态形式显示运动的包络图,在运动中可随时进行干涉检查。

(5) 数据信息交换。顺利、准确的数据信息交换是完成CAD集成的关键。同时,不同的CAD系统之间也需要数据信息交换,从而达到资源共享的目的。为了很好地完成上述工作,必须制定各系统间的数据信息交换规范。

(6) 工程数据管理。在计算机辅助系统工作过程中,会产生大量的诸如图形、几何、装配、材料性能、工艺数据、分析优化结果等数据信息。应用数据库管理系统管理各种数据信息是CAD系统的重要功能。

(7) 方便完善的二次开发工具。图形支撑软件往往着眼于共性的、通用的问题,而某一个企业、某一类产品或某一个工程总会有自身的特点。为了更有效地服务于这些特定目的,就必须在支撑软件的基础上进行二次开发,研制相应的应用软件(Application Software)。为此,支撑软件应该为应用软件开发提供二次开发工具。例如,AutoCAD先后就提供了AutoLISP、ADS、ARX、VisualLISP等开发工具,使用户可以方便、迅速地进行二次开发。

3. 数据库

在计算机辅助设计时,需要把许多手册和资料中的数表、线图数据事先存放起来。为了存放这些数据,需要建立一个大的数据库(Data Base)。数据库就是存储在计算机系统中,由数据库管理系统统一管理的数据集合,它可以为多个用户使用。建立数据库的目的和要求是:

(1) 独立性　用户所使用的数据库中的数据具有独立性。

(2) 共享性　不同系统的各用户可以使用相同的数据资源。

(3) 可靠性　保证数据库中的数据正确无误、有效和相容。

(4) 保密性　保障数据存储的安全,防止无关人员随意调度使用。

CAD中的数据有图形和非图形之分,因此其数据库与一般事务处理数据库不同,要求具有处理图形和非图形数据的能力,且数据量大,类型复杂,动态生成。在管理方式上,有的CAD系统将图形和非图形数据集中管理,也有的是分离管理。数据库中有关图形方面的信息包括点、线等基本图形实体数据和零部件等其他图形数据。非图形信息有统计数据、零件号、价格、材料性能等。随CAD的发展,数据库及其管理系统已成为现代化设计系统的一个极为重要的组成部分。

4. 应用软件

计算机辅助设计应用软件主要是面向用户的,在对主机的要求、外围设备的种类、用户界面、软件设计方法和软件规模诸方面都有自己的特点。

目前,市场上流行的商品化CAD软件系统种类繁多,有影响的系统主要有:美国AutoDesk公司的AutoCAD、美国麦道航空公司(现已被波音公司购并)的UG (unigraphis)以及Solidedge、美国参数技术公司(PTC)的Pro/Engineer、美国SDRC公司的I-DEAS(Integrated Engineering Analysi Software) (现已被UG公司购并)、美国洛克希德飞机公司的CADAM(Computer-graphics Augmentecdesign and Manufacturing)、美国Solidworks公司的Solidworks、法国Matra Dadavision公司的EUCLID(已被达索公司并购)、法国达索公司(Dassault System)的CATIA(Computer-graphics Aided Three-dimensional Interactive Applications)等。国内的二维CAD软件较多,如开目CAD、InteCAD、CAD. TOOL、大恒CAD、华正CAD等,但在大型三维CAD方面与国外的差距较大,还有许多问题亟待解决,这也正是国家“十一五”规划将要攻关的目标。

16.3 计算机辅助设计系统的三维造型技术

人类现实世界是一个由众多类型的三维几何形状构成的集合体,因此在计算机辅助设计系统中,三维造型技术是一项核心技术。近 30 年来,它经历了线框图、表面建模和实体建模的三个阶段。

16.3.1 传统的造型方法——几何造型和实体造型

传统的几何造型(Geometric Modeling)是 CAD 图像核心系统中的重要内容。一个完整的几何模型,既包括形体各部分的几何形状及空间的布置,又包括各部分之间的连接关系。前者称为几何信息,后者称为拓扑结构。构造几何模型的理论、方法和技术,称为几何造型技术。

1. 线框造型

从 20 世纪 60 年代到 70 年代中期,CAD 从封闭的专用系统走向开放式的商品化软件系统,主要技术特点是二维、三维线框造型,如图 16-5(a)所示。线框造型(Wire Frame Modeling)是计算机辅助技术发展过程中最早应用的三维建模模型,这种模型由一系列空间直线、圆弧和点等基本元素组合而成,用来描述产品的轮廓外形,并在计算机内生成相应的三维映像,从而可以自动实现视图变换和空间尺寸协调。其软件系统只能表达基本的几何信息,不能有效表达几何数据间的拓扑关系;而且系统需要配备大型计算机系统,价格昂贵。此期的代表性产品是美国 General Motor通用汽车公司的 DAC-1、Lockheed 飞机公司研制的 CADAM 系统、McDonnellDouglas 飞机公司研制的 CADD 系统。这一时期,CAD 开始进入应用阶段。

2. 曲面造型

20 世纪 70 年代后期,CAD 系统进入发展时期。一方面 CAD 系统硬件价格下降,同时飞机和汽车工业正值蓬勃发展时期。飞机和汽车制造中遇到了大量的曲面问题,法国达索飞机制造公司率先开发出以表面模型为特点的曲面建模方法,推出了三维曲面造型系统 CATIA。该系统采用多截面视图、特征纬线的方式来近似表达自由曲面造型。曲面造型系统为人类带来了第一次 CAD 技术革命。

曲面造型(Surface Modeling)是利用各种曲线、曲面来拟合逼近物体的表面,又称表面建模,如图 16-5(b)所示。曲面造型方法的建立推动了 CAD 技术的进展,此后一些军用工业相继开发了 CAD 软件,如美国 Lockheed 公司的 CADAM、美国 General Electric 公司的

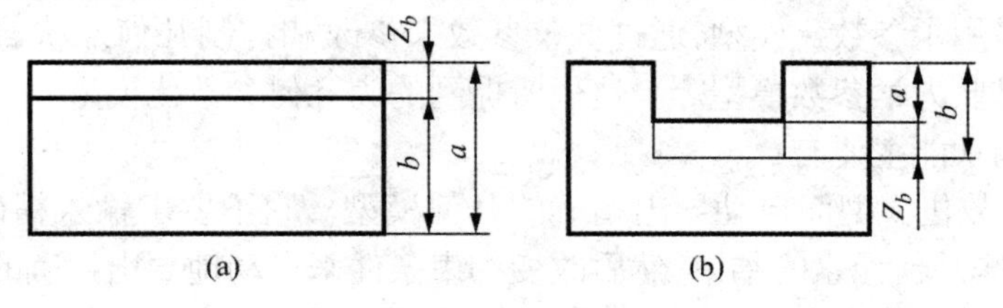

图 16-5 三维建模系统的类型

(a) 线框造型;(b) 曲面造型;(c) 实体造型

CALAM、美国波音公司的 CV、美国国家航空及宇航局(NASA)支持开发的 EDEAS、美国麦道公司开发的 UG 等。

3. 实体造型

20 世纪 80 年代初,由于计算机技术的大跨步前进,CAE、CAM 技术也开始有了较大的发展。由于表面模型技术只能表达形体的表面信息,难以准确地表达零件的质量、质心、惯性矩等属性,因而不利于 CAE 的应用。基于对 CAD/CAE 一体化技术发展的探索,SDRC 公司第一个开发了基于实体造型技术的 CAD/CAE 软件 I-DEAS。由于实体造型技术能够精确地表达零件的全部属性,在理论上有助于统一 CAD、CAE、CAM 的模型表达,因此被称为是 CAD 发展史上的第二次革命。

所谓实体造型方法,就是以几何造型为基础的实体造型,如图 16-5(c)所示。在实体造型系统中,三维形体均以实体表示,其几何信息和拓扑信息完备。复杂的形体通过简单体素的布尔运算(交、并、差、补等)而构成。基于实体造型技术的软件有美国斯坦福大学的 Geomod 系统、罗彻斯特大学的 PADL 系统、日本北海道大学的 TIPS 系统、英国剑桥大学的 BUILD 系统等。

利用实体造型技术进行产品设计时,设计人员可以用计算机直接进行三维设计,犹如孩子玩积木游戏,在计算机的屏幕上见到所设计产品的真实三维模型。所以,这是工程设计方法的一个突破,从根本上改变传统的设计方法。据美国"Aviation Week and SDace Technology" 1991 年 6 月报道,波音 777 客机的机体设计中 50%的零件是用三维实体进行设计的。这也反映了产品设计中的一个总趋势,即产品零件的形状、结构越复杂,更改越频繁,则采用三维实体造型的优越性越突出。

当零件在计算机中建立模型后,工程师就可以在计算机上很方便地进行后续环节的设计工作,如部件的模拟装配、总体布局、管路铺设、运动模拟、干涉检查、工艺优化等。所以,它为在计算机集成制造(CIMS)和并行工程(CE)思想指导下,实现整个生产环节采用统一的产品信息模型奠定了基础。

16.3.2 现代造型方法——参数化设计

20 世纪 80 年代中期,CV 公司提出了参数化造型方法,其特点是:基于特征、全尺寸约束、全数据相关、尺寸驱动设计修改等。策划参数化技术的这些人成立了一个参数公司(Parametric Technology Corr, PTC),开始研制 Pro/Engineer 的参数化软件。进入 20 世纪 90 年代,PTC 在市场的份额名列前茅。可以这样认为,参数化技术的应用主导了 CAD 发展史上的第三次技术革命。

参数化设计采用了参数化模型,通过调整参数来修改和控制几何形状。参数化模型有多种,如几何参数模型、力学参数模型等。这里所提到的为几何参数化模型。

参数化设计的功能主要有:

(1) 从几何参数化模型而自动导出精确的几何模型。它不要求输入精确图形,只需输入一个草图,标注一些几何元素的约束,然后改变约束条件来自动地导出精确的几何模型。

(2) 通过修改局部参数来达到自动修改几何模型的目的。这对于大致形状相似的一系列零件,只需修改一下参数,便可产生新的零件,从而大大提高了零件生成的效率。

16.4 CAM概述

16.4.1 CAM技术概况

CAM的出现略早于CAD。1954年,美国麻省理工学院(MIT)首次开发了自动控制的铣床。1955年,他们在通用计算机上研制成功自动编程系统(Automatically Programmed Tools, APT),实现了NC程序编制的自动化,成为CAM硬、软件的开端。

CAM系统、CAD系统和计算机辅助处理平台(Computer Aided Process Planning, CAPP)的形成,是近年来数控自动编程发展的一个重要方向。在计算机集成制造系统(CIMS)中,CAD系统向CAM系统提供零件信息,CAPP系统向CAM系统提供加工工艺信息和工艺参数,CAM系统根据这两方面的信息自动生成NC加工代码。

16.4.2 自动编程方法的两种模式

自动编程根据编程信息输入与计算机对信息的处理方式不同,分为以自动编程语言为基础的自动编程方法和计算机绘图为基础的自动编程方法。

(1) 以语言为基础的自动编程方法。编程时编程人员是依据所用数控语言的编程手册以及零件图样,以语言的形式表达出加工的全部内容,然后再把这些内容全部输入到计算机中进行处理,制作出可以直接用于数控机床的NC加工程序。

(2) 以计算机绘图为基础的自动编程方法。编程时编程人员首先要对零件图样进行工艺分析,确定构图方案,其后即可利用自动编程软件本身的自动绘图CAD功能,在CRT屏幕显示器上以人机对话的方式构建出几何图形,其后还需利用软件的CAD功能,才能制作出NC加工程序。我们把这种自动编程方式称为图形交互式自动编程。这种自动编程系统是一种CAD与CAM高度结合的自动编程系统。

从计算机对信息的处理方式上来看,前者对计算机而言是采用批处理的方式,编程人员必须一次性将编程信息全部向计算机交待清楚,即编程人员必须用规定的编程语言,像写文章一样一次性把该“说”的话全部“说”完,计算机则把这一次的作业,当作一个“批”,一次处理完毕,并马上就有结果。后者则是一种人机对话的编程方法,编程人员根据屏幕菜单提示的内容,反复与计算机对话,选择菜单目录或回答计算机提问,直到把该答的问题全部答完。这种编程方式从零件图形的定义、走刀路线的确定以及加工参数的选择,整个过程都是在对话方式下完成,不存在什么编程语言的问题。

16.4.3 自动编程的发展现状

从自动编程的发展历史进程来看,很早就发展了以自动编程语言为基础的自动编程方法,以计算机绘图为基础的自动编程方法则相对发展较晚,这主要是由于计算机图形技术发展相对落后所致。

最早研究数控自动编程技术的是美国。1953年,美国麻省理工学院伺服机构研究室,在美国空军的资助下,着手研究数控自动编程问题。1955年,研究成果予以公布,从而奠定了APT(Automatically Programmed Tools)语言自动编程基础。1958年,美国航空空间协会组织10多家航空工厂，在麻省理工学院协助下进一步发展APT系统，产生了APTⅡ，可用于解决平面曲线的自动编程问题；1962年，又发展了APTⅢ，可用于3～5坐标立体曲面的自动编程。其后，美国航空空间协会继续对APT进行改进，并成立了APT长远规划组织，1970年发表了APTⅣ，可处理自由曲面自动编程。该自动编程系统配有多种后置处理程序，是一种应用广泛的数控编程软件，能够适应多坐标数控机床加工曲线曲面的需要。

与此同时，世界上许多先进工业国家也都开展了自动编程技术的研究工作。各主要工业国家都开发有自己的数控编程语言。这些数控语言多借助于APT的思想体系，与APT语言在语法格式上基本类似而又各具特点。其中，美国除了在开发这种大而全的APT系统之外，还开发了ADAPT、AUTOSTOP等小型系统。另外，英国开发的2C、2CL、2PC，德国的EXAPT，法国IFAPT，日本的FAPT、HAPT以及我国在20世纪70年代开发的SKC、ZCX等都在一定范围内的生产中得到应用。

之所以早期必须用语言的形式来描述几何图形信息及加工过程，然后再由计算机处理成加工程序，致使这种编程方法直观性差，编程过程比较复杂，这主要是由于当时的计算机图形处理能力不强。近年来，由于计算机技术发展十分迅速，计算机的图形处理功能有了很大加强，因此一种可以直接将零件的几何图形信息自动转化为数控加工程序的全新的计算机自动编程技术——图形交互式自动编程方式便应运而生。目前这种自动编程软件，已经可以十分方便地实现三维曲面的几何造型，有用于大、中型计算机和工作站的软件产品，也有用于微型计算机的软件产品，如UG、Pro/E、CATIA、I-DEAS、MasterCAM等。

16.4.4 自动编程系统的信息处理过程

1. 语言式自动编程系统的信息处理过程

以APT语言自动编程系统为例，其处理过程如图16-6所示。它分成由数控语言编写的零件源程序、通用计算机及编译程序(系统软件)三个组成部分。数控语言是一种类似车间用语的工艺语言，由一些基本符号、字母以及数字组成，具有一定词法和语法规则，用来描述零件图的几何形状、尺寸、几何元素间的相互关系(相交、相切、平行等)以及加工时的运动顺序、工艺参数等。按照零件图样用数控语言编写的计算机输入程序称为零件源程序。应当注意的是零件源程序不同于我们在手工编程时用NC指令代码写出的程序(这种用NC指令代码写出的程序习惯上称为NC加工程序)。它不能直接控制数控机床，只是加工程序计算机预处理的计算机输入程序。

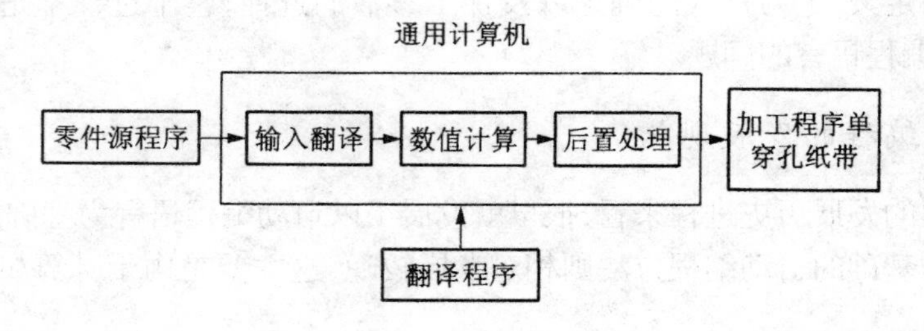

图16-6　自动编程处理过程

编译程序的作用是计算机具有处理零件源程序和自动输出具体机床NC加工程序的能力。因为用数控语言编写的零件源程序，计算机是不能直接识别和处理的，必须根据具体的数控语言、计算机语言(高级语言或汇编语言)以及具体机床的指令,事先给计算机编好一套能处理零件源程序的编译程序(又称为数控编程软件)。将这种数控编程软件存入计算机中,计算机才能对输入的零件源程序进行翻译、计算并执行根据具体数控机床的控制系统所编写的后置处理程序。经过这样三个阶段处理,计算机就能自动输出符合具体数控机床要求的 NC 加工程序了。

2. 图形交互式自动编程系统的信息处理过程

图形交互式自动编程是建立在 CAD 和 CAM 的基础上的一种信息处理过程,其处理过程与语言式自动编程有所不同。以下对其处理过程作一简要介绍。

(1) 几何造型。几何造型就是利用图形交互式自动编程软件的图形构建、编辑修改、曲线曲面造型等有关目录将零件被加工部位的几何图形准确地绘制在计算机屏幕上,与此同时,在计算机内自动形成零件图形的数据文件。这就相当于 APT 语言编程中用几何定义零件几何图形的过程,其不同点就在于它不是用语言而是用计算机绘图的方法将零件的图形数据输入到计算机中,这些图形数据是下一步刀具轨迹计算的依据。自动编程过程中,软件将根据加工要求提取这些数据,进行分析和必要的数学处理,以形成加工的刀具位置数据。

(2) 刀具路径的产生。图形交互式自动编程的刀具轨迹的生成是面向屏幕上的图形交互进行的。首先在刀具路径生成的目录中选择所需的子目录,然后根据屏幕提示,用光标选择相应的图形目标,点取相应的坐标点,输入所需的各种参数。软件将自动从图形文件中提取编程所需的信息,进行分析判断,计算节点数据,并将其转换为刀具位置数据,存人指定的刀位文件中或直接进行后置处理,生成数控加工程序,同时在屏幕上显示出刀具轨迹图形。

(3) 后置处理。后置处理的目的是形成数控加工文件。由于各种机床使用的控制系统不同,所用的数控加工程序其指令代码及格式也有所不同。为解决这个问题,软件通常设置一个后置处理惯用文件,在进行后置处理前,编程人员应根据具体数控机床指令代码及程序的格式事先编辑好这个文件,这样才能输出符合数控加工格式要求的 NC 加工文件。

16.5 CAD/CAM 软件概况

目前,世界上流行的 CAD/CAM 软件主要是 EDS 公司、Dassault System 公司和 PTC 公司的产品,它们的产品和特点如表 16-1 所示。

表 16-1 流行的 CAD/CAM 软件介绍

公司	软件最新版本	介　　绍	特　　点
EDS	UGNX5.0	Unigraphics NX 是一个适用于完整的产品工程的主流 CAD/CAE/CAM 一体化软件,能极好地帮助制造商,使公司能够在一集成的数字化环境中去模拟、验证产品和他们的生产过程;Unigraphics NX 能通过有效地捕捉、应用和共享整个数字化过程的知识为制造商递交一战略优势	① 知识驱动的自动化,确保业界最佳实践的可重复性和提高运用企业的专门技术 ② 基于系统的建模,能够越过很复杂的产品工程信息的再使用 ③ 集成的协作,提高运用产品开发团队所有成员的创新

(续表)

公司	软件最新版本	介　　绍	特　　点
EDS	UGNX5.0	从初始的概念设计、到产品设计、仿真和制造工程,Unigraphics NX 提供一整套先进技术的综合产品开发解决方案	④ 开放的设计,通过无缝的信息通信集成供应链 ⑤ 生产证实的应用,集成从概念设计到制造工程的完全的工程生命周期
	SolidEdge V20	SolidEdge 是通用机械 CAD/CAE/CAM 一体化软件,三维实体造型系统;Unigraphics Solutions Inc. 包含从中低端到高端相互结合的 CAD/CAM 机械软件设计系统整体的一部分	采用 Unigraphics Solutions 的 Parasolid 造型内核作为软件核心 SolidEdge 将装配设计、零件造型、钣金设计和图纸生成结合在一起,为用户提供了从二维到三维的设计
达索系统公司	CATIA V6	CATIA 是法国 Dassault System 公司的 CAD/CAE/CAM 一体化软件,广泛应用于航空航天、汽车制造、造船、机械制造、电子\电器、消费品行业,它的集成解决方案覆盖所有的产品设计与制造领域,其特有的 DMU 电子样机模块功能及混合建模技术更是推动着企业竞争力和生产力的提高;CATIA 提供方便的解决方案,迎合所有工业领域的大、中、小型企业需要;包括:从大型的波音 747 飞机、火箭发动机到化妆品的包装盒,几乎涵盖了所有的制造业产品;在世界上有超过 1.3 万的用户选择了 CATIA;CATIA 源于航空航天业,但其强大的功能已得到各行业的认可,在欧洲汽车业,已成为事实上的标准	围绕数字化产品和电子商务集成概念进行系统结构设计,可为用户建立一个针对产品整个开发过程的工作环境,可以对产品开发过程的各个方面进行仿真,并能实现工程人员和非工程人员之间的电子通信;产品整个开发过程包括概念设计、详细设计、工程分析、成品定义和制造乃至成品在整个生命周期中的使用和维护。有如下特点: ① 重新构造的新一代体系结构 ② 支持不同应用层次的可扩充性 ③ 与 NT 和 UNIX 硬件平台的独立性 ④可利用在网络环境的三维,在互联网上发布工程中的知识产权(IP)和产品数据 ⑤专用知识的捕捉和重复使用 ⑥给现存客户平稳升级
	SolidWorks 2008	SolidWorks 软件是世界上第一个基于 Windows 开发的三维 CAD 系统,由于符合 CAD 技术的发展潮流和趋势,SolidWorks 公司于两年间成为 CAD/CAM 产业中获利最高的公司;良好的财务状况和用户支持使 SolidWorks 每年都有数十乃至数百项的技术创新;SolidWorks 遵循易用、稳定和创新三大原则,设计师使用它能大大缩短设计时间,产品快速、高效地投向了市场 由于 SolidWorks 出色的技术和市场表现,1997 年由法国达索公司以 3.1 亿美元将其全资并购;并购后的 SolidWorks 以原来的品牌和管理技术队伍继续独立运作,成为 CAD 行业一家高素质的专业化公司,SolidWorks 三维机械设计软件也成为达索企业中最具竞争力的 CAD 产品	① 第一个在 Windows 操作系统下开发的 CAD 软件 ② 菜单少,使用直观、简单,界面友好 ③ 数据转换接口丰富,转换成功率高 ④ 独特的配置功能 ⑤ 特征管理器 ⑥ 自上而下的装配体设计技术(Top-to-down) ⑦ 比例缩放技术 ⑧ 曲面设计工具

(续表)

公司	软件最新版本	介　绍	特　点
PTC	Proewildfire 4.0	Pro/Engineer是美国PTC(参数化公司)推出的大型工程技术软件,它的功能非常强大,有许多优秀的专用模块 Pro/Engineer软件包的产品开发环境在支持并行工作,它通过一系列完全相关的模块表述产品的外形、装配及其他功能 PRO/E能够让多个部门同时致力于单一的产品模型,包括对大型项目的装配体管理、功能仿真、制造、数据管理等,其中Proewildfire4.0为最新版本,较之以前的版本有了极大的改进,界面更加友好,操作更加方便、实用、高效	① 全相关性:所有模块都是全相关的;全相关性鼓励在开发周期的任一点进行修改,却没有任何损失,并使并行工程成为可能,所以能够使开发后期的一些功能提前发挥其作用 ② 基于特征的参数化造型:使用户熟悉的特征作为产品几何模型的构造要素;这些特征是一些普通的机械对象,并且可以按预先设置很容易地修改 ③ 装配管理:基本结构能够使您利用一些直观的命令,例如"啮合"、"插入"、"对齐"等很容易地把零件装配起来,同时保持设计意图;高级的功能支持大型复杂装配体的构造和管理,这些装配体中零件的数量不受限制 ④ 易于使用:菜单以直观的方式联级出现,提供了逻辑选项和预先选取的最普通选项,同时还提供了简短的菜单描述和完整的在线帮助
	Pro/Desktop 2.1	Pro/Desktop使概念工程师能够轻而易举地快速获取设计思想和研究设计方案。使用Pro/Desktop,工程师可以从2D入手,相应的3D设计则透明地随之开发,并自动利用全部的设计意图;Pro/Desktop是专门为概念工程师和桌面设计人员开发的、用于高级创新的一种2D/3D设计系统 Pro/Desktop为许多工程师提供了无与伦比的易学能力,尤其是那些支持Pro/E用户的工程师,因为它与Pro/E的相关互操作能力;所以它是致力于开发和推出产品的概念工程师和临时用户的理想解决方案	通过利用PTC的独特而功能强大的相关拓扑总线(ATB)技术,提供了功能强大的、与Pro/E和其他PTC i-系列产品(世界上许多主要产品制造商使用的一系列可互操作解决方案)的数据互操作能力;Pro/E用户可以利用在Pro/Desktop中建立的概念设计来开发详细设计,反之亦然;它有如下特点: ① 由于构筑在Granite-Pro/Engineer的建模和互操作性内核基础之上,所以可使用基于特征的参数化实体建模技术 ② 使用基于特征的、智能化关联绘图 ③ 与其他人进行协作

习　题

16-1　什么是CAD/CAM技术?

16-2　CAD/CAM系统的主要任务是什么?

16-3　CAD/CAM所使用的硬件组成有哪几类?

16-4　CAD/CAM系统中的分布式系统有何特点?

16-5　CAM自动编程原理是什么?

16-6　试阐述计算机辅助设计系统的三维造型技术的发展过程。

16-7　CAD/CAM 应用软件主要包括哪些方面的软件？

16-8　Pro/Engineer 软件与 UG 软件相比有何区别？指出它们各自的应用特点？

16-9　CAD/CAM 系统对传统的机械制造工业带来了怎样的影响？

第 17 章　机械制造工艺过程

17.1　概述

17.1.1　生产过程和工艺过程

在机械制造中，从原材料到成品之间各个相互关联的劳动过程的总和，称为生产过程。生产过程包括了生产的各个环节。在生产过程中，直接改变生产对象的形状、尺寸、相对位置或性能，使之成为成品或半成品的过程，称为工艺过程。材料成形生产过程的主要部分称为成形工艺过程(如铸造工艺过程、锻造工艺过程、焊接工艺过程等等)；机械加工车间生产过程中的主要部分，称为机械加工工艺过程；装配车间生产过程中的主要部分称为装配工艺过程。

17.1.2　工艺过程的组成

(1) 工序　一个(或一组)工人，在一个工作地点，对同一个(或同时几个)工件所连续完成的那部分工艺过程。

(2) 安装　工件在一次装夹下所完成的那一部分工艺过程。

(3) 工位　在工件的一次安装中，每一个加工位置上所完成的工艺过程称为工位。

(4) 工步　在加工表面、加工工具、转速和进给量都不变的情况下，连续完成的那一部分工序。

(5) 走刀　同一工步中，若加工余量大，需要用同一刀具，在相同转速和进给量下，对同一加工面进行多次切削，则每切削一次，就是一次走刀。

17.1.3　生产纲领和生产类型

1. 生产纲领

工厂在计划期内应当生产的产品产量和进度计划，称为生产纲领。工厂一年制造的合格产品的数量，称为年生产纲领，也称年产量。产品中某零件的生产纲领除计划规定的数量外，还必须包括备品率及平均废品率，即

$$N_{零} = Nn(1+\alpha)(1+\beta),$$

式中：$N_{零}$——零件的年生产纲领(件/年)；N——产品的年产量(台/年)；n——每台产品中，该零件的数量(件/台)；α——备品率，以百分数表示；β——废品率，以百分数表示。

2. 生产类型的工艺特征

根据产品大小和生产纲领的不同，一般把机械制造生产分为单件生产、成批生产和大量生产三种类型，如表 17-1 所示。

表 17-1　生产类型和生产纲领的关系

生　产　类　型		同种零件的年产量/件		
		重型(30 kg 以上)	中型(4～30 kg)	轻型(4 kg 以下)
单　件　生　产		5 以下	10 以下	100 以下
成批生产	小批生产	5～100	10～200	100～500
	中批生产	100～300	200～500	500～5000
	大批生产	300～1 000	500～5 000	5 000～50 000
大　量　生　产		1 000 以上	5 000 以上	50 000 以上

表 17-2 列出了各类生产类型的主要工艺特征。

表 17-2　各种生产类型的工艺特征

项　目	单件、小批生产	成　批　生　产	大批、大量生产
产品数量	少	中等	大量
加工对象	经常变换	周期性变换	固定不变
毛坯制造	手工造型、自由锻和焊条电弧焊	部分采用金属模样造型和模锻或埋弧自动焊、压力焊	机器造型、压力铸造、模锻或埋弧自动焊、压力焊
设备和布置	通用设备(万能的),按机群布置	通用的和部分专用设备,按工艺路线布置成流水线	广泛采用高效率专用设备和自动化生产线
夹具	通用夹具	广泛使用专用夹具和特种工具	广泛使用高效率专用夹具和特种工具
刀具和量具	一般刀具、通用夹具和量具	部分采用专用刀具和量具	高效率专用刀具和量具
安装方法	划线找正	部分划线找正	不需划线找正
加工方法	根据测量进行试切	用调整法加工,可组织成组加工	使用调整法自动加工
装配方法	钳工试配	普遍应用互换性,保留某些试配	全部互换,不需钳工试配
工人技术水平	需技术熟练	需技术比较熟练	技术熟练程度要求低
生产率	低	中	高
成本	高	中	低
工艺文件	编写简单工艺过程卡	详细编写工艺卡	详细编写工艺卡和工序卡

17.2　毛坯的选择

材料的成形过程是机械制造的重要工艺过程。机器制造中,大部分零件是先通过铸造成形、锻压成形或焊接成形方法制得毛坯,再通过切削加工制成的。毛坯的选择,对机械制造质量、成本、使用性能和产品形象有着重要的影响。

17.2.1 毛坯选择的原则

毛坯选择的原则,应在满足使用要求的前提下,尽可能地降低生产成本,使产品在市场上具有竞争能力。

1. 工艺性原则

零件的使用要求决定了毛坯形状特点。各种不同的使用要求和形状特点,形成了相应的毛坯成形工艺要求。零件的使用要求具体体现在对其形状、尺寸、加工精度、表面粗糙度等外部质量,和对其化学成分、金属组织、力学性能、物理性能和化学性能等内部质量的要求上。对于不同零件的使用要求,必须考虑零件材料的工艺特性(如铸造性、锻造性、焊接性等)来确定采用何种毛坯成形方法。例如,不能采用锻压成形的方法和避免采用焊接成形的方法来制造灰口铸铁零件;避免采用铸造成形方法制造流动性较差的薄壁毛坯;不能采用普通压力铸造的方法成形致密度要求较高或铸后需热处理的毛坯;不能采用锤上模锻的方法锻造铜合金等再结晶速度较低的材料;不能用埋弧自动焊焊接仰焊位置的焊缝;不能采用电阻焊方法焊接铜合金构件;不能采用电渣焊焊接薄壁构件等等。选择毛坯成形方法的同时,也要兼顾后续机加工的可加工性。如对于切削加工余量较大的毛坯就不能采用普通压力铸造成形,否则将暴露铸件表皮下的孔洞;对于需要切削加工的毛坯尽量避免采用高牌号珠光体球墨铸铁和薄壁灰口铸铁,否则难以切削加工。一些结构复杂,难以采用单种成形方法成形的毛坯,既要考虑各种成形方案结合的可能性,也需考虑这些结合是否会影响机械加工的可加工性。

2. 适应性原则

在毛坯成形方案的选择中,还要考虑适应性原则。既根据零件的结构形状、外形尺寸和工作条件要求,选择适应的毛坯方案。

例如,对于阶梯轴类零件,当各台阶直径相差不大时,可用棒料;若相差较大,则宜采用锻造毛坯。

形状复杂和薄壁的毛坯,一般不应采用金属型铸造;尺寸较大的毛坯,通常不采用模锻、压力铸造和熔模铸造,多数采用自由锻、砂型铸造和焊接等方法制坯。

零件的工作条件不同,选择的毛坯类型也不同。如机床主轴和手柄都是轴类零件,但主轴是机床的关键零件,尺寸形状和加工精度要求很高,受力复杂且在长期使用过程中只允许发生很微小的变形,因此要选用具有良好综合力学性能的 45 钢或 40Cr,经锻造制坯及严格切削加工和热处理制成;而机床手柄则采用低碳钢圆棒料或普通灰口铸铁件为毛坯,经简单的切削加工即可完成,不需要热处理。再如内燃机曲轴在工作过程中承受很大的拉伸、弯曲和扭转应力,应具有良好的综合力学性能,故高速大功率内燃机曲轴一般采用强度和韧性较好的合金结构钢锻造成形,功率较小时可采用球墨铸铁铸造成形或用中碳钢锻造成形。对于受力不大且为圆形曲面的直轴,可采用圆钢下料直接切削加工成形。

3. 生产条件兼顾原则

毛坯的成形方案要根据现场生产条件选择。现场生产条件主要包括现场毛坯制造的实际工艺水平、设备状况以及外协的可能性和经济性,但同时也要考虑因生产发展而采用较先进的毛坯制造方法。

为此,毛坯选择时,应分析本企业现有的生产条件,如设备能力和员工技术水平,尽量利用现有生产条件完成毛坯制造任务。若现有生产条件难以满足要求时,则应考虑改变零件材料和(或)毛坯成形方法,也可通过外协加工或外购解决。

4. 经济性原则

经济性原则就是使零件的制造材料费、能耗费、工资费用等成本最低。在选择坯件的类型和具体的制造方法时,应在满足零件使用要求的前提下,把几个预选方案作经济性比较,从中选出整体生产成本低廉的方案。一般,选择毛坯的种类和制造方法时,应使毛坯尺寸、形状尽量与成品零件相近,从而减少加工余量,提高材料的利用率,减少机械加工工作量。但是毛坯越精确,制造就越困难,费用也越高。因此,生产量大时,应采用精度高、生产率高的毛坯制造方法,这时虽然一次投资较大,但增大的毛坯制造费用可由减少的材料消耗及机械加工费用得到补偿。一般的规律是,单件小批生产时,可采用手工砂型铸造、自由锻造、焊条电弧焊、钣金钳工等成形方法,在批量生产时可采用机器造型、模锻、埋弧自动焊或其他自动焊接方法和板料冲压等成形方法制造毛坯。

5. 可持续性发展原则

环境恶化和能源枯竭已是 21 世纪人类必须解决的重大问题,因此在发展工业生产的同时,必须考虑环保和节能问题,不能干圈一块厂房,毁一片山林的蠢事。在工艺流程设计中应遵循可持续发展的原则,保护子孙后代的生存环境,务必做到:

(1) 尽量减少能源消耗。在制定工艺流程中应考虑选择能耗小的成形方案,并尽量选用低能耗成形方法的材料,合理进行工艺设计,尽量采用近净成形、净终成形的新工艺。

(2) 不使用对环境有害和会产生对环境有害物质的材料,采用加工废弃物少、容易再生处理、能够实现回收利用的材料。

(3) 尽量少用或不用煤、石油等直接作为加热燃料,避免排出大量 CO_2 气体,导致地球温度升高。

17.2.2 常用毛坯成形方法的比较

常用的毛坯成形方法有铸造、锻造、粉末冶金、冲压、焊接、非金属材料成形和快速成形等。

1. 铸造

铸造是液态金属充填型腔后凝固成形的成形方法,要求熔融金属流动性好、收缩性好,铸造材料利用率高,适用于制造各种尺寸和批量且形状复杂尤其具有复杂内腔的零件,如支座、壳体、箱体、机床床身等。手工砂型铸造是单件、小批生产铸件的常用方法;大批大量生产常采用机器造型;特种铸造常用于生产特殊要求或非铁金属铸件。

2. 锻造

锻造是固态金属在压力下塑性变形的成形方法,要求金属的塑性较好、变形抗力小。锻造方法适用于制造受力较大、组织致密、质量均匀的锻件,如转轴、齿轮、曲轴和叉杆等。

自由锻锻造工装简单、准备周期短,但产品形状简单,是单件生产和大型锻件的唯一锻造方法;胎模锻是在自由锻设备上采用胎模进行锻造的方法,可锻造较为复杂、中小批量的中小型锻件;模锻的锻件可较复杂,材料利用率和生产率远高于自由锻,但只能锻造批量较大的中小型锻件。

3. 粉末冶金

粉末冶金是通过成形、烧结等工序,利用金属粉末和(或)非金属粉末间的原子扩散、机械楔合、再结晶等获得零件或毛坯的。要求粉料的流动性好,压缩性大。粉末冶金材料利用率和生产率高,制品精度高,适合于制造有特殊性能要求的材料和形状较复杂的中、小型零件。如制造减磨材料、结构材料、摩擦材料、硬质合金、难熔金属材料、特殊电磁性材料、过滤材料等板、带、棒、管、丝各种型材,以及齿轮、链轮、棘轮、轴套类等各种零件;可以制造重量仅百分之几克的小制品,也可制造近 2t 重的大型坯料。

4. 冲压

冲压是借助冲模使金属产生分离或变形的成形方法,要求金属塑性成形时塑性好、变形抗力小。冲压可获得各种尺寸且形状较为复杂的零件,材料利用率和生产率高。冲压广泛应用于汽车、仪表行业,是大批量制造质量轻、刚度好的零件和形状复杂的壳体的首选成形方法。

5. 焊接

焊接是通过加热和(或)加压使被焊材料产生共同熔池或塑性变形或原子扩散而实现连接的,要求材料在焊接时的淬硬倾向以及产生裂纹和气孔等缺陷的倾向较小。焊接可获得各种尺寸且形状较复杂的零件,材料利用率高。采用自动化焊接可达到很高的生产率,适用于形状复杂或大型构件的连接成形,也可用于异种材料的连接和零件的修补。

6. 塑料成形

塑料成形可在较低的温度下(一般在 400 ℃以下)采用注射、挤出、模压、浇注、烧结、真空成形、吹塑等方法制成制品。由于塑料的原料来源丰富易得,制取方便,成形加工简单,可以实现近净成形、净终成形,成本低廉,性能优良,所以塑料在国民经济中得到广泛的应用。

7. 陶瓷成形

陶瓷成形通常采用注浆成形法、可塑成形法、模压成形法等。陶瓷的密度低,密度只有钢的 1/3,弹性模量高、缺口敏感性小,耐高温,膨胀系数低,硬度高,摩擦因数较低,热稳定性和化学稳定性好、电性能好,属耐高温耐腐蚀绝缘材料。陶瓷成形的特点是在制备过程中需经过高温处理,其制备工艺路线长,加工和质量控制难度大。因此,先进陶瓷制品的成本较高。

8. 复合材料成形

复合材料是由基体材料和增强材料复合而成的一类多相材料。复合材料保留了组成材料的各自的优点,获得单一材料无法具备的优良综合性能。它的成形特征是材料与结构一次成形,即在形成复合材料的同时也就得到了结构件。这一特点使构件的零件数目减少,整体化程度提高；同时由于减少甚至取消了接头，避免或减少了铆、焊等工艺从而减轻了构件质量，改善并提高了构件的耐疲劳性和稳定性。由于复合材料的材料成形和结构成形是一次完成的，因此其成形的关键是在成形过程中既要保证零件的外部公差，又要保证零件的内部质量。

常用的材料成形方法比较见表 17-3。

表 17-3　常用的材料成形方法比较

成形方法	成形特点	对材料的工艺要求	制件特征		材料利用率	生产率	主要应用
			尺寸	结构			
铸造	液态金属填充型腔	流动性好，集中缩孔	各种	可复杂	较高	低～高	型腔较复杂尤其是内腔复杂的制件，如箱体、壳体、床身、支座等
自由锻	固态金属塑性变形	变形抗力较小，塑性较好	各种	简单	较低	低	传动轴、齿轮坯、炮筒等
模锻			中小件	可较复杂	较高	较高或高	受力较大或较复杂，且形状较复杂的制件，如齿轮、阀体、叉杆、曲轴等
冲压			各种	可较复杂	较高	较高或高	重量轻且刚度好的零件以及形状较复杂的壳体，如箱体、罩壳、汽车覆盖件、仪表板、容器等
粉末冶金	粉末间原子扩散、再结晶，有时重结晶	粉末流动性较好，压缩性较大	中小件	可较复杂	高	较高	精密零件或特殊性能的制品，如轴承、金刚石工具，硬质合金，活塞环、齿轮等
焊接	通过金属熔池液态凝固，或塑性变形或原子扩散实现连接	淬硬、裂纹、气孔等倾向较小	各种	可复杂	较高	低～高	形状复杂或大型构件的连接成形，异种材料间的连接，零件的修补等
塑料成形	采用注射、挤出、模压、浇注、烧结、真空成形、吹塑等方法制成制品	流动性好、收缩性、吸水性、热敏性小	各种	可复杂	较高	较高或高	一般结构零件、一般耐磨传动零件，减磨自润滑零件，耐腐蚀零件等。如化工管道、仪表壳罩等
陶瓷成形	陶瓷材料通过制粉、配料、成形、高温烧结获得制品	坯体结构均匀并有一定的致密度	中小件	可较复杂	较高	低～较高	高硬度，耐高温、耐腐蚀绝缘零件，如刀具、高温轴承、泵、阀
复合材料成形	基体材料和增强材料复合而成的一类多相材料，材料与结构一次成形	纤维有高强度和刚度，有合理的含量、尺寸和分布；基体有一定的塑性、韧性	各种	可复杂	较高	低～较高	高比强度、比模量、化学稳定性和电性能好，如船、艇、车身及配件，管道、阀门、储罐、高压气瓶等

(续表)

成形方法	成形特点	对材料的工艺要求	制件特征		材料利用率	生产率	主要应用
			尺寸	结构			
快速成形	通过离散获得堆积的路径和方式,通过堆积材料叠加起来成形三维实体	有利于快速精确地加工原型零件;当原型直接用作制件、模具时,原型的力学性能和物理化学性能要满足使用要求;当原型间接使用时,其性能要有利于后续处理工艺	各种	可复杂	高	单件成形速度快	产品设计、方案论证、产品展示、工业造型、模具、家用电器、汽车、航空航天、军事装备、材料、工程、医疗器具、人体器官模型、生物材料组织等

17.2.3 根据零件形状选择毛坯成形方法

常用零件的成形方法可根据零件形状进行分类选择。

1. 轴杆类零件

轴杆类零件的轴向尺寸远大于径向尺寸,主要有各种实心轴、空心轴、曲轴、杆件等。轴杆类零件主要作为传动元件或受力元件,除光轴外,一般大多为锻件毛坯,断面直径相差越大的阶梯轴或有部分异型断面的轴,采用锻件毛坯越有利。如发动机曲轴、连杆、汽车前梁等都采用锻件毛坯。

对光轴、直径变化较小的轴和力学性能要求不高的轴,一般采用轧制圆钢作为毛坯进行机械加工制造。

对于锻造轴,受力较小时采用中碳钢(如 30~50 中碳钢)制造,承载较大时采用中碳合金钢(如 40Cr、40CrNi 等)制造并调质处理;受较大冲击且承受摩擦时采用渗氮钢(38CrMoAl 等)制造且渗氮处理,或采用渗碳钢(如 20Cr、20CrMnTi 等)制造并渗碳、淬火处理。

某些具有异形截面或弯曲轴线的轴,如凸轮轴、曲轴等,采用铸钢(如 ZG270—500 等),在满足使用要求的前提下,也可采用球墨铸铁毛坯(如 QT450—10 等),以铁代钢,降低制造成本。

对于一些大型构件、特殊性能要求的轴、杆类零件的毛坯等,还可采用锻造+焊接或铸造+焊接的工艺完成。图 17-1 所示的汽车排气阀,将锻造的耐热合金钢阀帽与轧制的碳素结构钢阀杆焊成一体,节约了合金钢材料。图 17-2 所示的 120 000 kN 水压机立柱,长 18 m,净重 80 t,采用 ZG270—500 分 6 段铸造,粗加工后采用电渣焊焊成整体毛坯。

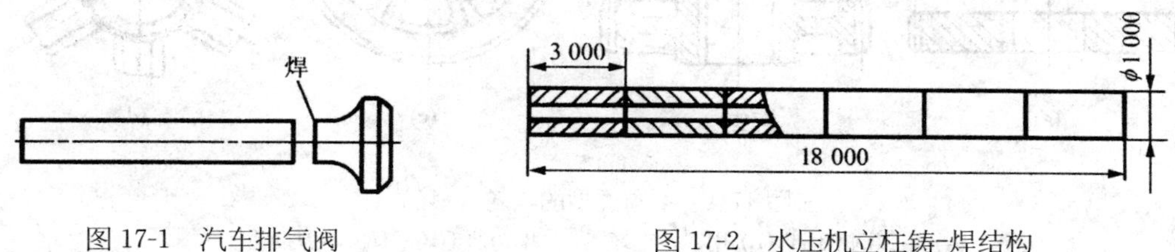

图 17-1　汽车排气阀　　图 17-2　水压机立柱铸-焊结构

2. 盘套类零件

盘套类零件的轴向尺寸远小于径向尺寸,或者两个方向的尺寸相差不大,如图 17-3 所示。如各种齿轮、带轮、飞轮、套环、轴承环以及螺母、垫圈等。盘套类零件的用途和工作条件差异很大,故材料和成形方法也有很大的差别。

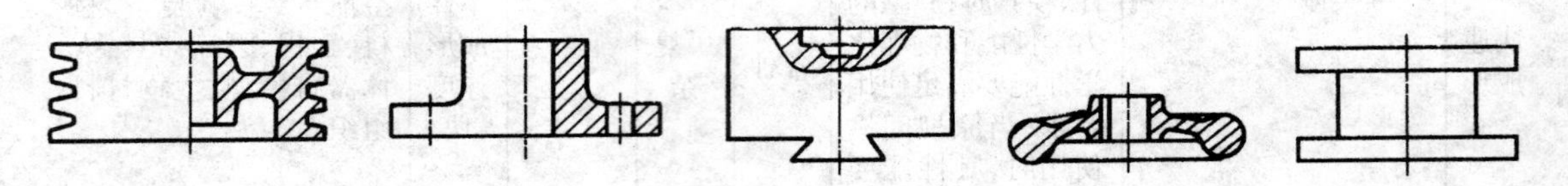

图 17-3　盘套类零件

1) 齿轮

齿轮作为重要的机械传动零件,工作时齿面承受接触压应力和摩擦力,齿根承受弯曲应力,有时还要承受冲击力,故轮齿须有较高的强度和韧性,齿面须有较高的硬度和耐磨性。受力小的仪表齿轮在大批生产时,可采用板料冲压和非铁合金(如 ZL202)压铸成形,也可用塑料(如尼龙)注射成形。在低速且受力不大或在多粉尘工作环境下的齿轮,可用灰铸铁(如 HT200)铸造成形。低速、轻载齿轮常用 45、50Mn2、40Cr 等中碳结构钢,经正火或调质提高综合力学性能。高速、重载齿轮常采用 20CrMnTi、20CrMo 等合金结构钢制造且齿部经渗碳、淬火处理,也可采用 38CrMoAl 等渗氮钢制造且齿部经渗氮处理,从而获得良好的内韧外硬的性能。大批量生产齿轮时可采用热轧或精密模锻的方法生产齿轮毛坯,以提高齿轮的力学性能。单件或小批量生产时,直径 100 mm 以下的形状简单的小齿轮可用圆钢为毛坯,见图 17-4(a);直径大于 400～500 mm 的大型齿轮,锻造比较困难,可用铸钢或球墨铸铁件为毛坯,铸造齿轮一般以辐条结构,见图 17-4(c);代替模锻齿轮的辐板结构,见图 17-4(b);在单件生产的情况下,也可采用焊接方式制造大型齿轮的毛坯,见图 17-4(d)。

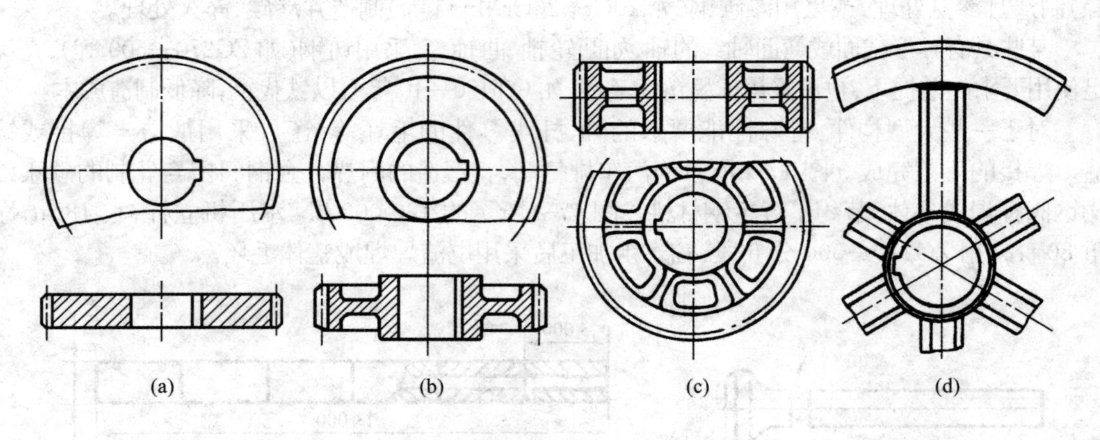

图 17-4　不同类型的齿轮(毛坯)

(a) 用圆钢毛坯　(b) 用锻造毛坯　(c) 用铸造毛坯　(d) 用焊接毛坯

2）带轮、飞轮、手轮等

这类零件受力不大或仅承受压力，通常可采用灰口铸铁、球墨铸铁等材料铸造成形；单件生产时，也可采用 Q215、Q235 等低碳钢型材焊接成形。

3）法兰、垫圈等

可根据其受力情况及零件形状，分别采用铸铁件、锻件或冲压件为毛坯。

4）模具

热锻模要求高强度、高韧性，常用 5CrMnMo、5CrNiMo 等合金工具钢制造并经淬火和高温回火处理。冲模要求高硬度、高耐磨性，常用 Cr12、Cr12MoV 等合金工具钢制造并经淬火和低温回火处理。模具的成形方法通常采用锻造。

3. 机架、箱体类零件

机架、箱体类零件包括各种机械的床身、底座、支架、横梁、工作台、齿轮箱、轴承座、阀体等。该类零件的特点是形状不规则，结构较复杂，质量从几千克到数十吨，工作条件相差很大。而其工作台和导轨要求有一定的耐磨性。因此，其毛坯往往以铸铁件为主。

(1) 一般基础件。如床身、底座、支架、工作台和箱体等，受力状况以承压为主，抗拉强度和塑性、韧性要求不高，但要求较好的刚度和减振性，有时还要求较好的耐磨性，故通常采用灰铸铁(如 HT150、HT200 等)铸造成形。

(2) 受力复杂件。有些机械的机架、箱体等受力较大或较复杂，如轧钢机机架、模锻锤锤身等往往同时承受较大的拉、压和弯曲应力，有时还受冲击，要求有较高的综合力学性能，故常选用铸钢(如 ZG200—400 等)铸造成形。有些零件较大，为简化工艺，常采用铸-焊、铸-螺纹联结结构。单件、小批生产时，也可采用型钢焊接，以降低制造成本。

(3) 比强度、比模量要求件。有些箱体结构如航空发动机的缸体、缸盖和曲轴等，轿车发动机机壳等，要求比强度、比模量较高且有良好的导热性和耐蚀性，常采用铝合金或铝镁合金(如 ZL105、ZL105A 等)铸造成形。

17.3 加工余量和定位基准

17.3.1 加工余量

在毛坯加工成零件的过程中，在某加工表面上切除的金属层的总厚度，称为该表面的加工总余量，各道工序中切除的那层金属，称为该工序的工序余量。

毛坯的余量不能过大，否则成本将提高；也不能过小，否则不能保证切除工件表面的缺陷层，不能纠正上道工序的加工误差。在保证金属切削加工质量的前提下，应尽可能减小毛坯余量。

17.3.2 定位基准

确定零件上某一点、线、面的位置时所依据的那些点、线、面称为基准。基准分为设计基准和工艺基准。零件图上确定某些点、线、面的位置时所依据的那些点、线、面称为设计基准。工艺基准分为定位基准、测量基准、装配基准等。在加工中，工件在机床或夹具上定位时所用的基准称为定位基准。

定位基准选择得是否合理，对保证零件精度、安排加工顺序有决定性的影响。定位主要是为了保证加工表面间的相互位置精度，故定位基准应选择有相互位置精度要求的表面。

坯料开始加工时，各表面均未加工，故第一道工序只能以坯料表面定位，这种基准面称为粗基准；以后的工序中用已加工过的表面定位，称为精基准。

17.4 加工方案的选择与工序安排

17.4.1 各种表面加工方案的选择

机械零件的结构具有多样性。常见的典型表面有以下几种：外圆面、内孔表面、平面、成形表面、螺纹表面等。常见的各种表面加工方案选择如表 17-4 所示。

表 17-4 常见的各种表面加工方案选择

表面	表面类型	加工顺序	适用场合(尺寸精度/表面粗糙度 Ra /μm)
外圆表面	轴类、盘类、套类、外螺纹等	1. 粗车→精车 2. 粗车→精车→精细车 3. 粗车→半精车→磨削 4. 粗车→半精车→磨削→超精加工	次要或非配合表面(IT8～IT7/1.6～0.8) 非铁金属外圆面(IT6/0.8～0.4) 常规配合表面(IT7～IT6/0.4～0.2) 精密表面(IT6～IT5/0.1～0.008)
孔	轴承孔、锥孔、螺栓孔、螺钉孔、油孔等	1. 钻 2. 钻→扩(或镗)→铰 3. 钻→拉 4. 钻→粗镗→精镗 5. 钻→镗(或扩)→磨 6. 钻→镗→磨→珩磨	联接、固定等低精度孔(IT10以下/12.5以上) 位置精度要求不高的中小孔(IT7/1.6～0.8) 大批大量生产的精加工孔(IT6/0.2) 非铁金属孔(IT7～IT6/0.4～0.2) 常规配合孔(IT7/0.8～0.4) 高精度孔(IT7～IT6/0.1～0.008)
平面	盘形、板形、箱体、支架零件的主要表面	1. 粗刨→精刨→刮削 2. 粗铣→精铣→磨削 3. 粗铣→半精铣→高速精细 4. 粗铣→精铣→磨削→研磨	铸铁类窄长平面(IT7～IT6/0.8～0.4) 常规配合表面(IT7～IT5/0.4～0.1) 非铁金属平面精加工(IT7～IT6/0.8～0.4) 精密配合表面(IT5～IT3/0.1～0.008)

在外圆表面加工中，还可根据零件的结构、尺寸、技术要求的不同特点，选用相应的加工方案。例如，对于坯料质量较高的精密铸件、精密锻件，可免去粗车工序；对于不便磨削的大直径外圆表面，需采用精车达到高精度要求；对于尺寸精度要求不高而表面要求光洁的表面，可采用抛光加工。非铁金属不能采用磨削加工。

在内孔加工中，由于扩孔钻直径大于 10 mm，当孔径小于 10 mm 时，一般采用钻-铰加工；当孔径小于 12 mm 时，由于砂轮的直径不能太小，精加工一般不采用磨削的方法，而采用铰孔的方法。当加工孔径小于 30 mm 的未淬火钢材时，一般采用钻-扩-铰加工；当孔径大于 30 mm 时，一般采用钻-镗-磨的方法加工。对于已铸出(或锻出)底孔的内孔表面，可直接扩孔或镗孔，孔径在 80 mm 以上时，无标准麻花钻、扩孔钻和铰刀，应以镗孔为宜。箱体零件或孔系的位置精度要求较高,应采用在镗床上镗孔的方案。大批生产的孔,可考虑采用钻-拉的方案,可大大提高生产率。非铁金属不能采用磨孔方法加工。

平面加工时,对要求不高的平面,采用粗铣、粗刨或粗车即可,但对于要求表面光滑的平面,粗加工后仍需进行精加工和光整加工。板形零件的平面常采用铣(刨)-磨方案。不论零件淬火与否,精加工一般都采用磨削。这比单一采用铣(刨)方案更为经济。盘类零件和轴类零件端面的加工,应与零件的外圆面和孔加工结合进行,常采用粗车-半精车-磨的方案。箱体,支架类零件的固定连接平面,要求中等精度和表面粗糙度时,常采用粗铣(刨)-精铣(刨)的方案。其中窄长的平面宜用刨削,宽度大的平面宜用铣削,这样有利于提高生产率。要求较高的平面,还需进行磨削或刮研。对于各种导向平面,常采用粗刨-精刨-宽刃精刨(或刮研)的方案。非铁金属表面宜采用粗铣-精铣-高速精铣的方案,且有较高的生产率。

17.4.2 工序顺序的安排

各表面加工方法选定后,必须把切削加工、热处理和辅助工序一起考虑,合理安排。

1. 加工阶段的划分

按加工性质和作用的不同,工艺过程一般可划分如下加工阶段:粗加工阶段、半精加工阶段、精加工阶段和光整加工阶段。

1) 可不划分加工阶段

下列情况可不划分加工阶段:

(1) 加工质量要求不高的零件。

(2) 加工质量要求较高,毛坯刚度好,精度高。

(3) 加工余量小(如在自动机上加工)的零件。

(4) 装夹、运输不便的重型零件。

(5) 在加工中心上加工的零件。

2) 划分加工阶段

划分加工阶段的作用有以下几点:

(1) 避免加工残余应力释放过程中引起的工件变形。

(2) 避免粗加工时较大的夹紧力和切削力所引起的变形对精加工的影响。

(3) 及时发现毛坯的缺陷,避免不必要的损失。

(4) 便于精密机床长期保持精度。

(5) 热处理工序安排的要求

应当指出,加工阶段的划分是指零件加工的整个过程,不能以某一表面的加工或某一工序的性质来判断。同时,在具体应用时,也不可绝对化,如有些重型零件或余量小、精度不高的零件,则可以在一次安装中完成表面的粗加工和精加工

各加工阶段的目的、尺寸公差等级和表面粗糙度的范围及相应的加工方法如表 17-5 所示。

表 17-5　切削加工阶段的划分

阶段名称	目　　的	尺寸公差等级范围		R_a 值范围 /μm	相应加工方法
粗加工	尽快从毛坯上切除多余材料，使其接近零件的形状和尺寸	IT12～IT11		25～12.5	粗车、粗镗、粗铣、粗刨、钻孔等
半精加工	进一步提高精度和降低表面粗糙度，并留下合适的加工余量，为主要表面精加工作准备	IT10～IT9		6.3～3.2	半精车、半精镗、半精铣、半精刨、扩孔等
精加工	使一般零件的主要表面达到规定的精度和表面粗糙度要求，或为要求很高的主要表面进行精密加工作准备	一般精加工	IT8～IT7（精车外圆可达 IT6）	1.6～0.8	精车、精镗、精铣、精刨、粗磨粗拉、粗铰
		精密精加工	IT7～IT6（精磨外圆可达 IT5）	0.8～0.2	精磨、精拉、精铰等
精密加工	在精加工基础上进一步提高精度和减小表面粗糙度 R_a 值的加工（对其中不提高精度，只减小表面粗糙度 R_a 值的加工又称光整加工）	IT5～IT3		0.1～0.008	研磨、珩磨、超精加工、抛光等
超精密加工	比精密加工更高级的亚微米加工和纳米加工，只用于加工极个别的超精密零件	IT10～IT9		0.012	金刚石刀具切削、超精密研磨和抛光等

2. 加工顺序的安排原则

1）机械加工

(1) 对于形状复杂，尺寸较大的毛坯或尺寸偏差较大的毛坯，首先安排划线工序，为精基准的加工提供找正基准。

(2) 按“先基面后其他”的顺序，首先加工精基准面。

(3) 在重要表面加工前应对精基准进行修正。

(4) 按“先主后次，先粗后精的顺序，对精度要求较高的各主要表面进行粗加工、半精加工和精加工。

(5) 对于与主要表面有位置要求的次要表面应安排在主要表面加工后加工。

(6) 对于易出现废品的工序，精加工和光整加工可适当提前，一般情况下，主要表面的精加工和光整加工应该放在最后阶段进行。

2）热处理工序的安排

(1) 预备热处理。包括正火、退火、时效和调质等。这类热处理的目的是改善加工性能，消除内应力和为最终热处理作好组织准备。其工序位置安排在粗加工前后。

正火、退火。经过热加工的毛坯，为改善切削加工性能和消除毛坯的内应力，常进行退火、正火处理。一般安排在粗加工之前。

时效处理。主要用于消除毛坯制造和机械加工中产生的内应力。对形状复杂的铸件,一般在粗加工后安排一次时效处理,对于精密零件,要进行多次时效处理。

调质处理。调质即淬火后进行高温回火。能消除内应力,改善加工性能并能获得较好的综合力学性能。考虑材料的淬透性,一般安排在粗加工之后进行。

(2) 最终热处理。常用的有淬火—回火、渗碳淬火、渗氮等。它们的主要目的是提高零件的硬度和耐磨性,一般安排在精加工(磨削)之前进行,或安排在精加工之后,光整加工之前进行。

3) 辅助工序的安排

检验工序是主要的辅助工序,除每道工序由操作者自行检验外,在粗加工之后,精加工之前;零件转换车间时;重要工序之后和全部加工完毕;入库之前;一般都安排检验工序。

中间检验。一般安排在粗加工全部结束后,精加工之前,送往外车间加工的前后(特别是热处理前后);花费工时较多或重要工序前后。

特种检验。X射线、超声波探伤等多用于工件材料内部质量的检验,一般安排在工艺过程的开始;荧光检验、磁力探伤主要用于表面质量的检验,通常安排在精加工阶段。荧光检验如用于检查毛坯的裂纹,则安排在加工前。

除检验外,表面强化、去毛刺、倒棱清洗、防锈等,也是重要的辅助工序。

3. 工序的合理组合

确定加工方法后,就要按生产类型、零件的结构特点和技术要求、机床设备等具体生产条件确定工艺过程的工序数。其原则有:

1) 工序分散原则

工序多,工艺过程长,每个工序所包含的加工内容很少,极端情况下每个工序只有一个工步。所使用的工艺设备和装备比较简单,易于调整和掌握,有利于选用合理的切削用量,减少基本时间,生产中要求设备数量多,生产面积大,但易于更换产品。

2) 工序集中原则

零件的各个表面的加工集中在少数几个工序内完成,每个工序的内容和工步都较多,有利于采用高效的专用设备和工艺装备,生产率高。使生产计划和生产组织工作得到简化,生产面积和操作工人数量减少,工件装夹次数减少,辅助时间缩短,加工表面间的位置精度易于保证。但设备、工装投资大,调整、维护复杂,生产准备工作量大,更换新产品困难。

批量小时往往采用在通用机床上工序集中的原则,批量大时既可按工序分散原则组织流水线生产,也可利用高生产率的专用设备按工序集中原则组织生产。

工序集中与分散各有优缺点,要根据生产的类型、零件的结构特点和技术要求、机械设备等条件进行综合分析,决定按哪一种原则安排工艺过程。一般来说,单件小批生产,只能工序集中,在一台普通机床上加工出尽量多的表面。

大批大量生产时,即可采用多刀、多轴等高效、自动机床,将工序集中,也可将工序分散后组织流水生产。但从发展趋势看,一般多采用工序集中的方法来组织生产。

17.4.3 机械加工工序选择

1. 加工余量的确定

加工余量是指加工时从加工表面上切除的金属层总厚度。加工余量可分为工序余量和总余量。

1）工序余量

工序余量是指某一表面在一道工序中切除的金属层厚度，即相邻两工序的尺寸之差，如图17-5所示。

对于外表面：$Z_b=a-b$[图17-5(a)]；对于内表面：$Z_b=b-a$[图17-5(b)]。

式中：Z_b——本工序的工序加工余量；a——前工序的工序尺寸；b——本工序的工序尺寸；

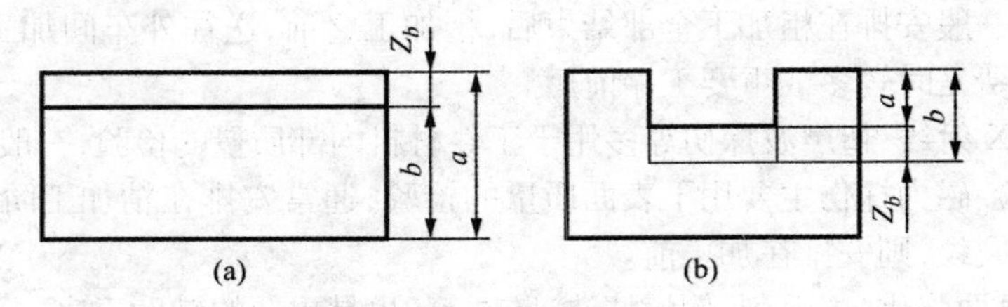

图17-5　工序余量(平面)

由于毛坯制造和各个工序尺寸都存在着误差，因此，加工余量也是个变动值。当工序尺寸用基本尺寸计算时，所得到的加工余量称为基本余量或称公称余量。若以极限尺寸计算时，所得余量会出现最大或最小余量，其差值就是加工余量的变动范围。如图17-5a所示，以外表面单边加工余量为例，其值为

$$Z_{bmin}=a_{min}-b_{max}; Z_{bmax}=a_{max}-b_{min}$$

式中：Z_{bmin}——最小加工余量，Z_{bmax}——最大加工余量；a_{min}——前工序最小工序尺寸；b_{min}——本工序最小工序尺寸；a_{max}——前工序最大工序尺寸；b_{max}——本工序最大工序尺寸。

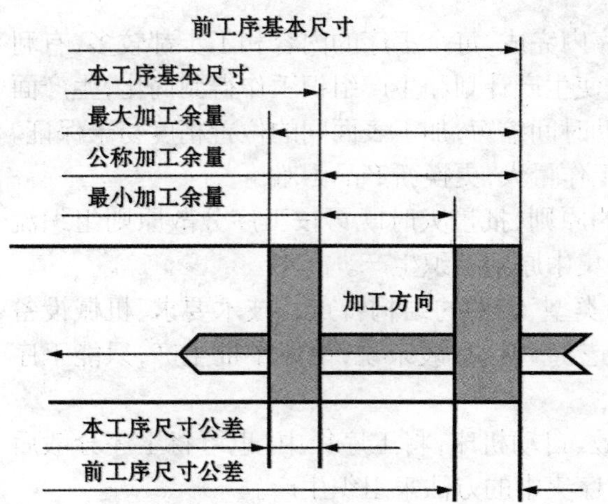

图17-6　工序尺寸公差与加工余量

图17-6表示了工序尺寸公差与加工余量间的关系。余量公差是加工余量的变动范围，其值为：

$$T_{zb}=Z_{bmax}-Z_{bmin}=(a_{max}-b_{min})-(a_{min}-b_{max})=T_a+T_b$$

式中：T_{zb}——本工序余量公差；T_a——上工序尺寸公差；T_b——本工序尺寸公差。

2）加工总余量

加工总余量是指零件从毛坯变为成品的整个加工过程中，某一表面所切除金属层的总厚度，也即零件上同一表面毛坯尺寸与零件设计尺寸之差，也等于各工序加工余量之和。即

$$Z_{总} = \sum_{i=1}^{n} Z_i$$

式中：$Z_{总}$——总加工余量；Z_i——第 i 道工序的工序余量；n——该表面总加工的工序数。

总加工余量也是一个变动值，其值及公差一般从手册查找或凭经验确定。

2. 影响加工余量的因素

加工余量的大小对零件的加工质量、生产率和经济性都有较大的影响。确定加工余量的基本原则是在保证加工质量的前提下，尽量减少加工余量。影响加工余量大小的因素有：

(1) 前工序加工面(或毛坯)的表面质量。

(2) 前工序(或毛坯)的工序尺寸公差。

(3) 前工序各表面相互位置的空间偏差。

(4) 本工序的安装误差，如定位误差和夹紧误差。

(5) 热处理后出现的变形。

3. 确定加工余量的方法

(1) 经验估计法　为了避免产生废品，所估计的加工余量一般偏大。此法常用于单件小批生产。

(2) 查表修正法(相关手册查取)，应用比较广泛。

(3) 分析计算法。此法是根据一定的试验资料和计算公式，对影响加工余量的各项因素进行分析和综合计算来确定加工余量的方法。这种方法确定的加工余量最经济合理，但需要全面的试验资料，计算也较复杂，实际应用较少。

17.4.4　工序尺寸及其公差的确定

零件的设计尺寸一般要经过几道工序的加工才能得到，每道工序所应保证的尺寸叫工序尺寸，它们是逐步向设计尺寸接近的，直到最后工序才保证设计尺寸。工序尺寸及其公差的确定与工序加工余量的大小、工序尺寸的标注以及定位基准的选择和变换有密切的联系。

当工序基准、定位基准或测量基准与设计基准重合，表面多次加工时，工序尺寸及公差的计算是比较容易的。例如轴、孔和某些平面的加工，计算只需考虑各工序的加工所能达到的精度。其计算顺序是由最后一道工序开始向前推算，计算步骤为：

(1) 确定毛坯总加工余量和工序余量。

(2) 确定工序公差。最终工序尺寸公差等于设计尺寸公差，其余工序公差按经济精度确定，查有关手册。

(3) 求工序基本尺寸。从零件图上的设计尺寸开始，一直往前推算到毛坯尺寸，某工序基本尺寸等于后道工序基本尺寸加上或减去后道工序余量。

(4) 标注工序尺寸公差。最后一道工序的公差按设计尺寸标注，其余工序尺寸公差按入体原则标注，毛坯尺寸公差为双向分布。

基准不重合时的工序尺寸及其公差的计算在工艺尺寸链中叙述。

例 1. 某零件孔的设计要求为 $\varphi100_{0}^{+0.035}$，粗糙度 Ra 值为 0.8μm，毛坯为铸铁件，其加工工艺路线为：毛坯—粗镗—半精镗—精镗—浮动镗。求各工序尺寸。

解:通过查表或凭经验确定毛坯总加工余量与其公差、工序余量以及工序的经济精度和公差值(见表 17-6)。计算工序尺寸,结果列入表 17-6 中。

表 17-6　工序尺寸及公差的计算

工序名称	工序加工余量	基本工序尺寸	工序加工精度等级及工序尺寸公差	工序尺寸及公差
浮动镗	0.1	100	H7($^{+0.035}_{0}$)	$\theta 100^{+0.035}_{0}$
精镗	0.5	100－0.1＝99.9	$H8$($^{+0.054}_{0}$)	$\theta 99.9^{+0.054}_{0}$
半精镗	2.4	99.9－0.5＝99.4	$H10$($^{+0.014}_{0}$)	$\theta 99.4^{+0.014}_{0}$
粗镗	5	99.4－2.4＝97	$H13$($^{+0.054}_{0}$)	$\theta 97^{+0.054}_{0}$
毛坯	8	97－5＝92	±1.2	$\theta 92 \pm 1.2$
数据确定方法	查表确定	第一项为图样规定尺寸,其余计算得到	第一项为图样规定,余按经济加工精度及入体原则定	

17.5　典型零件工艺过程

17.5.1　齿轮传动轴

图 17-7 为齿轮轴零件。其工艺路线如下:

下料→自由锻造→光两端端面、钻中心孔→粗车→检验→热处理,调质→研顶尖孔→精车→铣齿→检验→磨外圆→去毛刺→总检→清洗入库。

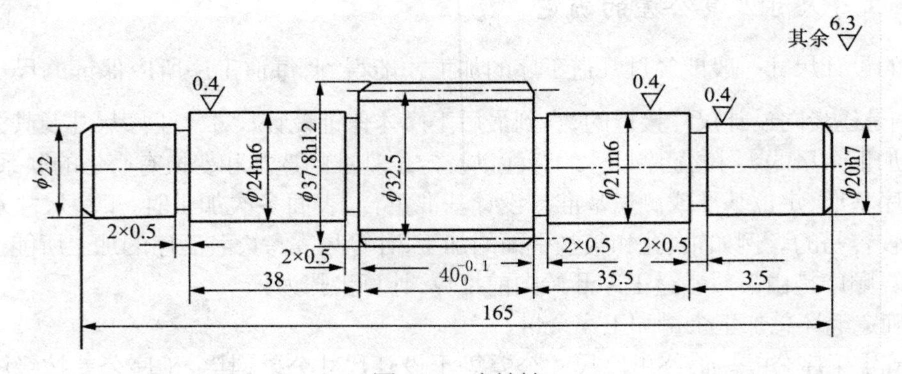

图 17-7　齿轮轴

材料:45 钢,$m=2.5$, $Z=13$,$\alpha=20°$, 调质 22HRC～26HRC

17.5.2　衬套

图 17-8 为衬套零件图,材料为 ZCuSn5Pb5Zn5,生产数量为 200 件。由于为有色金属材料,考虑采用粗车-精车的工艺。其工艺路线如下:下料→粗车一头→调头粗车→在心轴上精车→划线、钻孔→去毛刺→检验→清洗入库。

17.5.3 箱体类零件

图 17-9 为卧式车床主轴箱箱体，工件材料为 HT200，单件和小批生产。其工艺路线如下：铸造及清理→退火→钳工划线→粗镗轴承孔→粗刨顶面、底面、侧面、端面及 V 形导向槽→精刨顶面后精刨底面及导向槽→刮研底面、导向槽→精镗轴承孔→钳工划线→钻孔、锪孔口平面→去毛刺→检验→清洗入库。

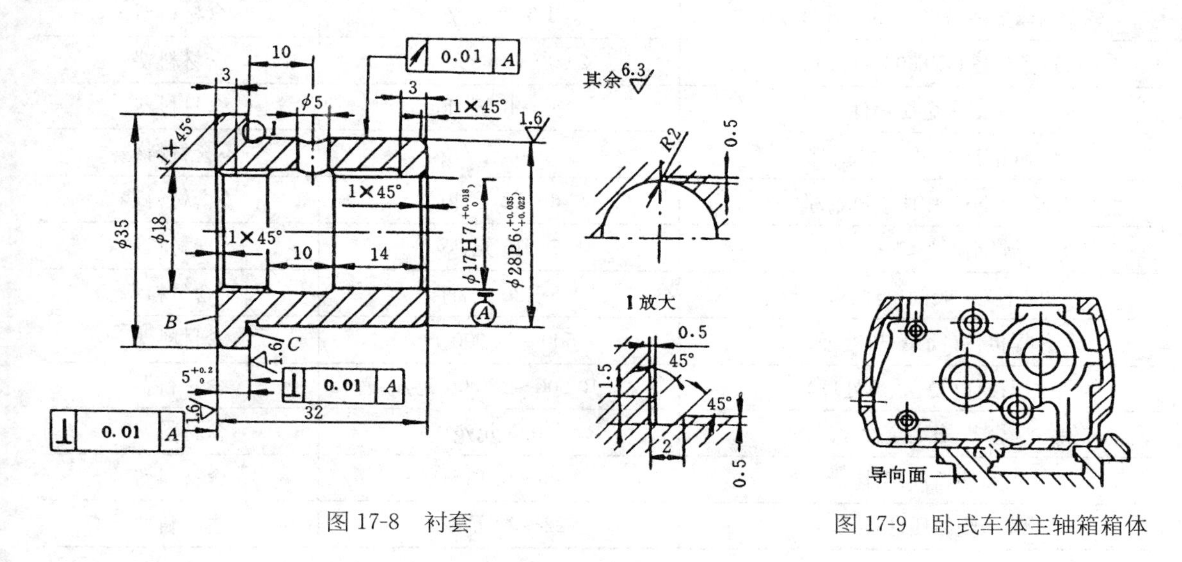

图 17-8 衬套 图 17-9 卧式车体主轴箱箱体

17.6 各种成形方案经济性综合比较

17.6.1 各种成形方案经济性综合比较

材料成形方案经济性综合比较牵涉到材料的选择，热处理的安排，成形方案的考虑和后续机加工的质量和效益等诸多因素。不仅要优先考虑选用材料和成形方案的价格，而且要综合考虑方案选择对整个制造、运行使用和维修成本等的影响，同时还要结合本单位现有的生产能力进行取舍，需要外协的还得考虑外协加工的质量、价格、交货期、运输、检验和其它风险因素，力求达到最佳技术经济效益。表 17-7 给出上海地区 2012 年上半年毛坯成形加工的参考价格，表 17-8 给出 2012 年常用模具材料参考价格，表 17-9 给出 2012 年 5 月常用钢材上海市场参考价。可供读者在经济性综合比较中作为参考。

表 17-7 毛坯成形参考价格(上海地区 2012 年上半年)

名 称	价 格	备 注
砂铸/水玻璃精铸碳钢铸钢件＜10kg/件	11 000～18 000 元/t	含材料费
砂铸/水玻璃精铸碳钢铸钢件＞10kg/件	10 000～17 000 元/t	含材料费
复合精铸碳钢铸钢件	22 000～30 000 元/t	含材料费
硅溶胶精铸碳钢铸钢件	40 000～55 000 元/t	含材料费

（续表）

名　称	价　格	备　注
硅溶胶精铸(316)不锈钢铸钢件	70 000～110 000 元/t	含材料费
水玻璃精铸(316)不锈钢铸钢件	55 000～70 000 元/t	含材料费
灰口铸铁件(HT200～HT300)	10 000～12 000 元/t	含材料费(不退火)
球墨铸铁(QT450－12)	1 3000 元/t	含材料费
球墨铸铁(QT500～QT700)	12 000～15 000 元/t	含材料费
铝合金压铸件	30～40 元/kg	含材料费
碳钢自由锻<30kg/件	3～6 元/kg	不含材料费
合金钢自由锻<30kg/件	6～12 元/kg	不含材料费
碳钢模锻<30kg/件	7～15 元/kg	不含材料费
冲压件(一般简单件)<10kg	5～20 元/件	不含材料费
焊接件(简单、热处理)	8 500～12 000 元/t	含材料费
焊接件(复杂、热处理)	10 000～18 000 元/t	含材料费
粉末冶金件	0.5 元/g	含材料费
塑料注塑件	0.05～0.15 元/g	含材料费
塑料压注件	22～30 元/kg	含材料费

表 17-8　常用模具材料参考价格(2012 年 8 月)　　(单位:元/kg)

类别	材　料	锻件或气割件	退火处理	类别	材　料	锻件或气割件	退火处理
碳钢	Q195, Q215, Q235	4.80	6.00	冷作模具钢	Cr12	16.00	23.00
	Q255,Q275	5.00	6.20		Cr5MoV	15.00	18.30
	10,15,20,30,45	5.80	7.20		Cr12MoV	20.00	24.40
	65	6.20	7.70		D2(SKD11)(美)	68.00	85.00
合金结构钢与工具钢	T7A,T8A,T10A,T12A	8.00	9.80		65Nb(65Cr4W3Mo2VNb)	77.00	96.00
	5CrW2Si	11.00	13.50		LD(7Cr7Mo3V2Si)	80.00	100.00
	6CrW2Si	11.80	14.70		GD	37.00	46.00
	9Mn2V	9.00	11.30		CrWMn	10.00	13.00
	9Cr2,9Cr2Mo, 9Cr3Mo	9.60	12.00		W18Cr4V	40.00	49.30
	9CrSi	8.50	10.50		6CrNiSiMnMoV	63.00	78.00
	GCr15,GCr15SiMnA	9.60	12.00		02(SKS3)(美)	70.00	87.00
	40CrMnMo	9.60	12.00		GM(A2、SKD12)	60.00	75.00
	38CrMoAl	9.70	12.20		CH(D6、SKD2)	64.00	79.00
	40CrNiMo, 20CrNiMo	11.00	13.30		01(SKS21)(美)	42.00	52.00
	20Cr2Ni4, 20CrNi3	14.00	17.60		7Cr17－9Cr18	55.00	68.00
	18Cr2Ni4WA	14.70	18.30		N2(美)	190.00	250.00
	18NiCrMo5	12.50	17.60		T42(美)	360.00	480.00
	12CrMoV	9.70	13.50		M4(美)	320.00	420.00
	25Cr2MoV	13.00	17.80		M3:2(ASP-23) (美)	360.00	480.00

(续表)

类别	材　料	锻件或气割件	退火处理	类别	材　料	锻件或气割件	退火处理
热作模具钢	5CrNiMo	23.00	30.00	不锈钢与塑料模具钢	SM1	33.00	43.00
	5CrMnMo	17.00	21.00		PSM	36.00	47.00
	5Cr2NiMoVSi	57.00	71.40		1Cr13－2Cr13	23.00	30.00
	GR (4Cr3Mo3W4VTiNb)	90.00	114.00		2Cr13－4Cr13	22.00	28.00
	3Cr2W8V	37.00	46.00		4Cr13V	28.00	32.00
	4Cr2WmoVSi	33.00	41.50		3Cr16	29.00	35.00
	8Cr3	16.00	20.50		M300	137.00	155.00
	HD	88.00	109.00		1Cr17	31.00	35.00
	HM3	77.00	96.00		5Cr3Mo	30.00	34.00
	H13(SKD61)(美)	64.00	80.00		1Cr18Ni9Ti	35.00	40.00
	Y10	70.00	87.00		1Cr18Ni12MoTi	40.00	46.00
	H12(美)	59.00	74.20		0Cr18Ni12Mo3Ti	46.00	52.00
	Y4	62.00	77.00		P20(SCM4)(美)	32.00	40.00
	H11(SKD6)(美)	60.00	75.00		420ESR(S－136)(美)	63.00	75.00
	HM1	70.00	88.00		6E7(美)	55.00	68.00
	4Cr2Mo2V	59.00	74.00		440C(SUS440C)(美)	100.00	125.00
硬质合金	YG8(板材)	560.00		其他材料	普通紫铜棒料		55.00
	YG15(板材)	560.00			聚氨酯橡胶		125.00
	YG20(板材)	560.00			石墨板材		125.00

表 17-9　常用钢材参考价格(2012 年 5 月 28 日上海地区价格)　　(单位:元/t)

品　名	规　格	牌　号	产　地	单　价
圆　钢	10－18	Q235	上海	3100
圆钢	10－25	Q235	马钢	3250
圆钢	110	Q235	首钢	3580
优质碳结圆钢	Φ100～200	45＃	上钢五厂	5300
优质碳结圆钢	Φ105～120	45＃	杭钢	3600
不锈圆钢	100－120	2Cr13	东北特钢	12000
不锈圆钢	8－200	1CrB －3CrB	长特	10000
弹簧钢	11－130	60Si2Mn	上钢五厂	6330
弹簧钢	12－130	60Si2MnA	上钢五厂	7000
高速工具钢	16－50	6542＃	上海	29000
模具钢	12－190	Cr12MoV 热退	上钢五厂	12500
模具钢	12－190	3Cr2W8V	上钢五厂	19000
模具钢	160－400＊790＊L	SW718H	宝钢	12550
优质碳结方钢	10＊10	Q235	上海	4310
优质碳结方钢	50＊50	Q235	吴江	4020
槽钢	10＃	Q235A	马钢	3500
槽钢	10＃	Q235B	莱钢	3610
槽钢	10＃	Q235 6M	鞍钢	3500
等边角钢	100＊100＊7	Q235	马钢	3080
等边角钢	100－125＊10/12	Q235	唐钢	2600

17.6.2　各种机械加工费参考价格

各种机械加工费用对零件的成本影响较大,在选择加工方案时需考虎加工方案的经济性。表 17-10 介绍了机械设备加工参考价格。

表 17-10　机械设备加工费参考价格(2013 年下半年上海地区)　(单位:元/h)

设 备 名 称	设备型号或范围	参考加工费
车床	大车 Φ608mm×1500mm	65.00
	中车 Φ350mm×1000mm	35.00
	小车 Φ200mm×500mm	25.00
钻床	立钻	20.00
	摇臂钻	25.00
刨床	牛头刨	20.00
	仿型刨	40.00
插床	插床	25.00
铣床	立铣	35.00
	万能工具铣	50.00
刻字机	刻字机	15.00
磨床	平面磨	28.00
	外圆磨	28.00
	工具磨	30.00
	镜面磨	56.00
	螺纹磨	62.00
	坐标磨	250.00
镗床	国产镗床	46.00
	进口镗床	68.00
	数控镗床	250.00
电火花线切割机床	国产快走丝小型机床	16.00
	国产快走丝大型机床	30.00
	进口慢走丝机床	130.00
电火花成形机床	国产机床	30.00
	进口机床	100.00
数控车床	简易式机床(步进电机)	25.00
	简易式机床(侍服电机)	35.00
	国产全机能机床	70.00
	进口车削中心(3 个动力头)	110.00
数控铣床	国产机床	56.00
立式加工中心	国产 3 轴加工中心	150.00
	进口 3 轴加工中心	260.00

(续表)

设备名称	设备型号或范围	参考加工费
冲床	40t 曲柄压力机	28.00
箱式电炉	8kW 950℃	25.00
	12kW 960℃	28.00
	14kW 950℃	26.00
	18kW 950℃	36.00
	40kW 1200℃	48.00
	60kW 950℃	60.00
	60kW 井式渗碳炉	90.00
	软氮化炉	800.00
快速成形（含材料）	LOM	60.00
	FDM	110.00
	SLA	120.00
	SLS	150.00

习　题

17-1　什么是生产过程、工艺过程、工序、安装、工步和走刀？

17-2　零件的毛坯成形应注意哪些原则？为什么？

17-3　如下零件应采用何种毛坯成形方法：

①大孔径污水管，材料 HT200，1 万件；②齿轮毛坯，材料 ZG200—400，200 件；③齿轮毛坯，材料 45＃钢，10 万件；④车床床身，材料 HT300，100 件；⑤大型发电机转子，1 件；⑥铝牙膏壳，100 万件；⑦铝水壶，10 万件；⑧标准螺栓，材料 Q235，1 000 万件；⑨缝纫机机架，材料 HT100，1 万件。

17-4　请说明用球墨铸铁铸造成形曲轴毛坯和用 45＃钢模锻成形曲轴毛坯各有什么优缺点？当批量分别为 100 件和 100 万件，可采用何种毛坯成形方案？

17-5　当采用压力铸造成形毛坯后为何不宜采用切削加工？而采用离心铸造成形的管类毛坯，内孔应尽量进行镗孔？

17-6　如图 17-10 所示零件，毛坯长度尺寸为 62 mm。试分析，在安排工艺路线时，能否首先加工 M20 螺纹和锥体后再加工 $\phi35$ 外圆，试写出正确的加工工艺。如果采用偏移尾座法加工，请计算尾座偏移量，并说明该工件是否适合采用偏移尾座法加工。

装夹序号	夹具名称	加　工　内　容
1		
2		
3		

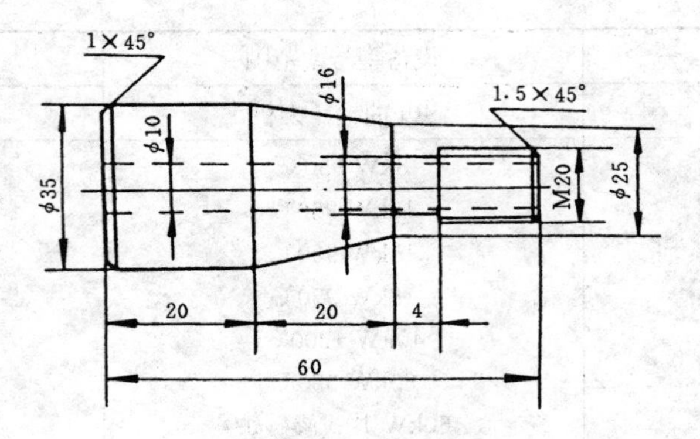

图 17-10　零件图(一)

17-7　如图 17-11 所示的轴承座，为小批生产，试制定其加工工艺过程。

17-8　试制定图 17-12 所示零件的加工工艺过程。

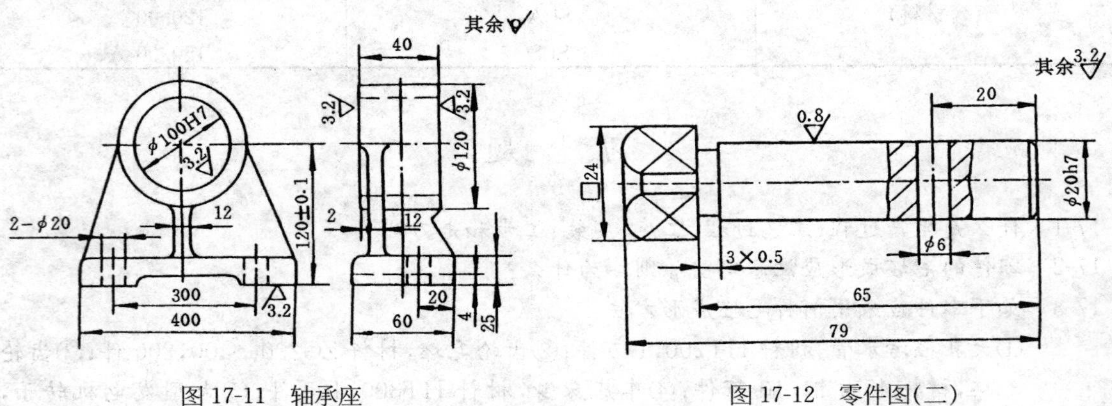

图 17-11　轴承座　　　　图 17-12　零件图(二)

第 18 章　现代机械制造技术的发展

18.1　概述

18.1.1　热加工学科的发展

热加工学科即材料成形技术一般理解为铸造成形、锻压成形、焊接成形方法。现代科学技术的发展使热加工学科的内容远远超出了这个范围，例如常温下的冷冲压、冷焊、超声波焊接、物理气相沉积、化学气相沉积以及近几年发展起来的快速成形方法。热加工学科包括一切利用物理、化学、冶金原理制造机器部件和结构，或改进机器部件化学成分、微观组织及性能的方法。

热加工与冷加工不同，在加工过程中，机器部件不仅会发生几何尺寸的变化，而且会发生成分、组织结构及性能的变化。因此热加工学科的任务不仅是要研究如何使机器部件获得必要的几何尺寸，而更重要的是要研究如何通过过程的控制而获得一定的化学成分、组织结构和性能，从而保证机器部件的安全可靠度和寿命。根据社会需要及科学知识，今天我们已经初步掌握在成形过程中如何控制化学成分及不同层次（宏观、微观、亚微观）、不同部位的组织结构，以期达到预定的性能，满足社会对机械使用性能的要求。

热加工使用的方法极为广泛，可以说它利用了自然界一切力、热、电、光、声、化学等现象作为武器而达到加工的目的，例如燃烧、压力、电阻、电弧、电感应、电子束、激光、超声波、微波、等离子等，每一种新的能源的出现都给热加工方法带来新的变革，而每一个新的加工方法的出现又给机器制造工艺带来新的进步，推动了社会的前进。如何利用新的能源发展新的热加工手段是机械热加工学科的重要内容。

21 世纪机械制造工业中，高效益及市场快速反应将是一个主要发展趋势，热加工方法具有近净成形(Near Net Shape Forming)和净终成形(Net shape Forming)的优点，容易实现快速制造，因而在柔性制造、计算机集成制造系统中具有重要的发展潜力。另一方面，由于热加工工艺过程的物理、化学、冶金反应复杂，自动化过程比较困难，因而，研究热加工过程的自动化与智能化是热加工学科中的另一个重要方面。

机械热加工工艺已有 6 000 年的悠久历史，然而从凭经验过渡到理论指导，从热加工技艺(Craftsmanship)发展到热加工科学(Science)也只有几十年的历史。从某种意义上来说，机械热加工学科仍然是一个正在发展的新兴学科，亟待发展提高。

18.1.2　机械加工学科的地位及作用

机械制造（冷加工）工艺过程一般是指零件的机械加工工艺过程和机械装配工艺过程。因此，机械制造（冷加工）也是研究机械加工和装配工艺过程及方法的科学。

零件的机械加工工艺过程是机械生产过程的一部分，它是研究如何利用切削的原理使工件成形而达到预定的设计要求（尺寸精度、形状、位置精度和表面质量要求）。从广义上来说特种加工（激光加工、电火花加工、电解加工、电铸加工、超声波加工、电子束加工、等离子束加工等)也是机械加工工艺过程的一部分,但实际上已不属于切削加工的范畴。与热加工相比较,机械制造冷加工由于加工成本低,能量消耗少,能加工各种不同形状、尺寸和精度要求的工件。因此,在21世纪,它仍将是获得精密机械零件的最主要的加工方法。

各种用途的机器其结构的多样性造成了机械制造中的多种工艺,或者说机器结构的多样性往往是工艺多样性的重要原因。据统计,目前在机械制造中采用的工艺方法达到4 500种以上。

工艺种类划分的基础主要是依据一定的物理现象,而每种工艺又在其本身的理论基础上得以发展。如机械加工工艺立足于金属切削理论,电加工(电解加工、电铸加工和电化学加工)工艺立足于电物理和电化学的成就,超声波加工立足于声学理论,激光束加工则立足于光学理论,……因此,有多少种工艺就有多少种应用工艺理论。但是,在研究机械制造工艺的可行性时,应用最广的是物理学的原理,而且首先是力学原理。

机械制造工艺及其理论在不断发展,这主要表现在:

(1) 建立在现代自然科学新成就基础上的新工艺在不断涌现,传统工艺在不断发展。

(2) 研究开发新工艺时,科学的方法(如模型化方法、系统论、信息论、并行工程等)的应用越来越广泛。

(3) 工艺过程正在向着典型化、成组工艺和生产专业化的方向发展。

(4) 工艺过程正在向着优化方向发展,并朝着设计、制造、管理集成化、自动化和智能化方向迈进。

然而,长期以来机械制造工艺学的基础理论发展较为缓慢,主要原因是工艺难以用数学方法描述。由于人始终是任何工艺过程的必然参加者,所以机械制造工艺学在很大程度上也是一门社会科学。因此,机械制造工艺不仅是一门技术科学,而且也是一门规律难以模型化的社会科学(如同任何社会过程难以模型化一样)。

任何机器的设计、工艺和生产组织,都是众多相互矛盾之间折中的结果。因而寻求一个能满足方方面面的要求,首先是用户要求的尽善尽美的方案是极其复杂的。若有可能对所有的方案定量地进行综合评估、进行分析计算,并采用各种复杂的生产过程的数学模型,才能使所选用的结构工艺和生产方案的优化大大简化。而这些只有在对所有生产过程以及生产对象结构的描述都建立数学模型以后才有可能。

因此,对于机械制造工艺基础理论的模型化研究是机械制造学科的重要任务。

18.2 现代机械制造技术及发展

18.2.1 机械制造系统

在机械制造过程中,必须将机械制造的各个组成部分看成一个有机的整体,用系统工程的观点进行研究,才能对机械制造过程实行最有效的控制。

图18-1绘出了机械制造系统各组成部分之间的相互联系。图中将具有一定几何参数和物理参数的材料、毛坯或半成品、刀具、夹具、量具及其他辅助物料作为“物料”输入制造系统,经过存储、运输、加工、检验等环节,最后作为加工后的成品(如零、部件或产品等)输出。由于这个流程都属“物料”的流动,故称为物料流;而由加工任务、加工顺序、加工方法和物料流要求等所确定的计划、调度、管理等,都属“信息”的范畴,故称为信息流;此外,制造系统中能量的消

耗及其流程，称为能量流。

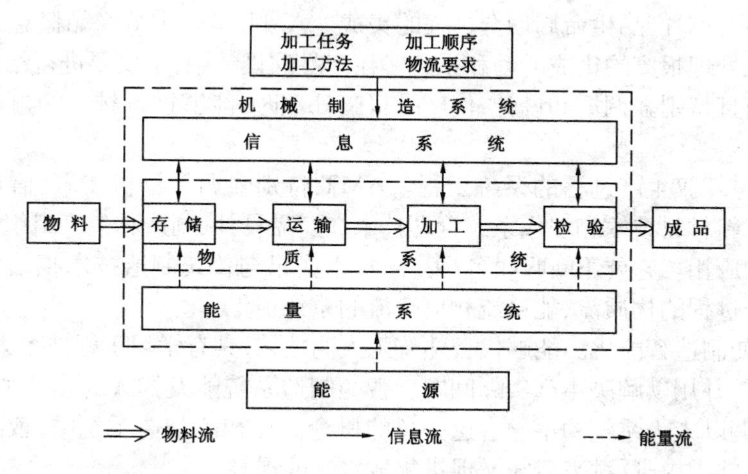

图 18-1 机械制造系统图

现代制造的概念已经不是指一种加工方法、一种刀具和一台机床或几台机床的组合，而是具有物料流、信息流和能量流，且有整体目的性的系统。只有综合地考虑整个系统的物料流、信息流和能量流，才能实现系统的最佳化。

18.2.2 现代制造技术特点和分类

现代制造技术亦称先进制造技术(Advanced Manufacturing Technology—AMT)是传统制造技术不断吸收机械、电子、信息、材料、能源、环保等领域的高新技术和现代管理方法等方面的成果，将其综合应用于产品设计、制造、检验、销售、使用、服务等产品整个生命周期，以实现高效、优质、经济、清洁、迅速的产品生产，并取得理想的经济效益和社会效益的所有制造技术的总称。AMT 的体系结构图 18-2 所示。

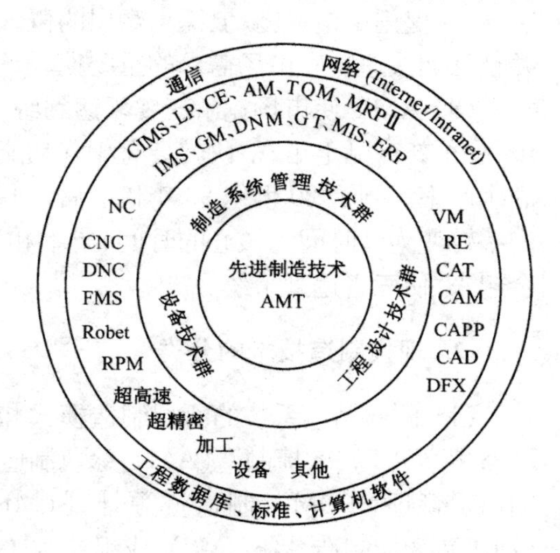

图 18-2 AMT 体系结构图

1. AMT 体系的八大特点

(1) AMT 是由传统的制造技术发展起来的，既保持了过去制造技术中的有效要素，又不断吸收各种高新技术成果，并渗透到产品生产的所有领域及其全部过程。先进制造技术与现代高新技术相结合而产生了一个完整的技术群，使其成为具有明确范畴的新的技术领域，是 21 世纪的先进制造技术。

(2) AMT 并不限于制造过程本身，它涉及到产品从市场调研、产品开发及工艺设计、生产准备、加工制造、售后服务等产品寿命周期的所有内容，并将它们结合成一个有机的整体。设计与工艺密切结合，以工艺为突破口，形成设计与工艺的一体化。现代制造技术的应用特别注意产生最好的实际效果，其目标是为了提高企业竞争和促进国家经济和综合实力的增长。目的是要提高制造业的综合经济效益和社会效益。

(3) AMT 实行对产品生命周期全过程的集成。AMT 是一个从产品概念开始,到产品形成、使用,一直到处理报废的集成活动和系统。在产品的设计中,不仅要进行结构设计、零件设计、装配设计,而且特别强调拆卸设计,使产品报废处理时,能够进行材料的再循环,既节约能源,又保护环境。

(4) AMT 是驾驭生产过程的系统工程。AMT 特别强调计算机技术、信息技术、传感技术、自动化技术、新材料技术和现代系统管理技术在产品设计、制造和生产组织管理、销售及售后服务等方面的应用。它要不断吸收各种高新技术成果与传统制造技术相结合,使制造技术成为能驾驭生产过程的物质流、能量流和信息流的系统工程。

(5) AMT 使制造智能化。能够代替熟练工人的技艺,具有学习工程技术人员多年实践经验和知识的能力,并用以解决生产实际问题。智能制造系统能发挥人的创造能力和具有人的智能和技能,强调以人为系统的主导者这一总的概念。在智能制造系统中,智能和集成并列,集成是智能的重要支撑,反过来智能又促进集成水平的提高。

(6) AMT 是面向全球竞争的技术。20 世纪 80 年代以来,市场的全球化有了进一步的发展,发达国家通过金融、经济、科技手段争夺市场,倾销产品,输出资本。随着全球市场的形成,使市场竞争变得越来越激烈,现代制造技术正是为适应这种激烈的市场竞争而出现的。因此,一个国家的先进制造技术,它的主体应该具有世界先进水平,应能支持该国制造业在全球市场的竞争力。

(7) AMT 形成了人、组织、技术三结合,AMT 强调人的创造性和作用的永恒性;提出了由技术支撑转变为人、组织、技术的集成;强调了经营管理、战略决策的作用。在制造工业战略决策中,提出了市场驱动、需求牵引的概念,强调用户是核心,用户的需求是企业成功的关键,并且强调快速响应市场需求的重要性。

(8) AMT 使市场竞争三要素达到统一。在 20 世纪 70 年代以前,产品的技术相对比较简单,一个新产品上市,很快就会有相同功能的产品跟着上市。因此,市场竞争的核心是如何提高生产率。到了 20 世纪 80 年代以后,制造业要赢得市场竞争的主要矛盾已经从提高劳动生产率转变为以时间为核心的时间、成本和质量的三要素的矛盾。AMT 把这三个矛盾有机结合起来,使三者达到了统一。

2. 现代制造技术的分类

(1) 面向制造系统的新型制造模式和先进管理方法。如:计算机集成制造系统(CIMS),精益生产(LP),敏捷制造(AM),绿色制造(GM),分散网络化制造(DNM),并行工程(CE),全面质量管理(TQM),制造资源计划(MRP Ⅱ),管理信息系统(MIS),企业资源管理系统(ERP),智能制造系统(IMS),成组技术(GT)等。

(2) 面向工程设计领域的先进制造技术。如:计算机辅助设计(CAD),计算机辅助工程(CAE),计算机辅助工艺设计(CAPP),计算机辅助制造(CAM),计算机辅助检测(CAT),虚拟制造(VM),面向 X 的设计(DFX),逆向工程(RE)等。

(3) 面向物流处理的先进制造技术。如:数控加工技术(NC/CNC/DNC),柔性制造技术(FM),快速原型/零件制造技术(RPM),工业机器人技术(Robet),超精密、超高速加工技术等。

AMT 发展总趋势是向系统化、集成化、智能化方向发展。

18.2.3 现代制造技术概念

1. 现代制造技术的内涵

现代制造技术是制造业不断吸收信息技术和现代管理技术成果,并将其综合应用于产品设计、加工、检测、管理、销售、使用、服务、回收的制造全过程,以实现优质、高效、低耗、清洁、灵活生产,提高对动态多变市场的适应能力和竞争能力。美国联邦科学、工程和技术协调委员会(FCCSET)下属的工业和技术委员会先进制造技术工作组对现代制造技术内涵首次进行了系统的说明。现代制造技术主要包括3个技术群:①主体技术群,即面向制造的设计技术群和制造工艺技术群;②支撑技术群;③制造基础设施(制造技术环境)。3个技术群相互联系,相互促进,组成了一个完整的体系。现代制造技术的系统结构及主要内容如图18-3所示。一方面,现代制造技术的产生和独立化,是基于物质生产力和精神生产力一定程度的发展,有利于社会需要;另一方面,现代制造技术对国家政治、经济、军事、文化和社会的发展,有着广泛而深刻的影响。

2. 现代制造技术的内容

随着电子、信息等高新技术的不断发展及市场需求个性化与多样化,世界各国都把机械制造技术的研究和开发作为国家的关键技术进行优先发展,将其他学科的高新技术成果引入机械制造业中。现代制造技术已成为基于先进制造技术的现代制造产业。纵观现代机械制造技术的新发展,其重要特征主要体现在它的绿色制造、计算机集成制造、柔性制造、虚拟制造、智能制造、并行工程、敏捷制造和网络制造等方面。

1) 成组工艺(Group Technology—GT)

成组工艺是对零件的相似性进行标识、归类和应用的技术,按一定的相似程度将零件分类编组,再对成组的零件制定统一的加工方案,实现生产过程的合理化。

最新的成组技术是应用系统工程的观点,把多品种、中小批量生产中的设计、制造和管理等方面,作为一个生产系统的整体,统一协调生产系统的各个方面,全面应用成组技术,以取得最优的综合经济效益。它在产品设计、制造及生产管理等方面的主要应用及效果为:

(1) 在产品设计方面。可以促进零部件设计的标准化,避免不必要的重复设计和多样化设计。

(2) 在产品制造方面。可以促进工艺设计的标准化、规范化和通用化,减少重复劳动,实施成组加工和应用成组夹具,提高生产效率和系统的柔性。

(3) 在生产管理方面。可以缩短生产周期,简化作业计划,减少在制品数量,提高人员、设备的利用率,提高质量和降低成本。

成组技术可作为指导多品种、中小批量生产的基本哲理,也是先进制造技术的重要基础技术之一,尤其是CAD、CAPP、CAM、FMS、CIMS的重要基础。

2) 柔性加工设备

随着人们的生活水平提高,自动机床等刚性生产的方法不能满足社会对产品交货期短、品种需求多样化的要求,相继出现了数种适合于多品种、中小批量生产使用的柔性加工设备。

(1) 直接数控机床(direct Numerical Control—DNC)。在自动化加工车间常设有主计算

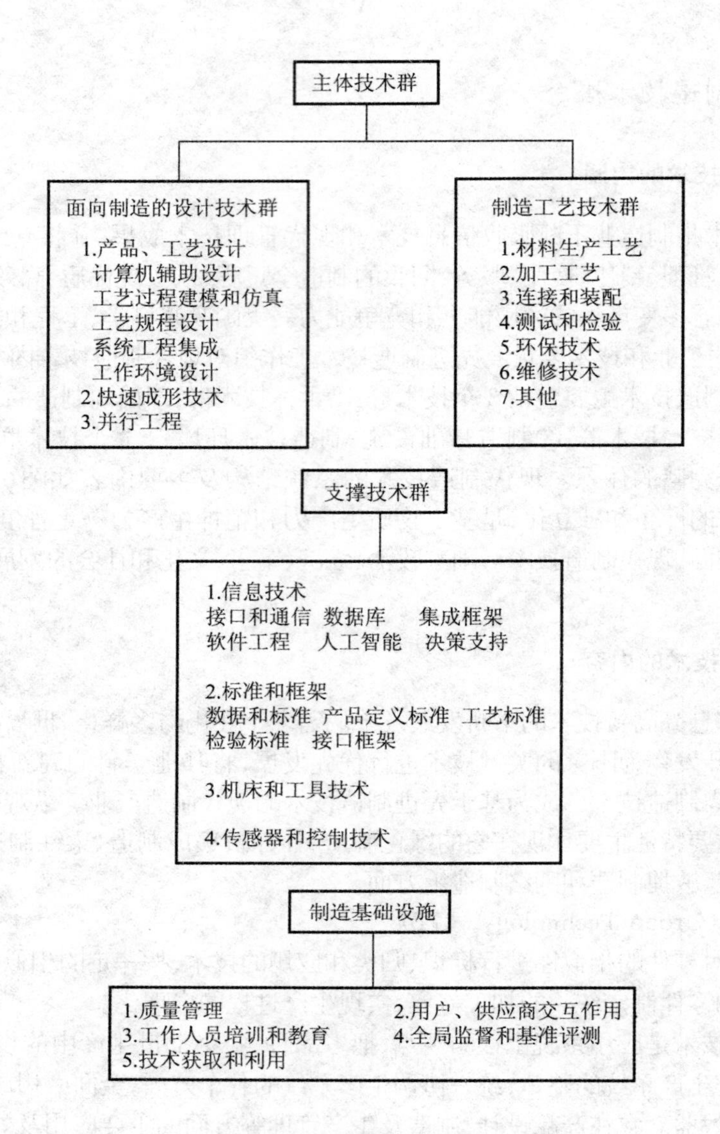

图 18-3 现代制造技术的系统结构及主要内容

机,计划生产工件的加工程序储存在主计算机内。车间的多台数控机床由 DNC 计算机直接控制。DNC 计算机将来自主计算机的生产计划和数控指令等信息分配给所控制的适当的 NC 机床。

(2) 柔性自动线(Flexible Transfer Line—FTL)。为了适应多品种生产,原来由专用机床组成的自动线,改用数控机床或由数控操作的组合机床组成柔性自动线。FTL 的工艺基础是成组技术。按照成组加工对象来确定工艺过程,选择适宜的数控加工设备和物料储运系统组成 FTL。

(3) 柔性制造单元(Flexible Manufacturing Cell—FMC)。它是由存储工件的自动仓库、输送系统及加工中心所构成的自动加工系统,一般由 1～3 台数控机床和物料传输装置组成。机床可自动装卸工件、更换刀具、检测工件的加工精度和刀具的磨损情况;可进行有限工序的连续加工,适合于中小批量生产应用。

(4) 柔性制造系统(Flexible Manufacturing System—FMS)。是在 FTL 的基础上开发的。FMS 兼有加工制造和部分生产管理两种功能。因此能综合提高生产效率。FMS 主要由 5 个功能系统组成:①自动加工系统;②自动物流系统;③自动仓库系统;④自动监控系统;⑤计算机控制系统。所谓柔性就是制造系统完成不同加工任务的能力。国外较为成功的柔性制造系统的效益大致包括:操作人员减少 50%,成本降低 60%,在制时间为原来的 1/2,机床的利用率可达 60%~80%,机床台数减少 50%,生产面积减少 40%。采用 FMS 的主要经济效益是:工件可按装配作业的需要,及时安排所需零件的加工,实现及时生产;减少在制品量和流动资金占用量;缩短生产周期,提高设备利用率;可实现 24 小时连续生产,保证产品质量的一致性。

3) 计算机辅助工程技术

计算机辅助工程设计技术包括:计算机辅助设计(CAD),计算机辅助工程(CAE),计算机辅助制造(CAM),计算机辅助工艺设计(CAPP)等。

计算机辅助工艺设计(Computer Aided Process Planning—CAPP)是根据产品图样信息及现有生产条件,制定出从原材料加工到成品所需要的一系列加工方法、制造过程以及有关资源需求的计划过程。它通常包括制定工艺路线、进行详细工艺设计和输出完整的工艺文件等功能。

自从 Niebel 于 1965 年首次探讨采用计算机辅助工艺设计以来,CAPP 系统先后出现了在设计方式上不同的两类系统,即派生式系统和创成式系统。派生式(Variant)系统已从单纯的检索式发展成为今天具有不同程度的修改、编辑和自动筛选功能的系统,融合了部分创成式的原则和方法。创成式(Generative)系统的研究和开发始于 20 世纪 70 年代中期,而且很快得到普遍重视,被认为是有前途的方法。近年来,这两类系统都在发展中不断提高和互相渗透,从 20 世纪 80 年代开始探索将人工智能、专家系统等技术应用于 CAPP 系统,研制成功了基于知识(Knowledge-based)创成式 CAPP 系统或 CAPP 专家系统。近几年来,人工神经元网络技术、模糊推理以及基于实例的推理等技术已应用于 CAPP 之中。有人将传统派生法、传统创成法与人工智能结合在一起,综合它们的优点,构造了混合式(Hybrid)CAPP 系统。

4) 计算机集成制造系统

计算机集成制造系统(Computer Integrated Manufacturing System—CIMS)CIMS 概念是美国学者 Joseph Harrington 于 1974 年提出的。他认为:首先,企业的各个生产环节是一个不可分割的整体,彼此关联,需要统一考虑;其次,整个生产过程是一个数据采集、传递和加工处理的过程,最终的产品可以看作是信息的物质表现。

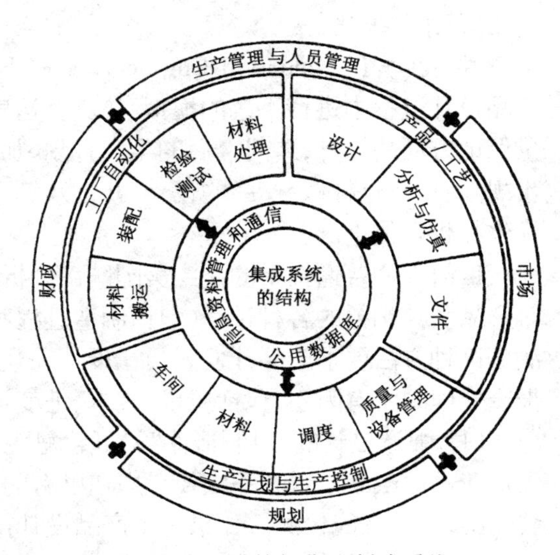

图 18-4 计算机集成制造系统

根据美国制造工程师学会(SME)提出的 CIMS 轮式结构(见图 18-4),把 CIMS 功能分为“核”和内、中、外三层。其中“核”为集成系统体系结构;内层为支撑分系统,包括公用数据库、信息资源管理和通信;中层可分解为工程设计(产品/工艺)、制造计划与控制、工厂自动化 3 个分系统；外层为市场、战略规划、财务、制造管理和人力资源等分系统。

CIMS主要由经营决策管理系统(BDMS)、计算机辅助设计和辅助制造系统、柔性制造系统或柔性制造单元(FMS/FMC)等部分组成。经营决策管理系统完成工厂和车间两级的经营管理和决策，包括市场分析和预测、订货处理、中长期生产计划和能力计划的制订等，进而在制造资源计划的基础框架上增加辅助决策功能。CAD/CAM系统是CAD与CAM的集成，它通过建立产品二维、三维或实体模型完成产品和零件的设计，并进而实行工程分析、仿真试验，快速设计出合格的产品，而且图形可以修改、存储、运算，大大提高了设计效率。在设计的基础上进行工艺设计、编制数控机床和机器人的程序，完成生产工程的准备工作。FMS/FMC根据生产计划、产品设计和工艺设计选择部分零件种类，确定相应的配比和流量，并合理地组织自己的布局，将零件分配给各加工单元或工作站，同时决定各零件的路径和排队优先权，进行最优调度，协调各工作站和设备的准确运行，柔性地组织加工和装配。FMS/FMC中配有切削过程检验和产品测试装置，检测的信息经过处理后，用于对刀具进行补偿、设备维修和工艺修正等，形成了多级的质量保证系统。

CIMS主要用于各种制造业，如汽车、飞机、机床、机器人、家用电器、电子工业、服装工业等各种离散生产过程的自动化。另外，近年来由于资源短缺和市场竞争加剧，在化工等连续过程和冶金等半连续过程也开始引用CIMS的概念和思想。

CIMS的难点在于总体集成技术。由于各子系统都是相当复杂的大系统，需要在庞大的计算机网络和数据库管理系统的支持下完成复杂的分布处理任务。另外系统中包含不同种类的计算机，有不同的操作系统和通信接口，处理的数据量大，处理的数据类型多，对速度要求也不同。为保证数据的完整性、一致性及系统工作的可靠性，需要进一步发展计算机网络技术、数据库技术和分布式处理技术。此外，制造业的资源分配问题，包括生产计划、调度安排和作业排序等组合优化问题，用一般的规划方法难以解决，需要建立一些适于CIMS分析的新方法，如排队网络、Petri网、摄动分析、极大代数等，形成了离散事件动态系统理论。此外，实现仿真语言与CIMS数据库的集成。在系统运行过程中进行仿真以及非结构化、半结构化决策等问题有待于采用离散事件的系统仿真和人工智能等方法来解决。

5）并行工程

并行工程(Concurrent Engineering—CE)是对产品在设计阶段就进行充分的市场分析，在产品设计过程中进行工艺的模拟、仿真。这就要考虑到产品制造成本的设计，要对产品进行质量保证方面的设计，要对今后的生产计划、加工过程、质量保证、检验、售后服务等方式进行同步规划，只有这样做，产品的设计、开发及制造、行销和服务才能进行平行的设计，并可动态地优化和相互促进。

目前人们普遍接受的是由美国防御分析研究所在R-338报告中提出的定义："并行工程是对产品及其相关的各种过程(包括制造过程和支持过程)进行并行、集成化设计的一种系统方法。这种方法要求产品开发人员在设计一开始就考虑产品整个生命周期中从概念形成到产品报废处理的所有因素，包括质量、成本、进度计划和用户要求。"并行工程的本质是：

(1) 强调设计的"可制造性"、"可装配性"和"可检测性"等。也就是说，并行工程强调设计人员在进行产品设计时一定要考虑在已有的制造、装配和检测手段下，产品能否顺利地制造、装配出来，并且能检测。如果一个产品设计得再好，却不能很方便地制造、装配和检测出来，也就不能达到及早投放设计的目标。

(2) 强调产品的“可生产性”。“可生产性”与“可制造性”是有区别的。“可制造性”主要是从设备加工技术的角度,看能否将一个产品加工出来。而“可生产性”除了“可制造性”这一层含义外,主要指产品在需要按要求的批量生产时,企业在设备生产能力和人员能力上能否达到要求。即并行工程要考虑企业的设备和人力资源。

(3) 强调产品的“可使用性”、“可维修性”和“可报废性”。也就是考虑产品在使用过程中是否能满足用户要求,是否有利于维修,在废弃时是否易于处理等。

从以上三个方面的特性可以看出,并行所强调的是在产品设计时就要尽早考虑其生命周期中所有的后续过程:制造、装配、检测、企业的设备能力和人力资源、使用、维修和报废等。只有在一开始就系统考虑了这些因素,才能减少修改的次数,缩短产品上市时间。

6) *虚拟制造技术*

虚拟制造(Virtual Manufacturing—VM)是在产品设计阶段实时地、并行地模拟产品未来制造全过程及其对产品设计的影响,预测产品性能、产品的可制造性、产品的成本等,从而更有效地、柔性灵活地组织生产,并使新产品开发一次获得成功,目的是尽量降低产品的成本,缩短产品的开发周期,提高产品的质量和寿命,快速有效地响应瞬息万变的市场。

虚拟制造实际上是一种计算机科学技术,以信息技术、仿真技术、虚拟现实技术为支柱,在产品设计或制造系统的物理实现之前,就能使人体会到或感觉到未来产品的性能或者制造系统的状态,从而可以做出前瞻性的决策与优化实施方案。从本质上讲虚拟制造技术是对真实制造过程的动态模拟、仿真,是在计算机上制造数字化产品,经过模拟仿真对产品外形设计、布局设计、加工及装配过程达到优化产品的设计及工艺过程、优化制造环境配置和生产供给计划、优化制造过程并改进制造系统的目的,用来改善各个层次的决策和控制。虚拟制造从根本上改变了设计、试制、修改设计、规模生产的传统制造模式。在产品真正制出之前,在虚拟制造环境中生成软产品原型代替传统的硬样品进行试验,对其性能和可制造性进行预测和评价,从而缩短产品的设计与制造周期,降低产品的开发成本,提高系统快速响应市场变化的能力。

虚拟制造为产品开发、生产计划与调度、产品制造和后勤支援等提供了可视化工具,覆盖了企业各个方面,在航空、汽车等领域已得到广泛的应用。

7) *敏捷制造技术*

敏捷制造(Agile Manufacturing—AM)的基本定义为:以柔性生产技术和动态联盟结构为特点,以高素质、协同良好的工作人员为核心,实施企业间的网络集成,形成快速响应市场的社会化制造体系。

敏捷制造利用人工智能和信息技术,以先进的柔性制造技术为基础,通过企业内、外的多功能项目组,组建虚拟公司。这一多变的动态组织结构可以把全球范围内的各种资源,包括人的资源集成在一起,实现技术、管理和人的集成,从而能在整个产品的生命周期中最大限度满足用户需求,提高企业的竞争能力。敏捷制造的目标是快速响应市场的变化,在尽可能短的时间内向市场提供适销对路的环保型产品,换取长期的经济效益。为了适应变化的市场和取得竞争优势,企业不能仅仅依靠自身的有限资源,而必须采用标准化和专业化的计算机网络和信息集成基础结构,以分布式结构连接各类企业,构成虚拟制造环境。在虚拟制造环境内动态选择成员,组成面向任务的虚拟公司,从而合理利用各企业的资源和技术进行快速生产。当出现某种机遇,若干核心的组织者联合迅速的参与者形成一个新型企业,市场消失后能迅速解散,参加新的重组。这样优化组织的企业以最快的速度从企业内部某些部门和企业外部不同公司中选出设计、制造该产品的优势部分，企业接受的新任务不再受人力、物力等资源的限制，企业之间的优势互补和动态联盟能大大节省资源，能以最低的材料和能源消耗，开发市场所需的绿色产品；同时获得市场信息的企业不必顾虑企业自身的业务能力，而可以借助于联盟以最快的速度满足市场需求；另外，在这种竞争-合作的前提下，怎样选择合作伙伴、采取何种合作方式、合作伙伴是否愿意共享数据和信息等问题都经过企业慎重考虑；同时在产品设计、选择加工手段和原料时，重视环境保护，注重报废产品和剩余废料的重新利用率。因此，敏捷制造是工程技术、管理技术等综合技术支持下的企业及企业间的动态集成，是计算机集成制造系统 CIMS 发展的延续。

8）精益生产

精益生产(Lean Production—LP)是 20 世纪 50 年代日本丰田汽车公司为了求得汽车行业竞争的胜利，创造出的一种新的生产体制。到 20 世纪 90 年代才被称为“精益生产”。

精益生产的基本思想是：在企业的各个环节上去除一切多余的无用东西，每个岗位和活动安排原则是必须增值，不能增值的岗位和活动一律撤销，即消除一切浪费；在其组织的各个层次上都雇佣多面手，并且应用了通用性强而自动化程度高的柔性制造设备来生产品种多变的产品。精益生产的主要支持体系是准时生产(JIT)、全面质量管理(TQC)、成组技术(GT)、弹性作业人数和尊重人性。

精益生产的生产方式采用了“以人为中心、以简化为手段、以尽善尽美为终极目标”的经营理念，有很强的生命力，在世界各国引起了强烈反响。目前美国的通用汽车公司、福特汽车公司、德国大众汽车公司、西门子公司等企业，都已采用了精益生产方式，收到了较好的效果。

9）绿色制造

20 世纪 70 年代以来，随着全球性环境污染和生态破坏的日益严重。一些发达国家在经历了几十年的末端治理之后，重新审视了它们的环境保护历程，发现虽然在大气、水污染控制和有害废弃物处置方面取得了显著进展。但仍有许多环境问题令人困扰，如全球气候变暖、重金属和农药等污染物在环境介质间的转移等。人们逐渐认识到，仅仅依靠开发更有效的污染控制技术所能实现的环境改善是有限的，关心产品和生产过程对环境的影响，依靠改进生产工艺和加强管理等措施来消除污染可能更为有效，于是提出了有关“绿色制造(Green Manufacturing—GM)”的概念。

绿色制造是一种综合考虑环境影响和资源效率的现代制造模式，其目标是使产品从设计、制造、包装、运输、使用到报废处理的整个产品生命周期中，对环境负面影响最小，资源效率最高，并使企业经济效益和社会效益协调优化。而真正促使绿色制造走向市场，却是多种因素共同作用的结果，如图 18-5 所示。它从产品设计阶段就开始考虑防止污染问题，以先进的工艺、设备和严格的科学管理为手段，以有效的物流循环为核心，使废弃物最少，并尽可能使废弃物资源化和无害化，使人类生产可持续发展。从当前社会积极实行可持续发展战略的氛围来看，绿色制造实质上是人类社会可持续发展战略在现代制造业中的体现。

10）网络制造

网络制造(Networked-Manufacturing—NM)是指企业利用计算机网络，面对市场机遇，针对某一市场需要，利用以因特网(Internet)为标志的信息高速公路，灵活而迅速地组织社会制造资源，把分散在不同地区的现有生产设备资源、智力资源和各种核心能力，按资源优势互补的原则，迅速地组合成一种没有围墙的、超越空间约束的、靠电子手段联系的、统一指挥的经

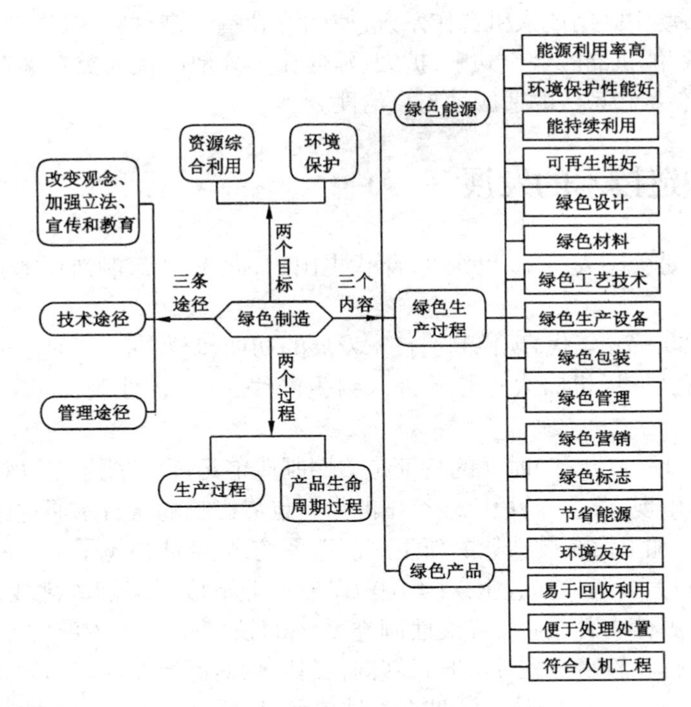

图 18-5　绿色制造系统模型

营实体——网络联盟企业,以便快速推出高质量、低成本的新产品。其实质是通过计算机网络进行生产经营业务活动各个环节的合作,以实现企业间的资源共享、优化组合和异地制造。

网络制造作为一种全新的制造模式,是以数字化、柔性化、敏捷化为基本特征。柔性化与敏捷化是快速响应客户化需求的前提,表现为结构上的快速重组、性能上的快速响应、过程中的并行性与分布式决策。这意味着系统必须具有动态易变性,能通过快速重组,快速响应市场需求的变化。

随着信息技术和网络技术的飞速发展,网络化制造作为一种现代制造新模式,正日益成为制造业研究和实践的热门领域,网络制造业将给现代制造业带来一场深刻的变革。网络化制造应用服务(Manufacturing application Service Provider—MASP)可为产品设计和制造过程提供服务和优化,并且可以进行虚拟的工艺仿真作为产品设计和工艺制定的参考。通过网络化应用服务中心进行产品及其制造工艺的模拟仿真与优化设计和协同制造,能够大大节省企业的投资并提高生产效率。另外企业的技术人员也可以由客户端直接在远程服务器上进行产品与工艺的优化设计或模拟仿真。

11）智能制造

智能制造(Intelligent Manufacturing—IM)是实现整个制造业价值链的智能化和创新,是信息化与工业化深度融合的进一步提升。智能制造融合了信息技术、先进制造技术、自动化技术和人工智能技术。智能制造包括开发智能产品;应用智能装备;自底向上建立智能产线,构建智能车间,打造智能工厂;践行智能研发;形成智能物流和供应链体系;开展智能管理;推进智能服务;最终实现智能决策。数字化智能化制造是先进制造技术与信息技术的深度融合,是实现我国传统产业的转型升级和战略性新兴产业发展的共性使能技术。智能制造旨在将人类智慧物化在制造活动中并组成人机合作系统,使制造装备能进行感知、推理、决策和学习等智能活动,通过人与智能机器的合作共事,扩大、延伸和部分地取代人类专家在制造过程中的脑力劳动,提高制造装备和系统的适应性与自治性。

18.3 现代制造技术的发展

现代制造技术是美国人在20世纪80年代提出的,近30年来制造技术大致经历了四个发展阶段:

(1) (20世纪60—70年代)现代制造技术发展的初期、萌发期。当时主要特征是数控机床开始出现,加工中心形成,机器人也开始进入到生产线之中,柔性制造单元开始研制并得到应用。

(2) (20世纪70—80年代)时代的特征是柔性制造单元,自动或半自动物流的输送以及柔性制造系统的技术出现。这一阶段比较突出的带有世界影响的是日本通过适用于普通家庭的小功率的汽车设计,加上汽车制造业的新生产制造系统,战胜或超越了走在前面的以刚性生产系统、泰勒制管理的美国汽车制造业,对美国汽车制造业形成了强烈的挑战,这是一个在制造业中非常突出的历史性事件,标志着柔性制造系统的技术超越了传统的刚性自动化(Fixed Automation)时代,标志着富裕型经济时代转向信息时代对制造业的影响的到来。

(3) (20世纪80—90年代)这一时期在柔性单元、机器制造单元与柔性制造系统成功的基础上,更进一步突出了将制造过程的信息、工艺、物流进行计算机整体集成,提出了集成控制系统的概念(CIMS)。CIMS逐步形成和发展起来,并相继在一些先进的国家及某些先进的行业形成了示范性的工程。

(4) (20世纪90年代以来)世界已步入信息时代,制造业的高科技含量越来越大,发达国家逐步进入了设计智能化、单元加工过程的智能化和系统整体管理的智能化INS阶段。这个阶段目前仍然是在发展和研究的阶段。概念提出来了,有一些工业试验的技术单元或试验性生产线开始得到应用,但是技术还不太成熟,还在发展阶段。而21世纪的制造技术应该是以智能为特征的,以人为核心的,人机一体的一个新的阶段。

现代制造已不仅仅是机械制造,而是具有了"大制造,全过程,多学科"的新特点。"大制造"包括了光机电产品的制造、工业流程制造、材料制备等,它是一种广义制造的概念。从制造方法来看,它不仅包括机械加工方法,还包括高能束加工方法、硅微加工方法、电化学加工方法、生物制造方法等。"全过程",不仅包括从毛坯到成品的加工制造过程,还包括产品的市场信息分析,产品决策,产品的设计、加工和制造过程,产品销售和售后服务,报废产品的处理和回收以及产品全生命周期的设计、制造和管理。"多学科",是指现代制造科学是微电子、计算机、自动化、网络通信等信息科学、管理科学、生命科学、材料科学与工程和制造科学的交叉。所以,现代制造科学是以制造学科为主体、多学科交叉、渗透、融合和不断创新的产物。

(5) 21世纪以来,人工智能进入到"数据挖掘"时代。随着各种机器学习算法的提出和应用,特别是深度学习技术的发展,人们希望机器能够通过大量数据分析,从而自动学习出知识并实现智能化水平。这一时期,随着计算机硬件水平的提升,大数据分析技术的发展,机器采集、存储、处理数据的水平有了大幅提高。特别是深度学习技术对知识的理解比之前浅层学习有了很大的进步，继 Alpha Go 以后 Master 横扫人类围棋高手，豪取 60 连胜，就是目前人工智能的高水平代表之一。

人工智能推进了智能制造的发展，20 世纪末日本、美国、欧共体等倡导"智能制造系统 IMS2020"国际合作计划后，2013 年德国"工业 4.0"，2015 年"中国制造 2025"相继推出，世界各国对以大数据、人工智能为背景的智能制造给予了高度重视，智能制造技术的发展进入了快车道。

18.3.1 智能制造技术的发展

1. 中国智能制造现状

根据国内目前的发展来看，智能制造只解决了效率提升和精度提高的问题，并不能完全解决产品在市场上的竞争力问题，更不能解决市场需求不足的问题。中国智能制造处于初级发展阶段，大部分企业处于研发阶段，仅 16%的企业进入智能制造应用阶段；从智能制造的经济效益来看，52%的企业其智能制造收入贡献率低于 10%，60%的企业其智能制造利润贡献低于 10%。90%的中小企业智能制造实现程度较低的原因在于，智能化升级成本抑制了企业需求，其中缺乏融资渠道影响最大。

虽然国内智能制造的发展起步较晚，但是最近几年政府及企业越来越注重智能制造的发展。首先，国家不断完善发展智能制造的产业政策，从《智能制造装备产业"十二五"发展规划》《智能制造科技发展"十二五"规划》到《中国制造 2025》的发布，都是以发展先进制造业为核心目标，布局规划制造强国的推进路径；其次，智能制造装备产业体系已逐渐成形，此外还取得了一批智能制造技术的突破，包括机器人技术、感知技术、智能信息处理技术等，建立了一批国家级研发基地。但智能制造的一些关键性技术仍旧依赖于进口，自主创新能力还较弱。

2. 国外发达国家智能制造现状

美国从金融危机以来，连续出台《重振美国制造业框架》《制造业促进法案》《先进制造业伙伴计划》和《互联网到机器人发展路线图》等政策文件，重新建立制造业的全球竞争优势。德国 2013 年发布《保障德国制造业未来：关于实施"工业 4.0"战略的建议》，通过发展信息物理系统，以智能工厂和智能生产为载体带动智能制造的发展，其中还包含有八项具体的计划。英国也于 2013 年发布《未来制造业：一个新时代给英国带来的机遇与挑战》，通过对先进制造技术发展布局来推动智能制造的发展。

3. 智能制造发展中存在的问题

(1) 智能制造行业标准没有统一。制造业智能化过程中所需的各种智能化器件、网络端口的链接、系统软件的集成等，都需要有一个标准作为实现制造业智能化在更为广泛的空间中得以顺利对接的前提性条件。智能制造行业标准的不统一，会造成行业发展混乱，阻碍智能制造行业的发展壮大。设备之间良好的链接能够带来整个系统的信息交流、分析，实现更大边界范围内的资源整合。美国、德国等国外制造业强国不断扩大对先进制造业国际标准的控制权，积极发展本国智能制造行业标准的制定及推广工作。反观国内，大部分传统制造企业间自动化系统中的技术参数不同，来自于不同的厂商。即使其中的一些标准在各种学科领域、协会机构和工作单位中得到了使用,但是缺乏对这些标准的协调统一。因此,国内应尽快建立智能制造标准委员会对标准的设定及推广工作。

(2) 智能制造业发展缺乏自主创新能力。产业的持续发展需要创新的支撑,自主创新的落后会导致过分依赖于外部,失去产业高端价值链的主导权。我国近些年在智能制造领域确实取得了一定的成就,但是注重引进模仿创新,自主创新能力较弱,致使难以登上制造产业链的顶端。而国外发达国家持续注重创新的领先发展。

(3) 智能制造相关现代服务业发展滞后。智能制造的发展需要先进制造服务业的支撑,先进生产性服务业的发展能极大地促进智能制造的发展。智能制造产前、产后需要整套的服务体系,智能技术的供应、智能设计、智能物流、智能监测、智能系统软件和管理软件等都要求发展一批智能制造相关的现代服务业。而中国在生产性服务业方面,与发达国家相比还较弱。主要表现在以下几个方面:一是市场化程度较低;二是传统服务业比重过大;三是智能制造专业人才供应及培训服务体系发展滞后。因此,我国需尽快建立智能制造人才培育和职业学习计划体系。

4. 智能制造发展趋势

近年来,国内工业机器人销售同比增长了56%。互联网时代,用户需求日趋多样化、定制化,企业订单呈现出小型化、碎片化的发展趋势,引进与应用智能制造系统解决方案已经成为企业满足新时代发展需要的重要着力点。硬件+中间件+软件的一体化综合制造改造需求迫切,系统解决方案市场需求广阔。原因是:随着国内劳动力人口逐渐减少以及劳动力成本的逐渐上升,企业迫切需要实施机器换人战略,就工业机器人来看,2014 年国内工业机器解决方案提供商明匠智能,营业收入呈逐年大幅提升趋势,2013 年营业收入仅为1 412万元,2014 年达到4 034万元,同比增长 185.7%,2015 年营业收入为 1.68 亿元,同比增长 318%。

中国工程院院士李伯虎指出,未来智能制造的发展将会集中研究以下几个方向:①基础理论与技术——行业统一标准与规范、关键智能基础共性技术、核心智能装置与部件、工业领域信息安全技术等;②智能装备——典型行业数控机械装备、智能工业机器人、智能化高端成套设备等;③智能系统——信息物理融合系统、智能制造执行系统、智能柔性加工成形装配系统、绿色智能连续制造系统、3D 生产系统等;④智能服务——数据分析与决策支持、智能监控与诊断、智能服务平台、产业链横向集成等。

5. 智能制造发展的启示

全国人大代表、小米科技董事长雷军就在两会中提出了要加快推动人工智能国家战略的提案,他认为中国在移动互联网方面的优势很快将转换成人工智能方向上的优势,人工智能是未来的大势所趋。因此,我国应该积极借鉴西方发达国家发展智能制造的经验,不断完善我国在智能制造方面的缺陷。除此之外,我们还应做好以下几点:

(1) 在国家层面进行人工智能发展的顶层设计和专项规划。我国应制定人工智能相关的国家行动计划,大力推进“智能+经济”的发展,从观念引导、制度创新、数据开放和专项支持等方面为人工智能行业应用构建良好的政策环境。我国若能在战略层面制定系统的推进计划,将会是实现弯道超车、提升综合国力和影响的绝佳机会。

(2) 加强人工智能基础理论研究和核心技术突破。国家应该在人工智能基础研究上增加更多的投入，开放更多的数据，让人工智能可以进行深度学习，带动相关领域的发展。

（3）加强自主创新能力。北京邮电大学人机交互与认知工程实验室刘伟曾经说过，“衡量一个国家人工智能水平的高低，还是要看原创性和突破性的东西。”研究不在多，而在“精”。通过跨学科、高强度的协作实现人工智能技术创新突破。

（4）加强人工智能科研人才、技术人才的培养与引进。一个国家科研的竞争，就是人才的竞争。所以，我国应该加大人工智能教育投入，培养更多高水平的科研人才和技术人才。此外，我国还应成立以人工智能技术为主攻方向、由科学家组成运营团队、具备一定规模的国家实验室。

18.3.2 现代制造技术的发展方向

随着电子、信息等高新技术的不断发展，市场需求个性化与多样化，未来先进制造技术发展的总趋势是向精密化、柔性化、网络化、虚拟化、智能化、集成化、全球化的方向发展。

1. 现代制造技术信息化

信息技术向制造技术的注入和融合，促进制造技术的不断发展。信息技术促进设计技术的现代化，加工制造的精密化、快速化，自动化技术的柔性化、智能化，整个制造过程的网络化、全球化。各种先进生产模式的发展，如智能制造、CIMS、并行工程、精益生产、敏捷制造、虚拟企业与虚拟制造，也无不以信息技术的发展为支撑。

2. 设计技术现代化

产品设计是制造业的灵魂。现代设计技术的主要发展趋势是现代化，包括设计智能化、概念化和系统化。所谓设计智能化是指在设计过程中，采用数值仿真或虚拟现实技术，达到人可以设想但难以图形化的效果；所谓概念化，指不断采用新的设计思想和方法。如并行设计、健壮设计(Robust Design)、优化设计(Optimal Design)等。系统化是指通盘考虑包括设计、制造、检测、销售、使用、维修、报废等阶段产品的整个生命周期，而不是单纯追求某项性能指标的先进和高低，综合考虑市场、价格、资源、环境等方面的影响。

3. 精密制造、成形制造和绿色制造是制造技术的发展方向

展望21世纪，制造技术向超精密、少能耗和无污染方向发展。超精切削厚度由目前的红外波段向可见光波段甚至更短波段靠近。据国际机械加工技术协会预测，在21世纪初，塑性成形与磨削加工相结合，将取代大部分中小零件的切削加工。日趋严格的环境与资源的约束，使绿色制造业显得越来越重要，将成为21世纪制造业的重要特征。

4. 加工工序一体化

现代制造技术的不断发展，使冷热加工之间，加工、检测、物流、装配过程之间，设计、材料应用、加工制造之间的界限均逐渐淡化，逐步走向一体化。例如CAD，CAPP，CAM的出现，使设计、制造成为一体；快速原型/零件制造(Rapid Prototyping/Patrs Manufactuirng—RPM)技术的产生，可自动而迅速地将设计思想物化为具有一定结构和功能的原型或直接制造零件，淡化了设计、制造的界限；机器人加工工作站及FMS的出现，使加工过程、检测过程、物流过

程融为一体。

5. 虚拟现实技术的应用

虚拟现实技术(Vitrual Reality Technology)主要包括虚拟制造技术和虚拟企业两个部分。虚拟制造技术是指在产品真正制出之前,首先在虚拟制造环境中生成软产品原型(Sotf Prototype)代替传统的硬样品(Hard Prototype)进行试验,对其性能和可制造性进行预测和评价,从而缩短产品的设计与制造周期,降低产品的开发成本,提高系统快速响应市场变化能力的一种制造方式。虚拟企业是为快速响应某一市场需求,通过信息高速公路,将产品涉及到的不同企业临时组建成为一个没有围墙、超越空间约束、靠计算机网络联系、统一指挥的合作经济实体。

6. 先进制造生产模式的不断发展

制造业在经历了少品种小批量—少品种大批量—多品种小批量生产模式的过渡后,20 世纪 70～80 年代开始采用计算机集成制造系统(CIMS)进行制造的柔性生产模式,并逐步向智能制造技术(IMT)和智能制造系统(IMS)的方向发展。21 世纪,以智能制造为代表的先进制造模式将获得新的发展。主要体现为:从以技术为中心向以人为中心转变;从多层次生产向扁平的网络结构转变;从传统的顺序工作方式向并行工作方式转变;从按功能划分部门的固定组织形式向动态、自主管理的小组工作组织形式转变;从质量第一的竞争策略向快速响应市场的竞争策略转变。

7. 智能制造技术的发展

全球范围来看,除了美国、德国和日本走在全球智能制造前端,其余国家也在积极布局智能制造发展。例如,欧盟将发展先进制造业作为重要的战略,在 2010 年制定了第七框架计划(FP7)的制造云项目,并在 2014 年实施欧盟“2020 地平线”计划,将智能型先进制造系统作为创新研发的优先项目。加拿大制定的 1994—1998 年发展战略计划,将具体研究项目选择为智能计算机、人机界面、机械传感器、机器人控制、新装置、动态环境下系统集成。根据工信部的统计,2010 年以来我国制造业产值规模占全球的比重为 19%～21%。2016 年,我国智能制造行业产值规模达12 233亿元。2016 年,全球智能制造产值规模在 8687 亿美元左右。2017 年,全球智能制造持续高速增长的态势下,全年产值规模已达到 1 万亿美元左右。可以预计,智能制造将主导将来的制造业。

18.3.3 我国先进机械制造技术的发展

1. 我国先进机械制造技术的现状

近年来,我国的制造业不断采用先进制造技术,但与工业发达国家相比,仍然存在一个阶段性的整体上的差距。主要表现在以下几个方面:

(1) 管理方面。工业发达国家广泛采用计算机管理,重视组织和管理体制、生产模式的更新发展,推出了准时生产(JIT)、敏捷制造(AM)、精益生产(LP)、并行工程(CE)、智能制造(IM)等新的管理思想和技术。我国只有少数大型企业局部采用了计算机辅助管理,多数小型企业仍处于经验管理阶段。

(2) 设计方面。工业发达国家不断更新设计数据和准则,采用新的设计方法,广泛采用计算机辅助设计技术(CAD/CAM),大型企业开始无图纸的设计和生产,人工智能技术已在设计中开始应用。

(3) 制造工艺方面。工业发达国家较广泛的采用高精密加工、精细加工、微细加工、微型机械和微米/纳米技术、激光加工技术、电磁加工技术、超塑加工技术以及复合加工技术等新型加工方法。我国普及率不高,尚在开发、掌握之中。

(4) 智能制造技术方面。中国智能制造处于初级发展阶段,同样大部分正处于研发阶段,仅16%的企业进入智能制造应用阶段;从智能制造的经济效益来看,52%的企业其智能制造收入贡献率低于10%,60%的企业其智能制造利润贡献低于10%。90%的中小企业智能制造实现程度较低的原因在于,智能化升级成本抑制了企业需求,其中缺乏融资渠道影响最大。年收入小于5亿人民币的企业中,50%的企业在智能化升级过程中采用自有资金,25%为政府补贴,银行贷款和资本市场融资各占11%。企业收入大于50亿人民币的企业,其智能化升级资金来源中自有资金占67%,银行贷款占25%。整体而言,中小微型企业的银行贷款比例低于大中型企业,占企业数量绝大多数的中小企业只能依靠自有资金进行智能化改造。

2015年9月10日,工业和信息化部公布2015年智能制造试点示范项目名单,46个项目入围。这些项目包括沈阳机床(集团)有限责任公司申报的智能机床试点、北京航天智造科技发展有限公司申报的航天产品智慧云制造试点、中化化肥有限公司申报的化肥智能制造及服务试点等。46个试点示范项目覆盖了38个行业,分布在21个省,涉及流程制造、离散制造、智能装备和产品、智能制造新业态新模式、智能化管理、智能服务6个类别,体现了行业、区域覆盖面和较强的示范性。

2. 我国先进机械制造技术的发展趋势

目前,中国的空调、DVD机、照相机、笔记本电脑等700多种产品出口量居世界第一位,每小时向世界各地输出货物价值平均超过1亿美元。中国市场在受到国内厂商高度重视的同时,也越来越受到国际大企业的关注。在中国,制造业竞争已成为国际竞争的一个缩影。制造技术不仅是衡量一个国家科技发展水平的重要标志,也是国际间科技竞争的重点。我国正处于经济发展的关键时期,制造技术是我们的薄弱环节。只有跟上发展先进制造技术的世界潮流,将其放在战略优先地位,并以足够的力度予以实施,才能尽快缩小与发达国家的差距,才能在激烈的市场竞争中立于不败之地。我国先进制造技术有如下发展趋势:

(1) 全球化。一方面由于国际和国内市场上的竞争越来越激烈,例如在机械制造业中,国内外已有不少企业,甚至是知名度很高的企业,在这种无情的竞争中纷纷落败,有的倒闭,有的被兼并。不少暂时还在国内市场上占有份额的企业,不得不扩展新的市场。另一方面,网络通信技术的快速发展推动了企业向着既竞争又合作的方向发展,这种发展进一步激化了国际间市场的竞争。这两个原因的相互作用,已成为全球化制造业发展的动力,全球化制造的第一个技术基础是网络化,网络通信技术使制造的全球化得以实现。

(2) 网络化。网络通信技术的迅速发展和普及,给企业的生产和经营活动带来了革命性的变革。产品设计、物料选择、零件制造、市场开拓与产品销售都可以异地或跨越国界进行。此外,网络通信技术的快速发展,加速技术信息的交流、加强产品开发的合作和经营管理的学习，推动了企业向着既竞争又合作的方向发展。

(3) 虚拟化。制造过程中的虚拟技术是指面向产品生产过程的模拟和检验。检验产品的可加工性、加工方法和工艺的合理性，以优化产品的制造工艺、保证产品质量、生产周期和最低成本为目标，进行生产过程计划、组织管理、车间调度、供应链及物流设计的建模和仿真。虚拟化的核心是计算机仿真，通过仿真软件来模拟真实系统，以保证产品设计和产品工艺的合理性，保证产品制造的成功和生产周期，发现设计、生产中不可避免的缺陷和错误。

(4) 智能化。世界经济竞争格局正在发生深刻变化，主要发达国家都提出“再工业化”战略，并推出依靠科技创新重振制造业的重大举措，新一轮工业革命正在深化。制造业数字化智能化是新的工业革命的核心技术：一方面，它是实现机械产品创新的共性使能技术，使机械产品向“数控一代”和“智能一代”发展，从根本上提高产品功能、性能和市场竞争力；另一方面，它也是制造技术创新的共性使能技术，使制造业向数字化智能化集成制造发展，全面提升产品设计、制造和管理水平，延伸发展制造服务业，深刻地改革制造业的生产模式和产业形态。今后20年是我国由“制造大国”到“制造强国”转变的战略机遇期；中国制造业的跨越式发展已经具备良好的条件，在“制造业数字化智能化”方面应该而且可能实现战略性的重点突破、重点跨越，为中国的现代化建设作出历史性的贡献。

(5) 绿色化。绿色制造则通过绿色生产过程 、绿色设计、绿色材料、绿色设备、绿色工艺、绿色包装、绿色管理等生产出绿色产品，产品使用完以后再通过绿色处理后加以回收利用。采用绿色制造能最大限度地减少制造对环境的负面影响，同时使原材料和能源的利用效率达到最高。

习　　题

18-1　热加工学科现代制造技术包括哪些方面？

18-2　冷加工学科现代制造技术包括哪些方面？

18-3　什么是机械制造系统？物料流、信息流、能量流在机械制造系统中是如何流动的？

18-4　一个世纪以来，机械自动化设备主要有哪些类别？机械自动化技术有哪些方面？

18-5　FMS的含义是什么？它与刚性制造系统有何区别？

18-6　什么是计算机集成制造系统，它在机械制造中起什么作用？

18-7　现代制造技术的含义是什么？由哪些核心技术所组成，发展趋势如何？

18-8　什么是GT，它在现代制造技术中有何作用？

18-9　并行工程的含义是什么？并行工程与串行工程相比有何优点？

18-10　什么是自动化工厂，它对机械制造起什么作用？

18-11　什么是智能制造，主要包含哪些内容？

18-12　什么是绿色制造，其包含哪些内容？

18-13　虚拟制造的含义是什么？有何优点？

18-14　精益生产的基本概念和特点是什么？

18-15　精益生产、敏捷制造、智能制造及CIMS的关系如何？试论未来制造业的发展方向。

参 考 文 献

[1] 机械工程手册编辑委员会. 机械工程手册. 第 3 册[M]. 北京:机械工业出版社,1996.
[2] 机械工程手册编辑委员会. 机械工程手册. 第 7 册[M]. 北京:机械工业出版社,1996.
[3] 机械工程手册编辑委员会. 机械工程手册. 第 8 册[M]. 北京:机械工业出版社,1997.
[4] 李恒德、师昌绪. 中国材料发展现状及迈入新世纪对策[M]. 济南:山东科学技术出版社,2003.
[5] 师昌绪 . 材料大辞典[M]. 北京:化学工业出版社,1994.
[6] [美]桑顿·科兰吉洛. 工程材料基础[M]. 宁夏:宁夏人民出版社,1990.
[7] 王昆林. 材料工程基础[M]. 北京:清华大学出版社,2003.
[8] 鞠鲁粤,现代材料成形技术基础[M]. 上海:上海大学出版社,1999.
[9] 鞠鲁粤,工程材料与成形技术基础(修订版)[M]. 北京:高等教育出版社,2007.
[10] 柳百成、沈厚发. 21 世纪的材料成形加工技术与科学[M]. 北京:机械工业出版社,2004.
[11] Withey P. NiBased Superalloy Casting for Aerospace Application[J]. Technical Forum of the 65th World Foundry Conference. Korea, 2002.
[12] Zhang J X, Kui Z. Semi-Solid Proceedings of AZ9ID alloy[J]. Proceedings of the 7th International Conference Semi-Solid Processing of Alloys and Composites. Tsukuba, Japan, 2002:57～65.
[13] Engstroem H, Johansson B. Metal Powder Composition for Warm Compaction and Method for Products [J]. US patent: No. 5744433, 1998.
[14] Pater Z. Theoretical and Experimental Analysis of Cross Wedge Rolling Process[M]. Int J Mechanical Tools and Manufacture, 1999.
[15] 林再学. 现代铸造方法[M]. 北京:航空工业出版社,1991.
[16] 王爱珍. 工程材料及成形技术[M]. 北京:机械工业出版社,2003.
[17] 中国机械工程学会焊接学会. 焊接手册第 1 卷[M]. 北京:机械工业出版社,1992.
[18] World-Wide Web[OL]:*http://www.weld21.com.*
[19] 汤佩钊. 复合材料及其应用技术[M]. 重庆:重庆大学出版社,1998.
[20] 吕百龄,等. 实用橡胶手册[M]. 北京:化学工业出版社,2001.
[21] 马鸣图,沙维. 材料科学和工程研究进展[M]. 北京:机械工业出版社,2000.
[22] World-Wide Web[OL]:*http://www.3dsystems.com.*
[23] World-Wide Web[OL]:*http://www.stratasys.com.*
[24] World-Wide Web[OL]:*http://www.helisys.com.*
[25] World-Wide Web[OL]:*http://www.sinometal.com.*
[26] 傅水根. 机械制造工艺基础(第二版)[M]. 北京:清华大学出版社,2004.
[27] 孔德音. 机械加工工艺基础[M]. 北京:机械工业出版社,1997.
[28] 朱绍华. 机械加工工艺[M]. 北京:机械工业出版社,1996.
[29] 赵万生. 先进电火花加工技术[M]. 北京:国防工业出版社,2003.
[30] 鞠鲁粤. 金工实习报告[M]. 上海:上海交通大学出版社,2001.
[31] 贾振元、王福吉. 机械制造技术基础[M]. 北京:科学出版社,2011.